DES ODEURS
DES PARFUMS
ET
DES COSMÉTIQUES

DES ODEURS

DES PARFUMS

ET

DES COSMÉTIQUES

HISTOIRE NATURELLE, COMPOSITION CHIMIQUE,
PRÉPARATION, RECETTES, INDUSTRIE, EFFETS PHYSIOLOGIQUES ET HYGIÈNE

DES

Poudres, Vinaigres, Dentifrices, Pommades, Fards
Savons, Eaux aromatiques, Essences, Infusions, Teintures, Alcoolats
Sachets, etc.

PAR S. PIESSE
CHIMISTE PARFUMEUR A LONDRES

ÉDITION FRANÇAISE PUBLIÉE AVEC LE CONSENTEMENT ET LE CONCOURS DE L'AUTEUR

PAR O REVEIL
PROFESSEUR AGRÉGÉ A L'ÉCOLE DE PHARMACIE ET A LA FACULTÉ DE MÉDECINE

Viola agrestis

PARIS
J. B. BAILLIÈRE et FILS
LIBRAIRES DE L'ACADÉMIE IMPÉRIALE DE MÉDECINE
Rue Hautefeuille, 19

| Londres | Madrid | New-York |
HIPP. BAILLIÈRE   C. BAILLY BAILLIÈRE   BAILLIÈRE FRÈRES
LEIPZIG, E JUNG-TREUTTEL, 10, QUERSTRASSE

1865

PRÉFACE

Il manquait en France un livre sur les parfums, leur histoire naturelle, leur composition chimique, leurs effets, qui fût l'œuvre d'un praticien éclairé : et cependant la France et surtout Paris occupent le premier rang dans l'industrie de la parfumerie, dont les produits s'exportent dans le monde entier. C'est de la Provence, de l'Italie, de la Sicile et de l'Orient, que la fabrication parisienne tire la plus grande partie de ses matières premières. On sait combien le département des Alpes-Maritimes est fertile en plantes aromatiques : ces plantes, notamment le jasmin, la rose, la tubéreuse, la jonquille, l'œillet, le réséda, l'héliotrope, le citronnier, l'oranger y sont l'objet d'une culture très-suivie et très-étendue. On sait que Grasse est pour les essences, les eaux distillées, les eaux de senteur, etc , un centre de fabrication de premier ordre. Cette ville livre aussi au commerce une grande quantité de pommades, cosmétiques, élixirs, etc. Marseille et Montpellier sont après

a

Paris les villes qui fournissent le plus de savons de toilette. Alger a pris depuis quelques années un des premiers rangs dans la production et le commerce des essences et de leurs composés.

Après ces préliminaires, indiquons ce qu'on trouvera dans l'ouvrage très-curieux et très-spécial que nous publions aujourd'hui :

Dans ce livre sont étudiées toutes les questions qui se rattachent spécialement à l'hygiène de l'homme civilisé, aux soins de la toilette et à l'entretien de la beauté et de la propreté.

Après avoir formulé la théorie des odeurs, l'auteur donne tout d'abord quelques aperçus sur l'expression, l'absorption, l'enfleurage, la macération, les procédés d'extraction et de manipulation des odeurs ; il traite successivement des matières empruntées au règne végétal et animal, et de celles que la chimie moderne offre à l'industrie du parfumeur, des sels, vinaigres, bouquets, poudres pour sachets, encens, savons parfumés, émulsines, laits et émulsions, cold-creams, onguents, pommades et huiles, teintures pour les cheveux, préparations épilatoires, poudre et rouge, poudres pour les dents, eaux pour la bouche, eaux pour les cheveux et bandoline, substances colorantes et parfums économiques que chacun peut préparer chez soi à peu de frais et sans laboratoire.

Le bon accueil que ce livre a reçu en Angleterre, où

plusieurs éditions se sont succédé avec rapidité, en Allemagne où il a été traduit, en Amérique où il a été réimprimé plusieurs fois, nous font espérer qu'en France, où d'habiles et savants industriels ont élevé si haut l'art de la parfumerie, il ne trouvera pas au moins bon accueil. Nous puisons cette confiance dans le concours éclairé que nous ont prêté : M. Reveil, par les additions, les notes et l'introduction dont il a bien voulu enrichir cette édition ; M. Chardin-Hadancourt, à la fois le plus instruit et le plus modeste des fabricants de Paris, par les renseignements qu'il a bien voulu nous fournir sur quelques-unes des plus récentes préparations, et sur les procédés les plus nouveaux de la parfumerie française ; enfin M. Victor Ratier, par l'aide qu'il a bien voulu nous donner. Nous signalerons spécialement ici les additions qui sont relatives aux savons et au mode de fabrication usité en France pour les savons de toilette, aux effets hygiéniques et médicaux des parfums et des cosmétiques, enfin les documents commerciaux qui terminent le volume. On verra facilement les additions françaises par la précaution qui a été prise de les intercaler entre deux crochets [ ]. Notre but sera atteint si ce livre peut contribuer à perfectionner la fabrication des parfums, et vulgariser la notion des produits vraiment utiles, dont il serait désirable de voir l'emploi se répandre dans toutes les classes de la société.

Janvier 1865.

TABLE DES MATIÈRES

TABLE DES FIGURES

INTERCALÉES DANS LE TEXTE

INTRODUCTION

LA PARFUMERIE A TRAVERS LES SIÈCLES

> La nature de sa main puissante et mystérieuse
> pare les jardins et remplit l'air par d'odorantes
> senteurs... C'est là que je veux m'abreuver d'un
> air céleste, aspirer les brises vivifiantes qui s'ex-
> halent en foule des bosquets odorants, des vallons
> parfumés.
>
> THOMSON.

Origine religieuse de la parfumerie.

La main du Créateur a répandu sur les fleurs tous les trésors de ses richesses ; après les avoir posées sur des tiges pleines
de grâce et de délicatesse, il les a peintes des couleurs les
plus vives, les plus variées, les plus harmonieuses, et les a imprégnées des plus exquises senteurs. C'est que la fleur occupe
une place importante dans les desseins de la nature. Au milieu
de la corolle sont placés les organes reproducteurs destinés à
perpétuer les espèces après la mort des individus qui les ont
portés ; aussi l'homme dès son berceau a-t-il appris à respecter
des productions si magnifiques ; et s'il s'est permis d'y porter
quelquefois une main téméraire, ce n'a été sans doute que
pour faire hommage au Créateur de ce qu'il considérait comme
le symbole de la perfection.

C'est aussi pour reconnaître le souverain domaine de Dieu sur sa créature, que l'homme a cherché à extraire des fleurs les suaves parfums qu'elles renferment, et qu'il a ravi à différents végétaux ces résines et ces baumes aux aromes enivrants, dont quelques-uns sont encore brûlés dans nos temples.

C'est en effet dans les cérémonies religieuses des premiers peuples qu'il faut chercher les premières traces de l'art du parfumeur; chez les nations de l'antiquité, une offrande de parfums était regardée comme le témoignage de la plus profonde et de la plus respectueuse vénération.

Pline place l'origine de la parfumerie dans ces belles contrées de l'Orient, où les richesses végétales se trouvent réunies comme dans un pays privilégié qui, recevant le premier les rayons du soleil, semble en épuiser toutes les vertus vivifiantes; son opinion est confirmée par les saintes Écritures. Les fréquentes allusions de la Bible aux parfums et aux aromates prouvent que, de très-bonne heure, il s'en faisait une consommation considérable chez les peuples dont le sol produit l'aloès, la cannelle, le bois de Santal, le camphre, la muscade et le girofle, l'arbre à encens dont les Sabéens avaient le seul privilège de recueillir la gomme-résine, le *balsamier* ou *baumier*, le triste *nyctanthes*, qui répand ses riches parfums au crépuscule, le *nilica*, dans les fleurs duquel les abeilles, dit-on, s'endorment au bruit de leur propre bourdonnement; tous ces végétaux et une foule d'autres non moins odorants appartiennent à l'Orient, et pendant des siècles sont demeurés inconnus au reste du monde.

Les parfums chez les Juifs.

Que les anciens attachassent une idée non-seulement de respect personnel, mais encore d'hommage religieux, à une offrande d'encens, c'est ce que prouve l'exemple des mages, qui, après s'être prosternés à genoux pour adorer l'enfant Jésus nouveau-né et après avoir reconnu sa divinité, lui offrirent de l'or, de la myrrhe et de l'encens.

Il ne paraît pas du reste que les Juifs aient fait grand usage des parfums pour leur toilette, soit que les prescriptions sévères de la loi de Moïse contre ceux qui emploieraient pour eux les parfums réservés pour le sanctuaire les en aient détournés, soit que leur vie nomade ne leur ait pas permis de s'occuper d'un art qui n'appartient qu'aux civilisations avancées. Il est certain toutefois qu'outre les parfums brûlés dans le temple, les Juifs en avaient d'autres qu'ils répandaient sur les morts. Nous le voyons par l'exemple de Joseph d'Arimathie, qui oignit le corps de notre Seigneur avant de le mettre au tombeau, et par cette réponse de Jésus à Judas, qui reprochait à Marie l'emploi d'une préparation empruntée aux banquets comme un luxe inutile : « C'est ma sépulture qu'elle prépare. » Nous trouvons dans saint Jean : « C'était leur coutume de répandre sur les morts des substances aromatiques, particulièrement de la myrrhe et de l'aloès, qui venaient d'Arabie. » Cette cérémonie est exprimée en grec par le verbe ἐνταφιάζειν (embaumer ou ensevelir) ; elle était accomplie par les voisins et les parents.

Les Juifs avaient l'habitude de s'oindre de parfums avant le repas. Cependant il paraît certain qu'ils n'ont pas fait de très-grands progrès dans l'art du parfumeur et qu'ils se sont contentés d'employer les aromates tels que la nature les leur offrait, ou tout au plus dissous dans des véhicules appropriés.

Les premiers chrétiens imitèrent les Juifs et adoptèrent l'usage de l'encens dans les cérémonies de la liturgie. Saint Ephraïm, père de l'Église de Syrie, prescrivit par son testament qu'aucun parfum ne fût brûlé ni répandu sur son cercueil, mais que les aromates fussent plutôt donnés au sanctuaire.

Les parfums étaient employés dans le service de l'Église non-seulement sous forme d'encens, mais encore mêlés à l'huile et à la cire pour les lampes et les cierges qui devaient brûler dans la maison du Seigneur.

Les parfums chez les Chinois

Les Chinois, dont le sensualisme est si raffiné, dit M. Claye (1), font une grande consommation de parfums, auxquels ils accordent une large place dans leur culte, leurs usages domestiques et leurs plaisirs; ils brûlent des bois et des résines odorantes devant leurs autels et les mêlent aux mets; ce sont surtout les aphrodisiaques qui sont recherchés; et on assure qu'ils savent préparer certaines boules odorantes formées d'ambre, de musc, de fleurs de chanvre mêlées à l'opium et à d'autres substances plus énergiques; quelque temps échauffées et roulées dans la main, elles jettent dans un voluptueux spasme les beautés aux petits pieds qui peuplent le céleste empire. (2).

Les parfums en Orient

Les disciples de Zoroastre faisaient leurs prières devant des autels où brillait le feu sacré, et cinq fois par jour les prêtres y mettaient du bois et des odeurs.

Dans l'Orient on considère, de nos jours, comme une preuve d'amitié et un acte d'hospitalité d'asperger les visiteurs d'essence de roses, ou de les parfumer de bois d'aloès à la fin de chaque visite. Dans un excellent ouvrage qui peint très-bien la vie domestique des peuples de l'Orient on trouve plusieurs passages relatifs à l'usage des parfums. Telle est l'histoire du *frère cadet du barbier*, qui, se trouvant attiré dans le palais de la femme du grand vizir pour y devenir son jouet et lui-

(1) *Les Talismans de la beauté*, 1864, p. 15.
(2) *Les Talismans de la beauté*, p. 16.

servir d'amusement, se vit peindre les sourcils comme une femme, graser la barbe et ensuite parfumer de bois d'aloès et d'eau de roses.

Les parfums chez les Scythes.

Hérodote nous apprend (1) que les femmes scythes broyaient sur une pierre du bois de cyprès, du cèdre et de l'encens; elles y versaient ensuite une certaine quantité d'eau jusqu'à ce que le tout prît la consistance d'une pâte qui servait à enduire le visage et les membres; cette composition répandait d'abord une odeur agréable, puis, quand on l'enlevait le lendemain, elle donnait à la peau de la douceur et de l'éclat.

Les parfums en Égypte.

Les dames égyptiennes portaient souvent sur elles de petits sachets de gommes-résines odoriférantes, comme c'est encore l'habitude chez les Chinois; chacun sait d'ailleurs que les morts chez les Égyptiens étaient comme enveloppés d'aromates qui ont conservé leurs momies jusqu'à notre époque.

Les parfums chez les Grecs.

La mythologie des Grecs attribuait aux immortels l'invention et l'usage des parfums, et, d'après la Fable, les hommes n'en auraient eu connaissance que par l'indiscrétion d'Œnone, une des nymphes de Vénus.

Homère parle des parfums à l'occasion de la présence de quelque divinité; quand les dieux de l'Olympe favorisaient un mortel de leur visite, ils laissaient après eux une odeur d'ambroisie, signe non équivoque de leur divine nature.

(1) *Melpomène*, c. LXXV.

L'usage d'oindre de parfums les corps des personnes mortes n'était pas particulier aux Juifs ; tous les peuples de l'antiquité paraissent avoir pratiqué à cet égard le même cérémonial ; ainsi nous trouvons dans Homère que Vénus elle-même veillait nuit et jour sur les restes d'Hector, versant sur lui un baume précieux (1).

> ...... Διὸς θυγάτηρ Ἀφροδίτη
> ...... ἤμαῤ δὲ χρίεν ἐλαίῳ,
> ἀμβροσίῳ.

Les Grecs d'ailleurs aimaient beaucoup les parfums et avaient fait faire de remarquables progrès à l'art du parfumeur ; ils poussaient à cet égard la recherche jusqu'à renfermer leurs habits dans des coffres odorants, ainsi que nous l'apprend Homère en parlant d'Ulysse, et, d'après Athénée (2), ils avaient des cassolettes qui répandaient dans l'air de suaves odeurs pendant qu'ils étaient à table. De même que les Romains, ils avaient la coutume de se couronner de roses dans les festins, et les vins les plus estimés des Athéniens étaient parfumés avec des violettes, des roses et divers aromates ; celui de Byblos, en Phénicie, était surtout remarquable sous ce rapport. Le luxe des parfums fut même poussé si loin qu'une loi du sage Solon en défendait l'usage aux Athéniens.

Chez les Lacédémoniens ce luxe fut toujours proscrit, et les parfumeurs étaient bannis de la cité comme gens qui perdaient l'huile, par la même raison qu'on repoussait tous ceux qui teignaient la laine, parce qu'ils en détruisaient la blancheur.

Malgré les prohibitions de Solon et de Lycurgue, le goût des parfums ne tarda pas à devenir général en Grèce, et y fut poussé à un degré de raffinement qui n'avait jamais encore été atteint et qui ne fut jamais dépassé depuis.

(1) *Iliade*, xxiii, 185.
(2) Livre Ier, *passim*.

Quoique l'Orient fournit aux Athéniens la gomme et les essences les plus estimées, ils grossirent considérablement la liste des plantes odoriférantes déjà en usage. Apollonius, disciple d'Hérophile, a écrit un traité sur les parfums. « La meilleure iris, dit-il, vient d'Élis et de Cyzique; la meilleure qualité d'essence de roses se fait à Phasales, à Naples et à Capoue; celle qu'on tire du crocus est supérieure à Soli, en Cilicie et à Rhodes; l'essence de nard à Tarlus, l'extrait de feuilles de vigne à Chypre et à Adramyttium, l'huile de marjolaine, l'extrait de pommes se tirent de Cos; l'Égypte produit le palmier qui donne l'essence de *cyprinus* (1); la meilleure après vient de Chypre, de Phénicie et enfin de Sidon. Le parfum appelé *panathénaïcum* (2) se fait à Athènes; en Égypte on prépare supérieurement ceux qu'on nomme *métopien* et *mendésien*; toutefois la qualité de chaque parfum est due aux substances et aux opérations plutôt qu'au pays lui-même.

Les boîtes dans lesquelles on renfermait les onguents étaient ordinairement d'albâtre, élégamment ornées, et devaient former un article important du mémoire du joaillier; on les nommait *alabastra*. C'étaient encore des vases d'*onyx*. On conservait ces préparations dans de l'huile et on les colorait en rouge, avec du cinabre ou de l'orseille (Pline); mais si nous en croyons un passage du *Coton*, d'Alexis (3), cette prodigalité elle-même a été bien dépassée.

« Car pour se parfumer il ne trempait pas ses doigts dans l'albâtre, coutume ordinaire du temps passé, mais il lâchait quatre colombes tout imprégnées d'essences, non d'une seule espèce. Chacune, portant un parfum particulier et différent des autres, elles planaient au-dessus de nous, et de leurs ailes humides faisaient pleuvoir leurs parfums sur nos robes et nos

(1) Glaïeul.
(2) Sorte de parfum composé.
(3) Alexis, poète comique grec, vivait au quatrième siècle avant J. C

vêtements; moi aussi, ne soyez pas trop jaloux, messieurs, j'ai été arrosé d'essence de violettes »

On parfumait toujours la salle dans laquelle un repas avait lieu, soit en brûlant de l'encens, soit en répandant sur les meubles des eaux de senteur, précaution peu nécessaire quand on considère la profusion avec laquelle les convives eux-mêmes se couvraient d'essences. Chaque partie du corps avait son parfum particulier : la menthe était recommandée pour les bras, l'huile de palmier pour les joues et la poitrine; dans les sourcils, dans les cheveux, on mettait une pommade faite avec de la marjolaine, pour les genoux et le cou, on employait l'essence de lierre terrestre; cette dernière était réputée utile dans les orgies comme aussi l'essence de roses; le coing fournissait une essence utile dans la léthargie et la dyspepsie; le parfum extrait des feuilles de vigne entretenait la lucidité de l'esprit et celui des violettes blanches était favorable à la digestion.

Dans les exercices athlétiques des jeux Olympiques, les lutteurs et les pancratiastes (1) avaient l'habitude d'huiler leurs membres pour les rendre plus souples. Les parfums d'Athènes jouissaient d'une grande réputation, comme on peut le voir par un curieux fragment transmis par Athénée. Ce passage nous montre d'où on tirait de son temps ce qui était le plus estimé en chaque genre; « un cuisinier d'Élis, un chaudron d'Argos, du vin de Phlionte, des tapisseries de Corinthe, du poisson de Sicyone, du fromage de Sicile, les parfums d'Athènes et les anguilles de Béotie : » absolument comme les Romains, qui estimaient par-dessus tout les roses de Pœstum.

En Grèce, les boutiques des parfumeurs étaient ouvertes à tout venant; elles servaient de lieu de réunion, on y discutait les intérêts de l'État, on y décrétait la mode, on y racontait des

(1) Lutteurs qui combattaient au pancrace.

histoires scandaleuses, et on disait à Athènes : Allons au parfum,
comme on dit : Allons au café.

La mode de se parfumer la tête dans les banquets venait,
dit-on, de l'idée que les effets excitants du vin seraient mieux
supportés avec la tête humide, de même qu'un malade dévoré
d'une fièvre brûlante se sent soulagé par l'application d'une
compresse mouillée. Aristote, mieux guidé par ses habitudes
d'observation, fit un raisonnement différent et plus vrai en at-
tribuant à la nature desséchante des ingrédients dont se com-
posaient les pommades le grand nombre d'hommes qui avaient
les cheveux gris, et il ne fut pas seul de cet avis. Ce n'est pas
sans intention que Sophocle représente Vénus, la déesse du plaisir, parfumée et se regardant dans un miroir, et qu'il nous
montre Minerve, la déesse de la raison et de la chasteté, assou-
plissant ses membres avec de l'huile avant de se livrer aux
exercices gymnastiques.

Chrysippe cherchait dans l'étymologie du mot un motif pour
repousser la chose; mais cet argument, tiré par les cheveux, ne
servit qu'à l'exposer aux railleries d'un plaisant de l'antiquité,
qui disait à ce propos que, sans les physiciens, il n'y aurait rien
de si bête au monde que les grammairiens.

Socrate proscrivait tous les parfums : « L'esclave et l'homme
libre, disait-il, quand ils sont parfumés, ont la même odeur. »
Cette critique fit peu d'impression sur son élève Eschine, qui
devint parfumeur, contracta des dettes et essaya d'emprunter
de l'argent sur la valeur de son fonds. Alexandre fut plus sensible aux observations de son précepteur Léonidas, qui lui
reprochait de prodiguer l'encens dans les sacrifices: « Il sera
temps, lui disait son maître, de vous montrer aussi généreux
quand vous aurez conquis les pays qui produisent l'encens. »
Le roi se souvint de la leçon, et quand il se fut emparé de l'Arabie, il envoya à son vieux précepteur une provision considérable
d'encens et de myrrhe.

Les parfums chez les Romains.

De la Grèce les parfums pénétrèrent promptement à Rome ; et quoique la vente en fût d'abord rigoureusement prohibée, l'usage en devint chaque jour plus extravagant. Pour s'en faire une idée il suffit de lire les poëtes latins, surtout les comiques.

Les Romains qui avaient conquis l'Égypte, l'Inde, l'Arabie, tiraient de ces contrées d'énormes quantités de parfums, auxquels ils ajoutèrent ceux que produisaient l'Italie et la Gaule.

Le jonc odorant était leur parfum le plus commun, et réservé exclusivement aux courtisanes ; les plus estimés étaient les roses de pœstum, le nard, le mégalium, le télinum, le malabathrum, l'opobalsamum, le cinnamome, etc. Ils les employaient avec une folle profusion pour parfumer leurs bains, leurs chambres, leurs lits ; de même que les Grecs, ils en avaient pour les différentes parties du corps ; ils en mêlaient au vin :

> Tunc me vina juvent nardo confusa rosisque,
> Sertaque et unguentis sordida facta coma (1).

Ils en répandaient sur la tête des convives ; quand ils avaient une représentation scénique ; le velarium qui recouvrait l'amphithéâtre était imprégné d'eau de senteur, qu'il laissait échapper sous forme de pluie parfumée sur les acteurs et sur les spectateurs ; et les aigles romaines elles-mêmes étaient parfumées des plus fines essences avant la bataille, cérémonie qui se renouvelait quand la victoire leur avait été favorable.

Nous citerons quelques faits pour montrer l'abus que faisaient les Romains des parfums : lors des funérailles de sa femme, Poppée, Néron fit brûler sur le bûcher plus d'encens que

_____
(1) Gallus.

l'Arabie n'en produisait dans toute une année. A une époque antérieure Plancius Plancus, proscrit par les triumvirs, avait été trahi par les essences qu'il portait : les effluves qui s'échappaient de sa retraite le découvrirent aux soldats envoyés à sa poursuite.

Pline cite un grand nombre de préparations cosmétiques employées chez les Romains ; ils teignaient leurs cheveux en noir avec le millepertuis, le myrte, le cyprès, la pelure bouillie du poireau et le brou de noix :

    Coma tum mutatur, ut ianos
    Dissimulet, viridi cortice tincta nucis (1).

Un mélange d'huile, de cendres et de vers de terre les empêchait de blanchir, les baies de myrte prévenaient la calvitie, et la graisse d'ours, déjà à cette époque, faisait comme de nos jours pousser les cheveux !

On rendait les cheveux blonds avec de la lie de vinaigre, ou le jus de coing mélangé à celui du troène, ce qui était pratiqué par les courtisanes, à qui il était défendu de porter des cheveux noirs ; il paraît même que quelques raffinées les teignaient en bleu, comme le montre le passage suivant de Properce :

    An si cæruleo quodam sua tempora fuco
    Tinxerit, idcirco cærula forma bona est (2).

Il était aussi d'usage chez les femmes romaines de se noircir les sourcils :

                    Neque illi
    Jam manet humida creta (3).

Le carmin était employé pour colorer les joues, la man-

(1) Tibulle, I, viii.
(2) II, xvii.
(3) Horace, Épodes.

dragore pour effacer les cicatrices du visage, et, outre les substances simples, les parfumeurs de Rome avaient encore composé une foule de mélanges que l'on peut voir dans Pline ou dans
la *Cosmétique* d'Ovide, et dont quelques-uns ont valu à leurs
auteurs de voir parvenir leurs noms à la postérité. Martial nous
a conservé ceux de Niceros, de Cosmus, de Folia, etc. Le goût
des parfums n'était, du reste, pas particulier à certains peuples,
on le retrouve chez tous et on peut le suivre à travers les âges
jusqu'à nos jours.

Les parfums en Italie.

Suivant une ancienne coutume, le pape, à Rome, bénit chaque
année ce qu'on appelle la Rose d'or. Cette fleur, faite de l'or le
plus pur et ornée de pierres précieuses, est parfumée de baume
et d'encens. Sa Sainteté récite des prières qui expliquent le sens
de la bénédiction, après quoi elle prend la fleur dans sa main
gauche et bénit l'assistance. La messe en cette occasion est
ensuite célébrée dans la chapelle Sixtine. Ces roses d'or sont
ordinairement envoyées à des souveraines, quelquefois à des
princes; d'autres fois, quoique rarement, à des villes et à des
corporations. Celle de l'année 1862 fut offerte à l'impératrice
des Français, et celle de l'année précédente à la reine d'Espagne.

Les parfums en Angleterre.

Grâce à Stow, nous connaissons l'époque précise à laquelle
l'usage des parfums s'y introduisit.

« Les modistes ou merciers, dit-il, ne vendaient pas alors des
gants brodés ou cousus en or ou en soie, ils ne savaient faire ni
lotion ni essence de prix; ce n'est que dans la quinzième année
du règne d'Élisabeth que le très-honorable Édouard de Vère,
comte d'Oxford, à son retour d'Italie, en rapporta des gants,

des sachets, un pourpoint de peau parfumée et diverses autres
nouveautés. Cette même année, la reine eut une paire de gants
parfumés, ornée seulement de quatre bouffettes ou roses en
soie de couleur. Élisabeth était si heureuse de cette parure
nouvelle, qu'elle se fit peindre avec la main gantée, et pendant
longtemps on disait « le parfum du comte d'Oxford. »

Du reste, jamais, dans les trois royaumes, les parfums et les
cosmétiques ne furent plus riches, mieux préparés, plus coûteux ni plus délicats que sous le règne d'Élisabeth. Sa Majesté
avait le sens de l'odorat particulièrement fin, et rien ne la bles-
sait plus qu'une odeur désagréable. Les parfums et les cosmétiques de toute sorte étaient alors d'un usage général. Les cosmétiques et les autres objets nécessaires à la toilette des dames
étaient renfermés dans des boîtes imprégnées de quelque odeur
favorite que l'on appelait *boîtes à parfums* (sweet coffers). Cette
expression se rencontre perpétuellement dans les vieux écrivains.
On regardait ces boîtes comme faisant nécessairement partie du
mobilier de toute chambre d'honneur; la richesse de leur forme
était un témoignage certain du goût et de la générosité du
maître du logis. Les flacons d'essences consacrés aux soins ordinaires de la toilette s'appelaient flacons de senteurs (casting
bottles); les boules de senteurs (pomanders), qui dans l'origine
n'étaient destinées qu'à prévenir l'infection, comme aujourd'hui
les sachets de camphre, mais qui devinrent bientôt un objet
de luxe parmi les personnes de qualité, étaient des boules de
pâtes parfumées que l'on portait dans la poche ou autour du cou.
Bientôt elles devinrent l'occasion des plus charmants ouvrages
d'orfévrerie, et souvent on les offrait comme des souvenirs ou
des témoignages de satisfaction, comme on fit plus tard des
tabatières. La reine Élisabeth en reçut plusieurs comme présents de nouvelle année et dans le nombre on remarque les objets
représentés ci-contre.

Les gants parfumés étaient aussi à la mode. Élisabeth avait

un manteau de peau d'Espagne parfumée. Les souliers même étaient parfumés. La ville imita bientôt l'usage de la cour,

Boule de senteur du temps d'Elisabeth, reproduite avec l'autorisation des commissaires de l'Exposition des Sciences et des Arts, d'après celle qui se trouve aujourd'hui au Muséum de South-Kensington. Chaque division de la boule présente un compartiment distinct destiné à contenir des différents parfums sous forme de poudre ou de pâte.

comme on le voit par les fréquentes allusions qui se trouvent dans les écrivains dramatiques de l'époque.

Ces écrivains sont, en effet, remplis d'observations satiriques sur l'usage fréquent, excessif que l'on faisait alors des essences et des parfums.

Comme témoignage de l'esprit de la dernière moitié du dix-huitième siècle, nous pouvons citer ici un acte du Parlement anglais de 1770. Il porte que « toute femme de tout âge, de tout rang, de toute profession ou condition, vierge, fille ou veuve qui, à dater dudit acte, *trompera, séduira* ou *entraînera* un mariage quelqu'un des sujets de Sa Majesté à l'aide de *parfums, faux cheveux, crépons d'Espagne* (sorte d'étoffe de laine imprégnée de carmin et encore employée aujourd'hui comme rouge sous le nom de *fard en crépon*), buse d'acier, paniers, souliers à talons et fausses hanches, encourra les peines établies par la loi actuellement en vigueur contre la sorcellerie et autres manœuvres; et que le mariage sera déclaré nul et de nul effet.

Les parfums en France.

Dans les temps plus rapprochés de nous, nous trouvons encore la cosmétique en honneur; nous avons déjà dit que les Romains étaient tributaires des Gaulois pour la parfumerie et que la plupart des artistes de Rome appartenaient à la nation gauloise.

Ces traditions ne s'étaient pas perdues. Clotilde relevait par des baumes et des onguents l'éclat de ses attraits; la fée Mélusine et l'enchanteur Merlin avaient toutes sortes de compositions merveilleuses pour conserver la beauté; la magie et l'alchimie donnaient des philtres précieux pour rendre les amants fidèles et des recettes infaillibles pour se procurer une éternelle jeunesse.

Grégoire de Tours nous parle de l'art avec lequel Clotilde, Brunehaut, Galsuinte, relevaient l'éclat de leurs attraits; il nous apprend que les Francs et les Gaulois connaissaient plusieurs vins artificiels, que cet auteur appelle *vina odoramentis immixta*. L'auteur du roman de Persée, Forest, remarque aussi, en décrivant une fête, *que avoient chascun et chascune un chapeau de rose sur son chief*. Mathieu de Coucy raconte que, dans un banquet donné par Philippe le Bon, duc de Bourgogne, on voyait une statue d'enfant qui *pissait de l'eau de roses*.

Dans les premiers temps de la monarchie française l'usage était de placer dans des cercueils découverts des cassolettes et des parfums qui s'exhalaient à l'aide du feu; on a trouvé de ces cassolettes dans des tombeaux d'une des églises de Paris.

Parmi les présents qu'Haroun-al-Raschid envoya à Charlemagne figuraient des parfums, et l'invasion des Arabes en Espagne y apporta des onguents et des cosmétiques inconnus jusqu'alors. Les croisades dotèrent l'Europe de parfums nouveaux, et la découverte de l'Amérique nous fit connaître le cacao, la vanille, le baume du Pérou, celui de Tolu, etc.

Pendant la Renaissance, le sceptre de la parfumerie est tenu par les artistes italiens amenés par François Ier et par Catherine de Médicis ; cette époque peut être comparée à celle de Martial pour l'abus qu'on fit des pâtes et des pommades, des gants parfumés et de tous les raffinements de l'art. Les historiens attestent que Diane de Poitiers, grâce aux cosmétiques dont elle faisait usage, conserva tous ses charmes jusqu'à un âge où ses rivales avaient renoncé à plaire ; on prétend qu'elle tenait ses secrets de Paracelse. A côté de la châtelaine d'Anet brillaient la Marguerite des marguerites et les héroïnes célébrées par Brantôme, qui demandaient à la cosmétique italienne toutes les ressources de son art. C'est à cette époque que furent publiés les ouvrages de Saigini, de Guet, de Dettazy, d'Isabella Cortese, de Marinello (1), sur les cosmétiques, et qui traitaient tous de cet art d'une manière remarquable. Sous les Valois, l'usage des parfums alla jusqu'à l'abus ; les pâtes, les pommades, le musque de Poppée, retrouvé pour Henri III et ses mignons, amenèrent l'espèce de réaction qui se fit pendant le règne suivant contre les parfums et les cosmétiques ; mais les pratiques de René le Florentin, les gants de la reine de Navarre et ceux de la belle Gabrielle contribuèrent à cette répulsion, comme les vendeurs de poudre épouvantèrent plus tard la cour de Louis XIV.

Après avoir été négligés sous Henri IV, qui, toujours dans les camps, se servait peu d'odeurs et d'onguents, les parfums reprirent faveur à la cour de Louis XIII, sous l'influence de la belle Anne d'Autriche.

La pâte d'amandes et les crèmes au cacao et à la vanille,

(1) *Gli ornamenti delle donne*, Venezia, 1574.

importées d'Espagne, servaient à blanchir les mains et les épaules des belles dames de la cour et de l'hôtel de Rambouillet; c'est à cette époque que les noms les plus précieux et les plus recherchés, empruntés pour la plupart au vocabulaire de Tendre, furent employés pour désigner les cosmétiques; ils furent proscrits une seconde fois par Louis XIV, qui les détestait, et ils se relevèrent définitivement sous la Régence. La beauté presque séculaire de Ninon de Lenclos montre les progrès que l'art du parfumeur avait faits à cette époque.

Avec la Régence les parfums rentrèrent à la cour; c'est à cette époque que fut inventée la poudre à la maréchale, et que Jean Liébault publia des travaux importants sur la parfumerie(1). On usait des poudres, des fards et des pommades. Ninon de Lenclos gardait sa beauté jusqu'à soixante ans, et Cagliostro vendait plus tard à la Dubarry une merveilleuse recette qui la conserva jeune et belle jusqu'aux limites de la vieillesse. Le maréchal de Richelieu vivait dans ses dernières années dans une atmosphère odorante que des soufflets lançaient dans ses appartements. M. Claye assure que la maison Violet possède un des cosmétiques qui conservèrent le mieux la beauté de madame de Pompadour; cette recette a été transmise à cette maison par les héritiers de Manon Poissy, femme de chambre de l'illustre marquise.

Avec Marie-Antoinette le goût des parfums s'épura; au lieu d'odeurs vives et fortes on préféra la senteur de la violette et de la rose. On a de nos jours conservé les mêmes préférences.

Un parfum d'un usage général, même aujourd'hui, fut inventé par un membre de la plus ancienne noblesse de Rome, appelé Frangipani, et porte encore son nom; c'est une poudre

---

(1) *Quatre livres de Secrets de médecine et de la philosophie chimique.* Rouen, 1628.

composée de tous les aromates connus en égales proportions auxquels on ajoute de la racine d'iris en poids égal à la totalité avec un pour cent de musc et de civette. Une liqueur du même nom, inventée par son petit-fils Mercurio Frangipanni, jouit aussi d'une faveur générale : on la prépare en faisant infuser de la poudre de frangipane dans de l'esprit-de-vin rectifié qui dissout les principes odorants : ce parfum a le mérite d'être le plus durable de tous.

Voici l'origine de la frangipane :

Il y a à Rome une famille qui porte le nom de Frangipanni, ce nom vient, dit-on, d'une certaine fonction qu'un de ses auteurs remplissait dans l'église, celle de présenter le pain consacré dans une cérémonie particulière : frangipani signifie littéralement *pain rompu*, et vient de *frangere panem*, rompre le pain; de là nous avons des tartes à la frangipane qui, les bonnes ménagères le savent, sont toutes de pain émietté. Un des membres de cette ancienne famille, Mutio Frangipanni, servit en France dans l'armée du pape, sous le règne de Charles IX ; ce fut le petit-fils de ce gentilhomme, le marquis de Frangipanni, maréchal des armées de Louis XIII, qui inventa une espèce de gants parfumés qui prirent le nom de gants à la frangipane.

Puisque nous avons parlé des gants parfumés qui, par parenthèse, ont depuis longtemps cessé d'être en usage, nous ferons connaître quelques détails curieux sur le commerce des gants et des parfums.

«Avant la Révolution, dit Louis Claye, la parfumerie était soumise au régime des corporations. En 1190, Philippe Auguste octroya aux parfumeurs des statuts qui furent confirmés par le roi Jean le 20 décembre 1357, et par lettre royale de Henri III le 27 juillet 1582, qui régirent cette industrie jusqu'en 1636. Sous Colbert, qui donna une grande impulsion à l'industrie française, les parfumeurs ou parfumeurs-gantiers, comme on les appelait, obtinrent des patentes enregistrées au parlement qui prouvent leur importance acquise ; leur confrérie était établie à la chapelle Sainte-Anne de l'église des Innocents ; par patentes données le 20 juillet 1426 par Henri II, roi d'Angleterre, qui se qualifiait roi de France pendant les troubles qui marquèrent le règne de Charles VII, leurs armes, enregistrées en l'armorial général en France, sont : *d'argent à trois gants de gueules, au chef d'azur chargé d'une cassolette antique d'or* (1).

La Révolution se fit sentir dans l'industrie du parfumeur ; chaque parfum portait un nom bizarre ; il y avait des habits à la guillotine, la pommade de Sanson, etc. Plusieurs compositions, devenues historiques, nous ont été transmises par le Directoire et l'Empire ; c'est de cette époque que l'industrie du parfumeur se transforme en s'appuyant sur la science ; c'est sous le Directoire que les belles dames firent renaître les bains parfumés de Rome et de la Grèce. Madame Talien, au sortir d'un bain de fraises et de framboises, se faisait doucement frictionner avec des éponges imbibées de lait et de parfums.

L'empereur Napoléon Iᵉʳ était très-sensible à l'action des parfums ; il versait lui-même tous les matins de l'eau de Cologne sur sa tête et sur ses épaules ; l'impératrice Joséphine avait pour les fleurs et les parfums le goût d'une créole : elle avait apporté de la Martinique des cosmétiques dont elle n'abandonna jamais l'usage. C'est à cette époque que la consommation des parfums fut le plus considérable (2).

Gants parfumés.

Comme nous l'avons dit plus haut, les *gantiers-parfumeurs* de Paris constituaient une corporation considérable. En qua-

---

(1) Claye, *les Talismans de la beauté*, p. 22.
(2) Claye, *les Talismans de la beauté*. Paris, 1861.

lité de gantiers, ils avaient le droit de faire et vendre gants
et mitaines de toute sorte de matières, ainsi que les peaux employées pour les gants, et comme parfumeurs ils avaient le
privilége de parfumer les gants et de vendre toute espèce de
parfums. On importait alors d'Espagne et d'Italie des peaux
parfumées qui servaient à faire des gants, des bourses, des
gibecières. Ces peaux coûtaient fort cher et furent très à la
mode; leur odeur pénétrante en fit abandonner l'usage pour
les gants; cependant la peau d'Espagne est encore très recherchée pour parfumer le papier à lettre. Le laboratoire des fleurs,
à Londres (*Piesse's Laboratory of flowers*), en livre chaque
année une quantité considérable à la consommation publique.
Quant aux gants, Savary ajoute :

« Il s'en tirait autrefois des quantités de parfumés d'Italie
et d'Espagne; mais leur forte odeur de musc, d'ambre et de
civette, qu'on ne pouvait soutenir sans incommodité, a fait
que la mode et l'usage s'en sont presque perdus; les plus estimés de ces gants étaient les gants de Franchipane et ceux de
Néroli (1). »

Il existe un grand nombre de recettes pour parfumer les
gants, dont quelques-unes sont curieuses; voici d'abord un livre
intitulé *Secreti della signora Isabella Cortese, ne' quali, si
contengono cose Minerali, Medicinali, Artifiziose, ed Alchi-
miche e molte dell' arte perfumatoria appartenenti a ogni
gran signoria*. (Venise, 1574, in-12.) Nous y trouvons des
instructions pour préparer supérieurement les gants au musc
et à l'ambre, et encore « une préparation excellente de gants
sans musc. »

Le mot franchipane ou frangipane, dans la cuisine française, est employé pour désigner une espèce de pâtisserie composée d'amandes, de crème et de sucre. Aux Indes Occidentales

(1) Tome II. p. 619.

on s'en sert pour désigner la plante et les fruits du *Plumiera
alba* et du *Plumiera rubra* L., parce que, suivant Méral et de
Lens (1), « on retrouve dans ces fruits mûrs le goût de nos fran-
chipanes; » si ces fruits sont réellement mangeables, il est remarquable que ni Sloane ni Lunan ne mentionnent le fait.
Quoi qu'il en soit, le nom français du *Plumiera* est frangi-
panier. (D. H.)

La parfumerie à Paris.

Aujourd'hui le goût des parfums et des cosmétiques est porté
au dernier point ; des magasins immenses, des usines considérables ont été installés ; Paris fournit aujourd'hui des parfums
au monde entier; sa production annuelle dépasse cinquante
millions par an.

M. Claye (2) fait remarquer avec juste raison qu'il faut distinguer trois sortes de parfumerie : la parfumerie fine, la parfumerie ordinaire faite par des fabricants consciencieux et ayant
nom, et la parfumerie anonyme, qui ne vend que des produits
mal préparés, sophistiqués ou contrefaits.

Il y a à Paris un grand nombre de maisons de parfumerie
qui ne font que de la parfumerie fine et qui apportent dans
cette industrie des connaissances profondes, une attention sou-
tenue, un scrupule et une honorabilité indispensables pour tous
ces produits, qui peuvent, selon qu'ils sont plus ou moins bien
préparés, raffermir la santé, entretenir la beauté ou ruiner peu
à peu la constitution.

Nous avons confiance de n'être démenti par personne en mettant les maisons Chardin-Hadancourt, Chardin de la rue du Bac,
Denarson, Gellé, Lubin, Pinaud, Piver et Violet, etc., parmi

1 *Dictionnaire de Matière médicale et de Thérapeutique*
2 Claye, *loc. cit.*, p. 55 et suivantes.

celles qui représentent le mieux la parfumerie parisienne au point de vue de la finesse, de la pureté et de l'efficacité hygiénique de leurs produits.

Le fabricant ne peut garantir que ce qu'il fabrique lui-même; il choisit les matières premières; tous les parfums et tous les cosmétiques sont fabriqués sous les yeux du maître; c'est le seul moyen de n'être pas trompé sur la nature des substances qu'on emploie.

La première condition à remplir pour la parfumerie ordinaire, c'est de produire vite et à bon marché; il lui est difficile d'attendre les modifications qui ne s'accomplissent dans certains produits qu'après de grands soins et un long temps; elle achète beaucoup de matières fabriquées et ne fait que les parfumer et les accommoder.

La sophistication et la contrefaçon du nom ou de la forme commencent souvent dans les parfumeries ordinaires; mais elles sont à peu près constantes dans les parfumeries communes et anonymes; le seul moyen de sauvegarder les intérêts du parfumeur et de mettre la santé publique à l'abri de si honteuses et de si déloyales manœuvres, c'est que les fabricants adoptent des marques de fabrique et accréditent de loyaux dépositaires dont l'honorabilité garantisse au consommateur l'authenticité des produits qu'ils lui livrent (1).

La cassolette qui brûlait dans les palais de Babylone, de Suze ou de Venise, fume encore dans les sérails de Téhéran et des bords du Bosphore; la vie de la sultane et de l'odalisque s'écoule sur les coussins imprégnés d'ambre, le bouquin du narghilé aux lèvres, entre l'heure du bain et l'arrivée du maître. Pour les soins mystérieux de la toilette, les musulmanes suivent encore les prescriptions et les formules religieuses dont les commentateurs du Coran donnent le secret. Les derviches ont

(1) Cloye, loc. cit., p. 30.

toujours le monopole des pâtes épilatoires et des cosmétiques qu'on applique après le bain qui, chaque vendredi, purifie le vrai croyant; mais pour les autres parfums et les autres cosmétiques l'Orient a perdu son monopole; les orangers de Grasse, les iris de Florence, les lis de Limagne, remplacent les fleurs de l'Orient, et si l'Arabie nous fournit encore la myrrhe et ses résines, les Indes le santal et le benjoin, le Tonkin son musc, ces parfums nous arrivent à l'état de matières premières; Paris les transforme, leur donne l'élégant cachet de la mode et les répand dans le monde entier (1).

La parfumerie française fournit à toutes les capitales de l'Europe; l'Angleterre lutte avantageusement avec elle; mais comme elle ne récolte ni nos bons alcools, ni nos belles fleurs de la Provence, elle fabrique à un prix plus élevé; ses navires, comme les nôtres, vont trafiquer en Amérique, en Orient, dans les Indes, en Chine. La réputation des grandes maisons est connue en Amérique, en Russie, en Turquie, en Perse, en Chine, au Japon, etc.

O. RÉVEIL.

(1) Claye.

DES ODEURS
DES PARFUMS
ET DES COSMÉTIQUES

I

DE L'ODORAT ET DES ODEURS

De lui-même le sol se couvrira de fleurs,
J'cherche aux doux parfums, aux suaves odeurs
Promesse du printemps, séduisante parure,
Et sa première offrande au roi de la nature.

VIRGILE.

Comme art, la parfumerie ne s'élèvera pas à la hauteur qu'elle doit atteindre tant que ceux qui en font un commerce feront soigneusement mystère de leurs procédés. Nulle industrie, s'exerçant sous le voile du secret, ne peut grandir ni prendre une importance générale. Je serais volontiers de l'avis des médecins grecs qui, chaque année, inscrivaient dans le temple d'Esculape toutes les cures qu'ils avaient faites et les moyens qu'ils avaient employés pour les faire.

« Quant au mystère dont s'entoure l'industrie, dit le professeur Solly, je me bornerai à dire que, dans ma conviction, les fabricants auraient beaucoup plus d'avantage à se montrer plus disposés à profiter de l'expérience des autres, et en même

1

ne comprennent pas cela. Ils sont toujours en quête du procédé qui doit leur ouvrir la porte de la fortune et leur montrer le grand chemin qui conduit à l'opulence (1). »

Si les horticulteurs anglais savaient extraire le parfum des
fleurs, on verrait une nouvelle branche d'industrie naître dans
les colonies tropicales de l'Angleterre et rivaliser avec celles de
la France.

Il fut un temps où l'on préparait dans la distillerie (still room)
des « eaux distillées », des « cordiaux » qui étaient administrés
comme des spécifiques contre les maladies aux hôtes et aux serviteurs du manoir; mais maintenant cet usage est passé de
mode, parce qu'il est meilleur marché d'acheter ces préparations
que de les faire chez soi. Cependant la fille de distillerie (still
room maid) conserve encore son nom, quoiqu'elle ne soit
guère appelée à remplir ses anciennes fonctions.

I. DE L'ODORAT

L'odorat est celui des cinq sens dont on s'est le moins occupé.
Mais à mesure que la science marche, les diverses facultés dont
la sagesse du Créateur s'est plu à douer l'homme se dévelop-
pent de plus en plus, et le sens de l'odorat recevra sa part
d'éducation comme ceux de la vue, de l'ouïe, du toucher et du
goût.

L'influence de ce sens sur la constitution est tout à fait
remarquable. Telle odeur cause immédiatement du dégoût,
des nausées, des vomissements; telle autre procure à l'esprit
une sensation de gaieté et de bien-être. Telles sont, par exemple,
les effluves qu'on respire à la campagne par une matinée de
printemps, ou les douces brises de mer imprégnées des éma-

1 *Times*, 31 octobre 1855.

temps moins défiants et moins jaloux des prétendus secrets de leur métier. C'est une grande erreur de croire qu'un manufacturier habile soit celui qui a soigneusement gardé les secrets de sa fabrication, ou que des manières particulières de confectionner certains objets, des procédés inconnus dans les autres fabriques, des mystères au-dessus de l'intelligence du vulgaire, importent en aucune façon à la prospérité d'une usine ou au succès d'un commerce.

« Dans les temps d'ignorance tout était secret, mystère ou sortilège dans les mains des associations, des corporations ou des communautés. A cette époque, celui qui savait, vivait aux dépens de celui qui ne savait pas, et personne ne cherchait à acquérir une connaissance que pour s'en faire un moyen de l'emporter sur ses voisins. La science ainsi séparée de la raison, et, pour ainsi dire, dépouillée de son innocence, était tout naturellement traitée comme une espèce de sorcellerie, et quiconque était en avance d'une étape sur l'intelligence de ses contemporains était souvent brûlé comme adonné à la magie noire. La plupart de ceux qui subirent ce cruel traitement n'avaient, on le sait, qu'à s'imputer l'opinion qui leur devint fatale, pour avoir exprès donné le change sur leurs connaissances. Il y a encore aujourd'hui des secrets, et beaucoup sont prisés aussi haut et gardés avec autant de soin que les secrets de l'art au moyen âge. Mais il est rare qu'une atmosphère de mystère soit favorable au développement de la prospérité publique ou même de l'avantage particulier. Les premiers manufacturiers n'ont point de secrets. Ils sont prêts à ouvrir leurs ateliers à tous les visiteurs étrangers; et même, quand ils ont trouvé quelque moyen inconnu à leurs confrères de réaliser une économie de main-d'œuvre ou de matière, ils ne le gardent pas pour eux seuls. Ils ont plus de confiance dans l'esprit de progrès, dans une énergie toujours en avance que dans la possession exclusive de tel ou tel procédé. Les petits esprits

-nations fortifiantes qui s'échappent des herbes échouées au rivage. La première fois qu'un habitant de l'intérieur respire l'air de la mer, cet air produit sur tout son système nerveux un effet extraordinaire.

II. THÉORIE DES ODEURS

L'odeur des champs, à l'époque où l'on fauche les foins, les parfums d'un jardin sur la fin du jour, charment et récréent l'esprit.

Les odeurs peuvent se répandre extrêmement loin, à tel point qu'on a peine à croire que l'existence d'une odeur implique toujours et nécessairement l'existence d'un corps. Il semble que souvent une odeur agisse comme un agent impondérable plutôt que comme une substance physique. Il est évident que diverses substances produisent certaines odeurs, mais il n'est pas également certain que ces substances soient elles-mêmes les odeurs. En définitive, la meilleure manière, suivant moi, de comprendre la théorie des odeurs est de les considérer comme des vibrations particulières qui affectent le système nerveux, comme les couleurs affectent l'œil, comme les sons affectent l'oreille.

[On peut admettre que les vibrations auraient pour cause les actions chimiques que les essences et les parfums éprouvent au contact de l'oxygène de l'air; on peut, en effet, les amener tous à être sans odeur en les volatilisant à l'abri du contact de l'oxygène. Les essences ainsi privées d'odeur les reprennent instantanément au contact de l'air. Dans toute combinaison chimique se produisent des vibrations qui donnent lieu à des phénomènes lumineux, électriques; dans certains cas il se produit encore d'autres vibrations qui peuvent affecter le système nerveux olfactif : pour chaque odeur la vitesse des vibrations serait différente.]

L'analogie qui existe entre la couleur et le son est un fait admis depuis longtemps. Les anciens ont bien senti ce rapport quand ils ont fait de la gamme musicale une échelle *chromatique*. Bacon et, depuis lui, une foule d'écrivains ont traité ce sujet, et plusieurs ont essayé de démontrer que l'harmonie des couleurs s'accorde avec la mélodie de la gamme.

6. B. Allen a publié plusieurs articles (1) sur l'analogie qui existe entre les couleurs et l'échelle musicale. Il y établit que tous les compositeurs de mérite ont le sentiment de cette analogie et que toutes leurs œuvres en font foi.

Voici comment Field (2) dispose l'échelle :

Bleu	Pourpre	Rouge	Orange	Jaune	Vert	Vert
Do	Ré	Mi	Fa	Sol	La	Si

Et voici comment il prouve l'analogie. Comme les trois couleurs primitives, bleu, rouge et jaune, combinées ou opposées, produisent la plus parfaite harmonie, ainsi font les sons *do*, *mi*, *sol*. Le métrochrome et le monocorde prouvent également l'exactitude de ce double accord. Le premier de ces deux instruments nous montre que, dans le blanc pur, il y a huit nuances de bleu, cinq de rouge et trois de jaune, etc. Le second, que huit parties d'une corde donneront le son *do*, cinq le son *mi* et trois le son *sol*. Cet accord curieux prouve assurément l'existence d'une loi universelle d'harmonie.

Pour mesurer l'intensité de la lumière et celle du son nous possédons une méthode fondée sur la vitesse avec laquelle l'une et l'autre traversent l'espace.

Frappé, avec plusieurs autres observateurs, de l'étroite analogie qui existe entre les forces qui affectent nos différents sens, et particulièrement celles qui affectent les organes de

(1) *The Musical World.*
(2) *Chromatique.*

l'odorat et de l'ouïe, mais ne trouvant encore aucun type
adopté à l'aide duquel je puisse en quelque sorte mesurer l'intensité d'une odeur comme on mesure celle d'un son, j'ai
entrepris une série d'expériences afin d'en découvrir un.

Depuis longtemps j'avais remarqué que lorsqu'on laissait
s'évaporer à l'air libre des solutions alcooliques de diverses
essences mêlées ensemble, elles subissaient une sorte d'analyse
naturelle, c'est-à-dire que les plus volatiles s'évaporaient les
premières, tandis que les moins volatiles ne disparaissaient
qu'après.

Voyant le même fait se reproduire constamment quand les
essences étaient les mêmes, je ne tardai pas à reconnaître
qu'une sorte de puissance définie, inhérente, abandonnait
chacun des corps odorants ou leur restait fidèle pendant un
temps plus ou moins long. C'est cette puissance que j'appelle la
vitesse de l'odeur, ou, en d'autres termes, la puissance de volatilité. Maintenant je trouve un rapport entre cette puissance de
volatilité et la manière dont une substance odorante affecte le
sens de l'odorat. Je ne prétends pas dire que, parce qu'un corps
a une grande puissance de volatilité, il affectera les organes de
l'odorat d'une façon, et qu'un corps doué d'une moindre puissance de volatilité l'affectera d'une autre façon. Je sais qu'il
y a des corps volatils, comme le mercure et l'eau, qui n'ont
point d'odeur, phénomène dû principalement à ce que ces
vapeurs sont insolubles dans les sécrétions qui lubréfient les
membranes nasales. Mais ce que je constate, c'est que les substances qui s'exhalent naturellement ou que l'homme extrait
des plantes ou des animaux et qui sont reconnues comme autant
de corps odorants, affectent les nerfs olfactifs en raison directe
de leur puissance de volatilité, de cette puissance que j'appelle
la vitesse de l'odeur, parce qu'elle a une action sur l'odeur
d'un corps tant que ce corps est soluble dans la sécrétion
pituitaire.

[La puissance de volatilité ou vitesse de l'odeur ne doit pas, si on veut être conséquent avec ce qui précède et ce qui suit, être définie et expliquée comme elle l'est dans ce paragraphe, et surtout on ne devrait pas dire que les odeurs produites sont en raison directe de la solubilité des vapeurs dans le liquide provenant de la sécrétion pituitaire. Car certainement la vapeur d'eau est soluble dans cette sécrétion et est inodore ; on pourrait dire plutôt que la puissance de volatilité des essences, ou la rapidité avec laquelle elles s'évaporent, serait toujours en rapport avec la vitesse de vibration produite ou la rapidité avec laquelle les ondes odorantes se propageraient ; si cette vitesse n'était pas assez grande, il n'y aurait pas d'odeur perçue, de la même manière que pour les sons l'oreille ne peut entendre ceux qui ne correspondent pas au moins à 60 vibrations par seconde ; le liquide qui lubréfie la membrane olfactive, nécessaire pour percevoir les odeurs, aurait pour rôle d'augmenter la sensibilité des nerfs, qui seraient ainsi plus capables de percevoir les odeurs.]

Ainsi les corps qui ont un très-faible degré de volatilité sont ceux qui sont connus sous le nom d'odeurs fortes ; ceux, au contraire, qui ont un haut degré de volatilité sont les odeurs faibles et délicates. Ici nous voyons les analogies de certains effets sur les sens. Les ondes sonores qui se propagent le plus lentement produisent les sons les plus forts ; les ondes odorantes qui se propagent le plus lentement produisent les odeurs les plus puissantes.

En parlant même sommairement de l'action physiologique des odeurs, il est nécessaire de rappeler au lecteur la distinction entre les substances qui irritent les nerfs de la sensibilité tactile, et celles qui communiquent aux nerfs olfactifs l'impression d'une odeur, parce que certaines matières solides pulvérisées, telles que la poussière de verre, la poudre de savon, le tabac et certains gaz comme le chlore, l'ammoniaque, etc., excitent

la membrane pituitaire. Les effets produits par ces substances sont ceux d'un corps *touché*, et non ceux d'un corps *senti*.

[En d'autres termes; il ne faut pas confondre l'action mécanique locale plus ou moins irritante que peuvent produire certains corps sur la membrane pituitaire avec celle qu'exercent les odeurs proprement dites sur les nerfs de l'olfaction.]

Après une longue suite d'expériences dont le détail serait ici hors de place, je suis parvenu à dresser un tableau des degrés de volatilité des odeurs indiquant à peu près leur force relative. Ce tableau sera utile aux parfumeurs en leur servant de guide, quand ils mélangent des parfums, pour marier selon les cas, ceux qui sont d'une volatilité différente et ceux qui sont d'une volatilité égale.

VOLATILITÉ ET PUISSANCE DES ODEURS.

Eau	1,0000
Essence de sureau	0,2860
Zeste de citron	0,2480
Zeste de Portugal	0,2270
Lavande anglaise	0,0620
Lavande française	0,0610
Bergamote	0,0550
Persil	0,0770
Petit grain	0,0550
Thym anglais	0,0220
Lemongrass (*Andropogon schœnanthus*, schœnante)	0,0170
Géranium d'Espagne	0,0106
Calamus	0,0069
Lemon thyme anglais (*Thymus serpillum*, serpolet)	0,0062
Foin coupé anglais	0,0059
Géranium français	0,0074
Essence de roses de Turquie	0,0051
Essence de roses de France	0,00585
Girofle	0,0055
Cèdre	0,0020
Patchouly	0,0010

J'ai récemment constaté, quant à la constitution chimique

des essences, un fait important, c'est que, dans beaucoup de cas, l'essence obtenue des fleurs par la distillation n'est pas identique avec le parfum qui s'exhale des fleurs vivantes.

La vapeur d'eau a sur l'essence une action chimique; elle accroît la quantité primitive d'hydrogène et diminue la proportion normale d'oxygène en produisant de l'acide carbonique.

La plupart du temps les essences fraîchement distillées reproduisent faiblement le parfum des fleurs desquelles elles sont extraites et le rappellent mieux plus tard, grâce à l'influence oxydante de l'air.

Certaines essences, le néroli par exemple, ne sentent jamais comme la fleur dont on les a tirées. Mais quand on procède par enfleurage, c'est-à-dire en faisant absorber l'odeur de la fleur d'oranger toute fraîche par un corps gras, puis en retirant de ce corps gras le principe odorant au moyen de l'alcool dont on le sépare ensuite par la distillation, on obtient un néroli dont l'odeur est identiquement la même que celle de la fleur. On remarquera que par ce procédé on ne voit pas de vapeur d'eau intervenir et détruire l'essence.

Il est certain que le néroli ainsi obtenu reproduit la véritable odeur de la fleur d'oranger, tandis que celui qu'on obtient par la distillation a une odeur toute différente, qui rappelle celle du poisson d'eau douce.

[Les recherches très-intéressantes de plusieurs chimistes et notamment celles de MM. Blanchet et Sell, Deville, etc., ont démontré que les essences formaient avec l'eau des combinaisons définies, tout en modifiant leurs propriétés physiques et plus spécialement leur odeur; mais il arrive aussi que l'eau modifie chimiquement les essences : c'est ainsi que le néroli diffère complètement, par ses propriétés et sa composition, non-seulement de l'essence de fleurs d'oranger extraite des fleurs par l'enfleurage ou par le sulfure de carbone, mais encore de la

1.

même essence isolée de *l'eau distillée* de fleurs d'oranger au
moyen de l'éther ; il faut donc établir une grande différence
entre le *néroli* et l'essence de fleurs d'oranger proprement dite,
et il est probable que l'huile solide cristallisable extraite par
Plisson du néroli, et qu'il désignait sous le nom d'*aramte*, n'est
autre chose qu'un hydrate. Enfin il est constant que les essences
exposées au contact de l'air s'oxydent et se résinifient.

Je me suis servi du procédé d'enfleurage dont il vient d'être
question pour obtenir plusieurs essences très-rares et d'autres
qui n'avaient pas encore été isolées, telles que l'essence de
tubéreuse, de jasmin, d'acacia et de violette. Ces essences présentent au point de vue chimique un très-grand intérêt, et je
les étudie en ce moment.

Je crois que les corps qui ont la même odeur sont les mêmes.
En effet, deux corps différemment composés n'ont pas la même
odeur, et, s'il en est ainsi, j'espère bientôt extraire de l'essence
de violette de la racine d'iris, car la véritable essence de violette
a exactement la même odeur que la racine d'iris fraîche.

[Toutefois ce principe d'identité d'odeur et de propriétés physiques de corps ayant la même composition chimique est bien
loin d'être absolu. Nous pourrions citer de nombreux exemples
du contraire parmi les substances que les chimistes appellent
isomères ; nous nous contenterons d'indiquer l'éther éthyl-
formique et l'éther méthyl-acétique qui renferment les mêmes
éléments et dans les mêmes proportions, et qui cependant possèdent des odeurs bien différentes ; le grand groupe des essences
hydrocarbonées nous offre encore des exemples nombreux de
ces faits singuliers.]

Le docteur Gladstone et le Rév. F. P. Dale ont fait quelques
recherches sur les propriétés optiques de diverses essences ; et
comme les résultats obtenus peuvent être utiles, je crois devoir
les consigner ici.

Le tableau ci-dessous donne les propriétés physiques des

essences crues : leur poids spécifique à 15°,5, les indices de réfraction des raies A, D et H (ou G quand la teinte jaune du liquide empêchait de voir H) et leur pouvoir rotatoire du plan de polarisation. Cette dernière propriété est donnée pour un tube de 0m,25 de long. Lorsque, pour une raison quelconque, il a fallu employer un tube plus court, la réduction nécessaire a été faite. Ainsi l'essence de fenouil (aneth) a été réellement observée dans un tube de 0m,125, où elle a donné 103° de rotation à droite, mais elle a été inscrite comme donnant 206°. La même longueur d'une solution composée de poids égaux de sucre de canne et d'eau donne une rotation de 105°. On a pris note de la température dans toutes les dernières observations de cette nature ; mais elle n'a pas été inscrite, parce que cela aurait nécessité une autre colonne, et une différence de quelques degrés semble n'amener qu'un changement peu appréciable dans le pouvoir rotatoire des essences qui ont fait l'objet de l'expérience.

PROPRIÉTÉS OPTIQUES DES ESSENCES.

ESSENCES CRUES.	POIDS spéc. à 15°5.	INDICES DE RÉFRACTION.				ROTATION.
		Temp.	A.	D.	H.	
Anis	9862	10°5	1.5165	1.5560	1.6118	— 4°
Sassafras de Victoria	1.0425	14°	1.5172	1.5274	1.5628	+ 7°
Laurier	8808	18°3	1.4941	1.5022	1.5420	— 6°
Bergamote	8823	22°	1.4559	1.4625	1.4759	+ 25°
de Florence	8804	26°5	1.4547	1.4614	1.4760	+ 40°
Écorce de bouleau	9005	8°	1.4851	1.4921	1.5172	+ 38°
Cajeput	9203	25°5	1.4561	1.4611	1.4778	0°
Calamus	9580	10°	1.4963	1.5031	1.5201	+ 45°5
de Hambourg	9410	11°	1.4845	1.4911	1.5114	+ 42°
Carvi	8845	19°	1.4601	1.4671	1.4886	+ 65°
de Hambourg (1re dist.)	9121	10°	1.4829	1.4905	1.5142	0°
(2e dist.)	8832	10°8		1.4784		0°
Cascarille	8956	10°	1.4844	1.4918	1.5168	+ 26°
Casse	1.0297	19°5	1.5602	1.5748	1.6245	0°

On voit par ce tableau que le poids spécifique de ces essences crues ne varie pas sensiblement, étant la plupart de 0.9. L'indice de réfraction pour le plus grand nombre aussi tombe pour A entre 1,46 et 1,5, tandis que la longueur du spectre, qui est la différence entre les indices de réfraction de H et A ou $\mu_H - \mu_A$ est généralement d'environ 0,028. Mais les essences de persil, de sassafras, de myrrhe, de wintergreen, de girofle, d'anis et de casse se montrent plus réfringentes, plus dispersives et en même temps spécifiquement plus pesantes. L'essence de cajeput a moins d'action qu'aucune autre sur les rayons de la lumière.

La colonne de polarisation circulaire, au contraire, révèle les plus grandes différences entre ces essences dans le degré et la direction de la rotation; mais je doute qu'on puisse se fier beaucoup à ce caractère pour distinguer les essences, car on a trouvé que la rotation de différents échantillons de la même essence varie considérablement non-seulement à l'état cru, mais même lorsqu'on a opéré sur les hydrocarbures purs.

Néanmoins il se peut que quelques-uns de ces caractères physiques puissent servir à découvrir les mélanges frauduleux d'essences. Ainsi une addition d'essence de térébenthine aurait, dans presque tous les cas, l'effet de diminuer la pesanteur spécifique et de contracter le spectre. D'autre part, l'essence de bergamote pure a une faible réfraction, plus faible assurément que les mélanges que l'on vend souvent sous son nom. L'indice de réfraction de D a été exprès compris dans le tableau ci-dessus, parce que cette raie peut toujours être obtenue de la lumière du jour, ou plus commodément encore, de la flamme de l'alcool salé. Le premier constructeur d'instruments venu pourrait aisément imaginer un appareil simple pour éprouver ainsi la réfraction des échantillons d'essences.

Ces essences crues ont été soumises à la distillation fractionnée afin d'en séparer les principes constituants. Les hydro-

ESSENCES CRUES.	POIDS SPÉCr à 15° 5.	Temp.	INDICES DE RÉFRACTION.			ROTATION.
			A.	D.	H.	
Cèdre.	0622	25°	1.4978	1.5058	1.5258	+ 5°
Cédrat.	8584	18°	1.4671	1.4751	1.4952	+ 196°
Citronelle.	8008	21°	1.4590	1.4666	1.4866	4°
— de Penang.	8847	15° 5	1.4604	1.4685	1.4875	4°
Girofle.	1.0476	17°	1.5245	1.5512	1.5606	4°
Coriandre.	8775	10°	1.4592	1.4682	1.48056	+ 21° ?
Cubèbe.	9414	16°	1.4965	1.5011	1.5160 6	
Fenouil.	8022	11° 5	1.4764	1.4854	1.5072	+ 206°
Sureau.	8584	8° 5	1.4686	1.4749	1.4965	+ 14° 5
Eucalyptus amygdalinus.	8812	15° 5	1.4717	1.4788	1.5021	136°
— huileuse. . .	0522	15° 5	1.4661	1.4718	1.4980	+ 4°
Géranium de l'Inde. . . .	9045	21° 5	1.4645	1.4714	1.4868 c	4°
Lavande.	8005	20°	1.4586	1.4648	1.4862	20°
Citron.	8496	10° 5	1.4661	1.4727	1.4946	+ 104°
Andropogon.	6052	21°	. . . . .	1.4705	. . . . .	3° ?
— de Penang. . .	8706	15° 5	1.4756	1.4855	1.5042	0°
Melaleuca ericifolia. . . .	9050	9°	1.4655	1.4712	1.4901	+ 26°
— thuiefolia. . .	9016	9°	1.4716	1.4772	1.4971	+ 1°
Menthe.	9342	19°	1.4767	1.4810	1.50056	116°
—	0105	14° 5	1.4756	1.4822	1.5057	13°
Myrte.	8911	14°	1.4625	1.4680	1.4879	+ 21°
Myrrhe.	1.0189	7° 5	1.5196	1.5258	1.54526	450°
Néroli.	8789	18°	1.4614	1.4676	1.48566	+ 15°
. . . .	8745	10°	1.4673	1.4741	1.4851	+ 28°
Muscade.	8826	24°	1.4654	1.4709	1.4954	+ 41°
— de Penang. . .	9060	16°	1.4740	1.4818	1.5085	0°
Écorce d'orange.	8600	20°	1.4635	1.4699	1.4916	+ 72° ?
— de Florence. .	8864	20°	1.4707	1.4774	1.4980	+ 216°
Persil.	9026	8° 5	1.5068	1.5162	1.54476	9°
Patchouly.	0704	21°	1.4990	1.5050	1.54946	
— de Penang. . .	9592	21°	1.4980	1.5040	1.54836	120°
— français. . . .	1.0119	14°	1.5074	1.5152	1.52026	
Menthe poivrée.	9028	14° 5	1.4612	1.4670	1.4884	72°
— de Florence. .	9116	14°	1.4628	1.4682	1.4867	46°
Petit grain.	8705	21°	1.4556	1.4600	1.4808	+ 26°
Rose.	8912	25°	1.4567	1.4627	1.4853	7°
Romarin.	0080	16° 5	1.4652	1.4688	1.4897	+ 17°
Bois de rose.	9064	17°	1.4845	1.4905	1.5415	16°
Bois de santal.	9750	24°	1.4959	1.5024	1.5227	50°
Thym.	8843	19°	1.4693	1.4751	1.49896	
Térébenthine.	8527	15°	1.4672	1.4752	1.4958	79°
Verveine.	8812	20°	1.4791	1.4870	1.50506	6°
Wintergreen (Gaulthérie).	1.1425	15°	1.5165	1.5278	1.5567	5°
Absinthe.	9422	18°	1.4654	1.4688	1.47562	

carbures ainsi rectifiés avaient encore été purifiés par une distillation réitérée avec du sodium. Le métal alcalin se combine généralement avec les essences oxydées pour former une substance
résineuse non volatile ; mais il est impossible de dire qu'il en
résulte jamais un nouvel hydrocarbure. Quelques-uns de ces
composés contenant de l'oxygène, par exemple ceux de différentes espèces de melaleuca, peuvent être distillés avec du sodium sans subir aucun changement.

[Les chiffres compris dans ce tableau diffèrent beaucoup de
ceux qui ont été obtenus par M. Bruguet (1). Ces différences tiennent au degré de pureté des produits ; ceux qui ont servi aux
expériences du savant professeur de l'École de pharmacie ayant
été préparés par lui, ses résultats nous inspirent une grande
confiance. On remarquera toutefois que dans le tableau précédent les opérations ont été faites à des températures variables,
tandis que dans le suivant on a obtenu les résultats pour toutes
les opérations à +15°.]

(1) *Journal de Pharmacie et de Chimie,* troisième série. 1861, t. XL.
p. 261. 264 et 351.

NOMS DES ESSENCES.	TEMPÉRATURE.	DENSITÉS.	POUVOIR ROTATOIRE.	INDICE DE RÉFRACTION.
Essence d'amandes amères. . . .	+12°	1.050	(a) i =0	1.550
— d'aspic pure.	+12°	. . . . .	=+3.50	. . . . .
— de bergamote.	+12°	0.868	=+18.45	1.468
— de camomille.	+12°	0.881	=+18.80	1.402
— de cannelle de Chine. . .	+12°	1.064	=0	1.593
— de cannelle de Ceylan. .	+12°	1.035	. . . .	1.505
— de carvi.	+12°	0.916	+87.35	1.493
— de cédrat.	+12°	0.855	+88.88	1.478
— de citron.	+12°	0.851	+87.05	1.479
— de copahu.	+12°	. . . . .	—17.35	. . . . .
— de fenouil.	+12°	0.984	+8.13	1.555
— de genièvre.	+12°	0.870	—14.79	1.495
— de girofle.	+12°	1.512	=0	1.061
— de lavande.	+12°	0.886	—21.20	1.467
— de menthe poivrée anglaise.	. . . . .	0.904	—54.29	1.469
— de menthe poivrée française	. . . . .	. . . . .	—14.50	. . . . .
— de menthe Pouliot. . . .	. . . . .	. . . . .	+25.07	. . . . .
— de muscades.	. . . . .	0.874	+34.28	1.483
— de néroli.	. . . . .	. . . . .	+10.25	. . . . .
— d'oranger (fleurs de Paris).	. . . . .	0.887	. . . .	1.482
— d'oranger (fleurs du Midi).	. . . . .	0.878	. . . .	1.478
— d'orange.	. . . . .	0.847	. . . .	1.477
— de petits grains. . . .	. . . . .	. . . . .	+20.47	. . . . .
— de Portugal.	. . . . .	. . . . .	+105.20	. . . . .
— de romarin.	. . . . .	0.896	+14.67	1.475
— de Santal citrin. . . .	. . . . .	0.975	—24.50	1.514
— de sassafras.	+12°	1.087	+2.45	1.541
— de sauge.	. . . . .	0.896	—8.93	1.475
— de térébenthine. . . .	. . . . .	0.867	—45.50	1.476
— de thym.	. . . . .	0.800	—11.25	1.483

M. Buignet a étendu ses expériences aux huiles fixes; comme celles-ci sont très-souvent employées en parfumerie, et que leurs propriétés physiques et optiques sont peu connues, nous donnons le résultat des expériences de M. Buignet; nous y ajouterons l'indication des densités.

NOMS DES HUILES	DENSITÉS	INDICE DE RÉFRACTION A +22° POUR LE RAYON VERT.	POUVOIR ROTATOIRE A +15? POUR LE RAYON ROUGE.
Huile d'amandes douces.	0.918+15	1.471	$(a)v=0$
— d'amandes amères.			0
— de Ben.			0
— de colza.	0.915	1.475	
— de faine.	0.922		0
— de foie de morue blonde.	0.928		— 0
— de foie de morue blanche.	0.920	1.481	0
— de raie.	0.928	1.486	—0.20
— de squale.		1.481	—0.82
— de lin.	0.939	1.481	
— de moutarde noire.	0.917		0
— de navette.	0.912	1.475	0
— de noix.	0.928	1.477	0
— de noisettes.	0.924	1.470	0
— d'olives.	0.919	1.470	0
— de pavots.	0.924	1.470	0
— de poissons.		1.474	0
— de ricin.	0.969	1.481	+5.05

On voit, d'après ces tableaux, que le pouvoir rotatoire est nul pour les huiles fixes, celle du ricin exceptée, ce qui permet de reconnaître certaines fraudes, la falsification du copahu par l'huile de ricin par exemple; presque toute la totalité des essences, au contraire, possèdent un pouvoir rotatoire, dont la comparaison avec l'énergie sont très-intéressants.

Toutes les essences des aurantiacées sont dextrogyres et au très-haut degré, et les essences provenant de différentes parties d'une même plante, comme l'oranger, sont assez différentes; les essences des labiées dévient en général le plan de polarisation vers la gauche, le romarin fait exception, et les essences extraites des plantes des genres *mentha* et *lavandula*

n'agissent pas dans le même sens que les essences de menthe poivrée et de lavande.

Les essences de carvi et de fenouil, extraites des fruits de deux ombellifères, sont toutes deux dextrogyres, et les essences de térébenthine et de genièvre, toutes deux conifères, agissent dans le même sens; mais, chose singulière, l'essence de térébenthine ordinaire du *pinus teda* agit en sens inverse.]

Les odeurs semblent affecter le nerf olfactif à certains degrés déterminés, comme les sons agissent sur les nerfs auditifs. Il y a, pour ainsi dire, une octave d'odeurs, comme une octave de notes; certains parfums se marient comme les sons d'un instrument. Ainsi l'amande, l'héliotrope, la vanille, la clématite s'allient très-bien, chacune d'elles produisant à peu près la même impression à un degré différent. D'autre part, nous avons le citron, le limon, l'écorce d'orange et la verveine, qui forment une octave d'odeurs plus élevée, et qui s'associent pareillement. L'analogie se complète par ce que nous appelons demi-odeurs, telles que la rose avec le géranium rosat pour demi-ton; le petit grain, le néroli suivi de la fleur d'oranger. Puis viennent le patchouly, le bois de Santal et le vétiver, et plusieurs autres qui rentrent l'un dans l'autre.

A l'aide des fleurs déjà connues nous pouvons obtenir, en les mélangeant dans des proportions déterminées, le parfum de presque toutes les fleurs, le jasmin seul excepté.

Dickens s'exprime en ces termes (1) :

« Le jasmin est-il donc le Meru mystique, le centre, le Delphes, l'Omphale du monde des fleurs? Est-il le point de départ de tout parfum, l'unité indivisible, insaisissable? Le jasmin est-il l'Isis des fleurs à la tête voilée, aux pieds cachés, qui se fait aimer de tous et ne se révèle à personne? Charmant

<hr/>

(1) En parlant d'une précédente édition anglaise de ce livre dans le recueil intitulé *Household Words*, 5 juillet 1857.

jasmin! s'il en est ainsi, il faut que la rose descende de son trône et cède la couronne de reine à ta beauté sans pareille. Les révolutions, les abdications sont des jeux émouvants. Si nous allions susciter une guerre civile dans les jardins et proclamer le Jasmin empereur et roi des parterres! »

Le parfum de certaines fleurs ressemble si fort à celui de quelques autres, que l'on est presque tenté de les croire identiques, du moins, s'ils ne le sont pas au moment où ils s'exhalent de la plante, ils semblent le devenir par l'action de l'air. On sait qu'il en est qui sont réellement identiques dans leur composition, quoique provenant de plantes tout à fait différentes; tels sont le camphre, la térébenthine et le citron. De cette identité on peut conclure que, tôt ou tard, la chimie produira l'un avec l'autre, car pour beaucoup ce n'est qu'un atome d'eau, ou d'oxygène qui fait la différence. Ce serait une grande chose que de tirer de l'essence de roses, de l'huile de géronium rosat, et la théorie indique que cela est possible.

Une très-petite quantité d'huile essentielle d'amande dans une bouteille contenant beaucoup d'oxygène se change en une autre substance odorante, l'acide benzoïque, que l'on voit se former en cristaux sur les parois sèches du flacon. Cette métamorphose est la démonstration naturelle de la théorie ci-dessus énoncée.

[La formation artificielle de quelques essences et leur transformation les unes dans les autres a été déjà effectuée, comme nous le verrons plus tard; nous avons respecté le texte anglais, et traduit fidèlement, mais nous devons faire remarquer que l'acide benzoïque pur est parfaitement inodore, et si celui du commerce présente souvent une odeur particulière, c'est parce qu'il renferme des matières étrangères.]

Pour le nez « ignorant » toutes les odeurs sont pareilles, mais le nez civilisé par le plaisir ou par l'intérêt devient le plus délicat et le plus sagace des organes. Les marchands de vin

et de thé, les droguistes, les importateurs de tabac, d'autres encore doivent imposer à l'appareil olfactif un véritable cours d'éducation. Le négociant en houblon plonge son nez dans un sac, aspire le parfum de la fleur, et dit ensuite le prix qu'il en veut donner.

On a besoin de se rappeler les odeurs, et la ténacité avec laquelle elles se fixent dans la mémoire est un fait à remarquer ici : sans ce souvenir les divers marchands dont nous venons de parler seraient bien embarrassés. Un parfumeur expérimenté a quelquefois deux cents odeurs dans son laboratoire et sait distinguer chacune d'elles par son nom. Quel musicien pourrait, sur un clavier comprenant deux cents notes, reconnaître et nommer la touche frappée sans voir l'instrument ?

Dans la gamme ci-dessous, j'ai essayé de placer le nom de chaque odeur dans la position correspondant à son effet sur les sens.

J'ai exprès choisi les odeurs qui sont plus spécialement employées dans la parfumerie; mais je voudrais qu'il fût bien compris que toutes les odeurs, de quelque source qu'elles proviennent, peuvent être classées de la même manière. Je ne connais pas une seule odeur dans un laboratoire de chimie, et elles sont assez nombreuses, à laquelle je ne puisse assigner sa place correspondante.

Il y a des odeurs qui n'admettent ni dièzes ni bémols, et il y en a d'autres qui forment presqu'une gamme à elles seules, grâce à leurs diverses nuances. La classe d'odeurs qui contient le plus de variétés est celle du citron.

Lorsqu'un parfumeur veut faire un bouquet d'odeurs primitives, il doit prendre des odeurs qui s'accordent ensemble; le parfum alors sera harmonieux. En jetant les yeux sur la gamme, on verra ce que c'est qu'harmonie et discordance en fait d'odeurs. Comme un peintre fond ses couleurs, de même un parfumeur doit fondre les aromes.

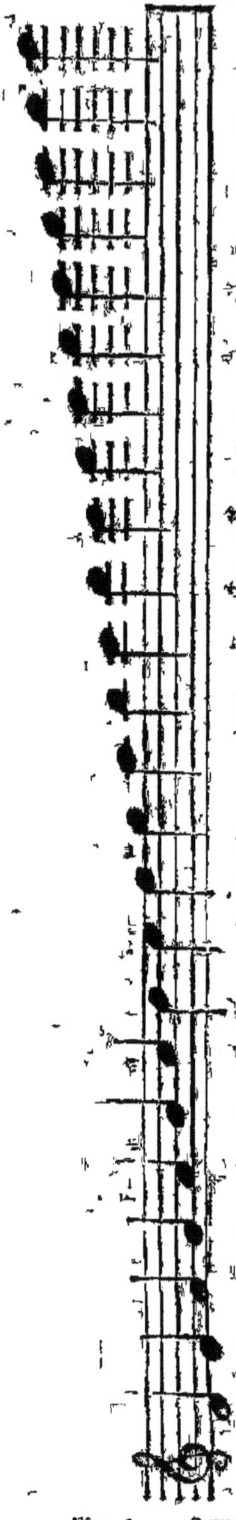

Fa.	Œillette.
Mi.	Verveine.
Ré.	Citronelle.
Do.	Ananas.
Si.	Menthe poivrée.
La.	Lavande.
Sol.	Magnolia.
Fa.	Ambre gris.
Mi.	Cédrat.
Ré.	Bergamote.
Do.	Jasmin.
Si.	Menthe.
La.	Fève de Tonquin ou Tonka.
Sol.	Seringa.
Fa.	Jonquille.
Mi.	Portugal.
Ré.	Amande.
Do.	Camphre.
Si.	Aubépine.
La.	Noix fraîche.
Sol.	Fleur d'oranger.
Fa.	Tubéreuse.
Mi.	Acacia (Cassie).
Ré.	Violette.

Fig. 1. — Gamme des odeurs, dessus ou clef de Sol.

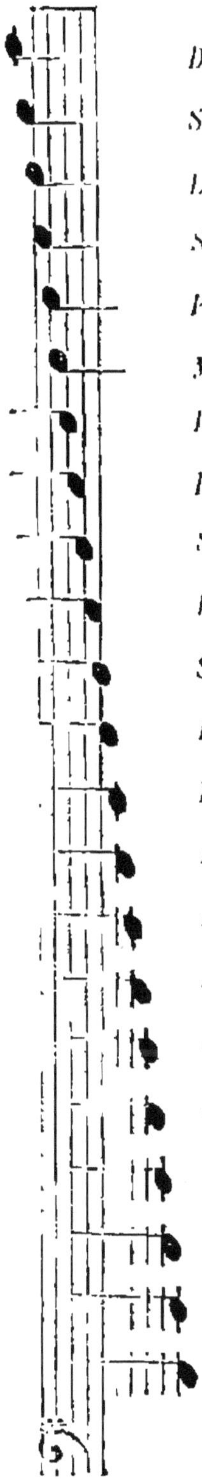

Do.	Rose.
Si.	Cannelle.
La.	Tolu.
Sol.	Pois de senteur.
Fa.	Muse.
Mi.	Iris.
Ré.	Héliotrope.
Do.	Géranium.
Si.	Julienne et œillet
La.	Baume du Pérou.
Sol.	Pergulaire (*Pergularia eduis*).
Fa.	Castoreum.
Mi.	Rotang.
Ré.	Clématite.
Do.	Santal.
Si.	Girofle.
La.	Storax.
Sol.	Frangipane *Plumiera alba*.
Fa.	Benjoin.
Mi.	Giroflée.
Ré.	Vanille.
Do.	Patchouly.

Fig. 2. — Gamme des odeurs, basse-fin clef de *Fa*.

comme représentant la première, et la vanille comme représentant la seconde. Le camphre est trois fois plus intense que la rose.

« Il y a, dit sir David Brewster, dans le son et dans la lumière une propriété trop remarquable pour être passée sous silence : deux sons éclatants peuvent arriver à produire le silence, et deux lumières vives peuvent en venir à produire l'obscurité. »

Si deux cordes égales et semblables, ou deux colonnes d'air dans deux tuyaux pareils et de mêmes dimensions, produisent exactement cent vibrations à la seconde, elles produiront chacune des ondes sonores égales, et ces ondes se réuniront pour former un son continu, double de chacun des sons entendus séparément. Si les deux cordes ou les deux colonnes d'air ne sont pas à l'unisson, mais seulement à peu près comme, par exemple, lorsque l'une vibre cent fois et l'autre cent une fois dans une seconde, alors à la première vibration les deux sons en formeront un seul deux fois plus fort que chacun d'eux séparément; mais l'un gagnera graduellement sur l'autre et à la cinquantième vibration il sera en avance d'une demi-vibration. A ce moment les deux sons *s'étoufferont mutuellement,* et il se produira un intervalle de silence complet: Puis le son recommence aussitôt, il augmente graduellement et devient très-fort à la centième vibration, et alors les deux vibrations se réunissent pour produire un son double de celui qu'elles font entendre isolément. Un nouvel intervalle de silence reviendra à la cent cinquantième, deux cent cinquantième, trois cent cinquantième vibration; c'est-à-dire à chaque seconde, tandis qu'un son deux fois plus fort que chacun des deux sons à part se fera entendre à la deux centième, trois centième, quatre centième vibration. Lorsque l'unisson est très-imparfait, ou lorsqu'il y a une grande différence entre le nombre des vibrations que les deux cordes ou les deux colonnes d'air pro-

Quand on fait un bouquet de plusieurs parfums, il faut les mélanger pour que, rapprochés, ils fassent un contraste.

Le pendant de la vanille est la citronelle. Les recettes suivantes donneront une idée de la manière de composer un bouquet selon les lois de l'harmonie :

Basse.
Sol. Pergulaire (Pergularia equlis)
Sol. Pois de senteur.
Mi. Violette. }
Fa. Tubéreuse. } Bouquet accord de Sol.
Sol. Fleur d'oranger.
Si. Aurone.
Dessus.

Basse.
Do. Santal.
Do. Géranium.
Mi. Acacia. } Bouquet accord de Do.
Sol. Fleur d'oranger.
Do. Camphre.
Dessus.

Basse.
Fa. Musc.
Do. Rose.
Fa. Tubéreuse. } Bouquet accord de Fa.
La. Fève Tonka.
Do. Camphre.
Fa. Jonquille.
Dessus.

Pour faire un bouquet, toutes les odeurs primitives doivent être ramenées à un certain degré de force ou de puissance. Ainsi le degré de l'esprit de rose est de quatre-vingt-quinze grammes d'huile essentielle de rose pour un gallon (4 litres 5) d'alcool. Mais le degré du géranium est de deux cent cinquante grammes d'essence pour un gallon (4 litres 5) d'alcool. La différence de puissance odorante des deux essences est comme trois est à huit. Les physiciens font, en fait d'électricité, une distinction entre l'intensité et la quantité ; on peut citer la verrerie

ment. Si les rayons, au lieu de tomber sur la rétine, tombent sur une feuille de papier blanc, on verra se produire exactement le même effet, à savoir : un point noir dans le premier cas, un point lumineux dans le second et des degrés intermédiaires de clarté dans les cas intermédiaires. Si les deux lumières sont *violettes*, la différence des distances auxquelles le phénomène ci-dessus se produira sera de 0,00000016178 ; elle sera intermédiaire entre 0,00009844 et 0,00000016178 pour les couleurs intermédiaires. On peut voir aisément ce curieux phénomène en faisant pénétrer la lumière du soleil dans une chambre noire, à travers un petit trou de 0,000655 ou de 0,000508 de diamètre, et en la recevant sur une feuille de papier. Si l'on tient une aiguille ou un morceau de laiton mince dans cette lumière et si l'on en examine l'ombre, on reconnaîtra que cette ombre se compose de lignes brillantes et obscures, se succédant alternativement, et que la ligne du milieu, l'axe de l'ombre, est une ligne brillante. Les rayons de lumière qui ont pénétré dans l'ombre en contournant le corps opaque et qui se rencontrent au centre même de l'ombre, ont parcouru des chemins égaux, de sorte qu'ils forment une frange lumineuse dont l'intensité est double de celle de chacun d'eux. Mais les rayons qui tombent sur un point de l'ombre, à une certaine distance du milieu, ont dans leur chemin parcouru une différence correspondant à la différence à laquelle les lumières se détruisent l'une l'autre, de sorte qu'une raie noire se produit de chaque côté de la raie brillante du milieu. A une plus grande distance du milieu la différence en vient à produire une raie brillante, et ainsi de suite, une raie brillante et une raie obscure se succédant l'une à l'autre jusqu'au bord de l'ombre.

L'explication que les physiciens ont donnée de cet étrange phénomène est très-satisfaisante et très facile à comprendre. Quand on produit une onde à la surface d'une pièce d'eau

duisent dans une seconde, les sons successifs et les intervalles de silence ressemblent à un bourdonnement. Avec un orgue puissant l'effet de cette expérience est très-curieux. La répétition des sons *ouoû-ouoû-ouoû* représente le double son et l'intervalle de silence qui résulte de l'extinction totale des deux sons séparés.

Le phénomène correspondant par rapport à la lumière est peut-être encore plus surprenant. Si un rayon de lumière *rouge* sort d'un point lumineux et tombe sur la rétine, nous verrons distinctement l'objet lumineux d'où il provient ; mais si un autre rayon de lumière rouge part d'un autre point lumineux, de quelque côté qu'il se trouve, pourvu que la différence entre la distance de ce nouveau point et du précédent au point de la rétine sur lequel le premier rayon est tombé, soit 0,00000009844, ou exactement deux, trois, quatre fois cette distance ; et si ce second rayon tombe sur le même point de la rétine, une lumière accroîtra l'intensité de l'autre et l'œil verra *deux fois* autant de lumière que quand il n'en recevait qu'une des rayons séparément. Tout cela n'est pas autre chose que ce que démontre l'expérience de tous les jours. Mais si la différence dans les distances des deux points lumineux n'est que de la *moitié* de 0,00000009844 ou une fois et demie, deux fois et demie, trois fois et demie, quatre fois et demie cette distance, *l'une des deux lumières éteindra l'autre et produira une obscurité complète.* Si les deux points lumineux sont placés de telle sorte, que la différence de leurs distances au point de la rétine soit intermédiaire entre 1 et 1 1/2, ou 2 et 2 1/2 au-dessus de 0,00000009844, l'intensité de l'effet qu'ils produisent varie de l'obscurité complète au double de l'intensité de chacune des deux lumières. A une fois un quart, deux fois un quart, trois fois un quart 0,00000009844, l'intensité des deux lumières combinées ne fera qu'être égale à celle de l'une d'elles, agissant séparé-

On peut voir un exemple de l'égalité des deux vagues dans le port de Batsha où les deux vagues arrivent par des passes de différentes longueurs et se neutralisent positivement l'une l'autre.

Maintenant comme le son est produit par des ondulations ou ondes qui se propagent dans l'air, et comme la lumière est, à ce qu'on suppose, produite par des ondes ou ondulations dans un milieu éthéré, remplissant toute la nature et occupant les pores des corps transparents, la production successive du son et du silence par deux sons forts, celle de la lumière et de l'obscurité par deux clartés brillantes peuvent s'expliquer absolument de la même manière que nous avons expliqué l'accroissement et l'oblitération des ondes formées à la surface de l'eau. Si cette théorie de la lumière est exacte, la largeur d'une onde de lumière *rouge* sera donc de 0,00000009885, la largeur d'une onde de lumière *verte* de 0,0000001227, et celle d'une onde de lumière *violette* de 0,00000016178.

Il existe une analogie semblable dans les *parfums les plus puissants*. L'ammoniaque concentré et l'acide acétique concentré se neutralisent réciproquement et produisent un *corps inodore*. On dira : c'est ici une combinaison chimique, d'accord, mais les odeurs qui viennent de disparaître peuvent bientôt reprendre leur force naturelle.

III. DÉSINFECTION

Lorsqu'il est impossible de chasser une odeur désagréable par un courant d'air, le meilleur agent de neutralisation, c'est une autre odeur. Voilà pourquoi on se trouve bien de brûler de temps en temps du papier brouillard dans les habitations. C'est ainsi que les miasmes cadavériques de nos vieilles cathédrales, de nos antiques abbayes, autrefois employées comme lieux de sépulture, disparaissaient sous la vapeur de l'encens,

tranquille en y jetant une pierre, l'onde s'étend à la surface, tandis que l'eau elle-même ne se porte pas en avant, mais s'élève et s'abaisse simplement sur place, chaque portion de la surface éprouvant une élévation et une dépression tour à tour. Si nous supposons deux ondes égales et semblables produites par deux pierres séparées, et si elles atteignent le même endroit au même moment, c'est-à-dire si les deux élévations coïncident exactement, elles uniront leurs effets et produiront une onde d'un volume double de celui de chacune d'elles. Mais si l'une est éloignée de l'autre de sorte que l'abaissement de la première coïncide avec l'élévation de la seconde et l'abaissement de la seconde avec l'élévation de la première, les deux ondes s'annihileront ou se détruiront réciproquement. l'élévation de l'une comblant en quelque sorte la moitié du creux de l'autre et le creux de celle-ci annihilant la moitié de l'élévation de celle-là de manière à niveler la surface. On verra ce double effet se produire réellement, si l'on jette deux pierres égales dans une pièce d'eau. Là où l'eau est tout à fait unie, on verra se dessiner des lignes de forme hyperbolique par suite de l'effacement des ondes l'une par l'autre, tandis que, dans d'autres parties voisines, l'eau s'élève à une hauteur égale à celle des deux ondes réunies.

Dans les marées nous avons un bel exemple des mêmes effets produits par la même cause. Les deux vagues immenses, résultant de l'action du soleil et de la lune sur l'Océan, produisent nos grandes marées par leur combinaison, c'est-à-dire quand l'élévation de l'une et de l'autre coïncide, et nos marées de morte eau quand l'élévation d'une des vagues coïncide avec l'abaissement de l'autre. Si le soleil et la lune avaient exercé exactement la même action sur l'Océan, ou produit des vagues de la même grosseur, alors nos marées de morte eau auraient disparu complètement et la grande marée aurait été une vague double de la vague produite par le soleil et la lune séparément.

trouvant pas avec quoi se combiner, s'attache aux murs et pénètre dans tous les coins, dans les moindres fissures.

[Il résulte de ce que nous avons dit précédemment que ce n'est pas l'acide benzoïque qui est le corps odorant, mais bien des matières particulières essentielles ou grasses qui accompagnent la combustion lente du benjoin.]

L'odeur de la chair brûlée est affreuse ; il n'est donc pas étonnant que les Romains brulassent de l'encens sur les bûchers.

Peut-être est-ce la mauvaise odeur que répandaient les hérétiques condamnés au feu qui a porté l'Angleterre à éteindre le bûcher des martyrs ; en effet, l'Angleterre n'avait pas d'encens à cette époque.

[Ici encore le phénomène de désinfection est complexe ; la combustion de l'encens employé comme agent de désinfection et celle de tous les corps analogues agissent : 1° en produisant des vapeurs aromatiques qui masquent les mauvaises odeurs ; 2° en déterminant par la combustion un courant d'air, par conséquent une petite ventilation ; 3° en donnant naissance à divers produits acides qui pourront neutraliser les corps inferts, gazeux, alcalins ou du moins basiques ; 4° en formant des produits aromatiques qui s'opposent à la nouvelle formation des produits infects.]

Quoique les goûts diffèrent, il n'est peut-être pas hors de propos de signaler ici un fait que j'ai souvent observé, c'est que les odeurs préférées des jeunes gens sont celles de la basse (clé de fa), tandis que les personnes plus âgées aiment mieux celles du dessus (clé de sol).

IV. ODEUR DES TERRES

Toutes les substances que, dans le langage ordinaire, on appelle terres, exhalent une odeur particulière et caractéristique,

non pas masqués, comme le disent quelques personnes, mais
réellement neutralisés par une combinaison chimique.

Les émanations malfaisantes sont toutes d'une nature alcaline, sinon ammoniacale, et se combinent volontiers avec les
produits d'une combustion lente qui tous sont acides ou ont
un caractère acide dans leurs réactions chimiques. Les émanations subtiles, qui engendrent la maladie, soit qu'elles viennent des marais infects ou qu'elles s'échappent des poumons
altérés d'une personne malade, sont immédiatement détruites
par les vapeurs odorantes qui résultent d'une combustion pareille.

[Le phénomène de la désinfection par les divers gaz, vapeurs
ou produits de combustion, nous paraissent beaucoup plus
complexes et d'une généralisation difficile; il est des cas en
effet où tout se borne à une dissimulation d'une mauvaise
odeur par une bonne ou par une moins mauvaise, mais alors il
n'y a pas désinfection proprement dite, mais simplement remplacement passager d'une odeur par une autre; dans d'autres
cas il s'opère de véritables combinaisons chimiques entre divers
corps odorants, d'où il résulte de nouveaux composés inodores,
telle est par exemple la saturation de l'ammoniaque par l'acide
acétique, ou celle du sulfhydrate d'ammoniaque par le sulfate de fer; dans d'autres cas, il y a condensation des corps
odorants par les corps poreux: c'est de la sorte qu'agit le charbon; mais il est des circonstances dans lesquelles il y a destruction complète des matières odorantes; c'est ainsi que paraissent
agir le chlore, les vapeurs nitreuses, etc. Enfin, il est des
agents antiseptiques qui exercent leur action en tarissant ou
diminuant la source infectante.]

Le benjoin est l'ingrédient principal de toutes les compositions qui se débitent pour parfumer les appartements. A la
chaleur, il dégage de l'acide benzoïque, acide essentiellement
volatil; celui-ci quand il est répandu dans une maison, ne

ques nous citerons MM. Bonastre, Piria, Cahours, Deville, Berthelot, Chautard, etc., etc.

L'étude de la matière colorante des essences a conduit M. Piesse à la découverte d'un corps qu'il appelle *azulène*. Voici les faits acquis sur ce corps :

Tout le monde sait que les essences ou huiles essentielles des végétaux ont des couleurs particulières qui les caractérisent ; elles sont jaunes, bleues, vertes, brunes ou blanches, c'est-à-dire incolores.

Mes recherches sur les matières auxquelles sont dues ces différentes couleurs m'en ont, je crois, fait découvrir la nature, et je vais exposer ici les faits établis. La plus intéressante est la substance bleue qui colore l'essence de camomille, parce qu'elle se retrouve dans d'autres huiles volatiles et leur communique une couleur verte, déguisée alors par une résine jaune qui se rencontre aussi dans les huiles volatiles vertes. Quand l'essence bleue de camomille est soumise à une distillation fractionnée, on sépare aisément l'hydrocarbure incolore d'anthémidine (1) de la couleur bleue, parce qu'il faut pour vaporiser celle-ci une température beaucoup plus élevée que pour celle-là.

Par la distillation fractionnée de l'essence d'armoise ou d'absinthe j'obtiens d'abord un hydrocarbure presque incolore, puis, au troisième fractionnement, une huile d'un beau vert, qui, au cinquième fractionnement, se sépare en huile bleue et en un résidu résineux de couleur jaune. En soumettant à une distillation fractionnée de l'essence de patchouly extraite par la distillation à l'eau du végétal indien appelé *pogostemon pat-chouly*, j'obtiens également d'abord un hydrocarbure incolore, puis, mais pas avant le onzième fractionnement, une belle huile bleue et un résidu d'un jaune brun. Le grand nombre de frac-tionnements nécessaires ici pour séparer l'huile bleue vient de

1 Principe de l'essence de camomille, *anthemis nobilis*.

dès qu'elles sont imprégnées d'eau. Quiconque cheminant
sur une grande route, pendant les mois d'été, a été surpris
par une averse, peut avoir remarqué l'odeur délicieuse qui
remplit l'air quelques minutes après que la pluie est tombée
et qui s'évanouit ensuite. Lorsqu'on verse de l'eau sur de la
craie, ou plutôt sur du blanc d'Espagne, il s'en dégage une
odeur très-persistante, mais qui n'est pas sensible pour tout le
monde ; les oxydes de fer, de manganèse et diverses autres
substances minérales répandent une odeur quand elles sont
mouillées. Nous nous bornons quant à présent à rappeler le
fait, sans rechercher la cause de ces phénomènes, et à constater
que les odeurs ne sont certainement dues à aucune substance
préexistant dans l'eau avant qu'elle se trouve en contact avec
la terre, car on a observé le même résultat lorsqu'on avait employé, pour faire l'expérience, l'eau distillée la plus pure. L'observation ne doit pas non plus être restreinte au mélange de la
terre et de l'eau : car lorsqu'on verse de l'acide hydrochlorique
sur de l'oxyde de zinc, il s'exhale une odeur agréable, produit
secondaire de la combinaison qui a lieu alors entre l'acide et
l'oxyde de zinc.

[Ces odeurs dégagées par les terres s'expliquent par la présence de matières organiques, ou par des gaz odorants absorbés par les terres poreuses et qui sont déplacés par l'eau ; quant
à l'odeur dégagée, lorsqu'on traite l'oxyde de zinc par l'acide
chlorhydrique, elle pourrait être expliquée de plusieurs manières, et elle pourra varier selon les circonstances.]

V. PRINCIPE COLORANT DES HUILES VOLATILES

[Gmelin a très-exactement exposé tout ce qu'on savait alors
sur la composition des essences. Depuis cette époque ces corps
ont été étudiés par un grand nombre de chimistes, parmi es-

que la couleur varie du jaune pâle au rouge foncé. Quand elles sont fraîches, c'est-à-dire nouvellement distillées, plusieurs essences sont d'un vert pâle qui indique la présence de l'azulène; mais à mesure que l'oxydation avance, la résine jaune produite couvre l'azulène, de sorte que nous avons :

A. Essences incolores ne contenant ni azulène ni résine,

B. Essences jaunes ne contenant que de la résine,

C. Essences bleues ne contenant que de l'azulène,

D. Essences brunes, vertes et jaune vert contenant à la fois de l'azulène et de la résine dans des proportions différentes comme l'indique l'examen optique.

C'est une chose remarquable combien il faut peu d'azulène pour colorer une essence qui ne contient pas de résine jaune; l'huile de camomille, dont nous connaissons tous la couleur bleue, ne contient cependant qu'un pour 100 d'azulène. L'essence de patchouly, qui en donne 6 pour 100, et celle d'absinthe, qui en contient 5 pour 100, ne paraissent pas bleues du tout, ce qui est dû à la grande quantité de résine jaune qui s'y trouve. Au troisième fractionnement de l'absinthe, la résine jaune et l'azulène sont dans les proportions voulues pour former une solution verte, et c'est probablement ce qui arrive pour les autres huiles connues pour leur couleur verte, telles que l'huile de cajeput, mais que je n'ai pas encore examinées.

L'examen chimique de l'azulène et le rôle qu'elle joue dans sa combinaison avec les corps odorants me fourniront bientôt, j'espère, des faits nouveaux que je me propose de mettre sous les yeux du public.

On sait, d'après G. E. Sachsse, que beaucoup d'huiles volatiles sont incolores; cependant un grand nombre sont colorées, les unes bleues, les autres vertes, d'autres jaunes. Jusqu'à présent c'est une question à résoudre de savoir si la couleur est une propriété essentielle des huiles volatiles ou si elle n'est pas due à la présence de quelque matière colorante qu'on peut

ce que l'hydrocarbure de patchouly, l'huile bleue et la résine entrent en ébullition à des degrés très-élevés et très-voisins l'un de l'autre.

L'essence de bergamote, extraite de l'écorce du fruit du *citrus limetta*, et l'essence d'*andropogon schœnantus* (Ceylan lemon grass), soumises au même traitement, donnent de petites portions de cette couleur bleue.

En rectifiant à plusieurs reprises le liquide bleu extrait de ces diverses essences, je parviens à le débarrasser de toute substance étrangère et à l'amener à un état de pureté parfaite. Il bout alors à une température de 302° centigr.; sa pesanteur spécifique est de 0,940. Mis en ébullition, il produit une vapeur dense d'une couleur bleue qui présente à la vue des caractères spéciaux. J'ai nommé cette substance *azulène*, du mot azur, bleu.

L'analyse de l'azulène donne la formule suivante :

	CALCULÉ.	TROUVÉ.
C^{16}	82,05	81,21
H^{13}	11,12	10,95
O.	6,83	7,84
	100,00	100,00

Ou $C^{16}H^{12} + HO$.

La matière colorante jaune qui donne sa teinte aux différentes essences paraît être une partie oxydée de ces essences. Dans presque tous les cas, des essences incolores au moment où elles viennent d'être extraites, deviennent jaunes en vieillissant, c'est-à-dire en s'oxydant. Ceci pourtant n'est pas général, car l'essence de muscade reste incolore pendant longtemps, même quand on y introduit de l'air par aspiration. La portion oxydée des huiles colorées en jaune, séparée de l'huile pure dans laquelle elle est dissoute, est une véritable résine ; la plupart des essences s'oxydent pendant la distillation même, de là vient

isoler. Il est très-probable que leur couleur vient de la présence d'une substance étrangère, car en les distillant avec soin on peut les obtenir d'abord sans couleur, tandis qu'ensuite la partie colorée passe dans le récipient. Les phénomènes subséquents conduisent à la solution de la question et prouvent d'une manière évidente que les huiles volatiles, quand elles sont colorées doivent leur couleur à des substances particulières qui, dans de certains cas, peuvent passer d'une huile dans une autre. Lorsqu'on soumet à la distillation un mélange d'essences d'absinthe, de citron et de girofle, l'essence d'absinthe, auparavant teinte en vert, passe incolore au commencement de l'opération, tandis qu'à la fin l'essence de girofle coule en gouttes épaisses d'un vert foncé. Il est donc manifeste que la matière colorante verte de l'essence d'absinthe a passé dans l'essence de girofle (1).

(1) *Zeitschrift für Pharmacie*

II

VARIABILITÉ DES QUALITÉS ODORANTES

Les fleurs, dont passager durt été trop rapide
Ne donnaient se la sont qu'un triste plaisir
Mais leurs sucs dist les eau un parfum liquide
De leur éclat voyant gardait le souvenir
Une prison de verre enfermait leurs senteurs
Respecte l'heureux jour précisément leur présence
Vienne aujourd'hui l'hiver charmant ces rigueur
Si la fleur a péri respirons son essence

SHAKSPEARE

I. INFLUENCE DES CLIMATS

Les fleurs exhalent des parfums sous tous les climats ; mais
celles qui croissent sous les latitudes plus chaudes dégagent des
senteurs plus abondantes, tandis que celles des régions plus
froides répandent les odeurs les plus délicates. W. J. Hooker [1]
parle du délicieux parfum des fleurs de la vallée de Skardsheidi ;
nous savons qu'on y trouve en abondance la violette, la prime-
rose (primula) et le thym sauvage. M. Louis Piesse, explorant
avec le capitaine Sturt les régions sauvages de l'Australie méridionale, écrit : « Les pluies ont revêtu la terre d'une verdure
aussi belle que celle des prairies du Shropshire au mois de mai,
et de fleurs aussi douces que la violette d'Angleterre, à laquelle
l'anémone blanche ressemble sous le rapport du parfum.
L'acacia jaune (cassie), en fleurs est magnifique et exhale une
odeur pénétrante. »

Un écrivain du haut Canada, Forster Ker, s'exprime
ainsi : « Je vous envoie quelques brins de notre gazon indien
(indian grass) dont vous ne manquerez pas de remarquer la
délicieuse odeur. Vous n'avez rien en Angleterre à y comparer,
et je m'étonne que vos parfumeurs ne l'emploient pas. Il est
très abondant ici.

[1] *Journal of a tour in Iceland.* 2ᵉ édition. Londres, 1815

obtiennent sur le marché un prix plus élevé que celui de leurs pareils cultivés en France ou ailleurs, et la délicatesse de leur parfum justifie cette préférence. A Cannes se fabriquent tous les produits de la rose, de la tubéreuse, de la cassie, du jasmin et du *néroli*. A Nîmes les cultivateurs donnent principalement leurs soins au thym, au romarin, à l'aspic et à la lavande. Nice a la *spécialité* de la violette. La Sicile nous donne le citron et l'orange, l'Italie l'iris et la bergamote.

L'odeur des plantes ne réside pas pour toutes dans les mêmes parties. Chez les unes, c'est dans la racine, comme dans l'iris et le vétiver (rhizomes ou tiges souterraines); chez les autres, dans le bois, comme dans le cèdre et le santal ; c'est la feuille dans la menthe, le patchouly et le thym ; la fleur dans la rose et la violette ; la graine dans la fève tonka ; le fruit dans le carvi ; l'écorce dans la cannelle.

Quelques végétaux ont plusieurs odeurs tout à fait distinctes et caractéristiques. L'oranger, par exemple, en donne trois : des feuilles et des petits fruits on extrait le *petit grain*, des fleurs le *néroli*, et de l'écorce du fruit une huile essentielle appelée *Portugal*. Pour cette raison, cet arbre est peut-être le plus précieux de tous pour le fabricant de parfumerie.

Le parfum des fleurs est dû, dans la plupart des cas, à une huile très-volatile contenue dans de petits vaisseaux ou des cellules intérieures, ou qui se produit à différentes époques de leur vie, comme lorsqu'elles sont en fleurs. Quelques-unes donnent par incision des gommes (résines) odorantes, comme le benjoin, l'oliban, la myrrhe, etc. ; d'autres fournissent par le même procédé des baumes qui semblent être le mélange d'une huile odorante et d'une gomme (résine) inodore. Quelques-uns de ces baumes s'obtiennent dans le pays où la plante est indigène en la faisant bouillir quelque temps dans l'eau. On filtre ensuite cette infusion; on la fait bouillir une seconde fois ou on la soumet à l'évaporation, jusqu'à ce que le résidu ait

« Tous les pays, tous les climats offrent au Très-Haut les parfums que produit leur sol. Les plus délicieuses senteurs embaument les sommets majestueux des Alpes ; la zone glaciale est riche en parfums rares ; l'Océan, ce vieux bavard à la face ridée, à la barbe grise, prodigue l'ambre gris sur ses rivages ; les contrées brûlantes de la zone torride enivrent nos sens du mélange concentré de leurs émanations volatiles, du délicieux arome de leurs divers produits, insaisissable à l'analyse chimique. »

Quoique plusieurs des parfums les plus précieux viennent des Indes orientales, de Ceylan, du Mexique et du Pérou, le midi de l'Europe est le seul jardin véritablement utile au parfumeur. Grasse, Cannes (1) et Nice sont les principaux sièges de cette industrie. Grâce à leur position géographique, le cultivateur, dans un cercle relativement restreint, a à sa disposition les divers climats les plus propres à produire dans leur perfection les plantes nécessaires à son commerce. Sur le bord de la mer, la cassie pousse sans craindre la gelée, qui, en une seule nuit, pourrait détruire toute une récolte ; tandis que plus près des monts Esterel, au pied des Alpes, la violette est plus douce que si elle était venue dans les expositions plus chaudes où l'oranger et la tubéreuse fleurissent parfaitement. L'Angleterre peut réclamer la supériorité pour la lavande et la menthe poivrée. Les huiles essentielles extraites de ces végétaux cultivés à Mitcham, dans le comté de Surrey, et à Hitchin, dans le comté de Hertford,

---

1 Cannes ou Cagnes est un petit port de mer sur la Méditerranée, à l'extrémité S. E. de la France. Il est situé à 52 kilom. de Nice, à 16 kilom. de Grasse, à 194 kilom. du port de Marseille et à 22 kilom. 1 2 du Var, qui, jusqu'à la cession de la Savoie par Victor-Emmanuel, séparait la France du royaume de Sardaigne.

C'est à Cannes qu'est établie la fabrique de parfumerie de M. Louis-Herman. La population actuelle de Cannes est d'environ 7,000 âmes.

Grasse est située à 16 kilom. au nord de Cannes, en montant de la mer au mont Esterel. La ville contient environ 12,000 habitants ; on y voit la grande fabrique de parfumerie de MM. Pilar frères.

qu'il augmentait d'intensité avec les ombres de la nuit, et qu'il s'évanouissait au point du jour. Deux bulbes de cette orchis furent posés dans deux vases cylindriques remplis d'eau dans laquelle les plantes étaient complétement plongées; un des vases fut placé au soleil et l'autre à l'ombre. Quand vint le soir, une odeur délicieuse se fit sentir et continua de s'exhaler pendant la nuit, mais elle disparut au lever du soleil. Ces expériences amenèrent Morren à conclure que l'odeur des fleurs dépend de quelque cause physiologique et non d'une évaporation de particules, ni de leur accumulation dans des parties des plantes où elles ont leur origine. Il trouva que les orchidées aromatiques, telles que la *marillaria aromatica*, perdent leur parfum une demi-heure après l'application artificielle du pollen, et que les fleurs non fécondées conservaient leur parfum plus longtemps.

M. Trinchinetti, qui a fait aussi des expériences sur les odeurs des plantes, divise les fleurs odorantes en deux classes :

1° Celles dans lesquelles l'intermittence de l'odeur est liée à l'épanouissement et au sommeil de la fleur. Cette classe contient elle-même deux subdivisions :

a. Fleurs qui, restant fermées et inodores pendant le jour, s'ouvrent et exhalent un parfum pendant la nuit : *mirabilis jalapa, m. dichotoma, m. longiflora, datura ceratocaula, nyctanthes arbor tristis, cereus grandiflorus, c. nyctica-lus, c. serpentinus, mesembryanthemum noctiflorum,* et quelques espèces de *silène.*

b. Fleurs qui, restant fermées et inodores pendant la nuit, s'ouvrent et répandent un parfum pendant le jour : *convolvu-lus arvensis, cucurbita pepo, nymphæa alba* et *nymphæa cærulea.*

2° Fleurs qui sont toujours ouvertes, mais qui sont tour à tour odorantes et inodores. Cette classe comprend deux sec-tions :

acquis la consistance de la mélasse. C'est ainsi que l'on extrait le baume du Pérou du *myroxylon peruiferum* et le baume de Tolu du *myroxylon toluiferum*. Quoique ces odeurs soient agréables, elles sont peu employées en parfumerie pour l'usage du mouchoir, mais quelques fabricants les font entrer dans le savon. En Angleterre, on les estime plus pour leurs propriétés médicinales que pour leur parfum.

II. INFLUENCE DES HEURES DU JOUR ET DE LA NUIT

Les fleurs exhalent plus généralement leurs odeurs pendant que le soleil brille ou au moins pendant le jour; mais il y en a qui ne sentent rien pendant le jour et qui embaument le soir, elles sont le *cestrum nocturnum*, le *lychnis vespertina* et quelques variétés du *catasetum* et du *cymbidium*.

Certaines fleurs, en petit nombre, doivent leur nom spécifique, *tristis*, triste, à cette particularité qu'elles ne sont odorantes que la nuit, telles sont l'*hesperis tristis*, le *nyctanthes arbor tristis*.

M. Recluz (1), en parlant des effets des rayons solaires sur les fleurs du *cacalia septentrionalis* s'exprime ainsi : « J'ai eu occasion d'observer en 1815, au Jardin du Roi, que les fleurs du *cacalia septentrionalis*, exposées à l'action des rayons solaires, exhalaient une odeur aromatique, que l'on pouvait rendre nulle en interceptant les rayons solaires au moyen d'un chapeau ou de la main, puis en leur rendant le contact de la lumière solaire. »

Morren dit que les fleurs du *habenaria bifolia*, qui croît aux environs de Liége, sont tout à fait inodores pendant le jour, tandis qu'elles répandent le soir, ordinairement vers onze heures, une odeur très-agréable et très-pénétrante. Il a remarqué que le parfum commençait à se faire sentir au crépuscule,

1) *Journal de pharmacie*, année 1827, p. 216.

a. Fleurs toujours ouvertes et qui n'ont d'odeur que le jour : *cestrum diurnum, coronilla glauca* et *cacalia septentrionalis*.

b. Fleurs toujours ouvertes n'ayant d'odeur que la nuit : *pelargonium triste, cestrum nocturnum, hesperis tristis* et *gladiolus tristis.*

L'émission des odeurs que donnent les fleurs nocturnes présente parfois des intermittences singulières. Ainsi les fleurs du *cereus grandiflorus* ne sont odorantes que par intervalles; elles envoient des bouffées toutes les demi-heures, depuis huit heures jusqu'à minuit. Suivant Morren, dans un cas, les fleurs commencèrent à s'ouvrir à six heures du soir, moment où la première odeur fut perceptible dans la serre; un quart d'heure après, à la suite d'un mouvement rapide du calice, la première bouffée se fit sentir; à six heures vingt-trois minutes, nouvelle et très-puissante émanation ; à six heures trente-cinq, les fleurs étaient toutes grandes ouvertes ; à sept heures moins un quart, l'odeur du calice devint plus forte, quoique modifiée par celle des pétales. Les émanations reprirent ensuite leurs intervalles accoutumés.

Ceux qui admirent les senteurs d'un parterre à la chute du jour ne sauraient négliger la culture des fleurs nocturnes, sans se priver des mille plaisirs qu'on éprouve à respirer les atomes qu'elles répandent dans l'atmosphère, atomes si subtils, si éthérés qu'ils échappent souvent à l'analyse du chimiste.

III. INFLUENCE DE LA COULEUR

Cohler et Schübler, dans le tableau suivant, ont rangé les fleurs selon les qualités odorantes et les couleurs qu'elles possèdent. Les fleurs blanches sont les plus parfumées et les plus agréables à l'odorat; les fleurs orangées et brunes sont de peu d'utilité au parfumeur.

COULEURS.	ESPÈCES.	ODORANTES.	ODEURS AGRÉABLES.	ODEURS DÉSAGRÉABLES.
Blanches. . . .	1195	187	175	12
Jaunes. . . .	951	75	61	14
Rouges. . . .	923	85	70	9
Bleues. . . .	594	34	23	7
Iris.	307	23	17	6
Vertes ?. . .	155	12	10	2
Oranges. . .	50	3	1	2
Brunes. . . .	18	1	»	1

IV. INFLUENCE DU GENRE ET DE L'ESPÈCE

D'après Gohler et Schlüblert, les plantes monocotylédones, soumises à l'examen, se sont trouvées contenir quatorze pour cent d'espèces odoriférantes, tandis que les dicotylédones n'en renferment que dix pour cent. Observées par familles naturelles, les fleurs ont présenté les couleurs et les odeurs associées dans les proportions suivantes :

FAMILLE NATURELLE.	COULEUR DOMINANTE.	FLEURS ODORIFÉRANTES POUR 100
Nymphéacées.	Blanc et jaune.	22
Rosacées,	Rouge, jaune et blanc,	13,1
Primulacées.	Blanc et rouge,	12,3
Borraginées,	Bleu et blanc.	5,9
Convolvulacées.	Rouge et blanc,	4,15
Renonculacées.	Jaune,	4,11
Papavéracées.	Rouge et jaune,	2
Campanulacées.	Bleu.	1,51

On ne saurait manquer de se guider sur les faits ci-dess dans le choix des fleurs à cultiver.

III

PRODUCTION

I. STATISTIQUE DES CULTURES FLORALES

Les vastes cultures de fleurs établies dans le voisinage de Nice, à Montpellier, à Nîmes, à Grasse et à Cannes, en France ; à Andrinople, dans la Turquie d'Europe ; à Brousse, à Uslak, dans la Turquie d'Asie ; à Gazépore, dans l'Inde ; à Mitcham et à Itchim, en Angleterre, indiquent jusqu'à un certain point l'importance commerciale de cette branche de la chimie qu'on appelle la parfumerie.

L'Inde anglaise et l'Europe consomment annuellement, suivant l'évaluation la plus modérée, 6,840 hectolitres d'esprits parfumés sous différents noms, tels que : eau de Hongrie, essence de lavande, esprit de rose, etc. L'art du parfumeur ne se borne pas cependant à produire des essences pour les gants et les bains, mais il donne de l'odeur aux substances inodores, telles que le savon, l'huile, l'amidon et la graisse qu'emploient à leur toilette les personnes du monde élégant ; on pourra se former une idée de l'importance de cet art quand on saura qu'un des plus forts parfumeurs de Cannes, M. Herman, emploie annuellement 70,000 kilog. de fleurs d'oranger, 6,000 kilog. de fleurs de cassie, 70,000 kilog. de feuilles de roses, 16,000 kilog. de fleurs de jasmin, 10,000 kilog. de violettes, 4,000 kilog. de tubéreuses, sans parler du romarin, de la menthe, du limon, du citron, du thym et d'autres plantes odorantes en plus grande proportion. En réalité, la quantité de substances odorantes employées ainsi dépasse de beaucoup l'idée que peuvent s'en faire les personnes même habituées à résumer des statistiques.

Trente mille pieds de *jasmin* occupent un espace de terre équivalent à quinze mille mètres, et produisent dans toute la saison mille kilogrammes de fleurs.

Cinq mille pieds de *rosiers* occupent dix-huit cent mètres de terre, et produisent dans la saison dix kilogrammes de fleurs.

Cent *orangers* de dix ans occupent quatre mille mètres de terre, et produisent dans la saison mille kilogrammes de fleurs.

Huit cent pieds de *géranium* occupent deux cents mètres de terre et donnent dans la saison mille kilogrammes de feuilles.

Violettes. Cinq mille mètres de terre plantés en violettes produisent dans la saison mille kilogrammes de fleurs.

Tubéreuses. Soixante-dix mille bulbes de tubéreuses produiront mille kilogrammes de fleurs dans la saison et exigeront pour leur culture dix mille mètres de terre.

La quantité de violettes récoltées à Nice et à Cannes (Grasse n'en produit pas) s'élève chaque année à vingt-cinq mille kilogrammes, dont la transformation annuelle en huiles et en pommades donne douze mille kilogrammes. Cependant, si les produits livrés par les différentes manufactures étaient naturels, elles ne pourraient pas, d'après les quantités de fleurs accusées ci-dessus, fournir plus de six mille kilogrammes d'essence pure.

Nice produit annuellement deux cent mille kilogrammes de fleurs d'oranger.

La quantité de fleurs d'oranger recueillie à Cannes et dans les villages environnants s'élève à quatre cent trente-cinq mille kilogrammes. Ces fleurs sont d'une qualité supérieure et, sous tous les rapports, préférables pour la fabrication à celles qui proviennent de Nice, lesquelles ne sont, en effet, propres qu'à la distillation.

Mille kilogrammes de fleurs d'oranger produisent huit cent grammes de néroli pur; six cents kilogrammes de feuilles produisent un kilogramme de petit-grain pur.

Cannes produit annuellement de seize à dix-huit mille kilogrammes de fleurs de cassie. On remarquera que cette fleur appartient exclusivement à Cannes, l'arbre qui la porte ne poussant bien ni à Nice, ni à Grasse. Cette dernière localité est complétement dépourvue de fleurs d'oranger : elle la tire de Cannes pour la fabrication des pommades, et de Nice pour la distillation.

Les fleurs employées dans la fabrication de la parfumerie, telles que la rose, le jasmin, la tubéreuse, sont généralement moins cultivées à Grasse qu'à Cannes.

Grasse, Cannes et les villages voisins produisent annuellement quarante mille kilogrammes de roses, cinquante mille de jasmins et dix mille de tubéreuses (1).

Eau de fleurs d'oranger. En égard à la quantité de fleurs d'oranger produite à Cannes, à Grasse et à Nice, il n'est pas possible aux distillateurs de fabriquer plus de quatre cent soixante-cinq mille litres ou kilogrammes d'eau de fleurs d'oranger pure, avec la quantité de fleurs qui leur est fournie par les fabricants de pommades; mais la fabrication de cet article est si grande qu'on exporte plus d'un million de kilogrammes d'eau de fleurs d'oranger frelatée. Il est donc très-important que la distillation de ces fleurs soit soumise à une rigoureuse surveillance.

On pourrait remédier à cet abus en instituant à Cannes soit une commission, soit un inspecteur, qui aurait pour fonc-

(1) Tous ces chiffres nous paraissent se rapprocher de ceux qui ont été publiés par M. Piver; mais comme les renseignements fournis par M. Plesse nous semblent plus complets, nous les avons adoptés. O. R.

tion d'examiner les eaux distillées au moment où elles quittent la distillerie, et qui pourrait punir sévèrement le négociant qui, sous le nom de fleurs d'oranger, viendrait à livrer de l'eau de feuilles d'oranger ou tout autre mélange frauduleux.

Pour ma part, je serais très-heureux de voir le gouvernement français, dont la sollicitude pour tout ce qui touche l'intérêt public est si grande, accorder son attention à cette importante question.

[Nous sommes heureux de voir un honorable négociant anglais partager à cet égard l'opinion de ses confrères de France, qui sont jaloux de leur dignité et qui pratiquent leur profession avec autant d'intelligence que de délicatesse : nous savons, en effet, que d'honorables parfumeurs et distillateurs français réclament depuis longtemps les mesures signalées par M. Piesse, et il n'y a vraiment que les fraudeurs et les fabricants peu consciencieux qui réclament la liberté commerciale anglaise.

Selon nous, on ne devrait vendre sous le nom d'*eau de fleurs d'oranger* que de l'eau distillée faite avec les fleurs, et l'étiquette devrait indiquer la qualité de l'eau par les dénominations habituelles : *simple*, *double*, *triple* et *quadruple* ; l'eau faite avec les feuilles devrait porter le nom d'*eau de feuilles* ; l'*eau artificielle*, c'est-à-dire celle qui est préparée avec le néroli, devrait être repoussée et sa fabrication défendue ; il devrait être également interdit de faire des mélanges d'eau de fleurs et d'eau de feuilles, parce que la personne la plus exercée peut s'y tromper et que les diverses réactions chimiques proposées pour reconnaître ces mélanges sont insuffisantes. Pour l'usage de la médecine il faut employer exclusivement l'*eau de fleurs*, l'eau de feuilles jouissant de propriétés thérapeutiques différentes et tout à fait opposées.]

Grasse et Cannes fabriquent annuellement :

150,000 kilogr. de pommades et huiles parfumées.
250 — d'essence pure de néroli.
450 — — de petit-grain,
4,000 — — de lavande.
1,000 — d'essence de romarin.
1,000 — d'essence de thym.

L'essence de néroli et celle de petit-grain fabriquées à Cannes sont d'une qualité bien supérieure à celles que fabrique Grasse. La raison de cette supériorité est évidente ; Grasse ne produit pas les fleurs qui sont le plus employées dans la fabrication de la parfumerie et ne peut les tirer que de Cannes ; il s'écoule donc nécessairement beaucoup de temps entre le moment de la récolte et celui de la manipulation, à quoi il faut ajouter le transport dans les jours les plus chauds de l'été, dont l'effet est tout à fait fâcheux.

Il serait avantageux pour le fabricant et pour le consommateur que les fleurs fussent employées dans l'endroit même où elles naissent, afin qu'on pût les avoir aussi fraîches que possible. C'est pour cela que Cannes a vu s'élever au milieu des jardins de M. Louis Herman un vaste établissement de parfumerie qui n'a certainement pas d'égal dans le pays, et qui, grâce à l'avantage de sa situation, est renommé pour l'excellence et la supériorité de ses produits. Cette maison fabrique annuellement de 38,000 à 40,000 kilogrammes de pommades et d'huiles parfumées.

II. UTILITÉ DE L'ÉTUDE DES PARFUMS

L'étude de la parfumerie ouvre au chimiste un livre qui n'a pas encore été déchiffré ; en effet, sur les rayons du parfumeur figurent plusieurs huiles essentielles très-rares, telles que l'huile essentielle extraite de la fleur de l'*acacia farnesiana*, l'huile essentielle de violettes, de tubéreuse, de jasmin et autres, dont la composition est encore à déterminer.

Au physiologiste l'étude de la parfumerie montrera qu'il reste encore à fonder quelque hypothèse pouvant servir de base aux lois en vertu desquelles différentes odeurs agissent sur l'intelligence de l'homme en même temps que sur ses autres facultés.

Le plaisir délicieux que procure à l'homme le parfum des fleurs le porta presque instinctivement à vouloir en extraire le principe odorant, de manière à avoir le parfum quand la saison ne permet plus d'avoir les fleurs. Aussi voyons-nous les alchimistes torturer les plantes de toutes les façons imaginables pour atteindre ce résultat; c'est sur leurs expériences qu'a été fondé l'art entier du parfumeur.

IV

CHIMIE DES PARFUMS

> Si parfois le matin, en rêvant, je chemine
> A travers le sentier embaumé d'aubépine
> Qui conduit au hameau, mon œil est réjoui,
> Ma narine charmée . . . .
> . . . . de toute feuille verte
> S'élève un pur encens ; chaque fleur entr'ouverte,
> Exhalant librement les trésors de son cœur,
> Semble de ses parfums faire hommage au Seigneur.

Sans répéter ce qu'on peut trouver épars dans presque tous les auteurs de l'antiquité qui ont écrit sur la botanique, la chimie, la pharmacie, et dans tous les ouvrages de ce genre depuis Paracelse jusqu'à madame Celnart, nous exposerons immédiatement les procédés adoptés par le parfumeur d'aujourd'hui pour préparer les divers extraits ou essences, eaux, huiles et pommades qui font l'objet de son commerce.

La manipulation se divise en quatre opérations distinctes, savoir :

1° Expression ; 2° distillation ; 3° macération ; 4° absorption.

I. EXPRESSION

L'*expression* ne s'emploie que lorsque la plante est très-riche en huile volatile ou essentielle, c'est-à-dire en odeur, comme par exemple pour le zeste (épicarpe) de l'orange, du limon, du citron et de quelques autres fruits. Alors les parties de la plante contenant le principe odorant sont mises sous la presse, tantôt dans un sac de laine, tantôt à nu, et l'on en fait sortir l'huile par la force mécanique seule. La presse est un récipient d'une force énorme, de 15 centimètres de diamètre et de 50 centimètres de profondeur et au delà, pouvant contenir plus de cinquante kilogrammes ; au fond est une petite ouverture pour permettre aux substances pressées de s'échapper et d'être recueillies. Dans l'intérieur se trouve un double fond percé de trous sur lequel on met la substance que l'on veut presser et que l'on recouvre d'une plaque de fer du même diamètre que le récipient. A l'appareil est adaptée une vis très-puissante. Cette vis, en tournant, comprime si fortement les substances soumises à son action qu'elle rompt tous les petits vaisseaux où sont renfermées les huiles essentielles qui s'en échappent ainsi. La presse ordinaire des teinturiers donne l'idée exacte de cet instrument; nous en donnons page 60 un autre modèle. Les huiles ainsi extraites contiennent des parties d'eau sorties en même temps des pores de la plante et dont il faut les débarrasser; ce départ se fait de lui-même jusqu'à un certain point : il suffit de laisser reposer le liquide; on transvase ensuite et on filtre s'il est nécessaire.

Dans les grands ateliers, c'est la presse hydraulique dont on fait le plus fréquent usage.

II. DISTILLATION

La plante ou partie de plante qui contient le principe odorant est mise dans un vase de fer, de cuivre ou de verre, pouvant contenir de cinq à quatre-vingt-dix litres, et couverte d'eau. A ce vase est adapté un couvercle bombé en forme de dôme, avec un tube en spirale comme un tire-bouchon; ce tube plonge dans un seau et en ressort comme la cannelle d'un baril. On fait bouillir l'eau dans l'alambic, c'est le nom de l'appareil; n'ayant pas d'autre issue, la vapeur passe nécessairement à travers le tube recourbé, et comme ce tube est entouré d'eau froide dans le seau, elle s'y condense avant d'arriver au robinet. L'huile volatile, c'est-à-dire le parfum, se dégage avec la vapeur et se liquéfie en même temps. Les liquides ainsi extraits, après quelque temps de repos, se séparent en deux portions ; on les isole ensuite définitivement au moyen d'un entonnoir dans la partie la plus étroite duquel est un robinet d'arrêt (fig. 5).

C'est par ce procédé que sont extraites la plupart des huiles volatiles. Quelquefois, au lieu d'eau, on verse sur les substances odorantes de l'alcool ou esprit-de-vin rectifié ; à la distillation l'essence se dissout dans l'alcool et sort avec lui. Mais ce procédé est aujourd'hui presque abandonné ; on trouve plus avantageux d'extraire d'abord l'essence à l'eau et de la dissoudre ensuite dans l'esprit-de-vin. La température peu élevée à laquelle l'alcool entre en ébullition occasionne une grande perte d'es-

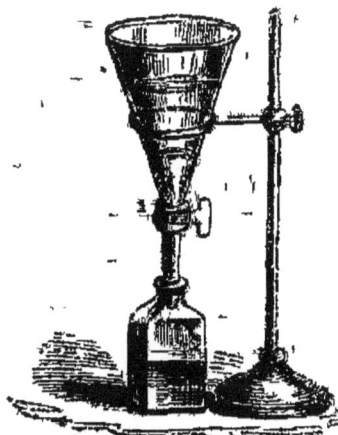

Fig. 5. Entonnoir à robinet pour séparer l'essence de l'eau, et l'esprit de l'huile.

sence, la chaleur n'étant pas suffisante pour la dégager de la plante, particulièrement quand on agit sur des graines ou sur d'autres corps durs comme les clous de girofle ou le carvi. A l'article *Lavande* nous représenterons un gigantesque alambic qui fait fonctionner en quelque sorte sous les yeux du lecteur un appareil capable de recevoir et de distiller une tonne (environ mille kilogrammes) à la fois.

Les alambics employés par M. Louis Herman, de Cannes (Alpes-Maritimes), sont beaucoup plus petits que celui dont il vient d'être parlé ; mais au lieu d'un il y en a trois l'un à côté de l'autre dans le même local, comme on peut le voir sur la figure 4. L'eau employée pour tenir les serpentins froids est fournie par les sources qui, descendant des hauteurs voisines d'Estrelles, arrosent en abondance toutes les parties de l'établissement. Sous ce rapport, M. Pilar, de Grasse, n'est pas moins favorisé, l'eau ne lui coûtant qu'une petite redevance payée chaque année à la ville. Les fabriques françaises chauffent leurs alambics par l'action directe du feu, procédé qui

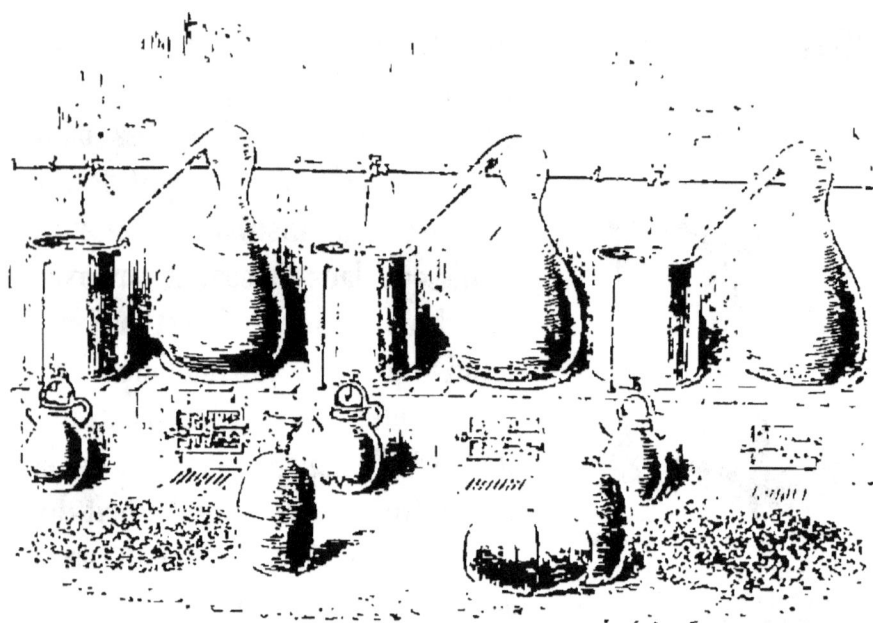

Fig. 4. Alambics français

peut donner aux produits distillés une odeur empyreumatique ou de brûlé (1). Mais à Londres, dans toutes les parfumeries bien organisées de Bond-street, les alambics sont chauffés avec de la vapeur fournie par une chaudière sous une pression d'environ une atmosphère.

La figure 5 présente le meilleur modèle d'alambic connu jusqu'à ce jour; pour les parties nouvelles de l'appareil un brevet a été pris par la maison Drew, Heywood and Barron, dont les essences et huiles essentielles sont également connues pour la pureté et la qualité.

1. De nombreux essais ont démontré que la distillation au contact de l'eau était préférable dans un grand nombre de cas; quant au chauffage à la vapeur d'eau, il est aujourd'hui généralement adopté en France comme en Angleterre. G. B.

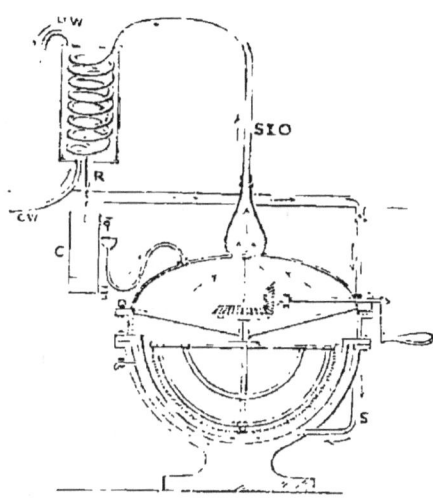

Fig. 5. Alambic à syphon et à effet continu.

L'appareil entier repose sur un pied massif. En examinant la coupe, on verra que la cucurbite est double; un espace vide existe entre la coque intérieure et la coque extérieure, appelée en termes du métier « chemise. »

La vapeur sort d'une chaudière au moyen du tuyau en S. L'alambic se sépare en deux parties principales, savoir, le chapiteau et la cucurbite; quand on s'en sert, on les réunit solidement l'un à l'autre avec des vis, comme on le voit dans la gravure. Dans la partie supérieure du chapiteau est fixé le *rouser* (sorte de spatule transversale, double traverse courbée pour s'a dapter à la bassine, et à laquelle est attachée une chaîne pour racler le fond de la cucurbite. Le tout est mis en mouvement par un ouvrier qui tourne la manivelle extérieure en communication, au moyen de l'axe, avec les roues d'engrenage dans l'intérieur de l'alambic.

Supposons l'alambic chargé, par exemple, de cent kilogrammes de clous de girofle. On remplit à peu près la cucurbite d'eau, le chapiteau est ensuite vissé. La vapeur intro buite dans la chemise, l'eau et les clous entrent bientôt en ébullition dans l'alambic. On les agite bien ensemble, l'huile des clous se dégage et est entraînée par la vapeur qui se forme en haut du tuyau S, O; elle est bientôt condensée dans le réfrigérant, elle s'échappe par le tuyau R et tombe dans le réservoir C.

Là l'essence et l'eau se séparent d'elles-mêmes ; la première tombe au fond du vase, tandis que la seconde monte à la surface Aussitôt que l'eau atteint le robinet de décharge, elle passe dans le siphon et de là dans l'alambic. Toute simple que soit cette ingénieuse application du siphon, c'est elle qui fait tout le mérite de ce genre d'alambic. C'est en effet au moyen de ce siphon que la même eau qui est sortie de l'alambic sous forme de vapeur retourne incessamment dans la cucurbite. Les tuyaux C, W amènent de l'eau froide d'un réservoir extérieur au réfrigérant, tandis que les tuyaux H, W livrent passage à l'eau produite par la condensation qui a lieu dans le serpentin.

Lorsque l'huile dégagée des substances qui la fournissent est plus légère que l'eau, il est évident que le robinet inférieur du réservoir doit alimenter le siphon à la place du robinet supérieur.

Il est presque inutile de dire que le siphon doit, dans le premier cas, être rempli d'eau, afin d'empêcher qu'aucune vapeur odorante ne s'échappe de l'alambic par cet orifice. La pression de la vapeur au dedans n'est pas alors suffisante pour vaincre le poids de la petite colonne d'eau contenue dans le siphon. Cependant les odeurs les plus délicates, — le *recherché*, comme on dit à Paris, — ne peuvent s'obtenir de cette manière ; alors on a recours au procédé de macération.

La distillation, soit qu'on la considère au point de vue de la préparation des essences ou sous celui des eaux distillées, mérite toute l'attention des distillateurs ; en général elle doit être pratiquée à la vapeur, mais il est des cas où le contact immédiat de l'eau est indispensable (amandes amères, laurier-cerise) ; dans d'autres circonstances elle pourrait être faite indistinctement à feu nu ou à la vapeur d'eau ; mais la première peut être préférable (tilleul, cannelle).

Le choix des eaux n'est pas indifférent : il faut choisir celles qui sont parfaitement neutres, éviter l'emploi de celles qui sont riches en sels ; toutefois, contrairement à toute prévision, M. Schladenhaufen a prouvé que l'eau ordinaire donnait des eaux plus fortes et plus riches en acide cyanhydrique que l'eau distillée, lorsqu'on opérait sur le laurier-cerise.

Les eaux distillées et les essences doivent être conservées à l'abri du contact de l'air et de la lumière dans des vases en verre, ou en cuivre bien étamé, car ces produits ne tardent pas à s'acidifier, et ils attaquent alors les métaux.

Pour recueillir les essences, on se sert le plus souvent d'un vase de forme particulière que l'on nomme *récipient flo-*

entin (fig. 6 et 7); il y en a de plusieurs formes, mais tous sont basés sur ce même principe qui consiste à opérer la séparation de deux liquides de densité différente pendant la distillation. Celui dont nous donnons la figure est le plus souvent employé; l'essence s'échappe par la tubulure supérieure lorsqu'elle est plus légère que l'eau, par l'inférieure lorsqu'elle est plus lourde; l'excès d'eau s'écoule par la tubulure opposée.

Fig. 6. Récipient florentin à double effet.   Fig. 7. Récipient florentin à simple effet.

Disons encore que, dans certaines circonstances (cannelle, girofle, sassafras), on ajoute du sel marin à l'eau, pour élever son point d'ébullition

Enfin, nous devons ajouter que, lorsque les produits de la distillation sont solidifiables à une basse température, il faut ne pas refroidir le serpentin et le laisser s'échauffer; c'est ce que l'on pratique pour l'essence d'anis.

III. MACÉRATION

Voici comment s'exécute cette opération. Pour faire de la pommade, on prend une certaine quantité de graisse de rognons de bœuf ou de mouton, clarifiée, mêlée avec de la graisse de porc clarifiée ; on met le tout dans une bassine de métal ou de porcelaine bien propre ; on fait fondre au bain-marie, puis on trie avec soin les fleurs nécessaires pour obtenir le parfum désiré et on les jette dans la graisse liquide ; on les y laisse de douze à quarante-huit heures. La graisse a une affinité particulière pour l'essence des fleurs. Elle l'en extrait en quelque sorte et s'imprègne au plus haut point de leur parfum. On retire alors les fleurs épuisées de la graisse, où l'on en met de nouvelles, à

Fig. 8. Bain-marie pour macération.

dix ou quinze reprises, jusqu'à ce que la pommade ait la force voulue. Les différents degrés de force sont désignés dans les abriques françaises par les numéros 6, 12, 18 et 24, l'élévation du chiffre indiquant l'intensité du parfum. On s'y prend de la même manière pour les huiles parfumées, mais au lieu de graisse on emploie de bonne huile d'olive, et l'on obtient le même résultat. Ces huiles sont connues sous le nom d'huile antique à telle ou telle fleur. Les figures 8 et 9 représentent les bains-marie employés par M. March, de Nice.

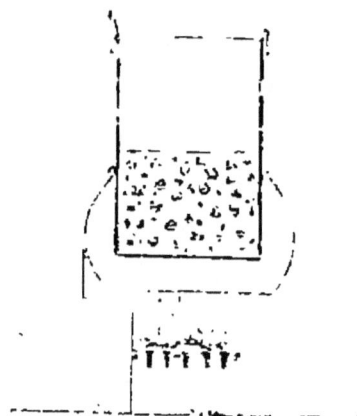

Fig. 9. Coupe verticale d'un bain-marie sur son fourneau.

Les compositions où entrent la fleur d'oranger, la rose e l'acacia, sont surtout préparées par ce procédé.

Les pommades et les huiles à la violette et au réséda commencent par ce procédé, on les finit ensuite par l'enfleurage.

Quand aucun des trois procédés précédents ne donne des résultats satisfaisants, on a recours à la méthode suivante.

IV. ABSORPTION OU ENFLEURAGE

De tous les procédés employés pour extraire le parfum des fleurs, celui-ci est le plus important à connaître et le moins connu en Angleterre. En effet, cette opération fournit indirectement, non-seulement l'essence la plus exquise, mais encore presque toutes ces excellentes pommades connues ici sous le nom de « pommades françaises, » si fort admirées pour la puissance de leurs odeurs, et aussi ces « huiles françaises » également parfumées. L'odeur de certaines fleurs est si délicate, si volatile, que la chaleur nécessaire dans les opérations ci-dessus décrites l'altérerait sensiblement, si elle ne la détruisait complétement. L'opération de l'enfleurage se fait donc à froid. — On a des cadres carrés appelés châssis, profonds

Fig. 10. Châssis en verre pour l'enfleurage.

d'environ 81 millimètres, ayant au fond un verre de 0ᵐ,04968 de large sur 0ᵐ,07452 de long (fig. 10). Sur le verre on étend une couche de graisse épaisse d'environ 0ᵐ,0675 avec une espèce de spatule; sur cette couche, et dans toute son étendue, on répand les boutons de fleurs ou les pétales, puis on les y laisse de douze à soixante-douze heures.

Plusieurs maisons, celles de MM. Pilar et fils, Pascal frères, L. Herman et quelques autres, ont trois mille cadres de cette espèce en œuvre pendant la saison; quand ils sont pleins, on les empile les uns sur les autres. On change les fleurs tant que les plantes continuent à fleurir, ce qui, parfois, dure plus de deux ou trois mois.

Pour les huiles, on imbibe d'huile d'olive de première qualité des morceaux de grosse toile de coton, on les étend sur un cadre garni de fil de fer (fig. 11). au lieu de verre, on y ré

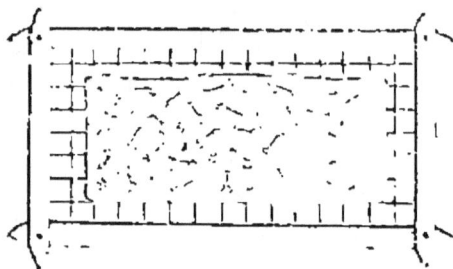

Fig. 11. Châssis en toile pour l'enfleurage.

pand ensuite des fleurs qu'on y laisse jusqu'à ce qu'on puisse en avoir de nouvelles.

Fig. 12. Châssis superposés prêts à être mis en presse.

On répète cette opération plusieurs fois, après quoi on soumet les linges à une grande pression pour en extraire l'huile qui est alors parfumée (fig. 15).

Fig. 15. Presse à bras pour expression de l'huile

V. MÉTHODE PNEUMATIQUE

Les procédés que nous venons de décrire pour extraire les odeurs des plantes sont ceux qu'emploient aujourd'hui les parfumeurs ; l'avenir y apportera sans doute de nombreux perfectionnements, quoique les méthodes en usage aujourd'hui paraissent presque parfaites. L'invention la plus remarquable imaginée dans ces derniers temps pour extraire les odeurs est celle de M. Piver. Elle est très-ingénieuse, et, bien qu'imparfaite, elle conduira probablement à quelque chose d'utile et de praticable. On peut l'appeler la méthode pneumatique. Elle consiste à faire passer un courant d'air dans un vase rempli de fleurs fraîches, puis dans un second vase contenant de la graisse à l'état liquide et dans laquelle tournent des disques plats ; l'air chargé du parfum des fleurs le dépose sur la graisse en la traversant. L'appareil est disposé de telle sorte que le même air passe plusieurs fois par le même vase.

[Il faut ajouter que, dans la modification apportée par M. A. Piver au procédé d'enfleurage, les corps gras sont divisés en particules très-fines au moyen d'une pompe de vermicellier, de manière à présenter une très-grande surface à l'air, et que, de plus, ils sont enfermés dans une armoire ou placard parfaitement clos dans lequel l'air circule.]

Un nouveau produit a encore été obtenu par ce procédé. L'air qui a passé sur les fleurs étant reçu dans un condensateur, on fait une eau qui reproduit à un degré remarquable le parfum.

VI. PROCÉDÉ PAR L'ÉTHER ET LE SULFURE DE CARBONE

Il y a quelques années, M. E. Millon, chimiste français, a fait breveter un procédé pour extraire les odeurs des fleurs au moyen de l'éther et du sulfure de carbone. Il met les fleurs dans un percolateur et fait passer dessus le dissolvant. Le liquide qui sort contient le principe odorant avec des parties considérables de cire. En distillant le liquide, le corps odorant mêlé avec la cire demeure, étant moins volatile que l'éther et le sulfure de carbone. Ces produits sont intéressants au point de vue chimique, mais ils sont de peu d'utilité quant à présent dans la pratique de la parfumerie.

[Cependant les parfums extraits par la méthode de M. E. Millon sont souvent employés en France. M. A. Piver, ayant remarqué que le parfum ainsi obtenu présentait toujours l'odeur du sulfure de carbone, propose d'enlever celui-ci par des lavages à l'eau alcalinisée.

Le procédé de M. E. Millon pour l'extraction des parfums a été rendu industriel par M. A. Piver; l'opération se divise en trois parties bien distinctes :

1° Dissolution du parfum ; 2° sa distillation à basse température ; 3° l'évaporation des dernières traces du dissolvant.

Les dissolvants employés sont l'éther, le chloroforme, le sulfure de carbone, et les essences légères de pétrole bien rectifiées, connues dans le commerce sous le nom d'éthers de pétrole. La dissolution se fait dans des appareils spéciaux, mais toujours parfaitement clos; la disposition de cylindres superposés permet le déplacement du dissolvant saturé par de nouveau liquide ; mais comme la tension des vapeurs des dissolvants, toujours trop volatils, pourrait s'opposer à l'écoulement du liquide, on adaptera, je crois, avec avantage la pompe aspirante de l'appareil à déplacement de M. Berjot, de Caen.

La distillation doit être opérée à une température de très-peu supérieure au point d'ébullition du dissolvant, c'est-à-dire 35° à 40° pour l'éther, 45° pour le sulfure de carbone, 62° à 68° pour le chloroforme; les vapeurs doivent être fortement réfrigérées et les liquides réunis dans un récipient refroidi et présentant une petite ouverture suffisante pour la sortie de l'air.

Les dernières portions du dissolvant sont difficiles à enlever; et lorsqu'on emploie le sulfure de carbone ou les *éthers de pétrole*, leur mauvaise odeur nuit à la suavité du parfum; il est donc indispensable d'enlever les dernières portions de dissolvant; pour cela, le résidu de la distillation est chauffé au bain-marie dans un évaporateur clos muni d'un agitateur, et il est même nécessaire de faire passer dans la masse un courant d'air, comme l'a proposé M. A. Piver. Ainsi isolés, les arômes ou parfums des fleurs présentent la plus grande pureté et toute leur suavité. D'après M. A. Piver, un hectare de terre, planté d'héliotropes, a donné une quantité suffisante de fleurs qui, traitées par la méthode Millon, ont fourni six kilogrammes de parfum revenant à 3,000 fr. Quatre grammes de ce parfum suffisent pour parfumer un kilogramme de pommade.

Industriellement l'extraction des parfums par le sulfure de carbone et les éthers de pétrole est seule praticable.]

V

HISTOIRE NATURELLE DES PARFUMS D'ORIGINE VÉGÉTALE.

Je croyais d'un jardin sentir les douces fleurs,
Exhalant à l'entour leurs suaves odeurs,
Ces baumes pénétrants dont un amant fidèle
Se plaît à parfumer le boudoir de sa belle.
SPENSER.

Les parfums pour le mouchoir vendus dans les magasins de Paris ou de Londres sont ou simples ou composés; les
premiers sont appelés extraits, esprits ou essences, et les derniers, bouquets. Les bouquets sont des mélanges d'extraits
combinés dans des proportions telles qu'aucune odeur particulière ne domine. Quand ils sont composés d'essences délicates,
habilement assorties, ils produisent sur les organes de l'odorat
une sensation délicieuse et sont en conséquence très-estimés de
tous ceux qui peuvent les acheter.

Nous exposerons d'abord le moyen simple d'obtenir les extraits de fleur. Nous donnerons ensuite la manière de préparer
l'ambre gris, le musc, la civette. Ces substances, bien que d'origine animale, sont de la plus haute importance, comme entrant
pour une grande partie dans les bouquets les plus recherchés;
nous terminerons cette partie de notre ouvrage par des recettes
pour faire tous les bouquets fashionnables, recettes dont, nous
aimons à l'espérer, on appréciera la valeur en proportion des
travaux qu'a exigés leur analyse.

Voulant rendre l'ouvrage plus facile à consulter, nous avons
préféré l'ordre alphabétique à une classification plus scientifique.

Dans la collection d'essences envoyée par la Compagnie des

Indes orientales à l'exposition de 1851, il s'en trouvait plusieurs inconnues jusqu'ici dans ce pays (en Angleterre) et qui présentaient beaucoup d'intérêt.

On doit regretter qu'il ne se soit pas trouvé dans la quatrième ou dans la vingt-neuvième classe du jury un membre ayant des connaissances pratiques en parfumerie. S'il en eût été autrement, les espérances des exposants auraient probablement été réalisées et les parfumeurs européens auraient profité de l'introduction des nouvelles odeurs apportées de l'Orient. Quelques essences, inscrites sous les noms de *Chumeylée*, *Beila*, *Begla*, *Moteya*, et envoyées de Bénarès par un parfumeur indigène, ont été jugées dignes d'une mention honorable. Plusieurs autres essences venues des Moluques ont obtenu la même distinction, mais sans que ni sur les unes ni sur les autres il ait été fourni aucun renseignement.

Nous ne parlerons peut-être pas de la dixième partie des plantes qui ont un parfum. Nous ne nous occuperons que de celles qui sont employées par le fabricant et de celles qu'il imite pour satisfaire à la demande d'un article que les circonstances ne lui permettent pas de se procurer dans un état naturel. Le premier qui se présente est :

ACACIA PUANT

(*The Raspberry Jam Tree*) du centre et de l'ouest de l'Australie, et ACACIA ODORANT (*Gum Wattle*) de l'Australie méridionale.

« Dans mon voyage au centre de l'Australie, dit Louis Piesse, de Calcutta, j'ai remarqué une espèce d'acacia qui pousse dans les terrains arides et pierreux de quelques-unes des criques, par 31° latitude sud et 141° longitude est, et dont la fleur répand une odeur si fétide qu'il a reçu le nom d'acacia puant.

« L'odeur des feuilles fraîches était à peine sensible, mais ayant coupé quelques petites branches et les ayant mises à l'ombre, je remarquai qu'au bout de quarante-huit heures elles exhalaient une odeur forte et désagréable analogue à celle du chou pourri. J'en avais quelques branches dans ma tente, où la température variait de 38° à 47° centigrade, et comme en même temps l'air était extrêmement sec, il semble que l'arome ne se dégage pas aisément.

« Mais le bois présente un contraste singulier; au lieu de sentir mauvais comme les fleurs et les feuilles, il a au contraire une odeur agréable.

« A mon retour dans la colonie, je trouvai que cette espèce d'acacia, quoique inconnue dans l'Australie méridionale, à Melbourne ou dans la Nouvelle-Galles du Sud, était connue dans l'Australie occidentale, sous le nom de *Raspberry Jam Acacia* (Acacia conserve de framboises), nom qu'elle devait à la ressemblance de son odeur avec celle de cette conserve bien connue. Le bois a reçu dans la colonie le nom de *Raspberry Jam Wood*, et les échantillons venus de Swan-river avaient un parfum bien supérieur à celui des sujets apportés de l'Australie du centre. D'une couleur foncée, il ressemble beaucoup au bois de rose; il est très-lourd et s'enfonce dans l'eau; enfin il est si dur, quand il est sec, qu'il émousse les dents de la scie et le tranchant du ciseau.

« L'odeur, probablement due à la présence d'une petite quantité d'huile, comme celle du bois de Santal, est moins recherchée que celle-ci. La parfumerie pourrait-elle en tirer un parti avantageux? C'est encore une question. L'huile essentielle qu'il serait possible d'extraire du Raspberry Jam Wood ne serait pas sans doute une parfum bien suave; mais ce ne serait pas une raison absolue pour la condamner, car on peut en dire autant du musc, de l'ambre gris et de plusieurs autres substances qui, à l'état pur, sont loin d'être agréables.

« Le contraste que présente l'odeur de la fleur du Raspberry

Jam Acacia et celle de la fleur de l'arbre bien connu sous le nom de Gum Wattle, *acacia decurrens* (légumineuses) est tout à fait remarquable. La première est nauséabonde, presque aussi forte que celle d'un vieux trognon de chou; l'autre, au contraire, est douce, agréable et tout à fait suave. Tous les ans, quand revient l'époque de la floraison, beaucoup de vallées au sud d'Adélaïde sont embaumées de ce parfum délicieux qui réside tout entier dans les fleurs; le bois et les feuilles sont inodores.

« Dans presque tous les districts colonisés on a détruit l'acacia odorant (Gum Wattle) pour en prendre l'écorce. Il n'est pas douteux qu'il pourrait être avantageux de le cultiver : 1° il fournit des baies (*gall berries*) utiles dans beaucoup d'industries; 2° un parfum très-apprécié; 3° une gomme semblable à la gomme arabique; 4° une écorce fort estimée par les tanneurs; 5° les terrains consacrés à cette culture pourraient en même temps servir de pâturages; 6° enfin on tirerait encore parti de la graine qui est renfermée dans des cosses comme les pois. Les kakatoës en sont très-friands. J'ai vu des bandes de magnifiques kakatoës à gorge rose manger celles du Raspberry Jam Acacia, dans l'Australie centrale, et dans l'Australie méridionale les kakatoës blancs accouraient régulièrement au retour de chaque saison se gorger de celles du Gum Wattle. Comme il n'y avait pas moyen d'avoir de viande fraîche, mon dîner se composait ordinairement de porc salé; pour varier, je faisais de temps en temps rôtir un de ces drôles; mais, même à un homme doué d'un appétit australien, il n'est guère possible d'en dire du bien.

« Les indigènes font de la gomme de l'acacia odorant un aliment. On m'en avait recommandé l'usage dans les besoins pressants; j'en ai mangé, et je l'ai trouvée extrêmement nourrissante. Il faut la faire cuire et bouillir un peu pour la faire passer, autrement on ne serait pas plus rassasié que si on

mangeait des noix. Les naturels en avalent deux ou trois livres à un seul repas.

« La gomme, comme article de commerce, est le produit le
plus important. J'en ai envoyé un peu en Angleterre par spéculation. Une partie s'est vendue à raison de 60 liv. (1,500 fr.)
par tonne de 1,015 kil., et une autre partie 63 liv. (1,575 fr.);
l'écorce a atteint 15 liv. (375 fr.) par tonne de 1,015 kil.
Mais mon agent m'a averti que ces prix ne pourraient se
soutenir. La gomme, comme on le voit, a quatre fois la valeur de l'écorce et se récolte tous les ans; l'écorce, elle, ne peut
s'obtenir qu'un fois, l'arbre mourant par le fait de la décorti-
cation. Se livrer au commerce des écorces serait tuer la poule
aux œufs d'or. Une troupe d'hommes et d'enfants employés à
écorcer les arbres détruisent une rangée d'acacias odorants
d'un mille de long en huit jours, et quand le propriétaire
n'est pas sur les lieux, ils ne s'inquiètent pas s'ils opèrent sur
un terrain de la couronne ou sur une terre achetée.

« La gomme sert aux fabricants pour donner à certaines marchandises une force apparente et une qualité supérieure; les
confiseurs, pâtissiers et autres l'emploient dans leurs préparations. Un fabricant de corsets m'a dit qu'il dépensait 150 liv.
(3,750 fr.) par an de gomme arabique (laquelle, malgré son
nom, vient principalement d'Afrique) rien que pour donner de
la fermeté et de l'apparence aux corsets des dames; et, tandis
que les sauvages de l'Australie la mangent fraîche à l'état naturel, la Jeune-Angleterre s'en sert à dorer ses pains d'épices
et ses babas. »

AMANDES

Vois-tu de l'amandier les odorantes branches
Se courber à l'envi sous le poids de fleurs blanches,
L'or des jaunes moissons couvrant les bons guérets
Avec les feux du jour, comblera tes souhaits.
VIRGILE,

y a bien longtemps que ce parfum jouit d'une grande faveur. On se le procure en distillant les feuilles de n'importe quelle variété de la famille des drupacées et des amandes des fruits à noyaux. Pour les besoins du commerce on le tire de l'amande amère (fig. 14); il se forme dans l'amande après qu'elle a été tirée de la coque. Ordinairement les amandes sont

mises sous le pressoir pour en extraire l'huile ; le tourteau qui reste après cette opération est alors arrosé d'eau et de sel (le sel n'est pas indispensable), et on le laisse ainsi pendant vingt-quatre heures avant de le distiller. La raison pour laquelle on le mouille sera aisément comprise par le chimiste, et quoique nous ne nous occupions pas de la parfumerie au point de vue

Fig. 14. Amandier amer Amygdalus communis. V. Amarus.

scientifique, mais seulement au point de vue pratique, il est peut-être à propos de remarquer que l'huile essentielle d'amande n'existe pas toute formée dans l'amande, mais qu'elle est produite par une sorte de fermentation de l'amygdaléne et de l'émulsine (ou synaptase) contenues dans les cotylédons avec l'eau qui y est ajoutée. Des substances analogues existent probablement dans les feuilles du laurier-cerise, et il faut en conséquence suivre la même marche quand on les distille. Quelques fabricants mettent le tourteau mouillé dans un sac de gros drap, ou l'étendent sur un tamis, et font ensuite passer la vapeur à travers. Dans les deux cas l'huile essentielle de l'amande monte avec la vapeur d'eau et se condense dans le serpentin. Quatorze kilogrammes de ce tourteau donnent environ soixante grammes d'huile essentielle. Sous cette forme concentrée l'odeur de l'amande est loin d'être agréable; mais étendue dans l'esprit-de-vin, dans la proportion de dix grammes d'huile pour un litre d'alcool, elle est très-agréable.

L'huile essentielle d'amande entre dans le savon, le cold-cream et dans plusieurs autres préparations du domaine des parfumeurs, qu'on trouvera dans cet ouvrage sous leurs noms respectifs.

En employant cette essence il faut se garder d'oublier que c'est un poison très-actif ; on doit donc faire grande atten-tion quand on en met dans des cosmétiques, autrement il en pourrait résulter de véritables dangers.

[L'essence d'amandes amères étant plus lourde que l'eau, elle se rassemble à la partie inférieure du récipient ; ainsi obtenue, c'est-à-dire à l'état brut sous lequel on en fait usage en par-fumerie, elle renferme des proportions variables d'acide cyan-hydrique (prussique) et elle constitue un poison violent ; pu-rifiée, elle est encore très-vénéneuse, mais beaucoup moins. La purification s'opère d'abord par des lavages à l'eau distillée, puis par une distillation ménagée au contact de la potasse et du perchlorure de fer. L'essence pure peut être représentée par $C^{14}H^6O^2$; au contact de l'air elle se transforme en acide benzoïque d'après l'équation suivante :

$$C^{14}H^6O^2 + O^2 = C^{14}H^5O^5HO$$

Essence	Acide
d'amandes amères.	benzoïque.

L'essence d'amandes amères, traitée par une solution alcoo-lique de potasse, est transformée en benzoate de potasse, tandis que la même solution change l'essence de mirbane ou nitro-benzine en une résine insoluble dans l'alcool et dans l'éther. Ce procédé peut servir à reconnaître le mélange de ces deux essences.]

Huile artificielle d'amandes ou mirbane.

Il y a dix ou douze ans, M. Mansfield, de Weybridge, a

pris un brevet pour la fabrication de l'huile d'amande avec le benzole. (Le benzole ou benzine est extrait de l'huile de goudron.) Son appareil, décrit par le jury de l'exposition de 1851, se compose d'un grand tube de verre en spirale qui, à l'extrémité supérieure, se divise en deux parties pourvues chacune d'un entonnoir. Un courant d'acide nitrique coule lentement dans l'un des entonnoirs, et un courant de benzine dans l'autre. Les deux liquides se rencontrent au point de jonction des tubes, et, avec le développement de la chaleur, s'opère une combinaison nouvelle. En descendant à travers la spirale le nouveau composé se refroidit et tombe à l'extrémité inférieure. Il faut ensuite le laver dans l'eau, et enfin avec une solution de carbonate de soude. La nitro-benzine (c'est le nom de cette huile artificielle d'amandes) a une odeur différente de celle de l'huile véritable, mais on peut néanmoins s'en servir pour parfumer les savons communs. Feu M. Mansfield m'écrivait à la date du 5 janvier 1855 : « En 1851, MM. Gomel, de Three king Court, commencèrent à fabriquer ce parfum avec mon autorisation; plus tard, je la leur ai retirée d'un commun accord, et, depuis lors, il ne s'en fait plus, que je sache. » Malgré cette déclaration de M. Mansfield, on trouve beaucoup de mirbane sur le marché de Londres, et il est très-commun à Paris (1).

AMBRETTE (GRAINE D'

La substance odorante connue dans la parfumerie sous le nom de *graine d'ambrette* est due à la plante appelée *Hibiscus abelmoschus* (malvacées); *Kab el misk* est le nom arabe, dont celui d'abelmoschus n'est, au dire de Burnett, que la corruption. Diverses autres espèces se font remarquer par une

1 La nitro-benzine a été industriellement préparée, à Paris, par M. Laroque, et plus tard par M. Collas; elle sert aujourd'hui à préparer l'aniline et les belles couleurs qu'on en fabrique. O. R.

odeur semblable; M. John Savory en a récemment fait connaître une, le *Sumbul*. On sait très-peu de chose en Angleterre sur les détails de la toilette chinoise; mais nous savons par des renseignements dignes de foi que d'une de ces espèces, *hibiscus rosa sinensis*, « les Chinois font une teinture noire pour leurs cheveux et leurs sourcils, et un cirage pour leurs souliers!» Les graines d'ambrette pulvérisées rappellent certainement l'odeur du musc, mais c'est peu de chose au total; cependant on peut s'en servir à faire des sachets bon marché, pour varier. Lorsque la poudre était à la mode, les parfumeurs mêlaient à l'amidon, qui en faisait la base, de l'ambrette pulvérisée. Après avoir laissé les deux substances ensemble pendant quelques heures, on passait l'amidon, que l'on mettait ensuite en paquets pour la vente.

[L'ambrette est originaire de l'Inde; la plante qui la produit a été acclimatée en Égypte et aux Antilles; les graines sont d'un gris rougeâtre, sous-réniformes, à test crustacé, ombiliquées au fond de l'échancrure;

Fig. 13.— Ketmie (*Hibiscus abelmoschus*) (1).

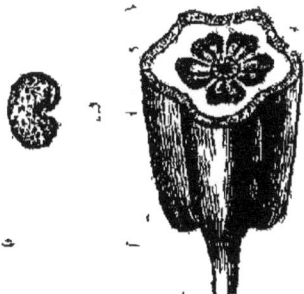

Graine d'ambrette.   Section transversale du fruit.

(1) Dans cette figure les feuilles sont trop profondément incisées et les semences devraient offrir la rainure mentionnée au texte.

leur surface est très-légèrement rayée; les plus estimées
viennent de la Martinique.

ANANAS

Le docteur Hoffmann et le docteur Lyon Playfair se sont
trompés, croyons-nous, dans leurs conclusions sur l'emploi de
cette essence dans la parfumerie. Après diverses expériences
faites dans un grand établissement, nous sommes arrivé à constater qu'elle ne peut être utilisée dans cette industrie. Même
très-étendue, elle amène, quand on la respire, un mouvement
involontaire du larynx qui dégénère en toux : à doses infinitésimales elle produit encore dans les voies respiratoires une irritation désagréable suivie d'un violent mal de tête, si elle se
prolonge, comme il arrive ordinairement quand il s'agit de
parfums pour le mouchoir. Il est donc évident que l'essence
d'ananas (éther éthyl-butyrique) ne saurait être adoptée avec
avantage par le fabricant de parfumerie, quoique son goût
agréable en fasse une substance précieuse pour le confiseur.
Ce que nous venons de dire se rapporte à l'essence artificielle
d'ananas ou butyrate d'éthyle, qui, très-étendue dans l'alcool,
ressemble pour l'odeur à l'ananas, et pour ce motif lui emprunte
son nom; mais la question de savoir jusqu'à quel point cette
observation doit s'appliquer à la véritable huile essentielle tirée
du fruit ou de l'épiderme de l'ananas reste à examiner, quand
nous en aurons. Comme les ananas de l'Amérique parviennent
maintenant librement sur le marché, le jour n'est sans doute
pas éloigné où des expériences concluantes pourront être
faites; mais il ne faut pas oublier que jusqu'ici nos essais
ont eu lieu que sur une substance dont l'odeur ressemble
à celle de l'huile essentielle véritablement extraite du fruit.
L'action physique des autres éthers sur le corps humain suffit
complètement pour en interdire l'emploi dans la parfumerie.

quelque utiles qu'ils soient dans la confiserie, qui, ou le sait,
s'adresse à un autre sens, celui du goût et non celui de l'odorat.
L'essence d'ananas, ou huile d'ananas, ou huile de Jargonnelle
du commerce, peut bien circuler sous cette dénomination, mais
en réalité ce sont des éthers à acides organiques. Quant à présent, donc, le parfumeur ne doit regarder ces substances que
comme des vers de la *Poésie de la science*, pour le moment
sans application pratique dans son art.

ANETH

On demande parfois aux parfumeurs de l'huile d'aneth;

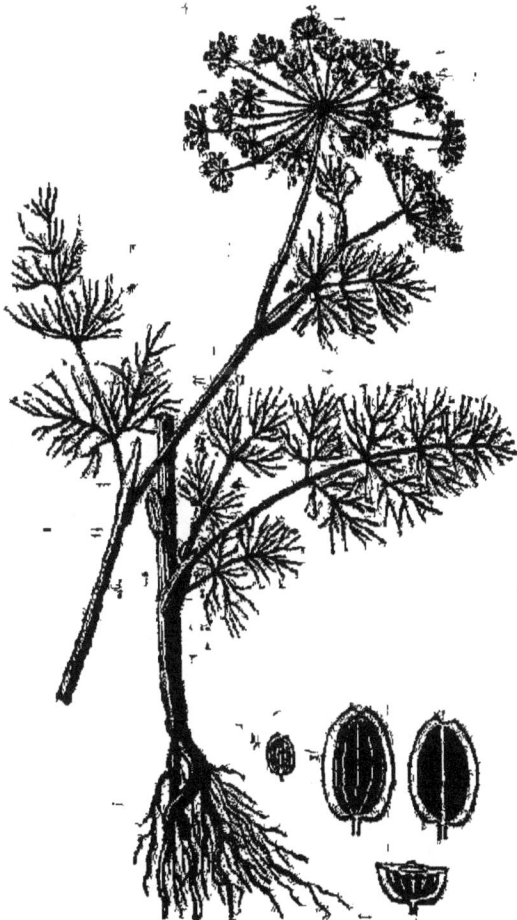

Fig. 16. Aneth. (*Anethum graveolens*.)

cependant cet article rentre plutôt dans la spécialité du pharmacien, car on l'emploie plus pour ses qualités médicinales que pour son odeur, qui, soit dit en passant, est assez agréable et rappelle le carvi. Elle est plutôt employée dans la fabrication des liqueurs de table.

On fait l'huile d'aneth en soumettant à la distillation le fruit de l'*anethum graveolens* (ombellifères) (fig. 16) écrasé dans l'eau. L'huile flotte à la surface du mélange, dont on la sépare avec l'entonnoir à la manière ordinaire; après que l'huile en a été retirée, l'eau est bonne à être mise dans le commerce. On peut se servir avec avantage, pour parfumer les savons, de l'huile d'aneth mêlée à d'autres huiles en petite quantité.

ANIS

Le principe odorant s'obtient par la distillation des fruits de la plante appelée *pimpinella anisum* (ombellifères) (fig. 17); c'est l'huile d'anis du commerce. Comme elle gèle à une température d'environ 10° centigrades, on y introduit souvent un peu de spermaceti pour lui donner une certaine consistance, ce qui fait qu'on y peut mêler d'autres huiles essentielles moins chères. Mais comme l'huile d'anis est volatile et que le spermaceti, au contraire, ne l'est pas, la fraude est facile à découvrir.

Cette odeur est excessivement forte et convient, en conséquence, pour parfumer les savons et les pommades; mais elle ne fait pas bien dans les préparations pour l'usage du mouchoir. Les Portugais aiment particulièrement l'anis.

On connaît dans le commerce plusieurs sortes d'anis: on distingue ceux de *Tours*, d'*Alby* ou du *Midi*, de *Russie*, d'*Allemagne*, de *Malte* ou d'*Espagne* ou d'*Alicante*; celui-ci est le plus estimé.

On a signalé la falsification de l'essence d'anis par du sa-

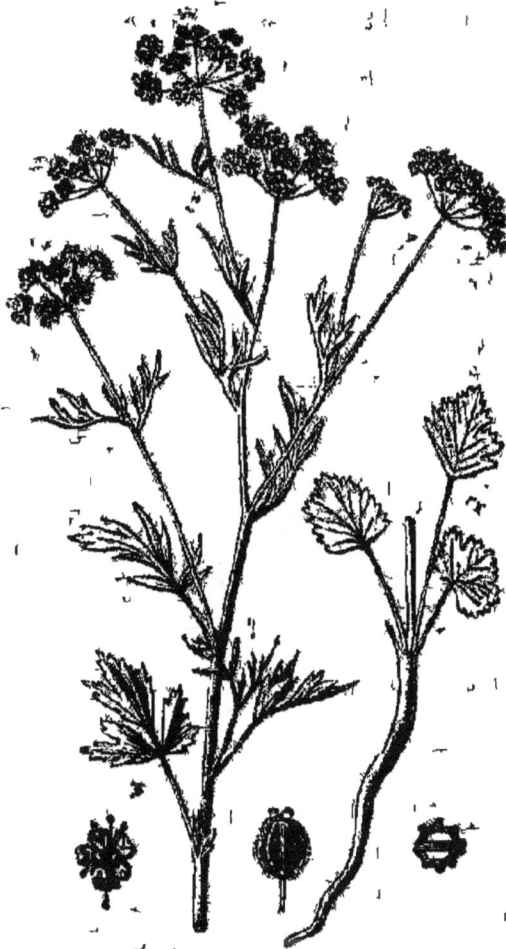

Fig. 17. Rameau d'anis; anis en fleur; fleur d'anis; fruit d'anis; section transversale du fruit d'anis.

von; cette fraude se reconnaît par l'eau distillée, qui dissout le savon et non pas l'essence.]

ANIS ÉTOILÉ OU BADIANE

[On désigne sous ce nom les fruits d'un arbrisseau toujours vert que l'on trouve dans la Floride; on en connaît deux espèces : l'*illicium floribundum* et l'*illicium parviflorum*; mais c'est surtout l'*illicium anisatum* de Chine que l'on

emploie. Ces fruits sont formés par la réunion de 6 à 12 cap-
sules disposées en étoile ; elles sont dures, épaisses, ligneuses,

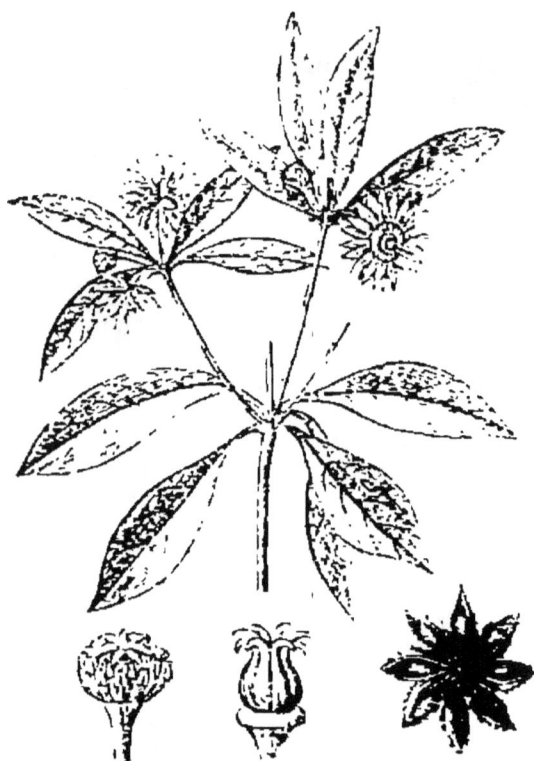

Fig. 18. Anis étoilé (*Illicium anisatum*)

brunâtres, renfermant chacune une graine ovale rougeâtre,
lisse, fragile, contenant elle-même une amande blanche et
huileuse.

On extrait par distillation de ces fruits avec l'eau une essence
ayant toutes les propriétés et la composition de l'essence d'anis
vert, c'est-à-dire qu'elle est formée de deux essences, l'une
hydrocarbonée et liquide, et l'autre solide et oxygénée : on les
sépare au moyen de l'alcool. L'essence de badiane est plus
suave que celle d'anis.

Le bois de l'*illicium anisatum* possède l'odeur du fruit ;
on a pensé à une époque qu'il fournissait le bois d'anis du

commerce, mais celui-ci vient d'Amérique et est produit probablement par l'*ocotea pechurim*. H. B.

ASPIC

Lavandula spica (labiées).

L'huile de lavande française, extraite de la *lavandula spica*, est généralement appelée huile d'aspic. (Voyez LAVANDE.)

BAUMES

Trois substances sont employées sous ce nom dans la parfumerie, savoir : le baume du Pérou, le baume de Tolu et le baume de Storax.

La définition du baume adoptée aujourd'hui en France est la suivante : toute substance résineuse insaponifiable, rude au toucher, insoluble dans l'eau, soluble dans l'alcool, l'éther et les huiles, et renfermant de l'*acide benzoïque*, ou de l'*acide cinnamique*, ou des deux à la fois.

BAUME DU PÉROU

Myroxylum peruiferum (légumineuses).

À le voir, il ressemble à la mélasse ordinaire ; à le sentir, il rappelle la vanille, quoique l'odeur en soit moins généralement goûtée ; sa couleur brune ne permet guère de le faire entrer dans les préparations de parfumeries à base d'alcool ; mais, ajouté au savon, il lui communique son parfum et en même temps il le fait mousser. Comme il passe aussi pour avoir une action médicinale favorable à la peau, le savon qui en contient est, dit-on, bon pour la santé, et par conséquent utile en hiver pour les gerçures, etc. Les proportions sont : baume du Pérou, 900 grammes ; savon figé, 25 kilogrammes, fondus ensemble.

Nous empruntons au docteur Dorat, de l'État de San-Salvador, dans l'Amérique centrale, quelques détails intéressants sur la production de ce baume.

« L'arbre est beau et assez touffu par le bas; les branches vont diminuant vers le sommet; il atteint une hauteur d'environ 16 mètres. Les fleurs, qui sont très-odorantes, paraissent dans la dernière partie du mois de septembre et au commencement d'octobre, à l'extrémité des branches, généralement deux à deux, nombreuses sur chaque rameau, blanches et inégales; le calice, d'un vert pâle tirant sur le bleu, est poissé par le baume qui s'en échappe; les feuilles sont d'un vert foncé et brillant. Le fruit a la forme d'une amande; il est ailé et contient un noyau blanc avec beaucoup de baume.

« On tire quelquefois des fleurs un baume d'une qualité supérieure, mais il est très-rare et ne se trouve jamais dans le commerce. L'arbre produit à cinq ans et vit très-longtemps. Il préfère un sol pauvre et sec, mais on ne le trouve jamais à une altitude de plus de 325 mètres. L'odeur se sent à une distance de plus de 100 mètres. L'arbre ayant atteint l'âge convenable, cinq ou six ans, la *coséche* ou récolte commence avec le temps sec, dans les premiers jours de novembre. On bat l'écorce jusqu'à une certaine hauteur sur quatre côtés, avec le dos d'une cognée ou d'un autre outil du même genre, jusqu'à ce qu'elle se sépare de la partie ligneuse, mais sans la blesser ni la déchirer. Ceci demande beaucoup de soins. Dans cette opération on laisse, sans les toucher, quatre bandes intermédiaires d'écorce de manière à ne pas détruire la vitalité de l'arbre.

« On fait alors plusieurs fentes ou incisions dans les parties de l'écorce qui ont été battues avec une *machète* tranchante, et l'on applique le feu aux ouvertures. Le baume qui coule s'enflamme; on le laisse brûler pendant quelque temps, puis on l'éteint.

« On laisse l'arbre dans cet état pendant quinze jours, en l'observant soigneusement ; au bout de ce temps le baume commence à couler abondamment ; on le reçoit sur des chiffons de coton bourrés dans les fentes. Quand ces chiffons sont saturés, on les presse et on les met dans des pots de terre avec de l'eau bouillante sur laquelle le baume flotte bientôt comme de l'huile. On l'écume de temps en temps et on le met dans des jarres propres, tandis que l'on continue à mettre dans les pots de nouveaux chiffons imbibés. L'extraction de l'arbre se fait pendant quatre jours seulement par semaine, c'est-à-dire quatre cosèches par mois pour chaque arbre, et le produit moyen est de 1 kil. 1/2 à 2 kil. 1/2 par semaine. Aussitôt que l'exsudation commence à se ralentir, on fait de nouvelles incisions à l'écorce, on applique de nouveau le feu, et au bout de quinze jours de repos l'extraction recommence. La récolte continue de cette manière jusqu'aux premières pluies d'avril ou de mai, époque à laquelle tout travail (*trabajo*) cesse.

« Ainsi préparé, le baume est d'un brun très-foncé, sale et de la consistance de la mélasse ; on le nettoie et on le clarifie sur place en le faisant reposer et bouillir de nouveau ; la lie monte à la surface et on l'écume. Cette lie se vend pour faire une teinture d'une qualité inférieure que les Indiens emploient comme médicament.

« Le baume, en cet état, se vend sur la côte au prix moyen de trois à quatre réaux (1) la livre. Quelquefois on le clarifie de nouveau, et alors il se vend un prix plus élevé comme raffiné (*refinado*). Quand il vient d'être nettoyé il est d'une couleur d'ambre qui prend une teinte plus foncée à mesure qu'il refroidit, puis au bout de quelques semaines il devient brun foncé.

« Un bon arbre, bien traité, peut produire pendant trente

1) Le réal vaut 27 centimes : ce serait donc de 81 c. à 1 fr. 08 c.

ans; au bout de ce temps on le laisse reposer pendant cinq ou six ans, on, comme le disent les Indiens, reprendre des forces. Après ce repos il peut produire encore pendant plusieurs années.

« On sait, par une bulle papale conservée dans les archives de Tzalco, que le baume noir (*balzâmo negro*) était si fort estimé qu'en 1562 Pie IV, et Pie V en 1571, autorisèrent le clergé à se servir de ce baume précieux dans la consécration du saint chrême (*sagrada crisma*), et déclarèrent que c'était un sacrilège de blesser ou de détruire les arbres qui le produisaient. Des copies de ces bulles, à ce qu'on m'assure, existent encore dans les archives de Guatemala.

« Le baume importé en Angleterre comme baume du Pérou vient du département de Sonsonate, dans la république de San-Salvador; les arbres desquels on le tire s'étendent le long des côtes de ce département pendant des lieues entières.

« Dans le district de Cuisnagua on compte 3,574 arbres, qui donnent environ 500 kilog. de baume par année. Si l'extraction était soignée convenablement, chaque arbre fournirait de 1 kilog. à 1 kilog. 1/2, ce qui élèverait la quantité que pourrait produire ce district à un chiffre total de 5,000 kilog. Quand la saison a été plus pluvieuse que de coutume, le produit est beaucoup moindre; mais afin de parer à cet inconvénient, les Indiens chauffent le corps de l'arbre; par malheur, ce moyen, qui fait couler la gomme plus librement, entraîne invariablement la mort du sujet.

« Si on ne met un terme à ce mode d'extraction, l'arbre aura bientôt disparu de la côte. Ce fait a été porté à la connaissance du gouvernement, qui étudie la question.

« Les Indiens employés à recueillir le baume disent que les arbres bien abrités produisent plus que les autres, mais que ceux qui ont été plantés à la main sont ceux qui produisent le plus. C'est un fait que l'expérience a démontré spéciale-

ment à Calcutta, où l'on extrait chaque année une grande
quantité de baume d'arbres qui ont été plantés de cette manière. Pendant les mois de décembre et de janvier la gomme
coule spontanément. Cette variété est appelée *caleauzate*; elle
est d'une couleur orangée; elle pèse moins que l'autre et
exhale une odeur forte, volatile et pénétrante.

« L'exportation du baume de San-Salvador en 1855 a été
de 11,402 kilog., estimés 107,000 fr. Sur la côte de Chi-
quimulilla, dans le Guatemala, il y a plusieurs arbres de l'espèce qui fournit le baume ; mais jusqu'à présent les habitants
n'ont pas encore pensé à en recueillir la gomme et à l'apporter
sur le marché. La partie de la côte de l'État de San-Salvador qui
s'étend d'Acajutta à Libertad est emphatiquement appelée « Côte
du Baume, » parce que c'est là seulement qu'on recueille l'article connu dans le commerce sous le nom de *baume du Pérou*.

« Ce district particulier est situé entre les deux ports, à une
distance de 12 à 15 kilomètres de chacun d'eux. Le sol qui
s'étend dans la direction de la mer, sur le versant d'une chaîne
latérale de montagnes peu élevées, est, à l'exception de quelques parties qui touchent à l'Océan, si complétement encombré
de broussailles et de branches tombées des hauteurs principales, il est couvert de forêts si épaisses, qu'il est presque
impossible de le traverser à cheval. Aussi est-il très-rarement
visité, et il y a très-peu d'habitants de Sonsonate ou de San-Salvador qui y aient jamais mis les pieds. Dans ce canton sont
situés cinq ou six villages uniquement habités par des Indiens,
qui n'entretiennent de rapports avec les autres villes que ceux
qui sont strictement nécessaires à leur commerce particulier.
Le baume est leur principale richesse; ils en portent sur le
marché chaque année 8,000 à 10,000 kilogrammes. Il se vend
par petites quantités à la fois à des marchands qui l'achètent
pour l'exporter. Les arbres qui le fournissent sont très-nombreux dans cette contrée privilégiée, et probablement ne réus-

sissent que là, car il est rare d'en rencontrer un dans d'autres
parties de la côte dont le sol et le climat semblent identiques.
Après la récolte le baume du Pérou est renfermé dans des
calebasses pour le livrer au commerce. Pendant longtemps
on a supposé à tort que ce baume était une production de
l'Amérique méridionale; en effet, dans les premiers temps
de la domination espagnole, et par suite des règlements de
commerce auxquels étaient alors soumis les produits de cette
côte, il était ordinairement expédié par les marchands de la
côte à Callao et de là transporté en Espagne. Les Espagnols
le crurent originaire du pays d'où ils le recevaient, et lui donnèrent le nom de « baume du Pérou. » Le véritable lieu de
provenance n'était connu que de quelques négociants (1). »

BAUME DE TOLU

Myroxylum toluiferum D. C.; *Myrospermum tolaiferum ou tolaifera*
Ach. Rich. et Kunth.

Il ressemble à la résine commune; cependant, sous l'action
de la moindre chaleur, il passe à l'état liquide et prend l'apparence de la mélasse. L'odeur en est particulièrement agréable. Comme il est soluble dans l'alcool, il forme volontiers
la base d'un bouquet et donne alors au parfum une permanence que ne posséderait pas la simple solution d'une huile.
Tous ces baumes sont très-utiles dans cette fabrication, quoique moins employés qu'ils ne pourraient l'être. Les proportions sont : baume de Tolu, 125 grammes; esprit-de-vin,
1 litre. (Voyez Storax et Tolu.)

Ulex a remarqué que le baume de Tolu est fréquemment
falsifié avec de la résine ordinaire. Pour découvrir la fraude il
verse de l'acide sulfurique sur le baume et chauffe le mélange;
s'il n'y a pas de résine, le baume se fond en un liquide rouge

1. *The Technologist.*

cerise, et, au lieu de dégager de l'acide sulfureux, dégage de l'acide benzoïque ou cinnamique. Au contraire, s'il y a de la résine, le baume écume, noircit et dégage une grande quantité d'acide sulfureux.

On distingue dans le commerce le *baume de Tolu sec* et le *baume de Tolu mou*; distillés avec de l'eau, ils donnent tous deux une essence liquide composée de trois corps volatils : 1° le *toluène*, essence liquide bouillant à 120°, formée de $C^{24}H^{18}$; 2° *d'acide benzoïque*; 3° de *cinnaméine* bouillant à 310°; il renferme des acides benzoïque et cinnamique.

La présence de la colophane, de la térébenthine ou d'autres résines se reconnaît dans le tolu à l'odeur résineuse qu'il dégage en brûlant.

On distingue aussi le *baume du Pérou sec*, qui ne se trouve plus dans le commerce, le *baume du Pérou brun*, le *baume de San-Salvador* ou *baume du Pérou noir*, *baume du Pérou liquide du commerce*; ils sont formés les uns et les autres d'une résine, d'une huile liquide (*cinnaméine*) et d'acide cinnamique. On falsifie le baume du Pérou liquide avec l'huile de ricin; on le distingue à l'odeur résineuse qui se dégage lorsqu'on répand sur les charbons ardents le baume ainsi falsifié. Pour reconnaître le copahu, l'on conseille de chauffer le baume au bain d'huile à 190°, jusqu'à ce que le baume ait fourni quelques gouttes d'un liquide oléagineux très-acide, qui laisse déposer des cristaux d'acide cinnamique; lorsque le baume est pur, le liquide se solidifie tout entier; dans le cas contraire, les cristaux nagent dans l'essence de copahu. L'alcool se reconnaît, d'après M. Bussy, par l'agitation avec l'eau, qui dissout l'alcool; et on constate la présence des huiles grasses par l'alcool, qui dissout le baume et non les huiles.]

BAUME DE STORAX

Le *baume de Storax*, vulgairement appelé styrax, s'obtient de la même manière; il possède les mêmes propriétés, sauf une légère nuance dans l'odeur et sert aux mêmes usages.

Tous ces baumes viennent de l'Amérique, du Chili, du Mexique, où les arbres qui le produisent sont indigènes.

BAUME DE LA MECQUE

Gomme de l'*amyris opobalsamum*.

Le véritable *baume de la Mecque* est à la fois rare et cher. Les rois de Juda cultivaient cet arbuste, mais dans de petites proportions seulement. On conserve au Jardin botanique de Paris une bouteille de ce baume extraordinaire, comme un objet très-rare et très-précieux. Ce qui se vend généralement sous le nom de baume de la Mecque n'est qu'une huile extraite des graines, des noyaux et des branches de l'arbuste que l'on a fait bouillir. Cette substance est trop rare pour se vendre, comme on le croit communément, à quelque prix que ce soit. Josèphe nous apprend que la reine de Saba l'apporta pour la première fois en Judée, où le baume, la myrrhe et l'encens étaient dans l'antiquité d'un usage presque journalier dans le peuple. C'est là une des nombreuses choses que *nous regrettons dans le temps passé*. On a cherché la raison de cette excessive rareté dans la destruction de Jérusalem; les Juifs, poussés par la haine et le désespoir, détruisirent tous les arbustes qui produisaient ce parfum. On n'en trouve plus un seul aujourd'hui en Palestine. On n'en connaît plus qu'une plantation, et elle est dans l'Arabie Pétrée. Cette plantation tout entière ne produit guère par année que 1,500 grammes de baume, dont le Grand-Seigneur s'est réservé le monopole. Nous ne pouvons signaler ce fait sans en exprimer notre regret.

BENJOIN

Voici une substance très-utile aux parfumeurs. Elle découle du *Styrax benzoin* (fig. 19), de la famille des styracinées, par des incisions que l'on fait à l'arbre; en séchant elle prend la consistance d'une gomme (résine). On la tire principalement de Bornéo, de Java, de Sumatra et de Siam. La meilleure espèce vient de ce dernier pays; on l'appelle communément *amygdaloïde*, parce qu'elle est semée de petites taches blanches qui ressemblent à des amandes cassées, ou mieux benjoin-vanille, à cause de son odeur qui rappelle celle de la vanille. Soumises à l'action de la chaleur, les petites taches blanches se transforment en une vapeur qui se condense aisément sur le papier. La substance ainsi séparée du benjoin est connue dans le commerce sous le nom de fleur de benjoin, les chimistes l'appellent acide benzoïque. Elle a presque toute l'odeur de la résine dont elle est extraite; cette odeur est due à une particule d'une essence particulière qui s'élève en vapeur avec l'acide et qui n'a pas encore été isolée.

Fig. 19. *Styrax benzoin.*

M. W. Bastick recommande le procédé suivant pour faire la fleur de benjoin. On répand de la gomme (résine) benzoïque grossièrement pilée sur le fond d'un vase de fer rond ayant vingt-trois centimètres de diamètre et environ cinq centimètres de haut. Sur la surface du vase on étend un morceau de papier à filtrer, que l'on fixe au bord avec de la colle de pâte. On attache un cylindre de papier très-épais à la partie supérieure du vase, on place ensuite le vase dans une assiette couverte de sable sur la bouche d'un fourneau. On le laisse exposé à un feu doux de quatre à six heures. Par la première sublimation on obtient ainsi quarante à cinquante grammes d'acide benzoïque de quatre cents grammes de résine. La résine n'étant pas épuisée par cette première opération, on peut la concasser de nouveau lorsqu'elle est refroidie, et la soumettre une seconde fois à l'action de la chaleur; alors on en retirera une nouvelle partie d'acide benzoïque. L'acide ainsi obtenu n'est ni d'une pureté ni d'une blancheur parfaites, et le docteur Mohr pense que c'est une question, au double point de vue de la médecine et de la parfumerie, de savoir s'il a autant de valeur quand il est parfaitement pur que quand il contient une petite partie de l'huile volatile et odorante qui se dégage de la résine dans le cours de la sublimation.

La Pharmacopée de Londres prescrit de préparer l'acide benzoïque par la sublimation, et n'exige pas qu'il soit pur de cette huile à laquelle il doit principalement son odeur agréable.

La seconde sublimation ne volatilise pas la totalité de l'acide benzoïque. Ce qui reste dans la résine peut être extrait en le faisant bouillir avec de la chaux vive et en précipitant l'acide du benzoate de chaux qui en résulte par l'acide hydrochlorique.

Voici la méthode indiquée par Scheele. Faites un lait de chaux nouvellement éteinte avec 50 ou 50 grammes d'eau chaude, ajoutez-y 100 grammes de benjoin en poudre et environ un kilogramme d'eau; faites bouillir pendant une demi-heure, remuez pendant l'opération, passez ensuite à travers un linge; faites bouillir le résidu une seconde fois avec 650 gr. d'eau, puis une troisième avec 525 grammes et passez chaque fois. Mêlez les divers liquides obtenus, réduisez-les par évaporation au quart de leur volume, et ajoutez-y assez d'acide hydrochlorique pour les rendre légèrement acides. Quand ils sont tout à fait froids, séparez les cristaux de la partie liquide au moyen d'un filtre sur lequel vous les lavez à l'eau froide,

exprimez, faites-les ensuite dissoudre dans l'eau chaude distillée, d'où les cristaux se sépareront en refroidissant. Lorsqu'on
ajoute de l'acide hydrochlorique à une solution concentrée et
froide de sels d'acide benzoïque, il se précipite sous la forme
d'une poudre blanche. Si la solution des sels de cet acide est
trop étendue ou trop chaude, une petite partie seulement de
l'acide benzoïque se séparera. Cependant plus la solution sera
faible, plus elle refroidira lentement et plus les cristaux seront
considérables. Dans la préparation de cet acide par le procédé
humide la chaux doit être préférée à toute autre base, parce
qu'elle forme des combinaisons insolubles avec les éléments
résineux du benjoin, parce qu'elle empêche le benjoin de se
pelotonner en une masse compacte, et aussi parce qu'un excès
de cette base n'est que légèrement soluble.

« Le meilleur benjoin se récolte dans le royaume de Siam,
au moyen d'incisions pratiquées dans l'arbre arrivé à l'âge de
cinq ou six ans. D'abord la résine est blanche et transparente.
Chaque arbre en donne environ 1 kil. 1/2 par an pendant six
ans. Cette résine fait dans le royaume de Siam l'objet d'un
commerce d'exportation. Les expéditions de Singapoor s'éle-
vèrent en 1852 à 1,282 *piculs* et à 168 en 1853. Java a importé l'an dernier du benjoin pour une valeur de 176,182 flo-
rins (373,505 francs); les différentes sortes obtiennent des
prix proportionnés à leur bonté; la plus belle qualité variait de
dix à vingt livres sterling (250 à 500 francs) par *picul* de
65 kilogrammes. Le benjoin est l'encens de l'extrême Orient;
il a longtemps servi comme tel dans l'église catholique, dans
les temples indiens, mahométans et bouddhistes, et probablement dans le culte des israélites; les Chinois riches parfument
leurs maisons de son doux arome (1). »

L'extrait, ou teinture de benjoin, forme une bonne base pour

(1) P. L. Simonds, Esq. (Jur. de la Société des arts.)

un bouquet. Comme le baume de Tolu, il donne du corps et de la durée à un parfum fait avec une huile essentielle étendue d'alcool. On l'emploie principalement dans la fabrication des pastilles (voyez PASTILLES) et dans celle des pommades à la vanille artificielle (voyez POMMADES).

L'acide benzoïque pur du commerce est souvent obtenu par le dédoublement de l'acide hippurique, qui lui-même est extrait de l'urine des herbivores ; au contact des acides énergiques, tels que l'azotique, le chlorhydrique, etc., il s'assimile alors deux équivalents d'eau et fournie de l'acide benzoïque et du glycocolle ou sucre de gélatine, d'après l'équation suivante :

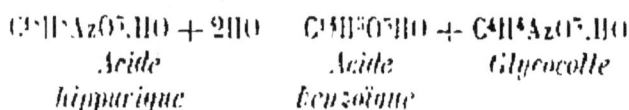

$$C^9H^8AzO^5,HO + 2HO \quad C^{14}H^5O^3HO + C^4H^4AzO^5,HO$$

Acide   Acide   Glycocolle
hippurique   benzoïque

Mais l'acide benzoïque ainsi obtenu est inodore et inusité en parfumerie.

BERGAMOTE

Ce parfum, très-utile, s'obtient par l'expression de l'écorce du fruit du *citrus bergamia*, variété des limetta (aurantiacées). Cent fruits fournissent environ 85 grammes d'essence. Cette essence a une odeur douce et agréable trop connue pour qu'il soit nécessaire de la décrire. Lorsqu'elle est fraîche et bonne elle a une teinte jaune verdâtre, mais elle perd sa nuance verte, surtout si on la tient dans des flacons mal bouchés. Dans ce cas, elle devient trouble par suite du dépôt de la matière résineuse résultant du contact de l'air, et prend une odeur de térébenthine.

Elle se conserve parfaitement dans des flacons bouchés avec soin, tenus dans un endroit frais et obscur. La lumière, et particulièrement les rayons du soleil, en altèrent promptement l'odeur. Cette observation peut s'appliquer à tous les parfums.

excepté à l'essence de rose qui ne s'altère pas à la lumière, et à celle de giroflée qui gagne en vieillissant.

La bergamote mêlée aux autres huiles essentielles ajoute beaucoup à leur richesse. Elle leur communique une douceur que ne leur donne aucune autre substance; on se sert beaucoup de ces mélanges pour les savons les plus parfumés. Mêlée à l'esprit-de-vin rectifié dans la proportion d'environ cinquante grammes de bergamote par litre, elle donne ce qu'on appelle « extrait de bergamote », et sous cette forme elle se vend pour le mouchoir. Quoique bien couverte avec de l'extrait d'iris ou d'autres substances, elle forme le principal élément des bouquets de Bailey and Blew. (Voyez BOUQUETS.)

BOIS DE ROSE

Lorsque le bois de rose, la partie ligneuse du *convolvulus scoparius* (convolvulacées), est distillé, on en obtient une huile d'une odeur agréable qui rappelle un peu celle de la rose, ce qui lui a valu ce nom. A une certaine époque, c'est-à-dire avant qu'on cultivât le géranium rosat, c'était de l'essence de bois de Rhodes, et de celle qu'on tirait de la racine du *genista Canariensis* qu'on se servait principalement pour falsifier l'essence de roses véritable; mais comme l'essence de géranium atteint beaucoup mieux le but, celle de bois de rose est tombée en désuétude; aussi cette substance bien connue de nos pères est aujourd'hui comparativement rare sur le marché. Cinquante kilogrammes de bois donnent environ cent grammes d'huile.

Le bois de rose pulvérisé sert volontiers de base aux sachets pour parfumer les vêtements.

Les Français ont donné au bois de rose le nom de Jacaranda, dans la supposition que c'est de la plante ainsi appelée au Brésil qu'il provient, ce qui n'est pas exact. « Le même mot, dit Burneti, a peut-être été l'origine du mot palissandre — palixander mal écrit. »

[L'essence de bois de rose, ou de Rhodes, est liquide, onctueuse, jaunâtre, d'une odeur de rose, d'une saveur amère, plus légère que l'eau.

Guibourt distingue parfaitement le bois de rose, du Jacaranda odorant du Brésil. Plusieurs autres bois des légumineuses ou des laurinées portent encore le nom de bois de rose.]

CAMPHRE

Cette belle et odorante substance est produite par plusieur plantes, notamment par le *dryobalanops camphora* (diptérocarpées), le camphrier de Sumatra et du Japon. Cependant l'espèce qu'on rencontre le plus souvent dans le commerce est extraite du *laurus camphora* (laurinées) (fig. 20 et 21) ou

Fig. 20. Laurier camphrier (*Laurus camphora*).

laurier-camphre de l'île de Formose, d'où il est porté à Canton, qui en approvisionne les marchés de l'univers. Le camphre existe à l'état naturel dans l'intérieur de l'arbre; en fendant le bois on le trouve par masses de 30 à 40 centimètres de long entre l'écorce et le tronc, et dans la moelle. Il y a des hommes appelés « nyreappoors » ou *voyants de camphre*, qui

Fig. 21. Rameau du laurier camphrier (*Laurus camphora*).

prétendent posséder le don de distinguer les arbres les meilleurs à abattre. Cependant, sur leurs indications, on en abat beaucoup où l'on ne trouve aucune veine de camphre. Toutes les parties du *laurus camphora* contiennent du camphre que l'on en extrait en hachant les branches et en les faisant bouillir dans l'eau. Le camphre monte à la surface et se solidifie lorsque l'eau refroidit; quelquefois on couvre la chaudière où se fait l'opération avec un chapiteau de terre revêtu de paille de riz; lorsque l'eau bout, le camphre se dégage avec la vapeur

et s'attache à la paille. On l'en détache ensuite et on l'enveloppe pour l'exporter; il constitue alors le camphre brut.

Le camphre qu'on trouve dans les magasins, en Angleterre,
est raffiné et n'est plus dans l'état primitif où il a été apporté
en Europe. A une certaine époque, Venise et la Hollande avaient
le monopole de ce raffinage; on le fait aujourd'hui dans toutes
les grandes villes d'Europe. Le procédé est simple et consiste
à mêler le camphre brut avec un peu de chaux. On soumet le
mélange à l'action d'une chaleur suffisante pour le convertir
en vapeur qui se condense promptement et prend la forme du
récipient. L'odeur du camphre est très caractéristique et plaît
à presque tout le monde. Elle a la réputation d'être essentiellement prophylactique, et, pour cette raison, beaucoup de personnes en portent sur elles dans les temps d'épidémies. Les
qualités antiseptiques qu'on lui accorde le font employer beaucoup dans la composition des dentifrices, des savons, des vinaigres aromatiques et autres articles de toilette.

Le camphre du Japon ou du *laurus camphora*, et celui de
Bornéo, fourni par le *dryobalanops camphora*, quoique présentant le même aspect et la même odeur, n'ont pas la même
composition; le premier est représenté par $C^{20}H^{16}O^2$, et le second par $C^{20}H^{18}O^2$. Quant aux camphres dits artificiels que l'on
obtient en faisant agir le chlore ou l'acide chlorhydrique sur
certains hydrogènes carbonés liquides tels que les essences de
citron ou de thérébenthine, ils n'ont aucune analogie de propriétés ni de composition avec les camphres proprement dits,
ils leur ressemblent un peu par leur aspect; le véritable
camphre a été trouvé dans d'autres plantes de la famille des
laurinées, des amomées, des synanthérées, et certaines labiées
des pays chauds, mais aucune d'elles ne peut le fournir industriellement.

CANNELLE

Plusieurs espèces de *laurus* fournissent la cannelle et la casse du commerce. Son nom vient, dit-on, des mots *china amomum*, parce que l'écorce de cet arbuste est une des épices les plus estimées de l'Orient. Les parfumeurs emploient l'écorce et l'huile qui s'obtient par la distillation.

[On récolte la cannelle lorsque l'arbre est âgé d'au moins cinq ans. On l'exploite jusqu'à trente ans et on fait deux récoltes par an. On coupe les branches, on détache avec un couteau l'épiderme qui les recouvre. On fend longitudinalement l'écorce et on la sépare du bois. On insère les plus petits tubes dans les plus grands et on les fait sécher au soleil. L'odeur aromatique et suave de la cannelle est connue. Il en est de même de sa saveur, sucrée et piquante. La cannelle de Chine présente une odeur et un goût moins agréable. (Guibourt et Moquin Tandon.)]

[L'écorce pulvérisée entre dans la composition de quelques pastilles, des poudres dentifrices et des sachets. L'huile essentielle de cannelle nous vient de Chine, de Java, de Ceylan ; elle est extrêmement puissante et doit être employée avec modération. La cannelle peut entrer dans toutes les compositions où entre le girofle.]

[On emploie encore souvent comme aromate et comme épice le *cassia lignea* qui est l'écorce du *laurus malabatrum* ainsi que les feuilles et les fleurs non épanouies des divers cannelliers. Les fruits fournissent une matière grasse qui sert à préparer des bougies odoriférantes, qui sont brûlées par les personnes riches sur les lieux de production.]

Huile artificielle de cannelle.

Strecker a montré, il y a quelques années, que le *styrone* qu'on obtient en traitant la *styracine* par la potasse est l'alco d d'acide cinnamique. Wolff, à l'aide d'agents oxydants, a converti cet alcool en acide cinnamique. L'auteur a aujourd'hui prouvé que dans les mêmes conditions, dans lesquelles l'alcool ordinaire donne l'aldéhyde, le styrone donne l'aldéhyde d'acide cinnamique, c'est-à-dire l'essence de cannelle. Il suffit de mouiller du noir de platine avec du styrone et de laisser à l'air quelques jours : alors au moyen du bisulfate de potasse on obtient des cristaux d'aldéhyde double, qu'il faut ensuite laver dans l'éther. En ajoutant de l'acide sulfurique étendu, on obtient ensuite l'aldéhyde d'acide cinnamique pur. Ces cristaux se dissolvent aussi dans l'acide nitrique et forment alors au bout de quelques instants des cristaux de nitrate d'hydrure de cinnamyle. La conversion du styrone en hydrure de cinnamyle par l'action du noir de platine se démontre par l'équation suivante :

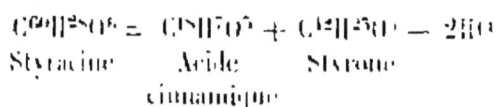

$$C^{60}H^{28}O^6 = C^{81}H^{7}O^3 + C^{42}H^{50} - 2HO$$
Styracine   Acide   Styrone
             cinnamique

CARVI

Ce principe odorant se tire par la distillation des fruits du *carum carvi* (ombellifères). Son odeur est très-agréable et si connue qu'elle n'a pas besoin d'être analysée. Il est très-propre à parfumer le savon et on l'emploie beaucoup à cet usage. Dissous dans l'esprit-de-vin on peut le mêler à l'huile de lavande ou de bergamote pour la fabrication des essences à bas prix, comme on fait du girofle. (Voyez GIROFLE.) Pulvérisés, les fruits de carvi entrent avec avantage dans la composition des sachets. (Voyez SACHETS.)

Les fruits d'autres ombellifères, tels que ceux de cumin, de fenouil, d'aneth, fournissent à la distillation des essences semblables à celle de carvi; celle-ci est formée de deux essences, qui sont le *carvène* $= C^{10}H^8$, et le *carvol* $= C^{20}H^{14}O^2$: les essences des autres fruits de la même famille ont des compositions analogues.]

CASCARILLE

L'écorce entre dans la composition de la frangipane et dans celle de l'*eau à brûler* pour parfumer les appartements; nous renvoyons donc le lecteur à ces deux mots.

L'écorce seule de la plante est employée par les parfumeurs. Cependant la *cascarilla gratissima* est tellement odorante que, suivant Burnett, ses feuilles sont recueillies comme un parfum par les Koras du cap de Bonne-Espérance. C'est aux parfumeurs qui sont à l'affût des nouveautés de se procurer de ces feuilles et de s'assurer du résultat par la distillation.

Il y a quelques années, MM. Hewing et Cᵉ firent venir de l'huile de cascarille, mais elle ne parut sur le marché que comme objet de curiosité.

[La cascarille (en espagnol, *petite écorce*) du commerce est tirée, suivant sir W. Hooker, des *croton fragrans* (casca-rilla, etc., de la famille des euphorbiacées); ces plantes sont originaires de l'Amérique du Sud.]

CASSE

On obtient l'huile essentielle de casse en distillant l'écorce extérieure du *laurus cassia*. Cinquante kilogrammes d'écorce donnent plus de 750 grammes d'huile; cette huile est d'un jaune pâle; elle ressemble beaucoup pour l'odeur à l'essence de cannelle, quoiqu'elle lui soit bien inférieure. On l'emploie surtout à parfumer le savon, et spécialement celui qu'on appelle savon militaire; l'odeur tient plus de celle des aromates ou épices, que de celle des fleurs; c'est pourquoi on ne l'emploie pas pour le mouchoir.

[Le *laurus cassia*, de la famille des laurinées, fournit la cannelle de Chine, ou cannelle commune; l'essence qu'on en extrait porte le nom d'*essence de cassia* ou de *casse*; son odeur est peu agréable, elle est jaune rougeâtre.

La cannelle de Ceylan, *laurus cinnamomum* ou *cinnamomum zeylandicium* (laurinées), fournit une essence en moins grande abondance que la précédente, mais qui est beaucoup plus estimée; elle est d'un jaune clair, son odeur est suave, sa saveur est douceâtre et aromatique; elle se vend de 15 à 20 fr. les 30 grammes, tandis que la première vaut 40 fr. les 1,000 grammes environ.

Les essences de cannelle rougissent à l'air et se transforment en acide cinnamique; elles réfractent fortement la lumière; leur densité varie de 1,05 à 1,09; l'alcool les dissout; l'acide sulfurique les colore en rouge-pourpre, et l'acide chlorhydrique en violet.

L'essence de cannelle pure peut être considérée comme un hydrure de cinnamyle $= C^{18}H^8O^2 = C^{18}H^7O^2H$, que les oxydants énergiques transforment en acide cinnamyque et plus tard en essence d'amandes amères et acide benzoïque. (Voyez CANNELLE.)]

CASSIE.

> Aime à voir le narcisse et le blond asphodèle,
> Mais j'aime à respirer l'odorante cannelle.
> — VIRGILE.

Ce parfum est un des meilleurs qui puissent entrer dans la composition des bouquets les plus fins pour le mouchoir. Senti seul il a une odeur de violette délicieuse et si prononcée qu'elle est capable d'incommoder.

On l'extrait par la macération de l'*acacia farnesiana* (légumineuses) (fig. 22) (1). On fait fondre de la graisse clarifiée

(1) [On traduit quelquefois le mot anglais *cassie* par *acacia* : nous lui

au bain-marie; on y jette les têtes de fleurs qu'on laisse macérer pendant plusieurs heures; on retire ensuite ces fleurs
qu'on remplace par de nouvelles, huit ou dix fois de suite,
jusqu'à ce qu'on ait obtenu un parfum suffisamment riche. On
emploie autant de fleurs que la graisse en peut couvrir lorsqu'elles y sont plongées. Les fleurs de cassie valent de 5 à 8 fr
le kilogramme; il en faut deux kilogrammes pour parfumer
un kilogramme de graisse.

Fig. 22. *Acacia farnesiana.* (Têtes de fleurs, grandeur naturelle.)

substituons le nom de *cassie* généralement employé en France, et nous
nommons chez nous *acacia* le robinier, *robinia pseudo acacia*, de la famille des légumineuses, dont les fleurs possèdent une odeur douce et
agréable qu'on pourrait isoler par une macération ou par l'enfleurage.] O. R.

Après avoir été passée, la pommade doit être tenue à une chaleur suffisante pour qu'elle reste liquide, et reposer ainsi quelques jours pour que les détritus tombent au fond. Enfin on la fait refroidir et on la livre au commerce. L'*huile de cassie*, ou huile grasse de cassie, se prépare de la même manière, en substituant l'huile d'olive à la graisse. Ces deux préparations ne sont évidemment qu'une solution de la véritable huile essentielle de fleurs de cassie dans un corps gras. L'Europe peut s'attendre à recevoir prochainement de l'Australie méridionale une pommade au même parfum tiré du *gum wattle*, végétal qui appartient au même genre que l'acacia farnesiana, et qui pousse avec un luxe de végétation merveilleux dans cette partie du monde. La graisse de mouton étant à bas prix, et le *Gum wattle* très-commun, on peut prévoir que la culture de ce végétal deviendra la source d'un commerce avantageux.

Pour préparer l'extrait de cassie : prenez 3 kilogr. de pommade de cassie première qualité, et versez-dessus 5 litres d'esprit-de-vin rectifié, première qualité aussi. Laissez digérer trois semaines ou un mois à une chaleur d'été; séparez ensuite l'extrait de la pommade. Pour être réussi, il doit avoir une belle couleur verte-olivâtre, et répandre une forte odeur de fleur de cassie. Tous les extraits faits de cette manière donnent une odeur de fleurs plus naturelle que ceux qu'on fabrique en faisant dissoudre dans l'alcool l'huile essentielle obtenue par la distillation; en outre, pour les fleurs où le principe odorant n'existe qu'en très-petite quantité et ne peut être isolé, comme pour celles-ci, pour la violette, le jasmin, etc., c'est le seul procédé pratique.

Pour cette opération et les autres du même genre, il faut diviser la pommade en gouttelettes que l'on obtient en la faisant fondre et la coulant doucement dans l'alcool froid, où elle se trouve saisie et réduite pour ainsi dire en poussière. Le mélange a simplement pour effet de changer de place la matière odorante qui abandonne le corps gras, obéissant à l'attraction plus puissante, ou, pour parler comme les chimistes, à l'affinité de l'alcool dans lequel elle se dissout librement.

La plus grande partie de l'extrait peut être aisément séparée de la pommade ; mais il en reste encore dans les interstices une certaine quantité qui demande du temps pour sortir. On en favorise le départ en plaçant la pommade dans un grand entonnoir posé sur une bouteille qui reçoit le reliquat. Enfin toute la pommade, que l'on appelle alors *pommade lavée*, est mise au bain-marie dans un bassin de fer-blanc ou de cuivre afin de la faire fondre ; lorsqu'elle est fondue, toute l'essence qui s'y trouve encore monte à la surface et peut être enlevée à l'écumoire, ou bien on la fait couler quand le corps gras est refroidi. Pour recueillir l'alcool qui peut encore y rester, il est bon de mettre la pommade dans un alambic et distiller; on perd peut-être un peu de parfum, mais on retrouve l'alcool.

La pommade ainsi lavée s'emploie dans la fabrication des cosmétiques à laquelle elle est très-propre, à cause de la pureté de la graisse dont elle était composée d'abord, et surtout parce qu'elle contient encore une certaine quantité de parfum ; si on ne l'emploie pas toute de cette manière, on peut la faire infuser dans l'alcool une seconde fois et en retirer encore un extrait plus faible servant à fabriquer des articles à bon marché. La pommade ainsi épuisée peut être également employée pour faire les savons de couleur.

Il ne faut pas confondre la cassie avec la casse qui a une odeur tout à fait différente. (Voyez POMMADE A LA CASSIE.)

CÉDRAT

Ce parfum est extrait de l'écorce du fruit du cédratier (*citrus medica*, *Cedra*, Gall.) par l'expression; son excellente odeur de citron est très-appréciée. On l'emploie principalement dans la fabrication des parfums ou extraits pour le mouchoir. En faisant dissoudre 50 grammes de cette huile essentielle de cédrat dans 50 centilitres d'alcool, on obtient ce qu'on appelle l'extrait de cédrat ; quelques parfumeurs y ajoutent 15 grammes de bergamote.

CÈDRE

Juniperus virginiana (conifères).

Ce bois est fameux depuis Salomon qui l'employa à la construction du Temple. Il trouve quelquefois sa place dans le magasin du parfumeur ; pulvérisé, il fait volontiers le corps d'un sachet. On vend des allumettes en bois de cèdre pour allumer les lampes, parce qu'en brûlant elles répandent une odeur agréable ; quelques personnes en mettent aussi de petits morceaux dans les tiroirs parmi les vêtements, pour les préserver des mites. A la distillation, le bois de cèdre donne une huile essentielle extrêmement odorante qui s'emploie beaucoup pour parfumer les savons connus sous le nom de *cold cream*.

Bois de cèdre du Liban pour le mouchoir.

Essence de cèdre.	28 grammes.
Esprit de vin rectifié.	50 centilitres.
Esprit de rose triple.	44

L'essence de bois de cèdre, il n'y a pas encore longtemps très-rare, a paru depuis en grande quantité sur le marché. MM. Hodgkinson et Cᵉ, de Snow Hill, en ont tiré 790 grammes pour 45 kilogrammes de copeaux, résidus de fabricants de crayons. Le cèdre employé à cet usage est le cèdre de Virginie ou d'Amérique, *juniperus virginiana*. Le véritable cèdre du Liban, *cedrus libani, Larix cedrus*, qui donne son nom au parfum qu'on met dans les mouchoirs, fournit une huile et une odeur très-insignifiantes auprès de celles que produit le végétal américain. Mais les cèdres du Liban sont si connus, que les parfumeurs ne pourraient remplacer le nom du parfum qu'ils fabriquent par celui de bois rouge de l'Ouest, par exemple, quoique l'odeur de celui-ci soit bien supérieure.

Vitruve, architecte du siècle d'Auguste, nous apprend qu'on enduisait les feuilles de papyrus pour les préserver des attaques des insectes, avec une huile ou résine extraite du cèdre et qu'on appelait *cedria*; Pline dit que les Égyptiens s'en servaient concurremment avec d'autres aromates pour embaumer leurs momies.

La teinture du cèdre a l'odeur agréable de ce bois; on l'en peut aisément tirer en faisant macérer le bois dans l'esprit-de-vin rectifié.

CHÈVREFEUILLE

> Du grimpant chèvrefeuille enlaçant ses anneaux,
> Les innombrables fleurs s'étagent en berceaux;
> Si sa tige apparaît délicate et chétive,
> Son durable parfum nous charme et nous captive.
> COWPER.

Ce que dit ici le poëte Cowper est parfaitement vrai; cependant cette fleur n'est pas employée dans la parfumerie, quoiqu'il n'y ait point de raison pour l'abandonner. Les procédés indiqués pour extraire le parfum de l'héliotrope et des mille-fleurs sont également applicables au chèvrefeuille et à l'aubépine. On fait de la manière suivante un bon extrait.

Extrait artificiel de chèvrefeuille.

Extrait alcoolique de pommade à la rose.	57	centilitres.
— — de violette.	57	—
— — de tubéreuse.	57	—
Extrait de vanille.	14	—
— de tolu.	14	—
Essence de néroli.	10	gouttes.
— d'amandes.	5	—

Le prix de revient d'un parfum ainsi préparé serait sans doute trop élevé pour la vente en détail; dans ce cas, pour trouver un bénéfice, on peut l'étendre avec de l'esprit-de-vin rectifié, et c'est encore un excellent parfum. Les formules données ici supposent que les parfums mis en flacons se vendront au moins à raison de un franc quatre-vingts centimes, les 30 grammes liquide, prix moyen que les fabricants mettent aux meilleurs articles. Le chèvrefeuille appartient à la famille des caprifoliacées (*lonicera caprifolium*).

CITRON

Le citron qui mûrit au soleil de la Perse,
Comme un laurier superbe, étale un tronc altier;
Mais de ses sucs piquants l'odeur qui se disperse
Dans les airs dit au loin : ce n'est pas un laurier.
VIRGILE, *Géorgiques*, II, 123.

En distillant les fleurs du *citrus medica*, on en tire une huile très-odorante qui est une espèce de néroli, et qu'emploient les fabricants d'eau de Hongrie.

[Les zestes donnent, par expression ou distillation, une huile essentielle analogue à celle de bergamote, de cédrat, et elle est composée d'hydrogène et de carbone = $C^{10} H^8$; toutes les essences des fruits des aurantiacées ou hespéridées ont la même composition; toutes ces essences sont souvent fraudées avec l'essence de térébenthine bien rectifiée; en la frottant dans ses mains on reconnaît la fraude; l'essence de citron est incolore ou légèrement jaune; sa densité est de 0,840, la densité de sa vapeur, 4,81 à 4,82.]

CITRONELLE

On vend sous ce nom une huile qui vient principalement de Ceylan. On l'obtient en distillant les feuilles de l'*andropogon schœnanthus* (graminées), qui pousse à l'état sauvage dans cette île où il est très-commun. Dans le voisinage de Galle et de Colombo, on voit des plantations considérables de cette plante que l'on cultive pour en extraire le principe odorant.

L'exportation qui s'en fait tous les ans du port de Colombo, est en moyenne d'environ 2,000 kilogrammes. M. Thwaites, du Jardin royal botanique de Ceylan, par lettre du 14 août 1856, a bien voulu me promettre de m'en envoyer de jeunes plants que je déposerai à Kiew ou dans les jardins de Regent's Park, dès que je les aurai reçus.

La citronelle étant très-bon marché (le prix d'exportation, à Colombo, est de cinq francs dix centimes par demi kilogramme), est très-employée pour parfumer les savons. Celui qu'on vend aujourd'hui en grande quantité sous le nom de savon au miel, est un beau savon jaune légèrement parfumé à la citronelle. Quelques parfumeurs s'en servent pour parfumer la pommade; mais ainsi employée, elle n'a pas beaucoup de succès.

[Il ne faut pas confondre cette essence de citronelle avec celles que pourraient produire d'autres plantes bien différentes qui portent ce nom; on a, en effet, nommé citronelle un grand nombre de plantes dont l'odeur se rapproche plus ou moins de celle du citron. Nous citerons parmi celles-ci, l'aurone mâle, *artemisia abrotanum* (synanthérées), Lin.; la mélisse, *melissa officinalis* (labiées); la verveine odorante, *verbena tryphylla*, Lhéritier; *lipia citriodora*, Kunth; *aloysia citriodora*, Hooker. (Voyez VERVEINE.)

Wallich dit, d'après Fléming (1), que l'andropogon à odeur de citron, de la Martinique, porte dans l'Inde le nom de *lemongrass*, ou de chiendent citron; à la Martinique sous le nom de citronelle ou andropogon, on confond avec le schœnanthe, une plante qui passe pour vénéneuse, qui, dit-on, fait avorter les

(1) *Plantæ asiat. rar.*, London, 1832, t. III, p. 48.

femmes et les bestiaux; elle se rapproche beaucoup, en effet, du schænanthe, mais elle est plus grande; elle répand une odeur de rose fort agréable.

CONCOMBRE

Variété jaune du cucumis sativus (cucurbitacées).

Les opinions sont très-partagées sur l'odeur du concombre. Les uns en font grand cas, et lui attribuent beaucoup de propriétés; d'autres pensent qu'elle est à sa place dans la salle à manger et non dans le cabinet de toilette. Mais nous n'avons pas ici d'opinion à exprimer; nous n'avons qu'à indiquer la manière d'extraire le parfum de la plante. Nous n'avons pas pu obtenir d'essence de concombre, et l'eau qu'on en tire par la distillation ne rappelle que très-faiblement le fruit. Si pourtant on distille à plusieurs reprises de l'alcool sur des concombres fraîchement coupés, on obtient, à peu près à la troisième distillation, un esprit ou essence ayant tout à fait la véritable odeur que l'on cherche. On l'emploie principalement dans la préparation du *Cold Cream* au concombre. (Voyez ce mot.)

ÉGLANTINE

Quoique le poëte Robert Noyes dise que

Humble fleur, elle embaume et surpasse en délices
Les bois de citronniers et les bosquets d'épices,

l'églantine n'a qu'une place nominale dans le laboratoire du parfumeur. Comme beaucoup d'autres plantes odorantes, elle ne vaut pas la peine que l'on prend à en recueillir l'odeur. La partie odorante de la plante disparaît plus ou moins sous l'action des divers traitements qu'on lui fait subir. Cependant comme le public en demande, on a recours à une sorte d'imitation artificielle pour lui donner le change.

Extrait artificiel d'églantine.

Extrait alcoolique de pommade à la rose.	57	centilitres.
— — de cassie (acacia farnesiana).	14	—
— — de fleurs d'oranger.	14	—
Esprit de rose.	14	—
Essence de néroli.	88	centigr.
— de verveine.	88	—

FENOUIL

Fœniculum vulgare et dulce (ombellifères).

L'huile de fenouil, mêlée à d'autres huiles aromatiques, peut servir à parfumer le savon. On l'obtient par la distillation.

FRANGIPANE

Plumieria alba (apocynées).

Ce végétal qui fournit, dit-on, le *parfum éternel* si fort en vogue aujourd'hui, est originaire des Indes occidentales. A Antigoa, à Santo-Domingo, il croît en abondance. Ayant pu, grâce à mon ami, M. Bridge, esq. d'Antigoa, m'en procurer quelques sujets, je les ai envoyés au Jardin royal de Kew, près Londres. Les observations suivantes faites par sir W. Hooker sur cet arbre sont dignes d'attention :

Jardin royal de Kew, 14 août.

Mon cher monsieur,

Je vous remercie beaucoup des pieds de frangipane. Un d'eux, un seulement, a l'air de prendre, mais j'ai tout lieu de croire qu'il réussira; alors, mais seulement alors, nous pourrons voir exactement quelle espèce de plumieria c'est.

Je ne vois pas dans votre livre que le parfum des fleurs soit recueilli et utilisé dans ce pays. Un botaniste français, Descourtilz, dit : « Les parfumeurs recherchent cette odeur fugace qu'ils savent fixer dans leurs pommades et leurs huiles cosmétiques (1). » Ceci est dit du *plumieria alba*;

(1) *Flore pittoresque et médicale des Antilles*. Paris, 1827, t. III, p. 127.

mais toutes les autres espèces, et il y en a plusieurs, ont la même odeur
agréable quand elles sont fraîches. Nos Flores des Indes occidentales ne
disent pas que l'on fasse un pareil usage de leurs fleurs. Vous pouvez
en imiter l'odeur avec d'autres végétaux.

En étudiant plus à fond la question, je trouve dans Sir James Smith
que le nom français de toutes les espèces est frangipane, et qu'on leur
a donné ce nom parce que leur odeur ressemble à un parfum bien connu
en France, la frangipane. L'inventeur de cette préparation était de la
famille italienne des Frangipani, si célèbre dans les troubles de Rome.

Je soupçonne qu'on ne tire aucun parfum de ces fleurs, la véritable
frangipane étant extraite d'autres fleurs, ainsi que vous le dites.

Tout à vous.

W. J. HOOKER.

P. S. Le suc de tous les plumierias est laiteux et très-vénéneux. Il y
en avait une espèce en fleurs chez nous la semaine dernière.

A Monsieur S. Piesse.

GAULTHÉRIE

Gaultheria procumbens, Winter green (anglais)

On peut tirer de cette plante, en en distillant les feuilles,
une huile odorante qui sert principalement à parfumer les savons. Voici d'intéressants détails donnés à ce sujet par M. Bastick :

« L'histoire chimique de cette huile a, dit-il, beaucoup
d'importance et d'intérêt. On y trouve un de ces cas, où les
progrès de la chimie moderne sont arrivés à produire artificiellement un corps organique complexe qui n'était connu
auparavant que comme le résultat de la force vitale.

Cette huile volatile est extraite par la distillation de la gaul-
thérie, végétal américain de la famille des bruyères. Quand la
plante est distillée, il coule d'abord une huile composée de
C^9H^8. nommée *gaultherylène* ; mais quand la température
atteint 240 degrés centigrades, une huile pure tombe dans le
récipient. Donc l'huile essentielle de cette plante, comme celle
de plusieurs autres, se compose de deux parties : l'une qui est
un hydrocarbure, et l'autre un composé oxygéné ; ce dernier.

Du nom de cette plante odorante on a baptisé un parfum pour le mouchoir très-agréable.

Gaultheria d'Islande.

Esprit de rose. . . . .   56 centilitres.
Essence de lavande.   14   —
Extrait de néroli.   28   —
   — de vanille.   14   —
   — de vetivert.   14   —
   — de cassie.   28   —
   — d'ambre gris.   14   —

GÉRANIUM

Pelargonium odoratissimum, géranium à odeur de rose (géraniacées).

Les feuilles de cette plante donnent à la distillation une huile ayant une odeur de rose très-agréable et qui ressemble si fort à l'essence de rose véritable, qu'on l'emploie sur une très-grande échelle pour falsifier cette précieuse essence, et qu'on la cultive en grand à cet effet. Le géranium est principalement cultivé dans le midi de la France et en Turquie par les cultivateurs de roses. A Montfort-l'Amaury, dans le département de Seine-et-Oise, on a pu voir des hectares plantés en géraniums. Cent kilogrammes de feuilles donnent environ cent vingt grammes d'huile essentielle employée pour falsifier l'essence de rose; elle est à son tour falsifiée avec l'essence de *lemon grass* (*andropogon schœnanthus*). Il était autrefois très-difficile de se la procurer pure. Mais aujourd'hui que la culture du géranium a pris une grande extension, on en a aisément de naturelle. Quelques sortes sont verdâtres, d'autres presque blanches, mais nous préférons celle qui est d'une teinte brunâtre.

Dissoute dans l'esprit-de-vin rectifié à raison d'environ 125 grammes par litre, cette essence forme l'extrait de géranium à feuilles de rose des boutiques. Quelques mots sont né-

l'élément principal de l'huile, qui est d'un si grand intérêt en chimie, a été préparé artificiellement.

On l'appelle, quand il est ainsi préparé, spiroylate d'oxyde de méthyle, et salycilate de méthylène; on l'obtient en distillant ensemble deux parties d'acide spiroylique ou salycilique, et une partie d'acide sulfurique, et deux parties d'alcool de bois. C'est un liquide incolore, d'un goût et d'une odeur aromatiques agréables; il se dissout légèrement dans l'eau, complétement dans l'éther et l'alcool; il bout entre 210 et 224 degrés centigrades; sa pesanteur spécifique est de 1,173. Ce composé chasse l'acide carbonique de ses combinaisons et forme une série de sels qui contiennent un atome de base et un atome de spiroylate d'oxyde de méthyle. Il se comporte donc comme un acide conjugué. La formule est $C^{14}H^5O^5 — C^2H^3O$.

L'acide spiroylique peut être séparé de l'huile naturelle en traitant celle-ci par une solution concentrée de potasse caustique à une température de 45 degrés centigrades; l'esprit-de-bois se forme et s'évapore, et la solution contient le spiroylate de potasse, duquel, lorsqu'il est décomposé par l'acide sulfurique, l'acide spiroylique se sépare en tombant au fond du liquide.

L'acide spiroylique prend encore naissance par l'oxydation de l'acide spiroyligénique, ou quand on chauffe avec de la potasse caustique de la saligénine, de la salicine, de la coumarine, ou de l'indigo.

[L'essence de *gaultheria procumbens*, ou de *Winter-green* comme on l'appelle, se combine encore avec les bases et forme des sels nommés *gaultherates*. L'acide salycileux ou spyroileux ou essence de reine des prés, ou d'ulmaire, *spirea ulmaria* (rosacées-spiracées), s'obtient artificiellement en distillant un mélange de salicine, de bichromate de potasse et d'acide sulfurique. Sa formule est $= C^{14}H^5O^4 = C^{12}H^5O^3H$. (Piria Dumas.)]

on a vu un bel arbre en fournir 60 kilogrammes dans une seule saison; et comme 10,000 clous ne pèsent qu'un kilogramme, il a dû y avoir 600,000 fleurs sur ce seul arbre!

On peut extraire l'essence de girofle par expression des boutons frais, mais ordinairement on a recours à la distillation, qui se fait sur une grande échelle en France et en Angleterre. Peu d'huiles essentielles sont plus employées dans la parfumerie. On la retrouvera dans les diverses recettes données plus loin pour les bouquets; elle forme un des éléments principaux de quelques-uns des extraits les plus répandus pour le mouchoir, tels que rondeletia, le bouquet des Gardes, etc., et elle reparaîtra où on s'attendrait le moins à la rencontrer. Pour obtenir l'extrait de girofle, faites dissoudre 115 grammes d'huile de girofle dans 4 litres 1 2 d'alcool.

L'essence de girofle est presque entièrement formée d'un acide nommé eugénique = $C^{20}H^{12}O^4$, qui est liquide, incolore, oléagineux, d'une densité de 1.055, bouillant à 243°. L'essence brute laisse déposer des cristaux d'une substance nommée caryophylline, qui ont la même composition que le camphre des laurinées = $C^{20}H^{16}O^2$. L'eau distillée de girofle laisse déposer des cristaux nacrés formés d'une substance nommée eugénine, qui a la même composition que l'acide eugénique.

GIROFLÉE

Cheiranthus cheiri, L. (crucifères)

La ravendlie fleurie
Sur un pan de mur croulant
Exhale l'odeur chérie.
L'odeur qu'emporte le vent.

Toute suave que soit l'odeur de cette fleur, elle n'est pourtant pas employée dans la parfumerie, quoique, sans doute, elle le pût être, et même très-avantageusement, si la plante était cultivée à cet effet. Nous voudrions la signaler particu-

cessaires au sujet de l'essence de géranium, parce qu'on trouve dans le commerce, sous ce nom, une autre essence, qui est, en réalité, tirée d'un des andropogons cultivés aux Moluques. Cette essence d'andropogon peut servir à falsifier la véritable essence de géranium, et c'est sans doute pour cela qu'elle figure sous ce nom dans les catalogues des droguistes. Cette similitude de nom est une grande source d'erreurs. La véritable essence de géranium rosat se vend environ 7 fr. 50 cent. les 30 grammes, tandis que le 1/2 kilogr. d'essence d'andropogon est beaucoup moins cher. L'odeur agréable de la véritable essence de géranium rosat en fait un excellent article pour parfumer diverses préparations et lui assure la faveur du public. Quelques beaux échantillons d'essence de géranium ont été récemment apportés d'Espagne en Angleterre presque aussi bons que l'essence de Grasse. Elle se vendoit 4 fr. 25 c. les 28 grammes.

GIROFLE

Caryophyllus aromaticus (myrtacées).

Toutes les parties du giroflier contiennent une grande

Fig. 25. Giroflier (*Caryophyllus aromaticus*).

quantité d'huile aromatique; mais elle est surtout odorante et abondante dans les boutons non développés, qui sont les clous du commerce. Il y a plus de deux mille ans que ces épices sont apportées sur les marchés d'Europe. La plante est originaire des Moluques et des autres îles des mers de la Chine. La récolte moyenne par année, dit Burnett, est de 1 kil. à 1 kil. 1/2 par arbre; mais

portant des points noirs à sa partie inférieure, qui sont les traces des radicules, et des lignes transversales à la partie supérieure, d'où s'élancent les feuilles.; il ne faut pas la confondre avec les bulbes de glaïeuls (gladiolus), qui sont inodores et qui appartiennent aux iridiées.

L'acore vraie est souvent vendue pour le *calamus aromaticus* des anciens, qui était bien différent et qui appartenait probablement à la famille des gentianées.]

GOMMIER A ODEUR DE CITRON

Eucalyptus citriodora (myrtacées).

Les feuilles de cette espèce d'*eucalyptus*, quand on les écrase, donnent une délicieuse odeur de citron, comparée par les uns à l'odeur du baume et par d'autres à celle de la citronelle. Ces mêmes feuilles sèches et placées dans les habits ou dans les papiers leur communiquent une odeur agréable. — Pensant que ce parfum pourrait être utilisé et présenter des avantages économiques, le docteur Bennett, auteur de *Récolte d'un naturaliste en Australie*, fit venir une certaine quantité de feuilles qui furent distillées par M. Norie, chimiste à Sydney. Un kilogramme 700 grammes de feuilles donnèrent à la distillation 11 grammes 50 d'une essence pure et incolore, dont un échantillon a été placé par le docteur dans le Muséum de Kew.

HÉDIOSMIA

Parfum censé extrait de l'*hédiosmum*, arbuste originaire de la Jamaïque.

HÉLIOTROPE

On peut obtenir ce délicieux parfum des fleurs de l'*heliotropium peruvianum* ou de l'*heliotropium grandiflorum*

lièrement à l'attention, comme se prêtant parfaitement aux
tentatives qu'on pourrait faire chez nous pour en extraire le
principe odorant, le climat de l'Angleterre lui étant favorable.
Le procédé d'extraction qui conviendrait sera indiqué aux
mots *Héliotrope* et *Jasmin.* Si l'on réussit sur une petite
échelle, il est certain que l'on réussirait également en grand,
et il ne l'est pas moins que l'essence de la vieille giroflée anglaise ne fût recherchée. Cette opinion, émise dans notre première édition, a engagé miss Procter, de Friskney, dans le
comté de Lincoln, à faire un essai qui a produit quelques bons
échantillons de pommade à la giroflée naturelle. On peut la
composer de la manière suivante :

Extrait artificiel de giroflée.

Extrait de fleurs d'oranger.	50 centilitres.
— de vanille.	28 —
Esprit de roses	50 —
Extrait d'iris.	28 —
— de cassie.	28 —
Huile essentielle d'amandes.	15 gouttes.

Avant de livrer au commerce il faut laisser le mélange se
faire pendant quinze jours ou trois semaines.

GLAIEUL OU ACORE VRAIE

Acorus calamus (aroïdées).

Les racines ou bulbes du glaïeul donnent à la distillation
une huile d'une odeur agréable. 50 kilogrammes de bulbes
produiront ainsi 500 grammes d'huile. Elle peut être employée, au gré du parfumeur, pour parfumer les pommades et
les savons ou pour faire des extraits ; mais il faut y joindre
d'autres essences pour en dissimuler l'origine.

[L'acorus calamus ou acore vraie est une racine (rhizome)
très-odorante, jaunâtre à l'extérieur, blanchâtre à l'intérieur,

(borraginées), soit par macération, soit par enfleurage dans la graisse clarifiée. Tout exquise qu'elle soit, cette odeur n'est pas employée aujourd'hui par les fabricants de parfumerie, ce qui est d'autant plus singulier, que le parfum est puissant et la fleur très-abondante. Nous serions heureux d'apprendre qu'on essaye d'extraire l'arome de cette plante dans notre pays, et pour cette raison nous proposons ici le procédé qui nous semblerait devoir le plus probablement amener un résultat satisfaisant. Pour un petit essai d'abord qui peut être fait par toute personne ayant à sa disposition un jardin, nous dirons : prenez un de ces petits pots dans lesquels on fait fondre la colle-forte à l'eau bouillante : c'est en réalité ce que dans le langage du laboratoire on appelle un bain-marie. Il doit pouvoir contenir 500 grammes ou moins de graisse fondue. A l'époque où la plante fleurit, ayez 500 grammes de beau saindoux, faites fondre, passez à travers un tamis de crin serré, et laissez la graisse liquide en sortant du tamis tomber dans un vase plein d'eau de source froide. Cette opération en sépare les membranes et le sang sous forme de caillots. Pour obtenir une graisse parfaitement inodore, on peut répéter cette opération trois ou quatre fois, en ayant soin d'ajouter chaque fois dans l'eau une pincée de sel ou une pincée d'alun. On lave ensuite cinq ou six fois à grande eau, enfin on fait refondre dans une bassine pour qu'il ne reste plus une goutte d'eau.

Maintenant, mettez le saindoux clarifié dans le vase aux macérations et placez-le près du feu, de manière à ce que la chaleur le conserve liquide. Jetez-y autant de fleurs que vous pourrez, et laissez-les digérer pendant vingt-quatre heures ; au bout de ce temps, retirez les fleurs épuisées, et remplacez-les par des fraîches; répétez l'opération pendant une semaine. Nous sommes convaincu qu'après le filtrage définitif, vous aurez une graisse très-parfumée et qui refroidie pourra, à bon droit, s'appeler *pommade à l'héliotrope*.

La pommade divisée en gouttelettes comme nous avons dit précédemment, on la versera dans l'alcool aussi pur que possible, on la laissera digérer pendant au moins une semaine. L'alcool qu'on passera ensuite au filtre, donnera un parfum délicieux pour le mouchoir, un véritable *extrait d'héliotrope*. La théorie de l'opération est très-simple.

On peut varier cette expérience avec toute espèce de fleurs qu'on a en abondance. Ainsi, au moyen d'un bain à macérer, plus grand que celui que nous avons indiqué, on pourrait, dans toutes les serres du royaume, faire une excellente pommade ou une excellente essence aux *mille fleurs*; et la culture des fleurs pourrait ainsi ajouter de nouveaux plaisirs à ceux que nous procurent déjà leurs formes charmantes et leurs belles couleurs.

Nous espérons que ceux de nos lecteurs qui sont disposés à tenter des essais de ce genre, ne se laisseront pas détourner par la réflexion que la chose n'en vaut pas la peine. Il ne faut pas oublier que les essences de belle qualité dans les magasins de parfumerie, à Londres, se vendent 20 fr. les 450 grammes, et que les bonnes pommades *aux fleurs* atteignent les mêmes prix par demi-kilogramme. Si ces essais réussissaient, le résultat en serait rendu public et nous pourrions alors espérer de voir fonder, soit en Angleterre, soit dans nos colonies orientales, une nouvelle et importante industrie. Mais revenons à notre sujet.

[Le parfum de l'héliotrope s'extrait parfaitement à l'aide du sulfure de carbone par le procédé Millon, modifié par Piver.]

L'odeur de l'héliotrope ressemble à un mélange d'amande et de vanille; on l'imite heureusement de la manière suivante :

Extrait d'héliotrope.

Extrait alcoolisé de vanille . . . . 28 centilitres.
— — de pommade à la rose . . . . . 14 —
— — de pommade à la fleur d'oranger . 52 grammes.
— — d'ambre gris . . . . 28 —
Huile essentielle d'amandes . . . . 5 gouttes.

Ce qu'on vend dans les magasins de Paris et de Londres, sous le nom d'*extrait d'héliotrope*, n'est pas autre chose qu'une préparation faite selon une formule analogue; c'est en réalité un parfum très-agréable, et que le public accepte parfaitement pour un véritable extrait d'héliotrope.

[Piver, parfumeur à Paris, a obtenu d'un hectare de terrain une quantité de fleurs dont il a extrait, par le procédé Millon, six kilogrammes de parfum d'héliotrope qui reviennent à 3,000 fr. Quatre grammes de ce parfum suffisent pour parfumer d'une manière exquise un kilogramme de pommade; il est inaltérable à l'air, d'une fixité assez grande, lorsqu'il n'est pas divisé par un véhicule quelconque, pour pouvoir, sans perdre de son poids ou de son intensité, être conservé dans des vases ouverts.]

HOVÉNIA

On connaît sous ce nom, en petite quantité d'ailleurs, un parfum qui ne se vendrait pas du tout s'il ne sentait pas meilleur que la plante originaire du Japon, appelée *hovenia dulcis* ou *hovenia inæqualis* (rhamnées) et vulgairement *siku*. Il se compose de la manière suivante :

Extrait artificiel de hovénia.

Esprit-de-vin rectifié . . . . lit. 1,13
Eau de rose 0,28
Essence de citron . . . . gram. 0,14
— de rose 1,77
— de girofle 0,88
— de néroli . . . . gout. 10

Faites d'abord dissoudre les essences dans l'esprit, ajoutez l'eau de rose et filtrez. Dans cet état, l'article peut être livré au commerce. Si le mélange ne devient pas clair en passant à travers le papier brouillard, un peu de carbonate de magnésie, ajouté avant de filtrer, l'éclaircira. L'eau indiquée dans la recette ci-dessus n'est que pour permettre de vendre à un prix plus modéré; la préparation serait naturellement meilleure sans cette panacée universelle.

[Les Japonais mangent les pédoncules devenus charnus des hovénia: Koempfer dit qu'ils ont la saveur de la poire.]

HYSOPE

Hyssopus officinalis, L. (labiées).

[L'hysope fournit à la distillation une huile essentielle employée quelquefois en France dans les parfumeries communes, mais plus particulièrement par les distillateurs-liquoristes. Lorsqu'elle est récemment préparée, elle est incolore, mais elle jaunit au contact de l'air en se résinifiant; elle bout d'abord à 160° centigrades, mais son point d'ébullition monte bientôt à 180°, ce qui indique qu'elle est formée de deux essences au moins.]

IRIS

Le bulbe (rhizôme) desséché de l'*iris florentina* (iridées) a une odeur très-agréable qui, dit-on, faute de comparaison meilleure, ressemble à celle de la violette. La comparaison cependant fait grand tort au délicieux parfum de cette modeste fleur. Malgré cela l'odeur de la racine d'iris est bonne et mérite bien le rang qu'elle occupe dans le catalogue des substances odorantes. On emploie beaucoup de racine d'iris pulvérisée dans la composition des sachets, des poudres dentifrices, et la célèbre herbe orientale, connue sous le nom

d'*odonto*, n'est pas autre chose. Voici une formule pour faire la teinture, ou pour me servir de l'expression des parfumeurs, l'extrait d'iris :

Extrait d'iris.

Prenez : Racine d'iris concassée. . . . . kil. 5,175
Esprit-de-vin (alcool rectifié) . . . . lit. 4,54

Quand ces deux ingrédients ont reposé ensemble pendant environ un mois, l'extrait est bon à filtrer. Cette opération demande beaucoup de temps, et, pour ne pas avoir de déchet, il faut mettre le reste de l'iris sous la presse. Cet extrait entre dans la composition des bouquets les plus en vogue, tels que celui du *Jockey-club* et autres ; mais on ne le vend jamais seul, parce que l'odeur, quoique agréable, n'est pas assez bonne pour fixer par elle-même la faveur publique ; cependant combinée avec d'autres elle a une grande valeur ; comparativement peu forte par elle-même, elle a la propriété de donner de la force à l'odeur des autres substances comme le caillou et l'acier qui, bien que comparativement incombustibles, allument promptement les corps inflammables.

[Cette proposition est loin d'être exacte : l'acier est combustible et c'est pour cela qu'il brûle avec éclat lorsque le frottement brusque en détache un fragment.]

JASMIN

Le jasmin, étalant sa verte chevelure,
Exhale ses parfums comme une haleine pure.

Cette fleur est une de celles que le parfumeur estime le plus. L'odeur en est délicate, douce et si particulière qu'on ne peut ni la comparer, ni l'imiter. Pour obtenir l'huile essentielle de jasmin on distille les fleurs du *jasminum odoratissimum* (jasminées). En distillant à plusieurs reprises avec des fleurs nouvelles on obtient une essence quelconque d'une odeur douce

qui finit par se charger d'un parfum de jasmin, mais cette essence n'est pas pure, et ne peut être considérée réellement comme essence de jasmin.

La plante est le *yasmyn* des Arabes, d'où lui vient le nom qu'elle porte chez nous.

La culture du jasmin est très-étendue à Cannes (Var), dans le midi de la France. Les fabricants ne produisent pas tout celui qu'ils emploient; mais, tous les matins, dans la saison, pour compléter leur approvisionnement, ils achètent de petits lots de fleurs à des paysans qui ont de petits bouts de terre plantés en jasmins. Le prix de ces fleurs est de 4 à 6 fr. le kilogramme. Les principales maisons reçoivent ainsi chaque jour 50 à 100 kilogr. de fleurs. Le jasmin cultivé diffère du jasmin que nous avons en Angleterre en ce que les fleurs sont quatre fois plus grosses. Il affecte aussi davantage la forme d'un arbrisseau, et, comme il ne grimpe pas, il n'a pas besoin de treillage où s'appuyer; c'est le *jasmin grandiflore* (à grandes fleurs) des botanistes. La manière de le cultiver ressemble beaucoup à ce qui se pratique pour la lavande anglaise.

Voici comment Alphonse Karr raconte une vente de jasmins à Nice :

« L'autre jour j'ai vu deux cultivateurs dans un jardin; l'un achetait à l'autre 4,000 pieds de jasmin d'Espagne. Je n'assistais pas aux débats, mais ils avaient dû être chauds et animés. Lorsque j'arrivai le marché était conclu. Le prix ordinaire du jasmin d'Espagne est de 3 à 5 fr. les 100 pieds. Ceux-ci étaient magnifiques et couverts de larges fleurs blanches et de boutons violets; l'acheteur prit une bêche et les déracina. Je le crus fou. En France, les jasmins déplantés au mois d'août, quand ils sont en pleines fleurs, seraient regardés comme perdus et bons à mettre en fagots pour allumer le feu. Mais mon homme emporta ses jasmins chez lui, les mit en terre, leur donna quelques arrosoirs d'eau et les laissa tranquilles. Trois

jours après, j'allai les voir; ils étaient dans un état superbe et n'avaient pas cessé de se couvrir de fleurs. »

Dans le laboratoire du parfumeur, on extrait l'odeur du jasmin par l'absorption, ou, pour me servir de l'expression française, par l'*enfleurage*. On étend un mélange de saindoux clarifié et de graisse de bœuf sur un châssis en verre sur lequel on éparpille les fleurs nouvellement cueillies qu'on y laisse un jour environ. On répète l'opération avec des fleurs fraîches pendant tout le temps de la floraison qui dure au moins six semaines. Le corps gras absorbe l'odeur. Enfin on enlève la pommade de dessus le verre, on la fait fondre à une température aussi peu élevée que possible et on filtre. Il faut au moins 3 kiloge. de fleurs pour parfumer 1 kilogr. de graisse.

Fig. 21. Récolte du jasmin.

On prépare presque de la même manière des huiles parfumées. On trempe d'abord dans l'huile d'olive des morceaux de molleton de coton que l'on couvre ensuite à plusieurs reprises de fleurs de jasmin, puis enfin on serre les morceaux

de molleton sous une presse: L'huile de jasmin, fabriquée de cette manière, est l'huile *antique au jasmin* des maisons françaises.

Pour faire l'extrait de jasmin, on verse de l'esprit-de-vin rectifié sur de la pommade ou de l'huile de jasmin, on le laisse ainsi pendant une quinzaine de jours à une température d'été. Pour l'extrait de première qualité il faut un kilogramme de pommade pour un litre d'esprit-de-vin. Si c'est la pommade qu'on emploie, il faut la diviser, comme il a été déjà dit, avant de la mettre dans l'esprit-de-vin; si c'est l'huile, il faut agiter le mélange, toutes les deux heures; autrement, à cause de sa pesanteur spécifique, l'huile se sépare, et il ne se trouve plus qu'une petite surface en contact avec l'alcool. Après que l'extrait a été passé au filtre, la pommade ou l'huile lavées peuvent encore être refondues et entrer utilement dans la composition d'une pommade pour la chevelure, qui plaît davantage au consommateur que toutes les crèmes, tous les baumes faits et parfumés avec des huiles essentielles, car elle a une véritable odeur de fleurs, tandis que les autres sentent le *perruquier*.

L'extrait de jasmin entre dans la composition de la plupart des parfums les plus recherchés pour le mouchoir, vendus dans les magasins de France et d'Angleterre. Il se vend souvent pur pour le mouchoir, mais c'est une de ces odeurs qui, bien que très-agréables d'abord, finissent par faire mal lorsqu'elles ont été exposées à l'influence oxydante de l'air; mais habilement mélangé avec d'autres parfums d'un caractère opposé, il plaît infailliblement au consommateur le plus difficile.

[L'alcool employé en parfumerie est l'alcool de grains, de fécule ou de betteraves, désigné sous le nom d'alcool du Nord; on le purifie aujourd'hui en France parfaitement bien; l'alcool de vin, ou de Montpellier, est encore préférable, mais son prix est plus élevé.

En Turquie, on cultive le jasmin dans un autre but; en ménageant un seul axe sur chaque pied, on obtient les belles tiges droites qui servent à fabriquer des tuyaux de pipe.

L'essence de jasmin, refroidie à 0°, laisse déposer un stéaroptène blanc, cristallin, inodore, fusible à 125°, peu soluble dans l'eau, très-soluble dans l'alcool et l'éther, qui forme avec l'iode un composé brun qui devient bientôt vert-pré.]

JONQUILLE

Le parfum de la jonquille est très-beau; mais pour l'industrie de la parfumerie on s'en occupe peu en comparaison du jasmin et de la tubéreuse. On la traite exactement de la même manière que le jasmin. Les parfumeurs, à Paris, vendent une composition qu'ils appellent « extrait de jonquille, » mais la plante ne joue que le rôle d'un parrain qui donne son nom à son filleul. La prétendue jonquille se fait de la manière suivante :

Extrait artificiel de jonquille.

Extrait alcoolique de pommade au jasmin	57 centilitres.
— — — à la tubéreuse. .	57
— — de fleurs d'oranger	28
— — de vanille liquide	57 grammes.

Véritable extrait de jonquille.

Pommade de jonquille . . . . kil.	3,65
Esprit-de-vin rectifié . . . . lit.	4,55
Laissez reposer un mois.	

[La jonquille est produite par le *narcissus jonquilla*, de la famille des amaryllidées.]

LAURIER

L'huile de laurier odorant, appelée aussi huile essentielle de laurier, est une substance très-odorante qu'on obtient par la

distillation des feuilles du laurier, *laurus nobilis* (lauriuées). Quoique très-agréable, elle est peu employée.

[Une autre essence de laurier que l'on trouve dans le commerce est extraite de divers *ocotea* de la famille des laurinées; elle est fluide, incolore, d'une odeur suave; sa densité est de 0,864 à 15°. Sa formule est $C^{20}H^{16}$; elle forme avec l'eau un hydrate $= C^{20}H^{16}$, 6HO. (Stenhouse.)]

LAURIER-CERISE

Des feuilles du *prunus lauro-cerasus*, ou laurier-cerise, de la famille des rosacées, on obtient par la distillation une huile et une eau parfumées, d'une odeur très-agréable et très-caractérisée. Cependant on en fait peu de cas dans le commerce; comme cette odeur ressemble à celle de l'huile d'amandes amères, qui est plus économique, les parfumeurs, s'ils en emploient, ne le font que rarement.

LAVANDE

La lavande à l'Anglais offre un charme puissant;
Chaque goutte du baume à l'oreille lui crie :
« C'est le sol bien-aimé, le sol de la patrie
Qui fit naître à tes pieds ce parfum bienfaisant. »

Le climat de l'Angleterre paraît plus favorable que celui d'aucun autre pays du monde au parfait développement de ce beau parfum depuis si longtemps recherché. « Les anciens, dit Burnett, employaient les fleurs et les feuilles de la plante pour aromatiser leurs bains et pour donner une odeur agréable à l'eau dans laquelle ils se lavaient; de là son nom générique de *lavandula*. »

La lavande est cultivée sur une grande échelle par M. Perks, à Mitcham, dans le comté de Surrey, et à Hitchin, dans le comté d'Hertford, qui sont les lieux de production au point de

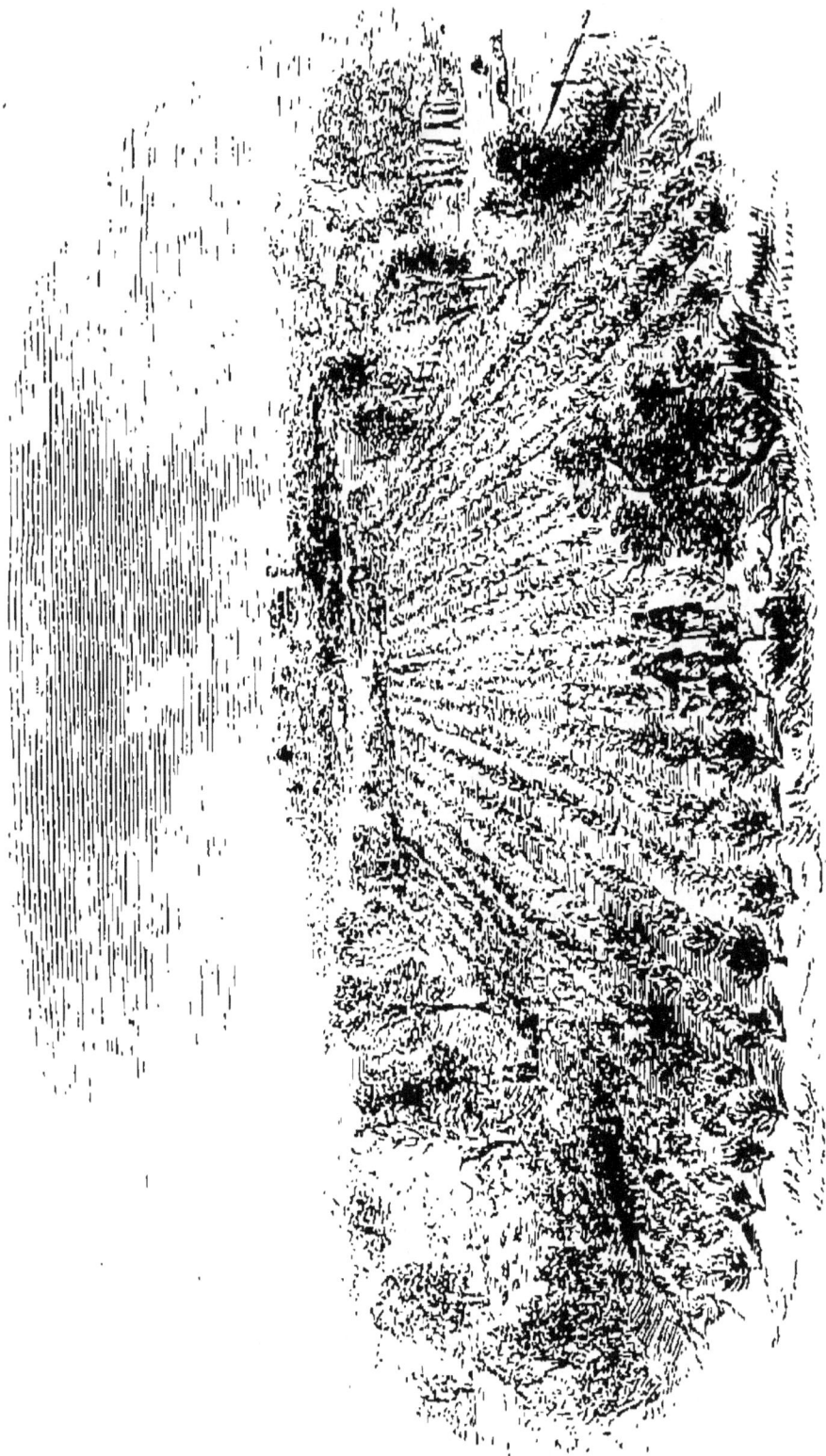

Fig. 25. Culture de la lavande à Mitcham, près Londres.

Fig. 26. Distillation de la lavande à Mitcham

vue du commerce. On en cultive aussi beaucoup en France.
Celle qu'on appelle lavande des Alpes est d'une qualité remarquable et d'un prix beaucoup moindre. L'huile française extraite
de la *lavandula spica* est agréable, mais ne vaut pas celle que
donne la *lavandula vera*. Vingt-deux kilogrammes de bonnes
fleurs de lavande donnent à la distillation de 400 à 450
grammes d'huile essentielle.

La *lavandula vera* est originaire de Perse, des Canaries, de
la Barbarie et du midi de l'Europe. C'est de cette dernière région qu'elle fut, dit-on, apportée pour la première fois en Angleterre, où, grâce à un sol favorable et à une culture intelli-
gente, elle donne une huile essentielle bien supérieure à celle
qu'on en tire dans les pays où elle pousse naturellement. Beaucoup de plantes possèdent des qualités particulières suscepti-
bles d'être modifiées et souvent améliorées par la culture, mais
aucune peut-être plus que la lavande. Même en Angleterre, elle
ne réussit pas partout, et pendant longtemps on a cru qu'elle
ne pouvait venir parfaitement que dans le voisinage de Mitcham, dans le comté de Surrey; mais, dans les cinquante dernières années, on a reconnu qu'il existait à Hitchin, dans le
comté de Hertford, un sol et un climat encore plus favorables
à cette culture. C'est de là maintenant que vient la plus belle
essence, fabriquée par M. Perks, qui a bien voulu nous communiquer les notes suivantes sur ses procédés de culture et de
fabrication :

« Le terrain pour une plantation de lavande ne doit être ni
entouré de haies élevées, ni dans le voisinage immédiat des arbres, qui, en entretenant l'humidité autour de la plante, exposent les fleurs aux atteintes des gelées de printemps; il doit
être, au contraire, exposé au soleil le plus possible.

« En octobre, on détache des vieux pieds un grand nombre
de boutures que l'on pique sur des couches préalablement préparées; on les laisse là pendant douze mois, en ayant soin

pendant tout ce temps, de les tondre. Lorsqu'elles ont un an, on les transplante, par un beau temps, en rangs séparés l'un de l'autre de 1 mètre 20, avec un intervalle de 1 mètre entre chaque plante. Il ne faut pas les laisser fleurir, mais au contraire il faut continuer à les tondre, afin de leur donner de la force, ce qu'on fait encore en mettant de temps en temps du fumier court à la racine. Si l'on ne peut s'en procurer en suffisante quantité, on le remplacera par le phosphate de chaux, qui donne à la plante une vigueur et une apparence remarquables et lui fait produire de plus belles fleurs.

« La manière ordinaire de faire l'essence est de mettre les feuilles et les tiges avec une quantité d'eau suffisante et d'en extraire ainsi l'huile; mais l'expérience m'a démontré qu'il en sort très-peu des tiges et que ce peu est de qualité inférieure. Je n'emploie donc plus aujourd'hui que les fleurs, que je détache d'abord de la tige, et quoique ce procédé soit nécessairement plus coûteux, la qualité supérieure du produit en élève la valeur en proportion, et la diminution de la quantité est tout à fait minime. L'arome de cette huile ainsi extraite a sur toutes les autres une supériorité telle qu'elle frappe immédiatement tous ceux qui ont l'habitude de se servir des sortes inférieures, et même les personnes dont on peut dire que le sens de l'odorat est entièrement inculte. C'est en réalité une essence pure, et, convenablement combinée avec d'autres substances appropriées, elle donne l'eau de lavande la plus exquise que l'on ait encore faite. »

Le nombre de pieds de lavande par hectare de terre peut être d'environ 8,860, c'est-à-dire s'ils sont plantés à 0,90 centimètres de distance l'un de l'autre, avec un intervalle de 1 mètre 20 entre les lignes. Un hectare peut donner environ 17 à 20 litres d'huile; mais cela dépend de l'âge des plantes; quand elles ont environ quatre ans elles rendent davantage.

Toutes les qualités inférieures d'huile de lavande servent à

parfumer les savons et les graisses; mais la meilleure, celle qu'on fait avec les fleurs de Miteham et d'Hitchin, s'emploie exclusivement à la fabrication de ce qu'on appelle « eau de lavande, » et qu'on devrait plutôt appeler « essence » ou « extrait de lavande, » pour être d'accord avec la nomenclature des autres essences préparées à l'alcool.

On a publié une quantité presque innombrable de formules pour faire un parfum liquide de lavande; mais le tout peut se réduire à trois sortes : essence de lavande simple, essence de lavande composée, et eau de lavande.

Il y a deux méthodes pour faire l'*essence de lavande* (esprit ou alcoolat de lavande) : la première consiste à distiller un mélange d'huile essentielle de lavande et d'esprit-de-vin rectifié, et la seconde à mêler simplement l'huile et l'alcool ensemble.

Le premier procédé donne la plus belle qualité; c'est celui qui est adopté par la maison Smyth et Neveu. L'essence de lavande faite à l'alambic est tout à fait blanche (incolore), tandis que celle qui se fait par le simple mélange a toujours une teinte jaunâtre, et, en vieillissant, devient plus foncée et prend une apparence résineuse.

Lavande de Smyth.

Pour obtenir un beau produit par la distillation, prenez :

Essence de lavande anglaise.	gr.	115
Esprit-de-vin rectifié.	lit.	4,80
Eau de rose.	lit.	0,55

Mêlez et distillez 2 litres 80 centilitres pour la vente. Cela fait une essence qui revient cher; mais à 16 fr. les 500 grammes il y a de la marge pour le bénéfice. S'il ne convient pas au marchand de vendre de l'essence de lavande distillée, la recette suivante, par le mélange, donnera un article de première qualité et presque aussi blanc que le précédent.

Essence de lavande.

Huile de lavande. . . . . gr. 170
Esprit-de-vin rectifié. . . . . lit. 4,50

Cette qualité se vend au détail chez les parfumeurs anglais, à raison de 11 fr. les 500 grammes.

Beaucoup de parfumeurs et de droguistes, en faisant de l'eau ou de l'essence de lavande, y mettent une petite quantité de bergamote, dans la pensée d'améliorer la qualité.

Eau de lavande.

Prenez : Huile de lavande anglaise. . . . . gr. 115
Alcool rectifié. . . . . lit. 3,40
Eau de rose. . . . . lit. 0,55

Filtrez et mettez en vente.

Eau de lavande commune.

Même recette que ci-dessus, en prenant de la lavande française au lieu de lavande anglaise.

Moyen de découvrir l'essence de térébenthine dans l'essence de lavande.

On connaît dans le commerce l'essence de lavande qu'on tire des fleurs et tiges de la *lavandula vera*, et l'essence de grande lavande, qui est extraite de la *lavandula spica* [et probablement aussi des feuilles ou des sommités fleuries]. Cette dernière est généralement nommée huile d'aspic.

En distillant seulement la sommité de la tige et les fleurs, on obtient une petite quantité d'huile qui est plus suave et se rapproche de la lavande de Mitcham. L'huile de lavande pure doit avoir une pesanteur spécifique de 0,876 à 0,880, et être complétement soluble dans cinq parties d'alcool d'une pesanteur de 0,894. Une solubilité moindre montre qu'elle contient de l'essence de térébenthine.

En parlant des parfums composés dont nous nous occuperons quand nous aurons fini d'expliquer la manière de faire les essences simples, nous donnerons des recettes pour la rondeletia, le bouquet de lavande et autres préparations à la lavande.

[La *lavandula vera*, D.C., est appelée lavande femelle, et la *lavandula spica*, D. C., lavande mâle.]

LILAS

Syringa vulgaris, L. (famille des jasminées).

Le parfum de ce charmant arbuste est bien connu. L'extrait de lilas s'obtient soit par la macération, soit par l'enfleurage dans la graisse. On traite ensuite la pommade obtenue par l'esprit-de-vin rectifié de la manière déjà décrite pour l'acacia (cassie).

On peut composer de la manière suivante un bel

Extrait artificiel de lilas blanc

Extrait alcoolique de pommade à la tubéreuse.	57 centilitres.
— — de pommade à la fleur d'oranger.	14
Essence d'amandes.	5 gouttes.
Extrait de civette.	14 grammes.

On n'emploie la civette que pour donner de la permanence au parfum pour le mouchoir.

LIMON

Cette excellente essence, plus connue sous le nom d'essence de citron, s'obtient par l'expression et par la distillation de l'écorce du fruit du *citrus limonum*. Par le premier procédé, elle a une odeur plus belle et un goût de citron plus prononcé que par le second. Pour les distinguer, on appelle l'une *essence au zeste* et l'autre *essence distillée*. L'essence de citron du commerce vient principalement de Messine, où des centaines

d'hectares sont plantés en bosquets de citronniers. Comme toutes les essences de la famille du citronnier (aurantiacées), celle-ci s'aigrit promptement lorsqu'elle est en contact avec l'air et exposée à la lumière. Une haute température lui est aussi nuisible, et quand il fait très-chaud, il faut la tenir dans un lieu frais. La plupart des échantillons placés sur les rayons des boutiques échauffées par la chaleur du gaz sentent autant la térébenthine que le citron. On peut clarifier l'essence de citron, devenue rance, en l'agitant dans l'eau chaude et en la décantant ensuite.

Celle qu'on trouve ordinairement dans le commerce se fait en enlevant le zeste des citrons avec une râpe, ensuite on le presse dans un sac de crin, on laisse le liquide exprimé reposer, pour qu'il puisse se débarrasser d'une partie de ses impuretés; on décante et on filtre. L'essence obtenue par ce procédé contient encore une certaine quantité de matière mucilagineuse qui se décompose spontanément, et qui, agissant comme un ferment, accélère un travail semblable dans l'huile elle-même. Si c'est réellement là ce qui se passe, il est évident qu'en enlevant ce mucilage au moyen de l'eau, nous supprimons une grande cause d'altération et que nous atteignons le même résultat que par la distillation, sans perdre ni détériorer le parfum.

De curieuses expériences de Saussure ont montré que les huiles volatiles absorbent l'oxygène dès qu'elles sont extraites de la plante et se convertissent pour partie en une résine qui demeure en dissolution dans le reste de l'essence et qui quelquefois se dépose; dans d'autres cas, le dépôt est formé de matières mucilagineuses.

Cette propriété d'absorber l'oxygène augmente graduellement jusqu'à un certain maximum, puis elle diminue au bout d'un certain laps de temps. Dans l'huile de lavande, ce maximum persiste seulement pendant sept jours, et pendant chaque jour elle absorbe sept fois son volume d'oxygène. Dans

Si on jette des lis dans de l'huile d'amandes douces ou dans de l'huile d'olive, ils lui communiquent leur douce odeur; mais pour obtenir le moindre résultat, il faut répéter l'infusion une douzaine de fois avec la même huile, en se servant à chaque fois de fleurs nouvelles, après les avoir laissées au moins un jour. L'huile agitée pendant une semaine avec une égale quantité d'alcool lui cède son odeur, et l'on *peut* faire ainsi de l'extrait de lis; mais voici comment on le *fait* réellement:

Lis de la vallée imitation.

Extrait de tubéreuse	28	centilitres.
— de jasmin	28	grammes.
— de fleurs d'oranger	56	—
— de vanille	85	—
— de cassie	14	centilitres.
— de roses	14	—
Essence d'amandes	5	gouttes.

Gardez ce mélange pendant un mois, bouchez et mettez en vente. C'est un parfum très-recherché.

MACIS

Myristica moschata et tomentosa myristicacées

Le macis vient du muscadier. Les muscades sont enfermées dans quatre enveloppes différentes: la première est un brou épais comme celui de nos noix, mais plus gros; sous ce brou se trouve une enveloppe mince rougeâtre qui est le macis du commerce: le macis entoure la coquille et s'ouvre comme un filet à mesure que le fruit ou plutôt la graine grossit; la coquille est dure, mince et sans odeur; vient ensuite une pellicule verdâtre sans usage dans le commerce, mais qui est en réalité l'enveloppe de la graine ou muscade. L'odeur du macis ne ressemble à celle de la muscade qu'en ce qu'elle est aromatique; on ne peut d'ailleurs les confondre. L'essence de macis, comme celle de muscade, s'obtient aisément par la distillation. Le mus-

l'essence de citron le maximum n'est atteint qu'au bout d'un mois ; il dure ensuite vingt-six jours, et pendant chaque jour l'essence absorbe deux fois son volume d'oxygène. C'est la résine formée par l'absorption de l'oxygène et restant en dissolution dans l'essence qui en altère l'odeur originale. En somme, il convient de tenir cette huile, comme toutes les autres huiles essentielles, dans un endroit frais et obscur, où elle ne soit pas exposée à des changements sensibles de température.

A cause de la rapidité avec laquelle elle s'acidifie, il ne faut pas s'en servir pour parfumer les graisses, car elle pousse tous les corps gras à devenir rances plutôt que de les en empêcher. Aussi les pommades au citron ne se conservent-elles pas bien. Pour fabriquer d'autres parfums composés, il faut la dissoudre dans l'alcool à raison de 40 à 50 grammes par litre. Il entre une grande quantité d'essence de citron dans la fabrication de l'eau de Cologne ; on reconnaît aisément sa présence dans celle de Farina en ajoutant, à 15 grammes de son eau, quelques gouttes d'ammoniaque liquide forte ; l'odeur du citron se fait alors sentir d'une manière frappante.

Peut-être n'est-il pas hors de propos de consigner ici que l'ammoniaque liquide forte est très-utile quand on veut découvrir la composition de certains parfums. Quelques-unes des huiles essentielles, en se combinant avec l'ammoniaque, permettent de sentir celles qui ne se combinent pas, si elles se trouvent dans le mélange.

[Cette observation est due à Robiquet.]

LIS

Le fabricant ne saurait partager l'avis du psalmiste, et « considérer les lis des champs comme très-utile. » Quelque riches qu'ils soient en odeur, on ne les cultive pas pour leur parfu-

les Français, est excessivement puissante ; sous ce rapport elle ressemble à toutes les essences extraites des différentes espèces de la même plante. Cent kilogrammes de l'herbe sèche donnent environ 625 grammes d'essence. On se sert beaucoup de l'essence d'origan pour parfumer le savon, mais plus en France qu'en Angleterre. C'est le principal ingrédient employé par la maison Gellée frères, de Paris, pour parfumer leur *tablet monstre soap* (tablette monstre de savon), si commun dans les bazars.

[On prépare une essence semblable avec l'origan vulgaire, *origanum vulgare*, L. (labiées).]

MÉLISSE

L'essence de mélisse, appelée aussi essence de baume, s'obtient en distillant les feuilles de la *melissa officinalis* (labiées) avec de l'eau. Elles ont une odeur de citron assez pénétrante et assez agréable, et une saveur amère aromatique un peu âcre. L'essence sort du robinet de l'alambic avec la vapeur condensée ; on l'en sépare au moyen de l'entonnoir à robinet. Elle est peu employée en parfumerie, si ce n'est dans la composition appelée *aqua di argento* (eau d'argent). Les feuilles de mélisse entrent dans la composition de l'eau spiritueuse connue sous le nom de *eau des carmes* (alcoolat de mélisse composé.)

MENTHE

Toutes les espèces de la famille des menthes (labiées) donnent des huiles odorantes à la distillation. L'essence de menthe verte (*mentha viridis*) est très-puissante et excellente pour parfumer le savon, mêlée à d'autres odeurs. Les parfumeurs emploient les essences de menthe dans la fabrication des eaux pour la bouche et des dentifrices. L'essence de menthe poivrée étendue dans l'alcool forme la base de la célèbre eau de Botot.

callier, comme l'oranger, donne différentes odeurs suivant qu'on s'adresse à telle ou telle partie du végétal. Ainsi nous trouvons l'essence de macis et l'essence de muscade sur le même végétal, à quelques millimètres de distance l'une de l'autre. On emploie le macis pulvérisé pour faire un fond dans la fabrication des poudres parfumées pour sachets. L'huile essentielle, à cause de son odeur prononcée, sert à parfumer le savon.

[L'essence de macis, dont la densité est égale à 0,920°, est formée d'un mélange d'une huile légère avec une essence solide (stéaroptène). Plus lourd que l'eau, fusible à 100° centigrade, volatil, soluble dans l'eau, l'alcool et l'éther, il est rougi par l'acide sulfurique.]

MAGNOLIA

Magnolia grandiflora et autres (magnoliacées).

L'odeur de cette fleur est excellente ; dans la pratique, cependant, elle est peu utile au parfumeur. La grandeur des fleurs, leur rareté comparative empêchent qu'on ne s'en serve, mais on en fait une excellente imitation avec la recette ci-dessous ; c'est ce qu'on trouve dans les magasins de Londres et de Paris.

Extrait artificiel de magnolia.

Extrait alcoolique de pommade à la fleur d'oranger.	56 centilitres
— — de pommade à la rose.	112
— — de pommade à la tubéreuse.	28
— — de pommade à la violette.	28
Essence de zeste de citron.	5 gouttes
Huile essentielle d'amandes.	10

MARJOLAINE (ORIGAN).

L'essence qu'on obtient par la distillation de l'*origanum majorana* (labiées), communément appelée essence d'origan par

essence bien pure. Il faut défoncer la terre et changer de sol tous les cinq ans, la récolte de la première année étant généralement la plus abondante et la plus pure.

L'appareil pour distiller la menthe poivrée se compose d'une chaudière pour produire la vapeur, d'un alambic (chapiteau) en bois pour recevoir la charge d'herbe, d'un réfrigérant pour condenser l'huile et d'un récipient dans lequel elle coule. L'appareil dans son ensemble est excessivement simple. Les plantes sont entassées dans l'alambic de bois et foulées aux pieds; lorsque la charge est complète, on met le chapiteau de l'alambic et l'on introduit la vapeur par le fond, au moyen d'un tuyau venant de la chaudière. Quand la menthe est chauffée à environ 100° centigrades, l'huile essentielle passe avec la vapeur à travers un serpentin placé dans un réfrigérant, et, à mesure que l'une se condense en huile et l'autre en eau, elles tombent du serpentin dans le récipient contigu. L'essence monte à la surface, on l'aspire avec des chalumeaux, puis on l'enferme dans des flacons d'étain pour la vente.

L'Angleterre exporte chaque année environ 5,500 kilogrammes d'essence de menthe; le bénéfice est d'à peu près 18 pour 100 sur le capital engagé et le travail nécessaire à l'opération.

Des échantillons d'essence de menthe faite dans ce pays, admis à la grande exposition de l'industrie de Paris en 1855, furent considérés comme les meilleurs de tous ceux qui avaient été exposés.

La menthe est trop répandue sous forme de pastilles pour devenir jamais un objet recherché comme parfum. Cependant les parfumeurs en emploient une assez grande quantité pour parfumer les savons et pour faire des eaux pour la bouche; mais même pour cet usage, on s'en sert plus en France qu'en Angleterre. En effet, la belle menthe y est plus rare que chez nous, et par une loi de la nature humaine qui veut qu'on re-

Les essences de menthe sont plus puissantes qu'aucune autre substance aromatique pour enlever l'odeur du tabac, et l'on ne doit pas oublier que les eaux pour la bouche servent autant à rincer la bouche après qu'on a fumé, que comme dentifrices.

MENTHE POIVRÉE

La plus belle menthe poivrée est celle qui se cultive à Micham, dans le comté de Surrey. La vue des nombreux terrains qu'y occupe cette plante suffit seule pour indiquer la faveur dont elle jouit. A vrai dire, cependant, la menthe poivrée est plutôt destinée à satisfaire le goût que l'odorat. Quelque grande que soit notre consommation, l'Angleterre exporte des quantités considérables de menthe en herbe et en essence distillée.

Différentes plantes donnent une huile odorante lorsqu'elles sont distillées à la vapeur. Parmi elles la menthe poivrée occupe une place élevée à cause de ses propriétés exhilarantes et aromatiques. Environ 1,200 hectares de terre sont employés à cette culture dans l'Amérique du Nord, savoir : 400 dans les États de New-York et d'Ohio, et 800 dans le comté de Saint-Joseph, dans l'État de Michigan, qui paraît être le quartier général de ce végétal. On la cultive exclusivement pour l'essence ; un acre (1) en donne en moyenne 3 kilogr., qui se vendent à raison de 30 fr. chacun. On plante les pieds de menthe en lignes serrées, entre lesquelles un espace est réservé pour laisser passer le cultivateur. On coupe généralement la plante vers la fin d'août, on en fait de petits tas comme des tas de foin qu'on laisse dans les champs pendant quelques jours, avant de les emporter pour la distillation. On prend grand soin d'empêcher les mauvaises herbes de pousser entre les pieds de menthe, de manière à être sûr d'avoir une

(1) Un acre d'Angleterre équivaut à 40 ares, 467.

MUSCADE

Myristica moschata (myristirées),

Peu de substances odorantes ont plus d'importance commerciale que celle-ci. Son histoire, dit Burnett, fournit un exemple de l'extravagance à laquelle l'esprit de monopole a poussé non-seulement les particuliers, mais même les États.

Les principaux lieux de production du muscadier aromatique (fig. 28) sont les iles Banda, colonisées par les Hollandais, il y a environ deux cent cinquante ans. Après avoir soumis les indigènes, ils essayèrent de s'assurer le commerce exclusif de cette substance odorante. A cet effet, ils encouragèrent la culture du muscadier dans un très-petit nombre d'îles, et pour être bien certains de posséder le monopole, ils détruisirent les arbres dans les îles voisines.

Fig. 27. Graine de muscadier avec son arille (arillode) ou macis.

On sait qu'ils suivirent la même politique à l'égard du girofle. Plus d'une fois cependant ils ont expié chèrement leur insatiable avarice, car les terribles ouragans, les affreux tremblements de terre qui passèrent sur les autres îles sans y faire de ravages sensibles, détruisirent tous les muscadiers de Banda

cherche toujours ce qui est le plus difficile à obtenir; les habitants du continent en font plus de cas que nous. Le docteur Geiseler, qui a fait des recherches sur les mérites respectifs de l'essence de menthe distillée à la vapeur ou à feu nu, est arrivé aux conclusions suivantes :

« Les feuilles de menthe, desséchées, rendent à la distillation à feu nu, une plus grande quantité d'huile que par la distillation à la vapeur.

« L'essence obtenue par la distillation à la vapeur est spécifiquement plus légère et d'une couleur plus transparente que celle qui a été distillée à feu nu.

« En rectifiant celle-ci au moyen de la vapeur, on obtient une essence égale à celle que donne la distillation à la vapeur et qui a une pesanteur spécifique de 0,910, tandis que l'essence restée en arrière par la rectification à la vapeur dans la cornue accuse une pesanteur spécifique de 0,930. »

Fraîche, la menthe donne une égale quantité d'essence par l'un et l'autre procédé.

La menthe desséchée contient deux essences différentes qui entrent en ébullition à des degrés différents et qui n'ont pas la même pesanteur spécifique. L'huile de la pesanteur spécifique la plus élevée doit se former de celle de la pesanteur spécifique la plus basse pendant le temps que la plante coupée reste à sécher sur le terrain, car lorsque la plante n'a fait que commencer à sécher, elle ne produit qu'une seule huile dont la pesanteur spécifique est de 0,910.

[L'essence de menthe poivrée peut être représentée par $C^{20}H^{10}O^2$.]

MIRIBANE OU MIRBANE, OU NITRO-BENZINE

C'est le nom français de l'essence artificielle d'amandes. (Voyez AMANDES.)

en 1778. Pendant que les Hollandais possédaient les îles aux épices, la quantité de muscades et de macis exportée de leurs

Fig. 28. Muscadier aromatique (*Myristica aromatica*). — Rameau du muscadier, graine avec l'arille (le macis); amande ou muscade; coupe transversale de l'amande.

plantations, toutes restreintes qu'elles fussent, était vraiment énorme; la quantité vendue en Europe a été estimée à 125,000 kilogrammes et dans les Indes orientales à 62,000. Pour le macis, la moyenne a été de 45,000 kilogrammes expédiés en Europe et 5,000 dans l'Inde.

Quand les îles aux épices furent prises par les Anglais, en 1796, l'importation faite par la Compagnie des Indes orientales en Angleterre, seulement pendant les deux années qui suivirent la conquête, fut, pour les muscades, de 58,818 kilogrammes, et, pour le macis, de 129,676. Il est donc évident que l'Angleterre ne dédaigne pas l'odeur du macis ni celle de la muscade.

Lorsque la récolte des épices a été surabondante et qu'en

conséquence les prix ont semblé devoir diminuer, le même esprit d'ignorance dont nous avons déjà parlé a poussé les Hollandais à détruire d'immenses quantités de fruits, plutôt que de laisser tomber le prix sur le marché. Quand sir William Temple était à Amsterdam, un marchand qui revenait de Banda l'assura qu'il avait vu une fois brûler trois tas de muscades, dont chacun aurait eu peine à tenir dans une église de dimensions ordinaires. M. Wilcoks, le traducteur des *Voyages de Stavarinus*, rapporte qu'il vit dans l'île de Newland, près de Middelbourg, en Zélande, un sacrifice de clous de muscade et de cannelle, qui remplirent l'air de leurs parfums particuliers à plusieurs lieues à la ronde. Balfour dit qu'en 1814, lorsque les Moluques étaient sous la domination anglaise, le nombre des muscadiers plantés par eux était estimé à 570,000, dont 480,000 étaient en rapport. Le produit des muscades aux Moluques a été calculé de 272,000 à 317,000 kilogrammes par an, dont une moitié passe en Europe ; environ un quart de cette quantité est en macis. La consommation annuelle de muscades dans la Grande-Bretagne s'élève, dit-on, à 65,478 kilogrammes. Le muscadier, comme plusieurs autres arbres, donne deux essences différentes, l'essence de macis (voy. MACIS, p. 133) et l'essence de muscade. L'essence de muscade dont nous avons à parler ici est un beau liquide blanc et transparent, ayant l'odeur prononcée du fruit duquel on l'extrait par la distillation. Elle entre dans la composition d'un grand nombre de préparations dont les diverses frangipanes sont des exemples. Comme elle est plus puissante que le girofle, il ne faut pas la prodiguer, mais quand on l'emploie avec discernement, elle se combine bien avec la lavande, le santal, la bergamote, etc.

Mise sous le pressoir, la muscade donne encore une matière grasse et onctueuse d'une odeur agréable, qui, combinée avec un alcali, produit un savon excellent. Il y a quarante ans, ce savon était vendu par tous les parfumeurs sous le nom de

« bandana » ou savon de Bandr, nom tout à fait oublié aujourd'hui.

Tout le monde connaît l'odeur de la muscade. La noix pulvérisée s'emploie avec avantage dans la composition des poudres parfumées pour les sachets. (Voyez POUDRE A SACHETS.)

[D'après Cloëz, l'huile essentielle de muscade peut être obtenue par distillation au contact de l'eau, ou par le sulfure de carbone et distillation; l'huile brute est un produit complexe qui commence à bouillir vers 168°, température qui se maintient longtemps pour s'élever plus tard jusqu'à 210°.

L'essence rectifiée est liquide, incolore, et ne se concrète pas à —18°; elle bout à 165°, dévie le plan de polarisation des rayons lumineux vers la gauche, son pouvoir rotatoire est égal à —15°,5, elle peut être représentée par $C^{20}H^{16}$, représentant 4 volumes.

L'huile concrète de muscade obtenue par expression, ou *beurre de muscade*, est préparée sur les lieux de production, c'est-à-dire aux îles Moluques, Banda et à Cayenne, et se présente sous la forme de pains carrés longs, enveloppés de feuilles de palmier, solides, onctueux, friables, jaune pâle ou jaune marbré de rouge, d'une odeur forte de muscade; il arrive quelquefois qu'on en a retiré l'essence par distillation, ou qu'on y ait ajouté des corps gras inodores.]

MYRRHE

Cette gomme (résine) odorante est connue depuis un temps immémorial; elle est souvent mentionnée dans la Bible. Elle doit son parfum à une huile essentielle. 50 kilogrammes de gomme donnent à la distillation environ 250 grammes d'essence, qui a au plus haut degré tous les caractères de la myrrhe. Persuadé que cette substance était intéressante, j'ai déposé un échantillon d'essence de myrrhe au musée de Kew.

Le major Harris rapporte que l'arbre qui donne la myrrhe *balsamodendron myrrha* (térébinthacées) pousse en abondance en Abyssinie, sur la côte de la mer Rouge jusqu'au détroit de Bab-el-Mandeb, sur toutes les collines arides de la zone inférieure habitées par les tribus des Danakils ou Adarils. On l'appelle *kurbeta*, et il en existe deux variétés : l'une, qui produit la meilleure espèce de gomme (résine), est un petit arbrisseau avec des feuilles d'un vert sombre, recroquevillées et profondément découpées, tandis que l'autre, qui donne une substance plus semblable aux baumes qu'à la myrrhe, atteint à la hauteur d'environ trois mètres; les feuilles en sont brillantes et légèrement dentelées. La myrrhe, appelée *hofali*, coule librement de toute blessure faite à l'arbre, sous la forme d'un suc laiteux, d'une âcreté sensible, qui s'évapore ou se transforme chimiquement pendant la formation de la résine. On la recueille en janvier, lorsque les boutons paraissent après les premières pluies, et en mars, quand les graines sont mûres.

Tous ceux qui passent auprès de ces arbustes recueillent dans le creux de leur bouclier toute la résine qu'ils peuvent trouver et l'échangent pour une poignée de tabac avec le premier marchand d'esclaves qu'ils rencontrent sur la route des caravanes. Les marchands de la côte, avant de revenir d'Abyssinie, envoient aussi dans les forêts qui entourent la rive occidentale de l'Hawash et rapportent des quantités considérables de *hofali* qui se vend à un prix élevé.

Les naturels l'administrent à leurs chevaux quand ils sont fatigués et épuisés.

Les parfumeurs en emploient beaucoup dans la confection des dentifrices, des pastilles, des eaux fumigatoires, des clous fumants, etc.

[La myrrhe est prescrite dans la Bible (1), sous le nom de

_____
(1) *Exode*, ch. xxx. 25.

mur, comme une des substances les plus exquises qui doivent composer l'huile sainte ; les Grecs la nommaient *myrrha* ou *smyrna*, parce qu'on la supposait produite par les pleurs de la mère d'Adonis après que les dieux compatissants l'eurent changée en arbre, pour la soustraire à la vengeance de son père Cyniras.

D'après Brandes, la bonne myrrhe renferme 2,60 pour 100 d'huile volatile, 22,24 de résine molle, et 5,56 de résine sèche ; elle renferme, en outre, 55 pour 100 environ de gomme : c'est donc une gomme-résine.]

MYRTE

> Du myrte et du laurier le parfum se mêle :
> De tous deux nous ferons de frais bouquets pour toi.
> HORACE.

La distillation des feuilles du myrte commun donne une essence très-odorante ; 50 kilogrammes de ces feuilles produiront environ 155 grammes d'huile volatile.

L'eau de fleur de myrte se vend en France sous le nom d'*eau d'anges* ; on peut la préparer comme les eaux de rose, de sureau ou de toute autre fleur.

[Le myrte employé le plus souvent est le *myrtus communis*, de la famille des myrtacées.]

NARCISSE

Narcissus odorus, poeticus, pseudo-narcissus (amaryllidée).

Il se cultive en grand à Nice ; on le traite par la macération et par l'enfleurage. L'odeur en est extrêmement agréable ; mais, dans les appartements fermés, elle est, dit-on, dangereuse. Ses propriétés narcotiques étaient connues des anciens ; la fleur leur devait même son nom, Νάρκη, stupeur. Lorsqu'on ne peut se procurer l'extrait véritable de narcisse, on obtient une bonne imitation avec la recette suivante :

Extrait artificiel de narcisse.

Extrait de tubéreuse. . . . . 171 centilitres
— de jonquille. . . . . 115 —
— de styrax. . . . . 14 —
— de tolu. . . . . 14 —

NÉROLI OU FLEUR D'ORANGER

On peut tirer de la fleur de l'oranger deux odeurs distinctes qui varient suivant la méthode employée pour les extraire. Cette différence de parfum entre deux produits de la même fleur est un grand avantage pour le parfumeur ; c'est en même temps un fait curieux et digne des recherches du chimiste. Cette propriété n'est pas particulière à la fleur de l'oranger, elle appartient à plusieurs autres, spécialement à la rose et probablement à toutes les fleurs.

Quand les fleurs d'oranger sont traitées par la macération, c'est-à-dire par l'infusion dans un corps gras, on obtient une pommade à la fleur d'oranger, dont la force et la qualité dépendent du nombre d'infusions faites dans la même graisse. Le prix des fleurs est de 75 cent. à 1 fr. 25 cent. par kilogramme ; il faut, pour parfumer 1 kilogr. de graisse, 8 kilogr. de fleurs, divisés en trente-deux opérations, c'est-à-dire 250 grammes de fleurs pour chaque kilogramme de graisse et par chaque macération.

En digérant cette pommade à la fleur d'oranger dans l'alcool rectifié, dans la proportion de 500 à 800 grammes pour un litre d'alcool, pendant un mois environ, à une température d'été, nous obtenons l'extrait de fleur d'oranger, parfum pour le mouchoir qui n'a pas d'égal. Dans cet état, son odeur ressemble si fort à celle de la fleur fraîche que, les yeux fermés, le juge le plus habile ne pourrait distinguer l'une de l'autre. L'odeur de fleur particulière à cet extrait le rend très-précieux pour les parfumeurs. Non-seulement il se vend pur, mais en-

core, légèrement modifié avec d'autres *extraits*, il entre dans
l'extrait de pois de senteur, de magnolia et autres avec lesquels il a une certaine ressemblance.

En distillant les fleurs d'oranger avec de l'eau, nous obtenons
l'essence comme dans le commerce sous le nom d'essence de néroli. La première qualité, néroli bigarade, est extraite des fleurs
du *citrus bigaradia* (oranger amer). Les fleurs de l'oranger
doux ou Portugal donnent une essence moins suave, que l'on
nomme néroli Portugal. Une autre essence, que l'on considère
comme inférieure à la précédente, est le « néroli petit grain »
qu'on tire par la distillation des feuilles et des fruits verts des
différentes espèces de citrus. Si on tient une feuille d'oranger

Fig. 29. Oranger.

contre le soleil, on y apercevra de petites taches globulaires,
qui sont en réalité les vaisseaux à essence (cellules). Le nom
de petit-grain vient de ce que primitivement cette essence
n'était tirée que des petits grains (des petits fruits verts faisant

-nte à la fleur); plus tard, on a distillé feuilles et fruits verts, et on a conservé le nom primitif. Le néroli bigarade entre en énorme quantité dans la fabrication de l'eau de Hongrie, de l'eau de Cologne et autres parfums pour le mouchoir. Le petit-grain sert principalement à parfumer le savon.

Esprit de néroli.

Néroli pétale bigarade.	50 grammes.
Alcool rectifié.	150 centilitres.

Quoique très-agréable et très-employé dans la confection des bouquets, il n'a pas du tout l'odeur de fleur de l'extrait de fleurs d'oranger, obtenu des mêmes fleurs par la macération. En fait, les deux odeurs sont aussi différentes que si elles provenaient de plantes différentes. Cependant, en théorie, les deux extraits ne sont que des solutions alcooliques de l'essence de la fleur.

L'eau employée à distiller le néroli, après qu'on a bien extrait toute l'essence, est importée en Angleterre et autres pays sous le nom d'eau de fleurs d'oranger. On peut l'employer comme l'eau de sureau et l'eau de rose, pour la peau ou comme collyre. Elle est remarquable pour son bon parfum, et il est étonnant qu'étant d'un prix peu élevé, elle ne soit pas plus employée. On trouve dans le commerce plusieurs sortes d'eau de fleurs d'oranger. La première est distillée des fleurs, bigarade ou amères ; les autres proviennent de la distillation des feuilles, des tiges et des jeunes fruits verts de l'oranger. On peut aisément reconnaître la première en mettant quelques gouttes du liquide à éprouver dans un tube, et en y ajoutant quelques gouttes d'acide sulfurique, on voit presque aussitôt se manifester une belle couleur rouge. L'autre, traitée par l'acide sulfurique, ne change pas de couleur ; c'est à peine si elle a quelque odeur, et cette odeur est plutôt celle du citronnier que celle des fleurs d'oranger. Jusqu'à présent l'Angleterre a été tributaire de

l'Italie et du midi de la France pour les diverses odeurs fournies par l'oranger; mais depuis l'établissement des immenses
cultures de l'*orangerie*, près de Sydney, par M. Richard Hill,
Esq. J. P., on peut espérer de voir bientôt sur les marchés
de la Grande-Bretagne les produits de ce végétal importés
de Sydney.

Comme on connaît bien une douzaine au moins de variétés
d'orange, on peut en extraire autant de variétés d'essences.

L'origine du nom de néroli, appliqué à l'extrait de fleurs
d'oranger, n'est pas bien certaine; il vient peut-être du célèbre
empereur romain Néron, qui aimait tant les parfums, qu'il fit
faire à ses salles à manger des plafonds qui représentaient le
ciel, et d'où pleuvaient jour et nuit toutes sortes de parfums
et d'eaux de senteur; ou bien il est possible que le néroli ait
d'abord été fabriqué par les Sabins, qui, pour le distinguer
des autres parfums de cette époque, l'appelèrent néroli, du mot
nera, qui veut dire fort. Les Sabins, il ne faut pas l'oublier,
habitaient une contrée de l'Italie, la Sabine, où l'oranger croît
en abondance. (Voyez ORANGE, p. 151.)

ŒILLET

Dianthus caryophyllus (caryophilées).

L'œillet répand une odeur très-pénétrante, surtout le s n.
dit Darwin :

L'œillet, de ses parfums pour nos jardins prodigue,

ne figure pas cependant jusqu'à présent dans le magasin du
parfumeur, si ce n'est nominalement.

Extrait artificiel d'œillet.

Esprit de rose.	28 centilitres
— de fleurs d'oranger	14 —
— de fleurs d'acacia.	14 —
— de vanille.	56 grammes.
Essence de girofle.	10 gouttes.

La ressemblance de ce parfum et de celui de la fleur est une chose extraordinaire, et le consommateur ne doute jamais que ce qu'on lui vend ne soit réellement extrait de l'œillet même.

OLIBAN

Cette gomme ou résine est très-employée en Angleterre à la fabrication de l'encens et des pastilles. Elle est surtout intéressante comme étant une des substances odorantes dont il est souvent parlé dans les Livres Saints.

« On croit, dit Burnett, que c'était un des ingrédients de l'encens des Juifs; on en brûle encore comme encens dans les églises grecque et romaine, où l'usage de parfumer les autels fait partie des rites religieux. »

M. P. L. Simmonds dit :

« L'oliban du commerce est l'encens des anciens et le *luban* des Arabes. On l'extrait dans l'Inde de diverses espèces de *Boswellia* : *B. serrata*, *B. thurifera*, *B. glabra*, de la famille des térébinthacées. Il ne semble pas qu'on n'ait jamais publié aucune description botanique de l'arbre africain, quoique le capitaine Kemplhorne, le major Harris et d'autres voyageurs en fassent mention d'une manière générale. Cet arbre pousse invariablement dans les flancs nus et lisses des rochers de marbre blanc, ou dans les blocs isolés épars dans la plaine, et sans aucune terre. Si l'on fait une profonde incision dans le tronc, la résine en sort avec abondance; sa couleur et sa consistance sont celles du lait épais; mais exposée à l'air, elle durcit. Les jeunes arbres donnent la résine la meilleure et la plus précieuse; les vieux ne rendent qu'un liquide clair et glutineux semblable au copal et qui exhale une forte odeur de résine.

L'oliban était autrefois très-renommé comme un remède souverain contre l'inflammation des yeux, et comme un remède efficace dans la phthisie. On en mêlait aussi souvent au vin comme stimulant. Mais, depuis longtemps, on ne l'emploie plus à aucun de ces usages; il est presque exclusivement réservé pour le service de l'église. Les marchands grecs nous l'envoient, et nous le réembarquons pour le vendre sur le continent.

Les arbres qui produisent le *luban* ou encens sont de deux espèces, le *luban méyeti* et le *luban bedowi*. Le plus précieux des deux est le méyeti, qui sort des rochers nus; quand il est bien trié et de bonne qualité, il est vendu par les marchands, sur la côte, à raison de un dollar et un quart (6 fr. 60 c.) par *frasila* de neuf kilogrammes. Le luban bedowi de première qualité vaut un dollar (5 fr. 30 c.) par frasila. Dans les deux sortes, on préfère le plus pâle. La taille des arbres varie beaucoup, mais ils n'ont jamais plus de six mètres de haut, avec un tronc de vingt à vingt-cinq centimètres de diamètre. La forme en est très-gracieuse, et quand ils s'élancent d'un bloc de marbre sur le bord d'un précipice, ils sont d'un effet tout à fait pittoresque.

Quoique la chaîne du Wursungili et d'autres régions montagneuses fournissent d'inépuisables quantités d'encens, c'est une erreur de supposer que le meilleur vienne des districts élevés.

Le lieutenant Cruttenden, dans son voyage chez les tribus Edoor, dit que « la gomme extraite de l'arbre à feuilles larges est peu estimée. »

L'oliban est en partie soluble dans l'alcool et soluble dans l'eau; comme la plupart des baumes, il doit probablement son parfum à un corps odorant particulier associé à l'acide benzoïque qu'il contient.

Pour faire la teinture, ou l'extrait d'oliban, mettez 500 grammes de gomme dans 5 litres d'alcool.

[On distingue deux sortes d'encens ou d'oliban, celui de l'Inde et celui d'Afrique; il contient, d'après Braconnot, une petite quantité d'huile volatile, une résine soluble dans l'alcool, une gomme soluble dans l'eau, une résine insoluble dans l'eau et dans l'alcool; il ne renferme pas d'acide benzoïque; c'est donc une véritable résine et non un baume, d'après la définition adoptée.]

ORANGE.

Au siècle dernier, l'odeur des fleurs d'oranger était si fort en vogue, que l'entretien de l'orangerie de Louis XIV était une source de dépenses considérables. En effet, le grand roi voulait avoir un de ses arbustes favoris dans chacun de ses appartements.

Au mot *Néroli* nous avons déjà parlé du principe odorant de la fleur de l'oranger. Nous avons à dire maintenant quelle est la nature du produit qui est connu sur le marché sous le nom d'essence d'orange, « ou, comme on l'appelle plus souvent, « essence de Portugal, » nom qui pourtant ne peut être admis dans une classification des odeurs des plantes.

L'essence d'écorce d'oranges, ou principe odorant du fruit de l'oranger, s'obtient par l'expression ou par la distillation. On râpe l'écorce du fruit, ou zeste, pour écraser les petits vaisseaux, ou bourses, qui contiennent l'essence.

On peut aisément reconnaître combien cette essence est abondante dans l'écorce d'orange en en pressant un morceau à la flamme d'une bougie; l'essence exprimée jaillit et s'enflamme en jetant une vive clarté.

Elle est très-employée dans la parfumerie, et son odeur rafraîchissante en fait un article très-recherché.

C'est l'élément principal des préparations vendues sous le nom d'*eau de Lisbonne, eau de Portugal.* Voici pour la première une excellente recette :

Eau de Lisbonne.

Alcool rectifié.	lit.	4,54
Essence d'écorce d'orange.	gram.	115
— de zeste de citron.	gram.	50
— de rose.	gram.	7

En voici une pour :

Eau de Portugal.

Alcool rectifié.	lit.	4,54
Huile essentielle d'écorce d'orange. . .	gram.	225
— — de zeste de citron. .	gram.	56
— — de bergamote . . .	gram.	28
— — d'essence de rose. .	gram.	7

L'esprit-de-vin (de raisin), pour cet article, donne la plus belle qualité.

Il faut faire attention à ne jamais mettre ces parfums dans des flacons humides; car s'il s'y trouve la moindre goutte d'eau, une petite partie de l'essence se sépare, ce qui donne au mélange une teinte d'opale. Au reste, il faut rincer tous les flacons à l'alcool avant d'y mettre aucun parfum, mais surtout ceux qui contiennent des essences d'écorce d'orange, ou de citron.

PALME

Elæis guineensis (palmiers).

L'huile de palme, — l'huile grasse du commerce, — contient un principe odorant. Quand on la fait macérer dans l'alcool, le corps odorant se dissout et ressemble jusqu'à un certain point à la teinture d'iris ou à la teinture d'extrait de violette; mais il est d'ailleurs assez insignifiant, et il n'est pas probable que l'usage s'en établisse, quoiqu'on ait tenté plusieurs fois d'en tirer parti lorsque, par suite du mauvais temps, la violette est venue à manquer.

PATCHOULY

Pogostemon patchouly, Lindley ; *Plectranthus crassifolius*, Burnett.

C'est une herbe très-commune dans l'Inde et en Chine. [Le patchouly ayant fleuri dans les serres de M. Vignat-Parelle, à Orléans (Loiret), fut reconnu par M. Pelletier pour appartenir au genre pogostemon.] Il ressemble un peu à la sauge de nos jardins pour sa taille et sa forme, mais les feuilles sont moins charnues.

Fig. 30. Patchouly (*Pogostemon patchouly*).

Le patchouly doit son odeur à une essence contenue dans les feuilles et dans la tige, et qu'on extrait facilement par la distillation. 50 kilogrammes de bonne herbe donnent environ 875 grammes d'une huile essentielle d'un brun foncé et d'une densité à peu près pareille à celle de l'huile essentielle de bois de santal, à laquelle elle ressemble par ses caractères physiques. Son odeur est la plus puissante de toutes celles qu'on extrait des substances appartenant au règne végétal ; il s'ensuit que si on la mêle à d'autres, en égales proportions, elle les couvre complétement.

Extrait de patchouly.

Esprit-de-vin rectifié	lit.	4,54
Essence de patchouly.	gram.	55
— de rose.	gram.	7

L'extrait de patchouly, fait suivant cette formule, est celui que l'on trouve chez les parfumeurs de Paris et de Londres. Quoique peu de parfums aient autant de vogue, cependant, quand on le sent à l'état pur, il est loin d'être agréable, à cause d'une certaine odeur de moisi ou d'humidité analogue à celle du lycopodium. Comme disent quelques personnes, « il sent les vieux habits. »

L'odeur caractéristique de l'encre de Chine est due à un mélange de patchouly et de camphre qui y entre.

L'origine de l'usage du patchouly, comme parfum en Europe, est curieuse. Il y a quelques années, les vrais châles de l'Inde se vendaient à des prix extravagants; les acheteurs les reconnaissaient à l'odeur : ils étaient parfumés avec du patchouly. Les fabricants français, au bout de quelque temps, étaient parvenus à imiter le travail indien, mais ils ne pouvaient donner à leurs tissus l'odeur particulière à ceux de l'Inde.

A la fin ils découvrirent le secret, et commencèrent à importer la plante pour parfumer les articles par eux fabriqués, et firent ainsi passer des châles faits en Europe pour de véritables châles de l'Inde. Les parfumeurs se sont depuis emparés du patchouly et en ont répandu l'usage. On s'en sert beaucoup aujourd'hui pour parfumer les tiroirs dans lesquels on met du linge; à cet effet, il convient de réduire les feuilles en une poudre, que l'on met dans de petits sacs de mousseline recouverts de soie, comme on faisait les sachets de lavande autrefois à la mode. Dans cet état, le patchouly est très-bon pour préserver les habits des mites. Plusieurs combinaisons de patchouly seront données ci-après dans les recettes pour faire les bouquets.

PIMENT OU TOUTE-ÉPICE

(Myrtacées.)

Les feuilles, aussi bien que les fruits du piment, donnent une belle essence, quoique les parfumeurs préfèrent celle qui vient des fruits. Nous connaissons déjà plusieurs plantes dont on tire des huiles analogues en employant tantôt les feuilles, tantôt la fleur, tantôt l'écorce : ainsi le petit-grain nous est fourni par la feuille de l'oranger, le néroli par la fleur ; l'écorce intérieure de la cannelle donne l'essence de cannelle, l'écorce

Fig. 51. Piment (*Myrtus pimenta*).

extérieure la casse, et la feuille l'essence de feuilles de cannelle. L'odeur du piment a beaucoup d'analogie avec celle du girofle.

et dans une gamme d'odeurs elle serait placée une octave au-dessus.

100 kilogrammes de girofle donnent 18 kilogrammes d'essence; 100 kilogrammes de piment n'en donnent que 6; il suit de là que, n'offrant aucun avantage sous le rapport de l'odeur, le piment ne saurait prendre dans le commerce la place du girofle.

[Nous donnons, en France, le nom de piment à des substances bien différentes; nous citerons :

1° Le piment de la Jamaïque, piment des Anglais, amome, toute-épice, poivre de la Jamaïque, *myrtus pimenta* L. (myrtacées) (fig. 30) ;

2° Piment Tabago ou piment de Tabasco, plus gros que le précédent, attribué au *myrtus acris* ;

3° Piment couronné, ou poivre de Thevet, *myrtus pimentoides* Nees d'Es.; *myrcia pimentoides*, DC. ;

4° Le piment royal, *myrica gale* (myricées) ;

5° Le piment des jardins, *capsicum annuum*, de la famille des solanées, et le piment de Cayenne, *c. frutescens*, de la même famille. C'est des deux premiers qu'il est ici question.]

Le principe odorant s'obtient en distillant avec de l'eau le fruit desséché de l'*eugenia pimenta* ou *myrtus pimenta* (myrtacées) avant qu'il soit complétement mûr. Il se vend ainsi comme huile essentielle; il n'est guère employé dans la parfumerie, et quand on l'emploie ce n'est que mêlé à d'autres huiles aromatiques pour parfumer le savon. Il est pourtant très-agréable et a beaucoup d'analogie avec le principe odorant des clous de girofle; il mérite certainement plus d'attention qu'on ne lui en a accordé jusqu'ici. 100 grammes d'essence de piment, mêlés dans 5 litres d'esprit-de-vin rectifié, forment ce qu'on peut appeler un extrait de piment qui peut rendre de grands services dans la fabrication des bouquets à bon marché.

POIS DE SENTEUR

Lathyrus odoratus (légumineuses).

On peut extraire une odeur très-agréable des fleurs de pois de senteur par enfleurage avec toute espèce de corps gras, en faisant ensuite digérer dans l'alcool la pommade obtenue. Néanmoins on en fait peu, parce qu'on obtient par la formule suivante une excellente imitation :

Extrait artificiel de pois de senteur.

Extrait de tubéreuse.	28	centilitres.
— de fleurs d'oranger.	28	—
— de pommade à la rose.	28	—
— de vanille.	28	grammes.

En donnant la recette ci-dessus pour le pois de senteur, nous la formulons dans la pensée que cette odeur ressemble à celle de la fleur d'oranger, ressemblance de laquelle on approche davantage en ajoutant la rose et la tubéreuse.

La vanille n'a d'autre objet que de donner de la permanence au parfum ; nous la préférons aux extraits de musc et d'ambre gris qui auraient le même avantage, parce qu'elle frappe la même touche de l'appareil olfactif que la fleur d'oranger. De cette façon le parfum, en s'évaporant, n'éveille l'idée d'aucune autre odeur. C'est lorsque le mélange n'est pas fait d'après ce principe qu'on entend dire que tel ou tel parfum incommode, ou fait mal au bout de quelque temps.

REINE DES PRÉS OU SPIRÉE

On peut tirer par la distillation du *spiræa ulmaria* (rosacées, spiréacées) une essence agréable, mais qui n'est pas employée par les parfumeurs ; elle est intéressante cependant comme une des substances organiques qui peuvent être faites dans le laboratoire des chimistes.

RÉSÉDA OU MIGNONNETTE

Sans son parfum exquis, cette petite fleur serait à peine connue autrement que comme une herbe commune dans les jardins. Quelque douce, quelque riche qu'en soit l'odeur dans son état naturel, nous ne pouvons lui conserver son caractère sous forme d'essence. Comme il arrive pour beaucoup d'autres, le principe odorant se modifie plus ou moins pendant l'opération qui doit le séparer de la plante ; cependant, sans être parfait, il rappelle encore à l'odorat le parfum des fleurs. Pour lui donner ce charme qui semble lui manquer, on y ajoute une certaine quantité de violette.

Cette plante étant très-riche en odeur, il nous semble qu'on en pourrait faire quelque chose en Angleterre, d'autant plus qu'elle fleurit aussi bien chez nous qu'en France. Nous voudrions voir s'établir dans les Iles-Britanniques des cultures florales et des parfumeries montées pour fabriquer des essences, des huiles et des pommades avec les fleurs indigènes, ou qui réussissent dans notre pays. Ce ne serait pas seulement ouvrir une nouvelle voie à l'esprit d'entreprise, offrir un placement avantageux aux capitaux, ce serait encore donner à un grand nombre de femmes et d'enfants une occupation saine et lucrative. Il n'est pas sans intérêt pour la vigueur de la génération à venir de procurer à la jeunesse des travaux en plein air ; car on ne saurait nier que notre système de manufacture, que nos villes où les populations s'entassent, ne soient préjudiciables à la condition physique de l'espèce humaine.

Pour revenir à notre sujet, l'essence de mignonnette, ou, pour nous servir du nom plus souvent employé dans le commerce, l'extrait de réséda s'obtient par la macération de la pommade au réséda dans l'esprit-de-vin rectifié. Mettez 800 grammes de pommade pour un litre d'alcool ; laissez digérer ensemble pendant une quinzaine de jours, séparez ensuite l'essence de la pommade en filtrant. Ajoutez alors à chaque litre 28 grammes d'extrait de tolu. Cette addition a pour objet de donner au parfum de la permanence sur le mouchoir, et n'en altère en aucune façon le caractère. M. March, à Nice, est le principal fabricant de pommade au réséda ; pour me servir de ses expressions, c'est sa *spécialité*. Il procède par l'enfleurage.

[Par le procédé de Millon on extrait du réséda un parfum qui a tout à fait l'odeur des fleurs.]

ROMARIN

Rosmarinus officinalis (labiées).

> Voilà du romarin pour que tu te souviennes.
> SHAKSPEARE.

Par la distillation du *rosmarinus officinalis* on obtient une essence limpide ayant l'odeur caractéristique de la plante, qui est plus aromatique qu'agréable (1). 50 kilogr. d'herbes fraîches donnent environ 1 kilogr. d'essence. On s'en ser beaucoup dans la parfumerie, surtout combinée avec d'autres essences pour parfumer le savon. Elle entre nécessairemen dans la composition de l'eau de Cologne, et fait la base d'une préparation autrefois célèbre, « l'eau de Hongrie, » dont voici la recette :

Eau de Hongrie.

Esprit-de-vin rectifié lit.	4,51
Essence de romarin de Hongrie	56 grammes.
— d'écorce de citron	28 —
— de mélisse	28 —
— de menthe	8 —
Esprit de roses	50 centilitres.
Extrait de fleurs d'oranger	56

Ainsi préparée, l'eau de Hongrie se met en flacons pour la

(1) Le romarin du continent donne une essence dont l'odeur est toute différente de celle de l'essence tirée du romarin anglais.

vente, de la même manière que l'eau de Cologne. Elle doit, dit-on, son nom à une reine de Hongrie qui, suivant une tradition, obtint de merveilleux effets d'un bain de romarin à l'âge de soixante-quinze ans. Il n'est pas douteux que les ecclésiastiques, les orateurs, quand ils parlent pendant quelque temps, se trouveraient très-bien de parfumer leur mouchoir avec de l'eau de Hongrie. Le romarin qu'elle contient réveille et fortifie l'esprit; il suffit d'en respirer les vapeurs stimulantes en s'essuyant de temps en temps le visage avec un mouchoir sur lequel on en a versé quelques gouttes. Shakspeare nous donne le mot de l'énigme, et, grâce à lui, nous savons comment il se fait que les parfums qui contiennent du romarin passent pour si rafraîchissants.

[L'essence de romarin est formée par le mélange d'un hydrocarbure avec une essence oxygénée. L'acide sulfurique la dissout en produisant un acide particulier.]

ROSE

Allez, cueillez la rose aux brillantes couleurs,
Et, que du sein des fleurs par vos mains effeuillées,
Comme un encens au ciel s'élèvent leurs senteurs.
                                                    OCTIVIE.

Lorsque Néron honorait de sa présence la table de quelque Romain illustre, il ne devait pas seulement y avoir des fleurs : l'amphitryon était obligé de faire des frais énormes pour faire, suivant la coutume royale, jaillir de l'eau de rose de toutes ses fontaines. En même temps que le liquide embaumé s'élançait en jets limpides, le sol, les coussins sur lesquels s'étendaient les convives étaient jonchés de feuilles de roses; ils avaient des couronnes de roses sur la tête, des guirlandes de roses autour du cou. La *couleur rose* envahissait le dîner lui-même, et un gâteau rose provoquait l'appétit des invités. Pour favoriser la digestion, il y avait un vin de roses qu'Héliogabale n'avait pas seulement la simplicité de boire, mais dans lequel il avait la folie de se baigner. Il alla même plus loin, et fit remplir les bains publics de vin de rose et d'absinthe. Après avoir respiré, porté, bu et mangé des roses, après s'être étendu, promené et endormi sur des roses, il n'est pas étonnant qu'un malheureux tombât malade. Son médecin lui palpait le foie et lui administrait immédiatement une potion de rose. Quel que fût son mal, il fallait que, d'une manière ou d'une autre, la rose entrât dans le remède qui devait lui rendre la santé. Si le malade mourait, comme cela était naturel, alors, de lui plus que d'aucun autre on pouvait dire avec vérité qu'il était mort d'une rose *dans une maladie aromatique.* Le docteur Capellini rapporte l'histoire d'une dame qui s'imaginait ne pouvoir supporter l'odeur d'une rose, et qui s'évanouit un jour à la vue d'une de ces fleurs, qui, au bout du compte, se trouva être une fleur artificielle (1).

Il est certain que l'odeur de la rose incommode assez vivement quelques personnes; l'illustre Gretry était dans ce cas.

Cette reine des jardins ne perd pas son diadème dans le monde des parfums. L'huile de roses, ou comme on l'appelle plus communément, l'essence de rose, quoiqu'on ait souvent dit le contraire, s'obtient par la simple distillation des roses avec de l'eau.

L'essence de rose du commerce est extraite de la *rosa centifolia provincialis.* Il y a des rosières très-étendues à Andrinople, dans la Turquie d'Europe; à Brousse, ville aujourd'hui célèbre par la résidence d'Abd-el-Kader, et à Uslack, dans la Turquie d'Asie; on en trouve également à Ghazepore, dans l'Inde.

En Turquie, les roses sont particulièrement cultivées par les chrétiens qui habitent les régions inférieures des Balkans, entre Selimno et Carlova jusqu'à Philippopolis, en Bulgarie,

1 *Heure de loisir : Mémoire sur l'influence des odeurs*

à environ 552 myriamètres de Constantinople. Si la dernière agression des Russes n'avait pas été étouffée en germe (*nipped in the bud*, gelée en bouton) par le concert emblématique de la rose, du trèfle, du chardon et de la *fleur de lis*, il est presque certain que la dernière guerre n'aurait pas eu la Crimée pour théâtre, mais les rosières des Balkans. Néanmoins, qui aurait douté de la bravoure des descendants des maisons d'York et de Lancastre? Dans les bonnes années, ce district produit 2,125 kilogr. d'essence; mais, dans les mauvaises, il n'en donne pas plus de 560 à 850 kilogr. On estime qu'il faut au moins 2,000 roses pour 1 gramme, 7712 d'essence.

Mon ami, M. Amerling, droguiste à Constantinople, m'envoie les détails suivants en réponse à ma demande de renseignements d'un caractère pratique sur la production de l'essence de rose.

On cultive les roses à Kizanlik, en Roumélie; la production annuelle est d'environ 500,000 métieaux (6,545,000 kilogr.); 10 ou 12 okes (1) de roses rendent 1 métical (13 kilogr. 90 grammes). Le mode de distillation est, comme pour les esprits, l'alambic. Le rendement de cette année sera moindre que celui des années précédentes, savoir, de 200,000 à 250,000 métieaux (5,272,500 à 2,618,000 kilogr.) seulement.

On cultive les roses destinées à l'extraction de l'essence de la même manière que les roses ordinaires. Je dois ajouter, au sujet de la distillation, qu'il faut mettre dans une chaudière, parties égales de roses et d'eau, faire bouillir et ensuite extraire l'essence à l'alambic; vous ôtez ensuite les roses de la chaudière, vous faites bouillir une seconde fois l'extrait sorti de l'alambic, et c'est ce second produit qui donne l'essence de rose.

Pour 12 kilogr. de roses, on met dans une chaudière à alambic de 48 à 60 kilogr. d'eau, qu'on fait bien bouillir; en

(1) Une oke turque est environ 1 kil. 130 gr. à 1 kil. 250 gr.

adapte à l'orifice de l'alambic une bouteille pouvant contenir environ 8 kilogr.; quand elle est pleine, on la retire et on en met une autre à la place, et quand celle-ci est pleine à son tour on en met une troisième; de cette manière, on obtient environ 25 kilogr. d'essence en trois bouteilles, de première, de seconde et de troisième eau; on vide ensuite la chaudière et on la nettoie bien. Après cela, on verse dedans le contenu de la première bouteille tirée et on le fait bouillir. L'alambic donnera alors l'essence de rose flottant sur l'eau; il n'y aura plus qu'à la séparer. On continue de la même manière avec la seconde et la troisième bouteille. L'essence extraite de la première bouteille est meilleure que celle de la seconde, et celle-ci meilleure que celle de la troisième. La culture n'exige aucun soin particulier, si ce n'est qu'en hiver il faut couvrir les pieds de terre que l'on émiette à l'approche du printemps.

Le point important est de cueillir les roses au point du jour, autrement le rendement est moins considérable.

L'odeur de l'essence varie légèrement suivant qu'elle vient de différents districts; quelques localités fournissent une essence qui se solidifie plus promptement que d'autres; aussi, n'est-ce pas un indice certain de pureté, quoique beaucoup de personnes aient cette opinion. A l'exposition du palais de Cristal, en 1851, c'est l'essence envoyée de Ghazepore, dans l'Inde, qui a obtenu la médaille.

L'essence obtenue par la distillation de la rose de Provence, dans le sud de la France et à Nice, a un bouquet caractéristique, provenant, je crois, des abeilles qui transportent dans les boutons de roses le pollen des fleurs d'oranger, si abondantes dans cette contrée. L'essence française est plus riche en stéréoptène (essence concrète) que l'essence turque; 9 grammes se cristalliseront dans un litre d'alcool, à la même température qui vent 18 grammes d'essence turque pour produire le même effet.

« L'essence de rose de Cachemire est regardée comme la
première de toutes, ce qui n'a rien de surprenant, puisque,
suivant Heugel, la fleur est dans ce pays d'une beauté et d'un
parfum supérieurs. On laisse couler une grande quantité d'eau
de rose deux fois distillée dans un vase ouvert placé la nuit
dans un courant d'eau fraîche, et le matin on trouve l'huile
flottant à la surface en petites taches, que l'on enlève avec soin
au moyen d'une feuille de glaïeul ; quand elle est froide, elle est
d'un vert foncé ; sa consistance est celle d'une résine ; elle ne
fond même pas à la température de l'eau bouillante. Il faut
250 à 300 kilogr. de feuilles pour donner 25 à 50 grammes
de cette essence (1). »

A Rome, le parfum de la rose était tellement recherché que
Lucullus dépensait des sommes fabuleuses pour en avoir en
toutes saisons. Mais aujourd'hui l'essence de rose pure, à cause
de sa douceur affadissante, ne trouve pas de nombreux admira-
teurs. Lorsqu'elle est étendue, cependant, il n'est rien qui
l'égale en odeur, particulièrement quand elle est mêlée au savon
pour faire le savon à la rose, ou dans l'alcool pour faire de
l'esprit de rose. Le savon ne laissant pas le parfum s'évaporer
promptement, l'odeur de la rose ne peut incommoder.

—Les meilleures préparations de rose, comme parfum, se font
à Cannes et à Grasse, en France. Les fleurs n'y sont pas traitées
pour l'essence, elles sont soumises au procédé de la macération
dans la graisse ou dans l'huile, tel qu'il est décrit aux mots
Jasmin, Héliotrope, Violette. Il faut 10 kilogr. de roses pour
enfleurer 1 kilogr. de graisse. Le prix des roses varie de
50 cent. à 1 fr. 25 cent. le kilogramme. Après que la macération a été pratiquée pendant quelques jours, la pommade est
soumise à l'enfleurage.

—La pommade à la rose ainsi faite, digérée dans l'alcool

(1) *Encyclopédie indienne.*

(800 grammes de pommade, n° 24, pour un litre d'alcool), donne un esprit de rose de première qualité et bien différent, quant à l'odeur, de celui qu'on obtient en ajoutant de l'essence à l'alcool. Il est difficile de s'expliquer cette différence, mais elle est suffisamment caractérisée pour constituer une odeur différente. Voyez les articles sur la FLEUR D'ORANGER et le NÉROLI, qui ont des qualités semblables. Les parfumeurs ne vendent jamais au détail l'esprit de rose fait avec la pommade à la rose de France, ils le réservent pour en faire un des éléments de leurs bouquets *recherchés*.

Cependant quelques droguistes en gros en vendent depuis quelque temps aux médecins de campagne pour faire immédiatement d'excellente eau de rose. On cultive les roses en grand en Angleterre, près de Mitcham, dans le comté de Surrey, pour les parfumeurs qui en font de l'eau de rose. Dans la saison où on peut faire plusieurs cueilles successives, c'est-à-dire vers la fin de juin ou le commencement de juillet, on les ramasse dans des sacs, aussitôt que la rosée est dissipée, et on les expédie à Londres. Dès qu'elles arrivent on les répand immédiatement sur un plancher frais, autrement, si on les laisse en tas, elles s'échauffent au point de se gâter complètement en deux ou trois heures. Il n'y a pas de substance qui absorbe aussi rapidement l'oxygène et s'échauffe aussi spontanément qu'une quantité de roses nouvellement cueillies.

Pour conserver ces roses, les parfumeurs de Londres les salent immédiatement; à cet effet, on sépare les pétales du pédoncule, et par boisseau de fleurs d'environ 6 kilogrammes pesant on ajoute 1 kilogramme de sel commun. Le sel absorbe l'humidité qui existe dans les pétales, forme promptement une espèce de saumure et fait du tout une masse pâteuse qu'on loge ensuite dans des tonneaux. De cette manière on peut les conserver presque indéfiniment sans que l'odeur soit sérieusement compromise. On peut faire une bonne eau de rose en distillant 6 kilogrammes de roses confites et 11 litres d'eau. Filtrez 9 litres, et vous aurez l'eau de rose double des boutiques. L'eau de rose importée du midi de la France est cependant bien supérieure en odeur à tout ce qui peut se faire ici. Comme c'est le résidu des roses distillées pour faire l'essence, elle a une richesse d'arome qu'il paraît impossible d'atteindre avec des roses venues en Angleterre.

[Le plus souvent on retire un poids d'eau distillée égal à celui des roses employées.]

L'usage des eaux de senteur remonte à une époque si reculée, qu'un des plus anciens écrivains en parle sans cesse. Dans les *Nuits arabes*, ouvrage antérieur à l'ère chrétienne, on lit dans l'histoire d'Aboul-Hassan que :

« Lorsque le prince de Perse vint rendre visite à la reine, après qu'il se fut rafraîchi, les esclaves lui apportèrent des bassins d'or remplis d'eau odoriférante pour se laver ; et quand tous deux eurent échangé l'aveu de leur amour, ils s'évanouirent ; pour les faire revenir à eux on leur jeta au visage des eaux de senteur et on leur fit respirer des parfums. »

Il y a six variétés d'extrait de rose pour le mouchoir, qui sont le *nec-plus ultra* de l'art du parfumeur : l'esprit de roses triple, l'extrait de roses blanches, l'extrait de roses-thé, l'extrait de roses moussenses, rose double et rose de Chine. Voici les recettes pour fabriquer ces divers extraits.

Esprit de roses triple.

Alcool rectifié. . . . . lit. 4,55
Essence de rose. . . . . gr. 85

Ceux qui admirent le parfum de la rose trouveront qu'en suivant la formule ci-après on obtient une qualité très-recherchée.

Rose double de Piesse.

Pommade à la rose n° 24. . . . . kil. 3,625
Alcool rectifié. . . . . lit. 4,55
Essence de rose de France. . . . . gr. 42

Laissez l'alcool sur la pommade pendant un mois, filtrez et ajoutez l'essence. Mêlez à une température d'été; dans l'espace d'un quart d'heure toute l'essence sera dissoute; vous pourrez alors mettre en flacons et vendre. Dans l'hiver, si l'essence est bonne, vous verrez de beaux cristaux disséminés çà et là dans l'alcool. Il faut deux fois la même quantité d'essence turque pour se cristalliser à la même température.

Extrait de roses mousseuses.

Extrait alcoolique de pommade à la rose de France. lit. 1,13
Esprit de roses triple . . . . lit. 0,56
Extrait de pommade à la fleur d'oranger . . . . lit. 0,56
— d'ambre gris . . . . lit. 0,28
— de musc . . . . gr. 115

Laissez les ingrédients ensemble pendant une quinzaine de jours; filtrez ensuite, s'il est nécessaire, et vous pouvez mettre en vente.

Extrait de roses blanches.

Esprit de roses extrait de la pommade . . . lit. 1,13
— de roses triple . . . . lit. 1,13
— de violette . . . . lit. 1,13
Extrait de jasmin . . . . lit. 0,56
— de patchouly . . . . lit. 0,28

Extrait de roses-thé.

Extrait de pommade à la rose . . . . lit. 0,56
— de roses triple . . . . lit. 0,56
— de géranium rosat . . . . lit. 0,50
— de bois de santal . . . . lit. 0,28
— de néroli . . . . lit. 0,14
— d'iris . . . . lit. 0,14

Rose jaune de Chine.

Esprit de roses triple . . . . lit. 1,13
— de tubéreuse . . . . lit. 1,13
— de tonkin . . . . lit. 0,14
— de verveine . . . . lit. 0,14

[Plusieurs espèces de rosiers peuvent donner des fleurs servant à la préparation de l'essence de rose; les plus employées en France sont les *rosa centifolia* et *damascena*. L'essence de rose est un mélange de deux essences, l'une est solide jusqu'à 95° et bout à 300°, elle est hydrocarbonée; l'autre est liquide et oxygénée; c'est celle-ci qui possède l'odeur de la rose. On constate la présence de l'essence de géranium dans celle de rose au moyen de l'acide sulfurique, qui n'altère pas l'odeur de l'essence pure et qui donne une odeur désagréable à celle de géranium; les vapeurs nitreuses jaunissent l'essence de rose et verdissent l'essence de géranium; l'iode ne colore pas la première et il brunit la seconde.

RUE

Ruta graveolens (rutacées).

« Vous payez la dîme de la menthe et de la rue et de toutes espèces d'aromates, mais vous avez abandonné ce qu'il y a de plus important dans la loi (1). » Ces paroles de Notre-Seigneur montrent que l'odeur de la rue l'a de bonne heure fait cultiver assez en grand, pour qu'on en prélevât une dîme pour le service de l'Église. Cette odeur est excessivement pénétrante et se répand très-loin; c'est pour cette raison qu'elle a été depuis un temps immémorial considérée comme très-prophylactique. Tous ceux qui visitent Newgate remarqueront les brins de rue placés sur la barre de la Cour criminelle centrale. Cet usage remonte à l'époque où la cellule d'un prisonnier n'était en quelque sorte que l'antre infect d'un animal carnassier. La fièvre des prisons était alors le résultat naturel d'une incarcération à Newgate. Pour préserver l'honorable juge du mal qu'a-raient pu lui communiquer les prisonniers amenés à sa barre, on prit l'habitude de distribuer dans l'auditoire des brins de

1 *Matth.*, XXIII. 25; *Luc*, XI. 15.

rue; cet usage s'est maintenu jusqu'à nous. Mais heureusement, grâce aux améliorations introduites dans le régime des
prisons les propriétés hygiéniques de la rue ne sont plus nécessaires, et la présence de cette plante dans la salle n'est plus
qu'un témoignage historique qui mériterait d'être signalé par un
Macaulay ou un Knight. La rue donne son principe odorant
par la distillation; elle n'est pas employée dans la parfumerie.

L'essence de rue peut être représentée par $C^{20}H^{20}O^2$; elle
bout à 228°; l'acide azotique fumant la transforme en acide
caprique $= C^{20}H^{20}O^4$, et en acide pélargonique $= C^{18}H^{18}O^4$,
d'une odeur agréable.

SANTAL

Santalum album (légumineuses).

> Le santal odorant, par la hache abattu,
> En mourant lègue au fer son odeur et sa ver...
> FAMILLON.

Voici une des vieilles connaissances des amateurs de parfums; c'est dans le bois que réside l'odeur. Le plus beau bois
de santal croît dans l'île de Timor et dans les îles au bois de
santal, où on le cultive en grande quantité pour l'expédier en
Chine. Dans les cérémonies religieuses des Brahmines, Indous
et Chinois, on brûle du bois de santal comme l'encens en
quantité presque incroyable. Le santal était très-abondant
autrefois en Chine; mais les offrandes continuelles faites aux
nombreuses images de Boudha ont presque détruit cette plante
dans le céleste empire. Telle en est la consommation qu'on est
sur le point de le cultiver dans l'Australie occidentale, dans
l'espoir d'une rémunération avantageuse, espoir qui, nous
n'en doutons pas, se réalisera. L'Angleterre seule en consom-
merait dix fois plus qu'elle ne fait, si le prix ne dépassait
pas celui des autres substances aromatiques. On obtient aisément l'huile contenue dans le bois de santal en le distillant.

50 kilogrammes de bois donnent environ 950 grammes d'essence.

La fourmi blanche, si commune dans l'Inde et à la Chine, qui mange toutes les matières organiques qu'elle rencontre, paraît n'avoir aucun goût pour le bois de santal, aussi on

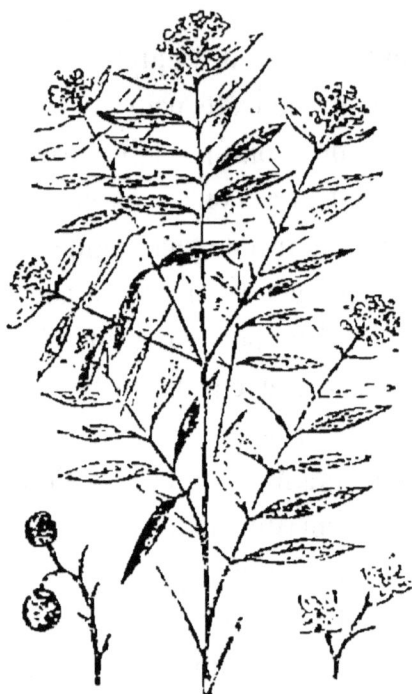

Fig. 52. Santal (*Santalum album*).

l'emploie souvent à faire des coffrets, des étuis, des écrins, etc. Cette qualité, jointe à son odeur, en fait un bois très-précieux pour les ébénistes d'Orient.

L'essence de santal est remarquablement dense et paraît plus huileuse qu'aucune autre; quand elle est bonne, elle est d'une couleur paille foncée. Dissoute dans l'alcool, elle entre dans la composition d'un grand nombre de bouquets autrefois en vogue, tels que la poudre à la Maréchale et autres dont la recette sera donnée plus tard. Voici comment les parfumeurs préparent ce qu'ils appellent :

Extrait de bois de santal.

Alcool rectifié	lit.	4
Esprit de roses	lit.	0.56
Huile essentielle ou essence de santal	gr.	85

Les extraits faits en dissolvant l'essence dans l'alcool, s'ils ne sont pas tout à fait blancs, n'empruntent qu'une faible teinte à la couleur de l'essence employée. Le parfumeur, appelé à fournir une odeur délicate pour un mouchoir de dame qui coûte quelquefois des sommes fabuleuses et que, par conséquent, il faut à tout prix conserver dans sa blancheur immaculée, met son honneur à ne rien donner qui puisse seulement ternir la pureté du léger tissu. Or, quand un parfum est directement extrait d'un bois ou d'une plante, comme le sont les teintures, c'est-à-dire en faisant macérer le bois dans l'alcool, on a, outre le principe odorant, une solution de matière colorante excessivement nuisible à la délicatesse de l'arome, qui, de plus, tache horriblement les mouchoirs de batiste. Il ne faut donc jamais en répandre que sur les foulards.

L'odeur du santal s'associe bien à celle de la rose ; aussi, avant qu'on cultivât le géranium rosat, on employait cette essence pour falsifier l'essence de rose ; mais aujourd'hui on s'en sert rarement pour cet usage.

Par une erreur phonétique le mot *santal* est souvent imprimé *sandal* et *sandel*.

On falsifie souvent l'huile de santal avec l'huile de ricin, mais ce mélange est facile à reconnaître.

SASSAFRAS

Laurus sassafras (laurinées).

Quelques parfumeurs d'Allemagne emploient une teinture du bois du *laurus sassafras* dans la préparation de divers cosmétiques ; mais comme, à notre avis, elle sent plutôt le mé-

decine que les fleurs, nous ne saurions recommander les recettes
allemandes. L'eau athénienne a cependant une certaine réputation, quoique ce ne soit guère qu'une teinture faible de sassafras.

[L'essence de sassafras est jaune, d'une saveur âcre, d'une
odeur qui rappelle celle du fenouil; exposée au froid, elle laisse
déposer des cristaux volumineux nommés sassafrol = $C^{10}H^5O^2$.]

SAUGE

Salvia officinalis (labiées).

On peut extraire une huile très-parfumée de toute espèce de
sauge distillée; elle est très-bonne, mêlée à d'autres essences,
pour parfumer le savon. Les feuilles de sauge, séchées et pulvérisées, s'emploient dans la composition des sachets.

SCHŒNANTHE

Selon Thwaites, l'essence de schœnanthe, vendue dans le commerce anglais sous le nom de lemon-grass, se tire de l'*andropogon nardus*, espèce de graminée qui pousse abondamment
dans l'Inde. On cultive en grand l'*andropogon* à Ceylan et aux
Moluques à cause de l'huile que l'on en extrait aisément par la
distillation. L'essence de schœnanthe, ou comme on l'appelle
quelquefois l'essence de verveine, à cause de son odeur qui ressemble à celle de cette plante favorite, est importée en Angleterre dans de vieilles bouteilles à porter et à stout (sortes de
bière). Elle est très-puissante et parfume bien les savons et
les graisses, mais elle sert surtout à fabriquer l'essence artificielle de verveine. A cause de son prix relativement peu élevé,
de sa grande force et de son odeur agréable quand elle est étendue, l'essence de schœnanthe pourrait être beaucoup plus employée qu'elle ne l'est aujourd'hui et avec beaucoup d'avantage
pour le détaillant.

La production annuelle de l'essence de schœnanthe à Geylan est d'environ de 700 à 800 kilogrammes, et sa valeur sur place est de 55 fr. le kilogramme. On peut voir, dans le Jardin Royal de Kew (Kew gardens), des échantillons de la plante dont on la tire.

[Le schœnanthe officinal est le *jonc fleuri* ou Σχοῖνος ἀρο-ματικος de Dioscoride; il croît en Afrique et surtout dans l'Arabie déserte; d'après Lemery, il est si abondant auprès du mont Liban, qu'on l'emploie pour faire la litière des chameaux, d'où lui est venu le nom de *fœnum* ou *stramen camelorum*; il possède une odeur persistante, analogue à celle du bois de Rhodes, qui devient plus forte et moins agréable lorsqu'on le froisse entre les doigts; sa saveur est âcre, aromatique, résineuse, amère et désagréable; ce sont les fleurs que l'on faisait entrer dans la thériaque.

D'après Lemery, il vient de l'île Bourbon et de Madagascar une plante qui ressemble au schœnanthe, mais qui est plus verte et moins chargée de fleurs; à la Réunion elle est connue sous le nom d'*esquine*; d'après Royle, elle ressemble beaucoup à une plante qui vient de l'Inde et dont on extrait une huile volatile nommée *grass oil of Namur*.

Linné a attribué le schœnanthe officinal à un *andropogon* qui est l'*andropogon schœnanthus* de Roxburgh et de Wallich, qui paraît analogue sinon identique à l'esquine de Bourbon; d'autres *andropogon*, tels que le *nardus*, le *lanigerum*, Desf., A. *enophorus*, Will., donnent également des essences.]

SERINGA

Les fleurs du *philadelphus coronarius* (myrtacées), ou seringa ordinaire des jardins, ont une odeur forte qui ressemble à celle de la fleur d'oranger, tellement qu'en Amérique on appelle souvent le *seringa* « faux oranger. » On pourrait faire

en Angleterre d'excellente pommade au seringa pour le quart de ce que se paye la prétendue pommade à la fleur d'oranger.

SOUMBOUL

[On trouve sous ce nom dans le commerce, depuis quelques années, et encore sous celui de *sumbul*, de *sambola* ou *sambulu*, une racine de la grosseur d'une betterave, présentant au sommet des bourgeons distincts et à la base plusieurs grosses radicules; elle est le plus souvent coupée en tronçons de 0ᵐ04 d'épaisseur et de 0ᵐ10 de diamètre, recouverte d'un épiderme gris, et portant à la partie rétrécie des poils rudes, courts, provenant de la destruction d'écailles ayant pour origine les bourgeons radicaux. Cette racine, qui est blanche à l'intérieur, devient rapidement la proie des insectes; on trouve souvent à la surface une matière adipo-résineuse qui a exsudé; elle présente une odeur de musc des plus prononcées, mélangée d'un peu d'odeur d'angélique. Aussi croit-on qu'elle est produite par un ombellifère voisin des angéliques. Elle nous arrive de l'Asie par la Russie; elle est moins employée dans la parfumerie française qu'en Russie, où elle joue un grand rôle, vu son bas prix.]

SPIKA-NARD OU NARD INDIEN

Nardostachys jatamansi (valérianées).

Cette plante odoriférante appartient à l'ordre des valérianes, et, quoique l'odeur en paraisse généralement désagréable pour des narines européennes, elle semble si délicieuse aux Orientaux, que les parfums les plus estimés en Asie se composent de valériane et de spika-nard. Il est souvent question de ce parfum dans l'Écriture sainte : « Pendant que le roi est assis à sa table, mon spika-nard exhale ses parfums (1). » « Une femme

(1) *Cantique de Salomon*, I, 12.

entra qui portait un vase d'albâtre plein d'un parfum de nard
d'épi de très-grand prix (1). » Il est néanmoins presque inconnu aux parfumeurs anglais et français.

Fig. 33. Spika-nard (*Nardostachys jatamensi*). Plante fleurie et racine.

[Le nard celtique, *valeriana celtica*, croît sur les montagnes
de la Suisse et du Tyrol ; dans le commerce, il est sous forme
de paquets ronds et plats mélangés de mousse et de terre sa-
blonneuse ; sa saveur est amère, son odeur ressemble à celle
de la valériane.

Une autre espèce de nard indien, ou nard du Gange, de Dioscoride, est attribué au *nardostachys grandiflora*, D. C., *fedia*

_____

(1) *Marc.* XIV, 3.

grandiflora, Wall. Enfin, le faux nard du Dauphiné est le bulbe de la *victoriale longue* de Clestius, *allium anguinum* du Matbiole de Banhin.]

STYRAX

Styrax officinale (styracinée.)

Les prêtres et les parfumeurs ont de grandes obligations à cette famille de plantes appelées par les botanistes styracées.

Fig. 54. Styrax (*Styrax officinale*).

Des diverses espèces on tire des quantités considérables de baumes et de résines odoriférantes, qui s'emploient comme en-

cens dans les églises et pour parfumer les habitations particulières. Il y a dans le commerce plusieurs sortes de *styrax*. La sorte qui est dure et rouge est connue sous le nom d'encens des Juifs; le *styrax calamite* tire son nom du mot latin *calamus* (roseau) à cause de la forme sous laquelle il se présentait autrefois sur les marchés. Cependant le vrai styrax, celui dont nous nous occupons, est un baume odorant qui coule d'incisions faites à un arbrisseau très-commun dans l'Asie Mineure.

Extraction du styrax liquide.

Aux mois de juin et de juillet on enlève l'écorce extérieure d'un côté de l'arbre, et, suivant le lieutenant Campbell, on la met en paquets, que l'on garde pour faire des fumigations. On gratte alors l'écorce intérieure avec un couteau semi-circulaire ou à lame de faucille, et on la jette dans des trous jusqu'à ce qu'on en ait ramassé une quantité suffisante. M. Maltass rapporte qu'on l'introduit dans de forts sacs de crin et qu'on les soumet à la pression d'une presse à levier de bois. Après l'avoir retirée de la presse, on jette de l'eau bouillante sur les sacs, qu'on presse ensuite une seconde fois, après quoi la plus grande partie de la résine est extraite.

La version du lieutenant Campbell est un peu différente. Il dit qu'on fait bouillir l'écorce intérieure sur un feu vif dans l'eau, la partie résineuse monte à la surface et on l'enlève avec une écumoire. L'écorce bouillie est ensuite mise dans des sacs de crin et pressée, en même temps on verse de l'eau bouillante pour faciliter l'extraction de la résine, ou, comme on l'appelle, *yagh*, c'est-à-dire huile.

Le docteur Mac Craith dit que ceux qui récoltent le styrax sont principalement des Turcomans nomades appelés *yuruks*. Ils sont armés d'un racloir triangulaire en fer, avec lequel ils raclent, en même temps que le jus de l'arbre, une certaine

quantité d'écorces qu'ils ramassent dans des poches de cuir suspendues à leurs ceinturons; quand ils en ont une quantité suffisante, ils la font bouillir dans un grand vase de cuivre, puis la résine liquide est tirée à part et mise dans des barils. Le résidu des écorces est mis dans des sacs de crin et pressé sous une forte presse, et la résine qu'on en extrait s'ajoute à la masse générale.

Le produit obtenu par les procédés ci-dessus décrits est une résine grise, opaque, semi-fluide, bien connue sous le nom de *styrax liquide*.

L'écorce dont on a extrait le *styrax liquide* est ensuite retirée des sacs et exposée au soleil pour sécher; après quoi on l'expédie dans les îles grecques et turques et dans plusieurs villes de Turquie, où elle est très-estimée pour les fumigations, quoique depuis la disparition de la peste la consommation en ait beaucoup diminué.

Le lieutenant Campbell fait monter la quantité de *styrax liquide* annuellement extraite à environ 20,000 okes (250 kilogrammes) dans les districts de Giovà et de Ullà, et de 13,000 okes (162 kilogrammes) dans les districts de Marmoriza et d'Isgengak.

On l'exporte en barils à Constantinople, à Smyrne, à Syra et à Alexandrie. On en met aussi avec une certaine quantité d'eau dans des peaux de bouc, que l'on envoie par eau ou par terre à Smyrne, où on la met dans des barils que l'on expédie par mer à Trieste (1).

L'odeur du styrax est, comme disait feu le professeur Johnston, de regrettable mémoire, le trait d'union entre celles qui déplaisent et celles qui plaisent. Le styrax joint l'arôme de la jonquille à l'odeur désagréable de l'huile de houille, odeur devenue familière depuis que les essences extraites des gou-

(1) Dr Hanbury. Lecture faite à la Société de pharmacie de Londres.

drons de cette substance servent à dissoudre la gutta-percha.
Or, cette odeur est certainement du nombre de celles qui nous
déplaisent, et cependant le styrax lui ressemble à s'y mé-
prendre, quand il est en grande quantité. Mais divisé en particules impalpables, comme celles qui doivent s'exhaler des
fleurs fraîches, le styrax rappelle le délicieux parfum de la
jonquille.

Vingt-cinq grammes de styrax environ, dissous dans un demi-
litre d'esprit-de-vin rectifié, donnent la TEINTURE DE STYRAX qu'on
trouve chez les parfumeurs. Cette teinture sert principalement
à donner de la permanence aux essences analogues obtenues par
macération. Ainsi, pour l'extrait de jonquille obtenu en faisant
infuser de la pommade à la jonquille dans de l'alcool, il faut
ajouter, par chaque demi-litre environ, vingt-cinq grammes de
teinture de styrax, comme *fixant*, pour le mouchoir. On le
mêle encore à d'autres extraits pour imiter l'odeur de certaines
fleurs; ainsi on en trouve dans le Lis de la vallée, etc.

Les parfumeurs emploient le styrax et le tolu de la même
manière que le benjoin, c'est-à-dire dissous dans l'alcool comme
une teinture. Trente grammes de teinture de styrax, de tolu ou
de benjoin, ajoutés à un demi-kilogramme de n'importe quel
extrait volatil, lui donnent un degré de permanence et le font
durer sur le mouchoir plus longtemps qu'il ne le ferait sans
cela. Ainsi, quand un parfum quelconque se fait en étendant
une essence dans de l'alcool, on est dans l'usage d'y ajouter une
petite portion d'une substance moins volatile, telle que l'extrait de musc, de vanille, d'ambre gris, de styrax, de tolu,
d'iris, de vétiver ou de benjoin; c'est au fabricant à discerner
celle de ces substances qu'il convient de préférer, et à choisir
par conséquent celles qui s'accordent et s'harmonisent le mieux
avec le parfum qu'il se propose de faire. C'est ce dont on peut
s'assurer en consultant la gamme (p. 20 et 24), où toutes les
octaves sont en harmonie.

La faculté que possèdent ces corps de *fixer* une substance volatile les rend très-précieux pour le parfumeur, indépendamment de leur arome, qui est dû, dans plusieurs cas, aux acides benzoïque et cannamique légèrement modifiés par une huile essentielle particulière à chaque substance, et qui est absorbé par l'alcool avec une portion de résine. Lorsque le parfum est mis sur le mouchoir, les corps les plus volatils disparaissent les premiers; ainsi, quand l'alcool s'est évaporé, l'odeur des essences paroît plus forte s'il contient quelque principe résineux; les essences sont en quelque sorte tenues en dissolution par la résine et fixées ainsi sur le tissu. Supposez un parfum composé d'essence seulement, sans aucun *fixant*, alors le parfum va s'évaporant; l'odorat, s'il est exercé, en découvrira la composition, l'analyse se faisant en quelque sorte d'elle-même, puisqu'il n'y a pas deux essences qui aient la même volatilité. Ainsi faites un mélange de rose, de jasmin et de patchouly : le jasmin domine d'abord, puis c'est la rose, et enfin le patchouly, que l'on sentira encore plusieurs heures après que les autres auront disparu.

SUREAU

Sambucus nigra (caprifoliacées).

L'eau de fleur de sureau est la seule préparation employée par le parfumeur, où entre cette plante pour ses qualités odorantes. Pour la faire : prenez 4 kilogr. 50 gr. de fleurs de sureau détachées de la tige, mettez-les dans l'alambic avec 18 litres d'eau. Les treize premiers litres qui passent sont tout ce qu'il faut conserver pour s'en servir; 51 grammes d'esprit-de-vin rectifié seront ajoutés à chaque 4 litres 50 centilitres d'eau distillée, après quoi on peut boucher et livrer au commerce.

Krembs recommande le procédé suivant pour faire une eau

de fleurs de sureau concentrée, avec laquelle, dit-il, on peut préparer immédiatement l'eau ordinaire d'une excellente qualité et d'une force uniforme.

Distillez 5 kilogrammes de fleurs de sureau avec de l'eau, jusqu'à ce que ce qui passe dans le récipient n'ait presque plus d'odeur, ce qui arrive ordinairement lorsque 7 à 8 kilogrammes ont passé. A la liqueur distillée ajoutez 5 kilogrammes d'alcool, et distillez le tout jusqu'à ce que vous ayez recueilli environ 2 kilogrammes. Cette liqueur contient toute l'odeur des fleurs. Pour faire l'eau ordinaire, ajoutez 57 grammes de votre eau concentrée à 57 grammes d'eau distillée (1).

On fait encore d'autres préparations de fleurs de sureau, telles que le lait de sureau, l'extrait de sureau, etc., qui se trouveront à leur place parmi les cosmétiques. Nous donnerons encore ci-après deux ou trois nouvelles compositions à la fleur de sureau, qui semblent appelées à obtenir un grand débit. A cause des qualités rafraîchissantes des ingrédients, nous appelons particulièrement l'attention sur le cold cream à la fleur de sureau et sur l'huile de sureau pour la chevelure.

Les préparations à l'eau de fleurs de sureau faites selon les pharmacopées sont parfaitement inutiles en parfumerie; les formules données ayant été faites dans un but thérapeutique, on comprend qu'elles doivent différer de celles du parfumeur.

THYM

Toutes les différentes espèces de thym, mais plus particulièrement le serpolet, *thymus serpillum* et *vulgaris* (labiées), aussi bien que les marjolaines, les origans, etc., donnent à la distillation des essences odorantes dont les parfumeurs se servent beaucoup pour mettre dans les savons. Quoique très-

(1) J. A. Buchner, *Repertorium für Pharmacie.*

propres à cet usage, elles ne réussissent dans aucune autre combinaison. Soit dans la graisse, soit dans l'alcool, toutes ces essences donnent très-naturellement une odeur d'herbe plutôt qu'une odeur de fleur, et, pour cette raison, elles ne sont pas considérées comme *recherchées*.

Toutes ces herbes séchées et concassées peuvent entrer avec avantage dans la composition des sachets.

[L'essence de thym est formée de deux huiles, le *thymène* qui est liquide, incolore et bout à 165°; le *thymol* cristallise en prisme rhomboïdaux obliques; il fond à 44°, et distille à 230°; il possède l'odeur du thym, est peu soluble dans l'eau, très-soluble dans l'alcool et dans l'éther.]

TOLU

Voyez BAUMES.

TONKIN OU TONKA

Les graines du *dipterix odorata* (légumineuses) sont connues dans le commerce sous le nom de fèves Tonka ou de cou-

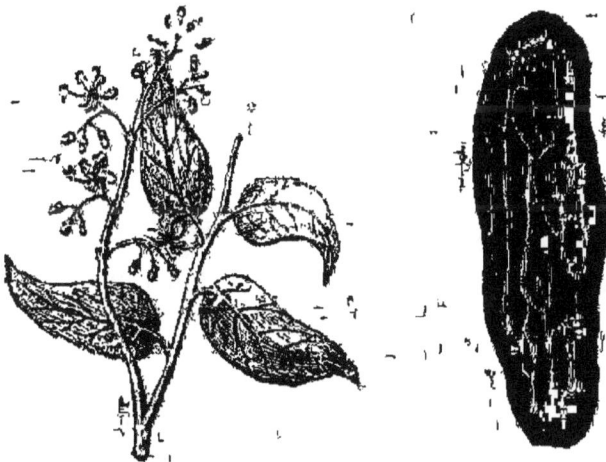

Fig. 55. Fève Tonka (*Dipterix odorata*). — Fig. 56. Fève Tonka grandeur naturelle.

mara. Quand elles sont fraîches, elles ont une odeur extrêmement forte de foin nouvellement coupé. La flouve odorante, *anthoxantum odoratum* (graminées), auquel le foin frais doit son odeur, contient sans doute identiquement le même principe odorant, et, chose digne de remarque, tous deux, fève Tonka et l'*anthoxantum*, quand ils sont sur pied, sont presque

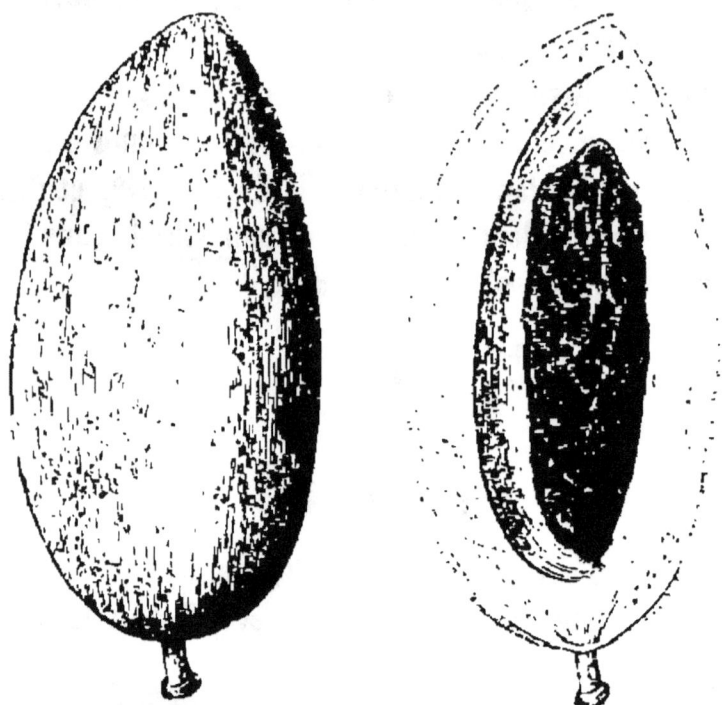

Fig. 7. Fruit de fève Tonka (Coumarouna odorata, ou *Dipterix odorata* Willd.)

inodores et deviennent promptement aromatiques quand ils sont séparés de la tige mère.

Au point de vue chimique, la fève Tonka est très-intéressante; elle contient, quand elle est fraîche, une huile volatile à laquelle elle doit principalement son odeur, de l'acide benzoïque, une huile grasse et un principe neutre appelé *coumarin*; elle rend de grands services en parfumerie; pulvérisée, elle forme, avec d'autres substances, des sachets excellents et très-durables; infusée dans l'alcool, elle donne une teinture qui entre dans quelques extraits composés; mais comme elle a beaucoup de force, il faut en user avec ménagement; autrement ou l'accuse de faire éternuer, à cause de la prédominance de son arome et de son usage bien connu dans la tabatière des priseurs.

Extrait de fève Tonka

Fèves de Tonkin ou Tonka. . . . . 450　　grammes.
Alcool rectifié. . . . . 4,55 litres.

Faites macérer pendant un mois à une température d'été. Après cette macération, on peut encore faire sécher les fèves, les réduire en poudre et les employer dans la composition des POTS POURRIS, OLLA PODRIDA, etc. L'extrait de Tonkin, comme l'extrait d'iris ou de vanille, ne se vend jamais pur, mais il entre dans la fabrication des parfums composés. C'est l'élément principal du Bouquet des champs que son odeur, semblable à celle des prairies fraîchement fauchées, fait rechercher des amateurs de la nature champêtre.

[La coumarine $C^{18}H^6O^5$ existe dans plusieurs plantes, parmi lesquelles nous citerons la flouve odorante, *anthoxanthum odoratum*, le mélilot, l'aspérule odorante, etc. Plusieurs auteurs l'ont confondue avec l'acide benzoïque, mais la fève Tonka ne contient pas cet acide, contrairement à ce qui a été dit ; la coumarine est blanche ; elle fond à 68° et non à 50° comme on l'a dit par erreur ; elle bout à 270° ; son odeur est agréable ; elle est plus soluble dans l'eau chaude que dans l'eau froide ; elle cristallise en prismes rectangulaires droits.

Parmi les plantes à odeur de fève Tonka dans lesquelles on a signalé la présence de la coumarine, nous citerons encore l'*orchis fusca*. Lallemant, pharmacien à Alger, a envoyé à l'exposition franco-espagnole (1864), sous le nom d'*orchis anthropophora*, des feuilles d'une odeur très-forte de fèves Tonka qui pourraient certainement être utilisées en parfumerie ; mais comme cette plante est inodore chez nous, peut-être l'a-t-on confondue avec l'*orchis fusca*.]

TUBÉREUSE

Polyanthes tuberosa (liliacées).

On en extrait par *enfleurage* une des plus suaves odeurs que nous connaissions. La tubéreuse est, en quelque sorte, un bouquet à elle seule ; elle rappelle ces senteurs délicieuses qu'on

Fig. 38. Tubéreuse (*Polyanthes tuberosa*).

respire vers le soir dans un parterre émaillé de fleurs; aussi est-elle très-recherchée des parfumeurs pour composer des essences agréables. Pour parfumer un kilogramme de graisse il faut trois kilogrammes de fleurs à raison de cinq francs le kilogramme.

Extrait de tubéreuse.

Mettez 3 kilogr. 500 gr. de pommade à la tubéreuse, divisée très-menu, dans 4 litres 50 centilitres d'alcool rectifié, première qualité. Laissez macérer trois semaines ou un mois à une température d'été; remuez souvent; au bout de ce temps décantez, filtrez à travers un linge de coton; vous pouvez ensuite livrer au commerce votre extrait, ou l'employer dans la fabrication des bouquets. L'extrait de tubéreuse, comme celui de jasmin, est très-volatil; si on le vend à l'état pur, il s'évapore bientôt du mouchoir; il faut en conséquence ajouter quelque ingrédient pour le fixer; 30 grammes de teinture de styrax ou 15 grammes d'extrait de vanille par litre de tubéreuse atteignent parfaitement le but.

VANILLE

La gousse ou fève de la *vanilla planifolia* et *aromatica* Swartes, *epidendrum vanilla* L. (orchidées) (fig. 59), produit un parfum d'une excellence rare. Quand elle est bonne et gar-

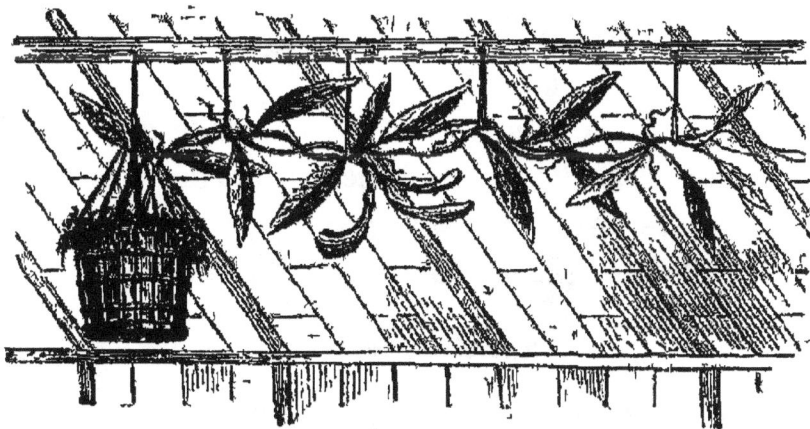

Fig. 59. Vanille (*vanilla planifolia*).

dée depuis quelque temps, elle se couvre d'une efflorescence de cristaux en forme d'aiguilles, qui possède des propriétés sem-

blables à celles de l'acide benzoïque, mais qui en diffèrent par
la composition ; on peut les sublimer par la chaleur dans un
bain de sable. Il n'y a rien de plus curieux à étudier que ces
cristaux vus au microscope à l'aide de la lumière polarisée.
La meilleure vanille comme finesse de parfum est celle du
Mexique ; les gousses ou fruits ont quelquefois vingt-deux centimètres de long.

On voit souvent sur les marchés de France une qualité inférieure ou *vanillon*, dont les gousses sont plus larges et qui
vient de l'Amérique méridionale ; le parfum en est tout différent et se rapproche de celui de l'héliotrope.

Fig. 40. Paquet de vanille comme on l'importe.

Suivant Johnston, physiologiquement parlant, l'odeur de la
vanille agit sur l'économie comme un stimulant aromatique
qui excite les fonctions intellectuelles, et augmente en général
l'énergie du système animal.

La culture de la vanille ayant été introduite depuis quelques années dans l'île de la Réunion, y produit d'excellents
résultats en ce que le prix est devenu plus modéré. Comme
qualité cependant, elle ne vaut pas celle du Mexique.

Extrait de vanille.

Gousse de vanille. . . . . 226 grammes.
Alcool rectifié. . . . . 4,55 litres.

Fendez les gousses d'un bout à l'autre de manière à en ouvrir l'intérieur, coupez-les ensuite en morceaux de cinq à six

millimètres, faites macérer pendant un mois en remuant de temps en temps; la teinture ainsi faite ne demandera plus qu'à être filtrée au coton pour être prête à tous les usages possibles. Dans cet état elle est rarement vendue comme parfum, mais on l'emploie dans la confection des odeurs composées, bouquets, etc.

On se sert encore beaucoup de l'extrait de vanille dans la fabrication des eaux pour la chevelure que l'on fait à la minute, en mêlant l'extrait de vanille avec de l'eau de rose, de fleurs d'oranger, de sureau ou de romarin, etc., en filtrant ensuite.

Nous avons à peine besoin de dire que les pâtissiers et les confiseurs emploient une grande quantité de vanille pour aromatiser les produits de leur industrie.

[On trouve dans le commerce trois sortes de vanille, dont deux appartiennent à une variété de la même plante, et la troisième à une espèce différente; la première, *vanille leg*, ou *légitime*, des Espagnols, est la plus estimée; elle est souvent recouverte de cristaux blancs, menus; on dit alors qu'elle est *givrée*; elle est attribuée au *vanilla sativa* de Schiede; la seconde est la *vanilla simarona* ou bâtarde (*vanilla sylvestris* de Schiede); elle est plus courte et non givrée; la troisième, nommée *vanillon* chez nous, et *vanilla pompona* ou *rosa* des Espagnols, est courte, épaisse; elle est attribuée au *vanilla pompona* de Schiede.

C'est à tort que Bucholz et Vogel père avaient pris les cristaux de la vanille pour de l'acide benzoïque; M. Gobley croit que c'est un principe particulier, qu'il nomme *vanilline*, qui, d'après A. Vée, fond à 78° et dans l'eau bouillante sans se dissoudre; elle diffère de la coumarine qui fond à 68°.]

VÉTYVER OU KUS-KUS

Vitie-vayr; *Andropogon muricatus* Retz (graminées).

C'est la racine d'une espèce de graminée de l'Inde. On en emploie une grande quantité à Calcutta et aux environs pour

Fig. 41. Racine de vétyver (*Andropogon muricatus*).

faire des tentes, des stores, des parasols appelés *tatty*. Pendant les chaleurs un domestique les arrose avec de l'eau. Cette opération rafraîchit l'appartement par l'évaporation de l'eau, et en même temps parfume agréablement l'atmosphère avec le principe odorant du vétyver. La plante a une odeur qui tient le milieu entre celle des aromates ou épices et celle des fleurs, si l'on peut admettre une telle distinction. Nous la classons à côté de la racine d'iris, non qu'elle ait aucune ressemblance quant à l'odeur, mais parce qu'elle produit le même effet dans la fabrication de la parfumerie et parce qu'on la prépare comme teinture pour obtenir l'odeur de l'iris. —

Extrait ou teinture de vétyver des boutiques.

Environ deux kilogrammes de vétyver sec tel qu'on le reçoit en Europe, coupé menu et mis à tremper pendant quinze jours dans 4 litres 50 centilitres d'alcool rectifié, produisent la teinture ou extrait.

Sous cette forme, le vétyver est rarement employé comme parfum, quoique parfois il soit demandé par des personnes qui peut-être ont appris à en aimer l'odeur en vivant en Orient.

L'extrait, essence, ou teinture de vétyver entre dans la composition de plusieurs bouquets très-admirés dans les premiers temps de la parfumerie en Angleterre, tels que la *mousseline des Indes*, préparation imaginée par M. Delcroix, à l'époque de sa plus grande réputation, et qui fit réellement fureur dans le monde fashionable.

On fait encore un extrait de vétyver en faisant dissoudre 60 grammes d'huile de vétyver dans 4 litres 50 centilitres d'esprit; cette préparation est plus forte que la teinture précédente.

La *maréchale* et le *bouquet du roi*, parfums qui ont eu aussi leur temps, doivent beaucoup de leur caractère particulier au vétyver qui y entre.

On vend des paquets de vétyver pour parfumer le linge et le préserver des mites; pulvérisé, il sert à faire certains sachets.

On peut faire de l'huile essentielle de vétyver par la distillation. 50 kilogrammes de vétyver donnent environ 450 grammes d'huile essentielle qui, à l'aspect, ressemble beaucoup à l'huile essentielle de santal, quoique plus épaisse encore. J'en ai déposé un échantillon au musée de Kiew.

[Vauquelin a retiré de la racine de vétyver une matière résineuse, âcre, à odeur de myrrhe, une matière colorante, soluble dans l'eau, un acide libre, un sel calcaire, de l'oxyde de fer et des ligneux.

Dans l'Inde, on emploie aux mêmes usages que le schœnanthe et le vétyver plusieurs autres andropogons peu connus, se confondant souvent les uns avec les autres; ce sont les *andropogon nardus* L. (*ginger-grass* Engl.), *iwarancusa* Rosch, *parancura* Blanc, *citratus* DC. C'est à l'*iwarancusa* qu'il faut attribuer une racine indienne que l'on substitue souvent au vétyver; elle s'en distingue en ce qu'elle est blanche et peu tortueuse. M. Stenhouse a reconnu que les essences extraites des *andropogon muricatus, nardus et iwarancusa* étaient identiques;

elles sont plus légères que l'eau; elles commencent à bouillir, vers 147°, et leur point d'ébullition s'élève ensuite vers 160°, pour s'élever encore plus tard; elles sont composées d'une essence oxygène et d'un hydrogène carboné.]

VERVEINE

La verveine odorante ou verveine citronnée (*aloysia citri-odora* de Hooker) donne un des plus beaux parfums que nous connaissions. Tout le monde sait qu'en serrant seulement les feuilles de cette espèce entre les doigts on sent une odeur délicieuse. Il faut que dans cette pression quelques-uns des petits vaisseaux qui contiennent l'huile essentielle soient écrasés, car lorsqu'on flaire simplement la plante elle a peu ou point d'odeur.

Les fabricants de parfumerie, s'ils s'en servent, emploient très-peu d'essence de verveine extraite des feuilles de la plante distillées avec de l'eau, cette essence étant d'un prix trop élevé. Mais on l'imite parfaitement en mêlant, dans de l'alcool rectifié, de l'essence de citronnelle (*andropogon nardus*); l'odeur ressemble dans la perfection à celle de l'essence de verveine. Voici une bonne recette :

Extrait de verveine.

Esprit-de-vin rectifié.	0,56	litre.
Essence de schœnanthe, appelée aussi verveine de l'Inde.	5	grammes.
Essence d'écorce d'orange.	50	—
— d'écorce de citron	14	—

Après avoir laissé ces substances ensemble pendant quelques heures, on filtre et on peut mettre en flacons.

Une autre préparation de cette espèce que le public croit extraite de la même plante, mais d'une plus belle qualité, se compose de la matière suivante, et se vend sous le titre de :

Extrait de verveine.

Esprit-de-vin rectifié.	0,56	litre.
Essence d'écorce d'orange.	28	grammes.
— d'écorce de citron.	56	—
— de schœnanthe (lemon grass . .	4,05	—
Extrait de fleur d'oranger.	198	—
— de tubéreuse.	198	—
Esprit de rose.	0,28	litre.

Cette mixture est extrêmement rafraîchissante ; c'est un des parfums les plus élégants qui se fassent, et, comme elle est blanche, elle ne tache pas le mouchoir. Elle est meilleure quand elle est nouvellement faite, parce qu'à la longue les essences de citron deviennent acides, le parfum prend une odeur d'éther, et alors les consommateurs disent qu'il est aigre. La verveine, préparée comme il a été dit ci-dessus, entre dans la composition de la plupart des bouquets en vogue, qui se vendent sous le nom de « bouquets de cour, » et d'autres qui sont des mélanges de violette, de rose et de jasmin avec de la verveine en proportions différentes. Dans ces préparations, comme aussi dans l'eau de Portugal, et en réalité toutes les fois qu'on emploie des essences citriques, on obtient un produit beaucoup plus beau en prenant pour dissolvant de l'esprit-de-vin de préférence à l'esprit de grain anglais. Ces essences ne se détériorent pas si promptement dans l'alcool français que dans l'alcool anglais. Nous ne saurions affirmer que cet avantage soit dû à l'éther œnanthique que contient le premier, mais nous inclinons fortement à le croire.

VIOLETTE

Voleur à la mine discrète,
Ton parfum trahit ta cachette.
Nectar de l'Olympe tombé,
Sur les lèvres de ma maîtresse
Ne l'aurais-tu pas dérobé?
              LE BARDE DE L'AVON.

Le parfum qu'exhale la *viola odorata* (violariées) est si gé-

néralement admiré, qu'il serait plus que superflu d'en faire
l'éloge. La consommation de l'extrait de violette est telle, que
les parfumeurs sont aujourd'hui dans l'impossibilité d'y suffire,
et que par suite il est difficile de se procurer l'article véritable
par les voies ordinaires du commerce.

Cependant plusieurs parfumeurs en détail dans le West-End
de Londres, vendent de la véritable violette, mais à un prix
inaccessible pour tous autres que pour les disciples de la mode
les plus riches ou les plus prodigues. Les violettes dont les
fleurs servent à faire ce parfum sont cultivées sur une grande
échelle à Nice, ville de Sardaigne aujourd'hui réunie à la
France, et dans le voisinage de Florence. Le véritable principe
odorant — essence de violettes — a été isolé naguère par
M. Marck, de Nice; on en peut voir un échantillon au Laboratoire des Fleurs, 2, New-Bond-street, à Londres. Une solution
très-concentrée de violette dans l'alcool éveille dans l'esprit de
celui qui la respire, l'idée de la présence de l'acide hydro-
cyanique, et cette impression est probablement vraie. En effet,
on lit dans Burnett que la *viola tricolor* (joie du cœur), lorsqu'elle est écrasée, sent les noyaux de pêche et contient sans
doute de l'acide prussique.

On a remarqué aussi que les personnes qui étaient mortes
par suite d'inhalation d'acide prussique sentaient la violette.

Les fleurs de la violette tricolore sont inodores, mais la plante
contient évidemment un principe qui, dans d'autres espèces de
Viola, est éliminé comme le parfum embaumé auquel Shakespeare fait si gracieusement allusion.

Pour les besoins du commerce, le parfum de la violette
s'obtient en le combinant avec l'alcool, l'huile ou la graisse,
par les méthodes ci-dessus décrites pour extraire l'arome de
quelques autres fleurs dont il a déjà été question, telles que
la cassie, le jasmin et la fleur d'oranger, c'est-à-dire par macération ou par enfleurage. En général on emploie d'abord le

premier procédé, puis on continue par l'enfleurage, et quand on veut l'extrait, on fait digérer la pommade dans l'alcool rectifié.

L'extrait de violette, préparé comme il vient d'être dit, est d'une belle couleur verte; quoique d'une teinte foncée, elle ne tache pas le linge blanc, et son odeur est d'un naturel parfait.

Extrait de violette.

Pour la vente au détail il se fait de la manière suivante, selon la qualité et la force de la pommade : Prenez 2 kilogrammes 500 à 5 kilogrammes 500 de pommade à la violette, divisez-la menu et mettez-la dans 4 litres 50 d'alcool rectifié parfaitement pur et sans huile de pomme de terre; laissez digérer pendant trois semaines ou un mois, passez ensuite l'extrait et ajoutez par chaque litre 175 grammes de teinture de racines d'iris et 175 grammes d'esprit de cassie; vous pouvez après mettre en vente.

Nous avons souvent vu dans les magasins de droguistes de la simple teinture de racine d'iris, installée dans de jolis flacons avec des étiquettes portant: *Extrait de violette*. Les acheteurs qu'on attrape ainsi une première fois ne reviennent sans doute pas une seconde. Voici une bonne formule pour faire un

Extrait artificiel de violette.

Extrait alcoolisé de pommade de cassie.	0,56 litre.
Esprit de rose tiré de la pommade.	0,28 —
Teinture d'iris.	0,28 —
Extrait alcoolique de pommade à la tubéreuse. .	0,28 —
Essence d'amandes.	5 gouttes.

Filtrez et mêlez en flacons. Dans ce mélange c'est l'extrait de cassie qui a l'odeur la plus prononcée; mais, modifié par la tubéreuse et par la rose, il finit par ressembler considérablement à la violette. De plus, il est vert comme l'extrait de violette, et, comme l'œil influence le jugement du goût, il influence aussi celui de l'odorat. L'extrait de violette entre en proportions considérables dans la composition de plusieurs des bouquets les plus en vogue, tels que l'extrait de fleurs printanières, etc.

Les fleurs de violette valent environ 4 fr. 50 le kilogramme; il faut quatre kilogrammes de fleurs pour enfleurer un kilogramme de graisse.

VOLKAMÉRIA

On vend sous ce nom un parfum délicieux qui est naturellement censé venir du *volkameria inermis* de Lindley (verbénacées). Ce parfum a-t-il réellement une odeur qui rappelle celle des fleurs de cette plante? La plante même fleurit-elle? Nous ne saurions le dire. Elle est originaire de l'Inde et semble peu connue même dans les jardins botaniques de notre pays. Quoi qu'il en soit, elle a un nom, et c'est assez pour la parfumerie parisienne, amie des nouveautés; et, si la préparation imaginée prend dans le monde élégant, la plante qui a servi de marraine à l'essence a nécessairement un parfum délicieux.

[Le volkameria fleurit dans nos serres, c'est surtout le *volkameria fragrans* vert que l'on cultive; ses fleurs sont réunies en corymbes globuleux qui exhalent une odeur délicieuse; il est originaire de Java, tandis que le *volkameria kœmpferi* Willd vient de Chine et du Japon; ses fleurs sont disposées en panicules et accompagnées de bractées.]

Extrait de volkaméria.

Esprit de violette.	0,55 litre.
— de tubéreuse.	0,55 —
— de jasmin.	0,14 —
— de rose.	0,28 —
Essence de musc.	56 grammes.
— de bergamote.	15

pourrait sans doute être expliquée d'une manière satisfaisante
si les recherches de la science moderne se portaient sur ce
sujet. Le champ est ouvert aux investigations des savants. Tous
les auteurs qui ont parlé récemment de l'ambre gris se bornent
à citer les faits connus depuis plus d'un siècle. En effet, on lit
déjà dans le sixième voyage de Sindbad le Marin :

« Au lieu de me diriger vers le golfe Persique je traversai
de nouveau plusieurs provinces de la Perse et des Indes, et j'arrivai dans un port de mer où je m'embarquai à bord d'un navire dont le capitaine entreprenait un long voyage. »

Ils ne tardèrent pas à faire naufrage, et en décrivant le
théâtre de l'événement Sindbad dit :

« Il y a aussi une source de résine et de bitume (1) qui coule
dans la mer, que les poissons avalent et revomissent ensuite
transformée en ambre gris. »

Le capitaine Buckland regarde l'ambre gris comme les excréments de la baleine, et, après en avoir examiné beaucoup, je
crois pouvoir par induction établir le fait.

On sait que le cachalot se nourrit de seiches. Le museau de
ce poisson est armé d'une corne noire en pointe recourbée,
excessivement dure, résistante et indestructible, qui ressemble
à un bec d'oiseau. Il faut remarquer cependant que la mâchoire
inférieure est la plus large, à l'inverse de ce qui se voit dans
le perroquet.

En brisant de bons échantillons d'ambre gris, j'ai invariable-

(1) Le narrateur fit sans doute naufrage quelque part sur la côte de la
province de Pégu, près de Rangoon, où il y a encore aujourd'hui des
sources naturelles de pétrole; et, ce qui fait honneur aux progrès de la
science, c'est que l'on fait à présent de belles bougies blanches comme la
cire avec cette résine de Rangoon qui, au dire de Sindbad, était avalée
par les poissons et transformée en ambre gris.

[Cette matière grasse, extraite des pétroles de Rangoon et autres, qui
sert à fabriquer de la bougie, est de la paraffine, ce qui exclut l'idée de
toute analogie d'origine avec l'ambre gris.]

VI

HISTOIRE NATURELLE DES PARFUMS D'ORIGINE ANIMALE

AMBRE GRIS

Cette substance flotte sur la mer près des îles de Sumatra, Moluques et Madagascar ; on la trouve aussi sur les côtes de l'Amérique, du Brésil, de la Chine, du Japon et sur la côte de Coromandel. On en rencontre souvent de gros morceaux sur la côte occidentale d'Irlande. Les rivages des comtés de Sligo, de Mayo, de Kerry et de l'île d'Arran sont les principaux endroits où l'on en a recueilli. Il est fait mention (1) d'un morceau trouvé sur les grèves du comté de Sligo, en 1691, qui pesait 1 kilogr. 474 grammes, acheté sur place pour 500 fr. ; en France ce n'est pas rare : on en a vu, à Paris, des blocs pesant 2 et même 3 kilogr. On peut dire, sans exagération, qu'on a écrit des volumes sur l'origine de l'ambre gris et que la question a été longtemps à résoudre. On prétend qu'on le trouve dans l'estomac des poissons les plus voraces, ces animaux, à certaines époques, avalant tout ce qu'ils rencontrent. On l'a rencontré particulièrement dans les intestins du cachalot, et le plus souvent dans les sujets malades, d'où on a supposé que cette substance était la cause ou l'effet de la maladie.

Quelques auteurs, et entre autres Robert Boyle, le considèrent comme une production végétale analogue à l'ambre jaune, et de là viendrait son nom d'ambre gris. Sans discuter les diverses théories sur la production de cette substance, je crois qu'elle

(1) *Philosophical Transactions*, n° 227, p. 509.

ment et sont peu volatils, quand il est mêlé à d'autres odeurs fugitives il leur donne de la permanence sur le mouchoir, et, à raison de cette propriété, les parfumeurs en font grand cas.

Teinture d'ambre gris.

Alcool. . . . . 4,54 litres.
Ambre gris. 85   grammes.

Laissez reposer pendant un mois.

Sous cette forme on la garde pour les mélanges. Pour vendre au détail il faut l'adoucir afin de ne pas choquer l'odorat d' consommateurs. On l'appelle alors, comme dans les magasins de Paris :

Extrait d'ambre.

Esprit de rose triple. . . . . 0,28 litre.
Teinture d'ambre gris. . . . . 0,56 —
Essence de musc. . . . . 0,14 —
Extrait de vanille. 56   grammes.

Ce parfum a une odeur tellement persistante qu'un mouchoir qui en est bien imprégné en retient encore l'odeur après avoir été lavé.

Le fait est que le musc et l'ambre gris contiennent tous deux une substance qui s'attache obstinément aux tissus, et qui n'étant pas soluble dans les lessives légèrement alcalines, se retrouve sur l'étoffe après qu'elle a passé à l'eau.

L'ambre gris réduit en poudre s'emploie dans la confection des cassolettes — petites boîtes d'os ou d'ivoire percées de trous — faites pour contenir une pâte de substances fortement aromatisées, qui se mettent dans la poche ou dans le sac des dames. Il sert aussi à préparer la peau d'Espagne pour parfumer le papier à lettres et les enveloppes et qui sera décrite plus loin.

[Après les nombreuses hypothèses qui ont été faites sur l'ori-

ment trouvé des becs dans un état parfait de conservation, qui semblent, ou avoir échappé à la digestion, ou ne pouvoir être digérés, et qui sont ainsi évacués avec de la matière biliaire.

Fig. 42. Bec que l'on trouve dans les masses d'ambre gris.

Le docteur Ure dit que les Chinois s'assurent de la qualité de l'ambre en le rapant menu sur du thé bouillant : s'il est pur, il doit se dissoudre et s'amalgamer complétement. Le docteur Thuddieum s'occupe en ce moment de l'ambre gris; nous pouvons donc compter que nous connaîtrons bientôt toutes les qualités chimiques de cette curieuse substance.

Un auteur moderne dit que l'ambre gris sent la bouse de vache sèche. N'ayant jamais senti cette substance, il nous serait impossible de dire si la comparaison est exacte, mais nous sommes convaincu que le parfum en est singulièrement surfait. Nous ne saurions oublier non plus que Homberg trouva qu'un vase, dans lequel il avait fait digérer longtemps des excréments humains, avait contracté une odeur très-forte et très-réelle d'ambre gris, si bien que tout le monde aurait cru qu'on y avait préparé une grande quantité d'essence d'ambre gris. Le parfum — c'est l'odeur qu'il veut dire sans doute — était si fort, qu'il fallut ôter le vase du laboratoire (1).

Quoi qu'il en soit, l'ambre gris est très-employé comme parfum, et nous devons supposer que, pour beaucoup de personnes, il a une odeur agréable.

Comme les corps de cette espèce qui se décomposent lente-

(1) *Mémoires de l'Académie de Paris, 1711.*

compagnie de la baie d'Hudson. Il est renfermé dans de petits sacs membraneux en forme de poire; il est ordinairement dur et cassant dans ce pays, mais on dit qu'il est mou et de la consistance d'une pâte quand il vient d'être pris sur l'animal. Sec il a peu d'odeur, et, sous ce rapport, il ressemble à l'ambre gris, mais infusé dans l'alcool il dégage une odeur très-accusée.

Douze grammes et demi de castoreum dans un litre d'alcool donnent un extrait supérieur; mais, comme le musc et la civette, si l'on en met plus de 32 grammes dans un litre de tout autre parfum, son odeur caractéristique domine toutes les autres. Les parfums qui en contiennent tiennent bien sur le mouchoir, mais peu de personnes en font cas.

Fig. 44. Castor, *Castor fiber* (mammifère rongeur).

Les castors les plus gros, mesurés du museau à l'extrémité de la queue, sont longs de 1 mètre à 1 mètre 30 centimètres; leur largeur, vers la poitrine, est de 30 à 40 centimètres; ils se distinguent par la forme de leur tête qui est aussi large que longue : chaque mâchoire porte 10 dents, dont 2 incisives sur le devant et 4 molaires de chaque côté; les incisives inférieures sont plus longues que les supérieures; elles sont jaunes à l'extérieur, blanches à l'intérieur; leur extrémité su-

gine de l'ambre gris, il est admis aujourd'hui que cette substance est une sorte de calcul intestinal rejeté par le cachalot,
physeter macrocephalus, mammifère cétacé. M. Guibourt a
fait voir que l'ambre prenait son odeur agréable en s'oxydant
au contact de l'air; il tient par sa nature tout à la fois des calculs biliaires et des excréments.]

CASTOREUM

C'est une sécrétion du castor, *castor fiber* (mammifères rongeurs), qui ressemble beaucoup, par plusieurs de ses caractères,
à la civette, et qui, comme odeur, en diffère essentiellement.
Tant que les parfumeurs pourront se procurer du musc ou de
la civette il n'est pas probable qu'ils emploient le castoreum;
néanmoins il a des qualités qui le recommandent en certaines
occasions, notamment sous le rapport de l'économie.

Fig. 45. Poches du Castoreum.

Le castoreum est importé du Canada et des territoires de la

pour en bien faire savoir les dispositions et les parties il nous suffira de le figurer.

On retrouve les bourses du castoreum chez les femelles; il n'est point exact de dire que l'animal les coupe lorsqu'il est poursuivi par les chasseurs, puisqu'elles sont engainées, non pendantes, et hors de l'atteinte de l'animal.

Au Canada, comme en Sibérie, les castors vivent par paires, solitaires, dans des terriers creusés par eux aux bords des rivières, mais l'hiver ils se réunissent par bandes nombreuses et construisent avec des arbres renversés, des branches, des pierres et de la terre, des digues sur les rivières et des habitations très-solides. On les chasse en hiver, parce qu'alors leur fourrure est plus recherchée.

On distingue dans le commerce deux sortes de castoreum différant l'une de l'autre non-seulement par la forme et la dimension des poches, mais encore par leur composition chimique et la nature du parfum.

M. Guibourt a émis cette opinion, déjà reconnue exacte dans un grand nombre de circonstances : c'est qu'il existe toujours une relation entre l'odeur que présentent les excrétions et les sécrétions des animaux avec les aliments dont ils se nourrissent (1). C'est ainsi qu'il a vu que le castoreum du Canada possédait une odeur térébenthinée, parce que le castor se nourrit surtout d'écorces de conifères si communs en Amérique, tandis que le castor de Russie ou de Sibérie fournit le castoreum de ce nom, caractérisé par l'odeur de cuir de Russie ou d'écorce de bouleau, qui sert tout à la fois à nourrir les castors et à tanner les cuirs.]

(1) *Histoire naturelle des drogues simples*, t. IV Paris, 1851.

périeure est tranchante et taillée en biseau; les molaires sont à couronne plate. Les mamelles, au nombre de 4, sont placées : 2 près du cou et 2 près de la poitrine. La peau est couverte de deux sortes de poils : l'un, court, gris, fin et très-fourni; l'autre, long, brun et ferme. Chaque patte porte cinq doigts; ceux de devant sont libres; ceux de derrière sont palmés; la queue est couverte d'écailles.

L'appareil de la génération est très-important à connaître :

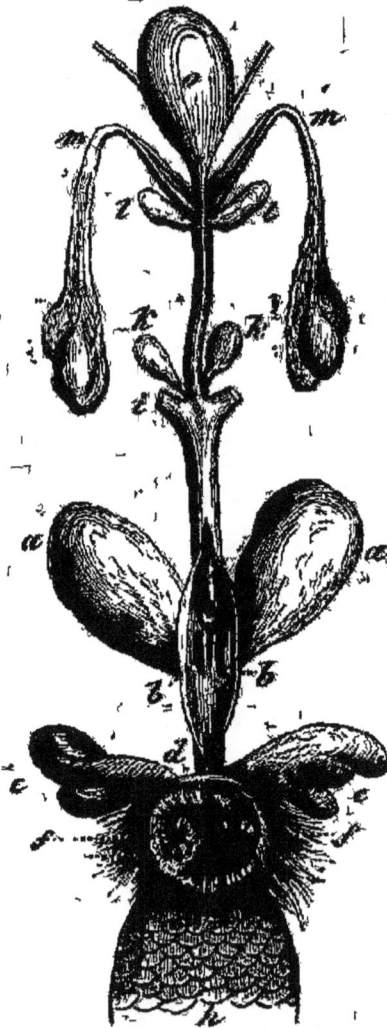

Fig. 53. a, a, Glandes du castoreum. — b, b, Leurs orifices dans le canal préputial. — e, e, Glandes anales. — f, f, Leurs orifices. — h, Portion de la queue. — i, Prostate enfermée. — k, k, Glandes de Cowper. — l, l, Vésicules séminales. — m, m, Canaux déférents. — o, Vessie.

CIVETTE

Cette substance est sécrétée par la *viverra civetta* ou civette (mammifères carnassiers). Elle se forme dans une sorte de grande poche, placée près de l'anus de l'animal. Comme plusieurs autres substances de provenance orientale, elle a été apportée en Angleterre par les Hollandais.

Les Hollandais avaient coutume d'entretenir un grand nombre de civettes vivantes à Amsterdam pour recueillir le parfum sécrété par elles. Après un temps suffisant pour que la sécrétion s'opérât, l'animal était mis dans une cage de bois si étroite qu'il ne pouvait pas s'y retourner. La cage s'ouvrant par le fond, on introduisait une petite spatule, ou cuiller, dans la poche que l'on vidait soigneusement et dont on recueillait le contenu dans un vase. L'opération se renouvelait deux ou trois fois par semaine, donnant chaque fois 1 gramme 77 de civette, et plus, dit-on, quand l'animal était irrité. La quantité dépendait principalement de la qualité des aliments qu'il prenait et de l'appétit avec lequel il mangeait. En captivité sa nourriture favorite se composait de viande bouillie, d'œufs, d'oiseaux, de petits animaux et particulièrement de poissons.

Une grande partie de la civette apportée aujourd'hui sur les marchés européens vient de Calicut, capitale de la province de Malabar, de Bassora, sur l'Euphrate, et de l'Abyssinie, où l'on élève l'animal avec beaucoup de soins. On peut voir une civette vivante au Jardin zoologique dans Regent's park.

La civette devait être en usage en Angleterre du temps de Shakspeare, car il en parle, ainsi que du musc, dans plusieurs de ses pièces :

« Donnez-moi une once de civette (1). »

(1) *Lear*, IV, 6.

« Il se frotte de civette (1). »

« Les mains sont parfumées de civette (2). »

À l'état pur, la civette a pour presque tout le monde une odeur répugnante. Massinger fait dire à un de ses personnages :

> On baiserait ta main bien volontiers, madame,
> N'était qu'elle est gantée (3) et que l'horrible odeur
> De la civette, à moi, me soulève le cœur.

Mais étendue à dose infinitésimale, le parfum en est agréable.

Il est difficile de dire pourquoi la même substance respirée en plus ou moins grande quantité produit un effet opposé sur l'appareil olfactif; mais c'est pourtant ce qui arrive avec presque tous les corps odorants, spécialement avec les essences telles que le néroli, le thym et le patchouly. À l'état pur elles sont loin d'être agréables, et, dans quelques cas, elles sentent

(1) *Much Ado*, III, 2.

(2) *As you Like it*, III, 2.

(3) Des mentions comme celles-ci se rencontrent assez souvent dans les *Royal Progresses* de Nichols :

« Trois Italiens furent présentés à la reine et lui offrirent chacun une paire de gants parfumés. »

« Édouard de Vere, comte d'Oxford, le premier qui porta des gants brodés en Angleterre, en offrit une paire à la reine, qui fut si ravie du cadeau, qu'elle se fit peindre avec la main gantée. Les gants brodés et parfumés, dont il est ici question, avaient été récemment introduits dans ce pays d'Espagne et de Venise. Les produits de ces deux contrées l'emportaient sur ceux de toutes les autres fabriques par leur délicatesse et par l'odeur agréable qu'on savait leur imprégner. Mais les gants parfumés ont toujours eu une mauvaise réputation, parce qu'ils ont plus d'une fois servi des projets d'empoisonnement. La reine de Navarre en ayant reçu, de la cour de France, une paire qu'elle avait acceptée comme un sauf conduit, mourut pour les avoir portés. On a supposé que la même chose était arrivée à la belle Gabrielle d'Estrées. Les fabricants français de nos jours, s'inspirant des antécédents de leurs prédécesseurs du continent, ont essayé dans ces derniers temps de parfumer leurs gants; mais, manquant des connaissances chimiques qui distinguaient les Italiens, ils employaient une préparation de feuilles de myrthe qui, exposée à l'air, s'évaporait promptement. » (*Chamber's Journal*.)

positivement mauvais; mais étendues dans mille fois leur volume d'huile ou d'alcool, elles embaument.

L'essence de rose a une odeur qui fait mal à beaucoup de
personnes; mais ramenée aux quantités homœopathiques qui
s'exhalent d'une seule fleur, qui ne reconnaîtra qu'elle est
délicieuse? L'odeur de la civette est excellente, non pas transmise par un contact immédiat, mais placée dans le voisinage
des objets qui doivent l'absorber. Ainsi, étendue sur de la peau
et mise dans un pupitre, elle parfume on ne peut plus doucement le papier et les enveloppes, si bien même que ces objets
conservent l'odeur après avoir été jetés à la poste. C'est ainsi
que sont parfumées les lettres de Saint-Valentin.

Fig. 46. *Viverra civetta* L., Civette à parfum (mammifère digitigrade).

Fig. 47. *Viverra zibetha* L., Zibeth (mammifère digitigrade).

[Pour bien faire comprendre la différence qui existe entre
la vraie civette, *viverra civetta* L., ou *civette à parfum*, et le

_sibeth, _viverra sibetha_ L., nous les figurons ici (fig. 46 et 47); la première habite les contrées les plus chaudes de l'Afrique, depuis la Guinée et le Sénégal jusqu'en Abyssinie; l'autre, que l'on trouve dans les deux presqu'îles de l'Inde, aux îles Moluques et aux Philippines, se distingue par son poil plus court et touffu, par l'absence de crinière, par sa queue ronde à poil court, épais, blanchâtre, avec des demi-anneaux noirs; elle produit également de la civette parfum.

La Peyronie a décrit, sous le nom d'animal au musc, une troisième espèce de civette, le _viverra basse_, qui donne également un parfum.]

Teinture de civette.

Pilez dans un mortier 28 grammes de civette avec 28 grammes de racine d'iris en poudre, ou toute autre substance semblable qui aidera à la briser et à la diviser. Mettez ensuite le tout dans 4 litres 54 centil. d'alcool rectifié. Laissez macérer pendant un mois, au bout de ce temps, filtrez.

Extrait de civette s'emploie principalement comme ingrédient servant à fixer quand on mélange des essences volatiles. Les parfumeurs français se servent de l'extrait de civette plus souvent que les fabricants anglais qui semblent préférer l'extrait de musc. Cinq ou six centilitres, c'est le plus qu'il faille mélanger avec un litre de tout autre parfum.

HYRACEUM

On a depuis quelques année scherché à substituer au castoreum, en médecine et en parfumerie, une substance désignée sous le nom d'_hyraceum_, et qui n'est autre chose que l'urine desséchée du daman d'Afrique, _hyrax capensis_ Buff., animal placé d'abord parmi les rongeurs, mais que Cuvier a rangé parmi les pachydermes, à la suite des rhinocéros.

L'hyraceum, d'après Buffon, est très-estimé des Hottentots; ils le nomment *pissat de blaireau*, parce que l'animal qui le produit a été appelé blaireau des rochers; cette substance se présente sous la forme de masses noires ou brunes, pesantes, semblables au bdelium de l'Inde ou à la myrrhe noire; il se laisse ramollir entre les doigts et entamer au couteau; il présente une odeur urinaire très-analogue à celle du castoreum; sa saveur est très-amère et un peu astringente; de même que le castoreum du Canada, il fournit de l'acide benzoïque lorsqu'on le distille avec de l'acide sulfurique étendu.]

ONDATRAS OU RATS MUSQUÉS

[L'ondatra ou rat musqué du Canada est un quadrupède du genre des campagnols; chez les mâles on trouve deux glandes pyriformes, dont le canal excréteur vient s'ouvrir sous le prépuce. La femelle porte aussi deux glandes, mais elles sont plus petites; leur canal s'ouvre près de l'urètre. Les follicules de ces glandes laissent sécréter une liqueur blanche comme du lait et qui présente une forte odeur de musc qui se communique au pelage et à la queue. Nous représentons une de ces

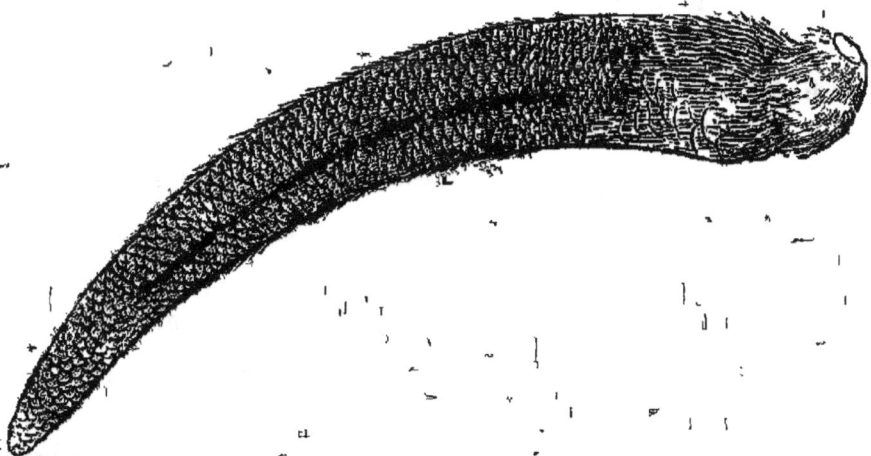

Fig. 48. Queue d'*Ondatra*, Rat musqué (mammifère rongeur).

nieues (fig. 48), telles qu'on les trouve quelquefois encore dans le commerce.

Le *rat musqué des Antilles* ou *pilori* est un vrai rat. Le *rat musqué de Russie* ou *desman* est un mammifère insectivore dont le museau porte une trompe flexible, portant sous la queue des follicules qui laissent sécréter une matière à odeur musquée qui se communique à la chair des brochets qui mangent les desmans.]

MUSC

Si doux, tout musc,
Merry Wives, II, 4.

Cette substance extraordinaire est, comme la civette, une sécrétion animale; on la trouve dans des follicules excrétoires près du nombril sur le mâle. Dans le commerce de parfumerie on appelle ces petits sacs « poches », et le musc, en arrivant en Europe, s'y vend sous le nom de musc en poches. Après qu'il a été extrait du sac dans lequel il était contenu, c'est ce qu'on appelle le musc en grain.

Le daim musqué, *moschus moschiferus* L. (mammifère ruminant), habite le grand système de montagnes qui entoure le nord de l'Inde, et pénètre dans la Sibérie, le Thibet et la Chine; on le trouve aussi dans la chaîne de l'Altaï, près du lac Baïkal, et dans quelques autres chaînes de montagnes, mais toujours sur la limite de la ligne des neiges perpétuelles. C'est du mâle seulement qu'on tire le musc.

Il était autrefois en grand renom comme médecine et l'est encore chez les nations de l'Orient. On peut se rappeler que les journaux dirent que la dernière potion prise par l'empereur de Russie, Nicolas, avant sa mort, était une potion de musc. Le musc du Boutan, du Tonkin et du Thibet est le plus estimé, celui du Bengale est d'une qualité inférieure, et celui de la Russie encore moindre. La force et la quantité du musc

12.

produit par un seul sujet varient suivant la saison où on le recueille et suivant l'âge de l'animal. Une seule poche de musc contient ordinairement de trois à quinze grammes de musc en grain. Le musc importé en Angleterre vient de Chine dans des boîtes de 1 kilogr. 1/2 à 3 kilogr. chacune. Falsifié avec le sang de l'animal, ce qui arrive souvent, il se forme en mottes ou grumeaux. On le trouve quelquefois aussi mélangé avec une terre noire et friable. Les poches dans lesquelles on trouve de petits morceaux de peau donnent en général la meilleure qualité de musc, ce qui nous fait croire que le meilleur musc est le plus digne d'être falsifié. Le musc est remarquable par la diffusibilité et la subtilité de son odeur. Tous les objets placés dans son voisinage, quoique sans contact immédiat, en contractent bientôt l'odeur et la conservent longtemps. Pour cette raison, l'honorable compagnie des Indes orientales avait défendu que le même navire apportât jamais ensemble du musc et du thé.

L'homme aurait sans doute laissé le daim musqué vivre en paix au sein de ses forêts natales, sans le célèbre parfum dont la nature l'a doué. La peau étant trop petite pour avoir une valeur, sa chair seule n'offrait aucun appât aux indigènes qui pouvaient aisément se procurer un gibier plus profitable, et elle avait trop peu de mérite pour que les chasseurs européens ne la négligeassent pas aussi. Mais le musc en fait le plus précieux de tous les animaux pour les Paharries (naturels des Indes), et il n'est pas de gibier qui soit plus traqué dans tous les endroits où l'on sait qu'il habite. Cette substance est recherchée dans presque toutes les parties du monde civilisé, et cependant, je crois, on sait peu de choses sur la nature et les habitudes de l'animal qui la produit.

Le daim musqué n'a guère plus d'un mètre de long et à peu près soixante centimètres de haut à l'épaule; mais, sous le rapport de la taille, il y a de nombreuses variétés. Ceux qu'on trouve dans les forêts épaisses et sombres, sont toujours plus grands que ceux des terrains rocheux et découverts. La tête est petite, les oreilles sont longues et droites. De chaque côté de la mâchoire supérieure, le mâle porte une canine dirigée de haut en bas, qui, dans l'animal adulte, atteint la longueur d'environ sept centimètres, de la grosseur d'une plume d'oie, pointu et légèrement recourbé en arrière. La couleur générale du pe-

Fig. 40. Tête de Chevrotain musc, *Moschus moschiferus* L, (mammifère ruminant).

lage est un gris brun foncé, semé de taches, qui devient presque noir sur les membres postérieurs; l'intérieur des cuisses est bordé de poil jaunâtre. Le dessous de la gorge, le ventre et les jambes sont d'un gris plus clair. Les jambes sont longues et grêles; les doigts longs et pointus; le talon des pieds de derrière, également long, porte sur le sol comme les doigts. La fourrure se compose de poils épais en spirale, ressemblant en petit aux piquants du porc-épic; ces tuyaux sont très fragiles, ils se brisent au moindre choc et sont plantés si dru qu'on en peut arracher beaucoup sans altérer l'apparence extérieure de la fourrure; blancs à la racine, ils noircissent insensiblement vers l'extrémité opposée. La fourrure est beau-

naise sur l'animal et hors de l'animal, il nous suffira de re
produire les deux figures suivantes avec leurs légendes.

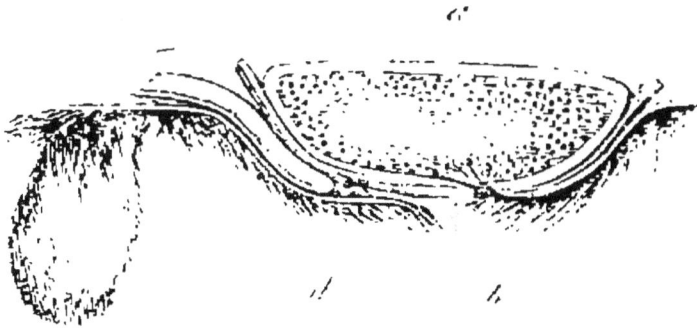

Fig. 30. Appareil du musc. — *a*. Poche du musc coupée verticalement. —
c. Son orifice. — *d*. Gland dépassé par le prolongement inférieur
du fourreau.

Fig. 31. Poche de musc.

Le musc se trouve en grains de la grosseur d'un petit plomb
de chasse, de forme irrégulière, mais ordinairement ronde ou
oblongue, au milieu d'une quantité plus ou moins grande de
poudre grossière. Quand il est frais il est d'un brun foncé ;
mais quand il a été retiré de la poche et conservé pendant
quelque temps, il devient presque noir. En automne et en
hiver les grains sont fermes, durs et presque secs, mais en été
ils deviennent humides et mous, ce qui sans doute est l'effet
des aliments frais dont l'animal se nourrit. L'animal naît avec

coup plus longue et beaucoup plus épaisse sur les membres de
derrière que sur ceux de devant, et elle fait paraître l'animal
beaucoup plus gros des cuisses que des épaules. La queue, qui
ne se voit que quand on écarte le poil, a deux ou trois centimètres de long et à peu près la grosseur du pouce. Chez les
femelles et chez les petits elle est garnie de poils; mais dans les
mâles adultes elle en est complétement dépourvue, sauf une petite touffe à l'extrémité, et souvent elle est couverte, ainsi que
les parties voisines, d'une substance jaunâtre comme de la cire.

Le musc, beaucoup mieux connu que l'animal qui le porte,
ne se trouve que chez les mâles adultes; les femelles n'en ont
point, et aucune partie de leur corps n'en exhale la moindre
odeur. Les excréments du mâle sentent presque aussi fort que
le musc lui-même; mais, chose assez singulière, ni dans le
contenu de l'estomac, ni dans la vessie, ni dans aucune autre
partie du corps on n'en retrouve la plus légère trace. La poche, placée près de l'ombilic entre cuir et chair, se compose
de plusieurs couches de peau mince qui renferment le musc et
qui rappellent le jabot ou gésier d'une perdrix ou de tout autre
petit gallinacé quand il est plein de nourriture. Dans la peau
se trouve un orifice extérieur dans lequel on peut, en pressant
un peu, faire pénétrer le petit doigt, mais qui n'a aucune communication avec le reste du corps. Il est probable que, de
temps en temps, le musc s'échappe par cette ouverture, car
souvent on trouve la poche à moitié pleine et parfois presque
vide (1).

— [Pour bien faire comprendre la disposition de la poche à

(1) C'est par cet orifice que les marchands font sortir les grains de
musc et introduisent à la place ces morceaux de chair, de cuivre, de peau,
ces caillots de sang desséché, ces boulettes de terre et autres substances
qu'on trouve souvent dans les poches lorsqu'on les ouvre. Par la grandeur de l'ouverture on peut assez bien reconnaître comment ces substances ont été introduites. S. P.

sa petite provision de musc, car on distingue très-bien la poche
dans un petit sortant du sein de la mère ; elle est même beaucoup plus grande, proportions gardées, que chez les adultes.
Pendant deux ans le contenu de la poche n'est pas autre chose
qu'une substance molle et laiteuse avec une odeur désagréable.
Quand cette substance commence à se transformer en musc, il
n'y en a pas beaucoup plus de 3 grammes ; à mesure que
l'animal grossit la quantité augmente, et sur quelques-uns on
en trouve jusqu'à 56 grammes. On peut regarder 28 grammes
comme le produit moyen d'un animal adulte ; mais comme on
en tue beaucoup de jeunes, les poches du commerce ne contiennent peut-être pas en moyenne plus de 14 grammes.
Quoique moins fort, le musc des jeunes a une odeur beaucoup
plus agréable que celui des vieux ; mais la différence de nourriture, de climat et de situation, autant que j'en puis juger par
mon expérience, n'influe en rien sur la qualité.

Depuis les premières hauteurs qui s'élèvent au-dessus des
plaines jusqu'aux limites de la végétation, sur les sommets
couverts de neige, et peut-être dans toute la longueur de l'Hi-
malaya, on peut trouver le porte-musc sur toute montagne couverte de forêts à plus de 2,500 mètres d'élévation. Dans les
chaînes inférieures il est comparativement rare et se tient
presque exclusivement sur les pics les plus escarpés, dans les
forêts glacées qui avoisinent la région des neiges ; au reste il
n'est commun nulle part, et ses habitudes retirées et solitaires
le font paraître encore plus rare qu'il ne l'est réellement. Il
n'habite que les forêts, mais il habite toutes les forêts indistinctement, depuis les forêts de chênes des pentes inférieures
jusqu'aux arbustes rabougris qui croissent sur les derniers con-
fins de la végétation. Si l'on en peut juger par leur nombre,
ils semblent donner la préférence aux forêts de bouleau, où le
taillis se compose en majeure partie de rhododendrons blancs
et de genévriers.

Sous bien des rapports ils ne diffèrent guère des lièvres dans leurs habitudes et leur genre de vie. Chaque individu choisit un endroit particulier pour sa retraite favorite; il y reste calme et immobile toute la journée et ne le quitte que le soir pour chercher sa nourriture ou pour rôder de côté et d'autre; il y rentre dès que le jour commence à paraître. Il leur arrive quelquefois de passer la journée n'importe où ils se trouvent être le matin; mais en général ils retournent à peu près au même endroit presque tous les jours, se creusant des gîtes dans différentes parties de leur canton, à peu de distance l'un de l'autre, et les visitant à tour de rôle. Parfois ils se tiennent sous le même arbre ou sous le même buisson pendant des semaines entières. Ils font leur forme de la même manière que les lièvres, nivelant, égalisant avec leurs pieds, si le terrain est trop incliné, une place assez grande pour ce qu'ils veulent faire. Il est rare qu'ils se couchent au soleil; si jamais cela leur arrive, même dans les plus grands froids, ils font toujours leur gîte à l'abri de ses rayons. Vers le soir ils commencent à se mettre en mouvement, et semblent s'aventurer assez loin pendant la nuit, rôdant du haut en bas de la montagne ou d'un versant à l'autre. Dans le jour on les voit rarement en promenade. Dans leurs excursions nocturnes ils paraissent avoir pour objet de s'amuser autant que de chercher leur nourriture, car souvent ils rendent des visites régulières à des sommets escarpés, à des précipices abruptes où il y a à peine trace de végétation. Les Puharries croient qu'ils viennent dans ces endroits pour jouer et danser ensemble, et souvent ils tendent leurs pièges au bord du précipice ou de l'escarpement plutôt que dans la forêt.

Quand il ne marche pas lentement et à loisir, le porte-musc va toujours par bonds, les quatre pieds quittant le sol et y retombant ensemble. Quand il est lancé à toute vitesse ces bonds sont quelquefois étonnants eu égard à la petite taille de l'animal.

Sur une pente douce j'en ai vu franchir vingt mètres d'un seul bond, et, tout en faisant plusieurs sauts du même genre, sans s'arrêter, sauter par-dessus des arbrisseaux très-élevés. Ils ont le pied très-sûr, et, quoique vivant habituellement dans les forêts, quand ils parcourent une contrée remplie de rochers et de précipices, ils n'ont peut-être pas d'égaux. Là où le parrell lui-même est obligé de marcher lentement et avec précaution, le porte-musc bondit avec prestesse et intrepidité, et, bien que je leur aie souvent fait la chasse au milieu de rochers par où je croyais impossible qu'ils s'échappassent, ils ont invariablement trouvé une voie d'un côté ou de l'autre, et je n'en ai jamais vu un seul manquer son coup et tomber, à moins qu'il ne fût blessé.

Ils mangent peu en comparaison des autres ruminants, du moins on doit le croire à en juger par le peu de nourriture trouvée dans leur estomac, dont le contenu est toujours une sorte de bouillie qui ne permet pas de reconnaître quelle sorte d'aliments ils préfèrent. Souvent j'en ai tué pendant qu'ils mangeaient, et je leur ai trouvé dans la bouche ou dans l'estomac différentes espèces de feuilles ou d'herbes, et souvent aussi de longs brins de cette mousse blanche qui pend des arbres en festons si luxuriants dans les hautes forêts. Il semble que les racines forment aussi une partie de leur nourriture, car ils grattent la terre et y font des trous comme les faisans. Les Paharries croient que les mâles tuent et mangent les serpents, qu'ils se nourrissent des feuilles du kedar patta, petit laurier d'une odeur très-agréable, et que c'est à cette nourriture qu'ils doivent leur musc. Il se peut qu'ils broutent la feuille de ce laurier avec celle d'autres arbrisseaux ; mais si j'en puis juger par le petit nombre de lauriers que j'ai rencontrés dépouillés de leurs feuilles, il ne semble pas que ce soit leur nourriture favorite. Quant à leur habitude de tuer les serpents c'est assurément une fable.

Les petits naissent en juin et en juillet; les femelles mettent ordinairement bas une fois par an; elles ont le plus souvent deux petits. Elles les déposent toujours dans des endroits séparés, à quelque distance l'un de l'autre, et se tiennent elles-mêmes éloignées de tous deux, ne s'en approchant que pour les allaiter. Si un petit est pris, ses cris attirent quelquefois la mère, mais je n'ai jamais su qu'on en ait rencontré un dehors avec elle ou qu'on ait vu deux petits ensemble. Ils apportent ces habitudes solitaires en naissant, car si un petit est pris jeune et allaité par une brebis ou une chèvre, loin de s'accoutumer à la société de sa nourrice, dès qu'il a fini de teter il cherche un endroit où se cacher. Il est amusant de les voir teter; ils ne cessent pendant tout le temps de grimper l'un sur l'autre en entrecroisant leurs pattes de devant. Ils sont assez difficiles à élever; beaucoup, dès qu'ils sont en captivité, deviennent aveugles et meurent.

Dans la plupart des États des montagnes, le porte-musc est considéré comme propriété royale. Dans quelques cas, les rajahs entretiennent des hommes exprès pour les chasser; et dans le Gŭrwhal une amende est infligée à tout Puharrie convaincu d'avoir vendu une poche de musc à un étranger; le rajah les retient à titre de redevance.

Dans quelques districts on les chasse avec des chiens, mais bien plus souvent on les prend avec des piéges. Les Shikaries, en poursuivant d'autres animaux, abattent parfois quelques porte-musc, mais il est rare qu'on prenne le fusil exprès pour cela; comme un Shikarie de la montagne ne porte pas sa mèche allumée et qu'on rencontre ordinairement le porte-musc face à face, ils décamperaient presque tous avant que l'ennemi eût le temps de battre le briquet et d'allumer la mèche. Pour dresser un piége on fait ordinairement, le long de quelque hauteur, et souvent sur une longueur de plus de 1,500 mètres, une barrière d'un mètre de haut, composée de broussailles et de branches d'arbres ; de dix en dix mètres sont ménagées des ouvertures pour laisser passer le porte-musc, et dans chacune d'elles est placé un bon piége en corde, attaché à un long bâton dont le gros bout est solidement enfoncé dans la terre, tandis que le petit auquel tient le piége s'abaisse devant l'ouverture. Le porte-musc en passant marche sur de petits brins de bois qui retiennent le piége à terre ; le bâton alors se redresse en arrière et serre le nœud autour de la patte du malheureux animal. Indépendamment du porte-musc, une foule de faisans des bois, de *moonals*, de *corklass*, d'argus, se prennent dans ces piéges, et il est rare que ceux qui les ont posés et qui viennent les visiter tous les trois ou quatre jours, n'emportent pas quelque chose en s'en retournant.

Les putois découvrent souvent les piéges, et quand ils ont une fois tâté du gibier ils deviennent, si on ne les détruit, un terrible fléau pour les chasseurs. Ils suivent la barrière d'un bout à l'autre pendant toute la journée et s'emparent de tous les animaux attrapés. Souvent ils sont pris eux-mêmes, mais alors ils coupent la corde avec leurs dents et s'échappent. Le porte-musc est ainsi souvent perdu pour le chasseur, car lorsque les putois en ont mangé un, ils mettent la poche en morceaux et en éparpillent le contenu sur le sol. Aucun animal n'avale le musc, et quand un porte-musc a été tué et mangé par un léopard ou quelque autre bête carnassière, en examinant avec soin la place on peut y retrouver une grande partie du musc.

Les poches de musc, apportées sur le marché par les chasseurs indigènes, sont ordinairement enfermées dans un morceau de la peau de l'animal auquel ils ont laissé le poil. Lorsqu'ils ont tué un porte-musc, ils coupent la poche tout autour et dé-pouillent tout le ventre. La poche vient avec la peau que l'on étend alors du côté intérieur sur une pierre plate préalablement chauffée au feu et qu'on fait sécher ainsi sans griller le poil. La peau, par l'effet de la chaleur, se retire et se rétrécit ;

alors on la lie ou on la coud autour de la poche et on la suspend dans un endroit sec jusqu'à ce qu'elle soit tout à fait
dure. C'est là le mode de préparation ordinaire; il y a des
chasseurs qui mettent la poche dans l'huile chaude au lieu de
l'étendre sur une pierre. Mais ces deux procédés doivent altérer la qualité du musc qui est nécessairement cuit ou frit.
L'aspect et l'odeur sont préférables quand on coupe d'abord la
poche et qu'on la laisse sécher toute seule.

Le musc qu'on achète des Puharries est considérablement
sophistiqué et les poches sont souvent tout à fait contrefaites;
et comme on les vend ordinairement sans être ouvertes, il est
presque impossible de découvrir la fraude en les achetant.
J'ai souvent vu mettre en vente des poches qui n'étaient pas
autre chose qu'un morceau de peau de porte-musc rempli d'une
substance quelconque, lié de manière à ressembler à une poche
et frotté extérieurement avec un peu de musc pour lui donner
de l'odeur. Celles-ci sont faciles à reconnaître, parce qu'il n'y
a pas d'ombilic dans la peau qui est coupée dans n'importe
quelle partie du corps. Mais quelquefois le musc est extrait des
poches véritables et remplacé par quelque autre substance.
Cette fraude est difficile à découvrir, même quand on fend la
poche, parce que tout ce qu'on y introduit est préparé de manière à ressembler au musc, et qu'une légère addition de vrai
musc communique une odeur presque aussi forte; quelquefois
on n'enlève qu'une partie du musc que l'on remplace comme il
vient d'être dit; d'autres fois on le laisse tout entier, mais on y
ajoute une autre substance pour en augmenter le poids. Même
dans les montagnes d'où il vient, la plupart des gens savent si
peu ce que c'est que le musc, que j'ai souvent vu les Puharries
aux environs de Gangoutrie vendre à des pèlerins, à des hommes des castes inférieures et même à leurs propres voisins,
de petites quantités d'un prétendu musc qui n'était en réalité
qu'une substance ayant la même apparence à laquelle ils

« Il a à peu près la taille d'un lévrier, et par la longueur de ses crochets on peut juger qu'il a au moins cinq ou six ans. Sa robe brune et rude ressemble plutôt à des petits piquants de porc-épic qu'à du poil ; toutes les parties de l'animal ont

Fig. 52. Chevrotain porte-musc.

une forte odeur de musc. La tête, les jambes, la physionomie générale, sont celles du daim ordinaire ; mais par ses habitudes il rappelle davantage le lièvre. Il se choisit comme lui une retraite solitaire, un gîte séparé de celui des autres individus de son espèce. On le trouve quelquefois dans les régions inférieures des montagnes à une hauteur de 2,300 à 2,600 mètres. Il habite les forêts, mais il préfère les ravins boisés, et il n'est commun que sur les pics et sur les pointes de rochers qui s'avancent en saillie des sommets couverts de neiges éternelles à une altitude de 3,300 à 4,600 mètres.

« Les indigènes prennent les porte-musc au piége ; mais on croit que celui-ci a été tué d'un coup de fusil. Quand on les approche ils s'enfuient avec une grande rapidité, et lorsqu'ils sont à quatre-vingts ou cent mètres, ils se retournent pendant quelques instants pour regarder leur persécuteur en face ; le chasseur profite de ce moment pour les viser, mais sa proie n'est pas toujours assurée, car quelquefois l'animal roule au fond des précipices où il est impossible de l'atteindre. Souvent

-avaient mêlé un peu de musc véritable. Ils en donnaient environ le quart d'un tolah pour une roupie, ou à peu près 28 grammes pour vingt-cinq francs.

Les substances qu'ils emploient ordinairement pour falsifier le musc ou pour remplir les fausses poches, sont du sang bouilli au feu, séché, réduit en poussière, mis en pâte et façonné en forme de grains ou de poudre grossière de manière à simuler du musc véritable, un morceau du foie ou de la rate de l'animal préparé de la même manière, de la noix de galle sèche, et une certaine partie de l'écorce de l'abricotier broyée et pétrie comme ci-dessus. Ils se servent aussi de la pâte appelée « puna » d'où on extrait l'huile ordinaire; ils en fourrent souvent des paquets sans autre préparation dans une poche pour augmenter le poids. Parfois même ils ne prennent pas la peine de donner aux substances qu'ils emploient l'apparence du musc. Un gentleman me montra un jour une poche que lui avait vendue un Puharrie à Missouri; sur ce que je lui dis qu'elle était fausse il l'ouvrit et la trouva pleine de tabac (hookah tobacco) (1).

Mon ami, M. F. Peake, de la maison Peake, Allen et Cⁱᵉ, établie à Umballo et à Londres, à qui une longue résidence dans le nord de l'Inde, a fourni des occasions, rares pour un Européen, de vérifier les faits relatifs au porte-musc, a dernièrement envoyé un spécimen de cet animal au muséum de la Société pharmaceutique (fig. 52). Il a lu aussi dans une réunion de cette société la notice suivante qu'il a bien voulu me permettre de reproduire avec le dessin qui l'accompagnait :

« Le sujet présenté à la société servira probablement à éclaircir plusieurs points relatifs à la qualité et à l'aspect du musc, à en expliquer les différences et à faire connaître pourquoi on en voit tant de qualités et de variétés sur le marché.

(1) Colonel Frédéric Markham, C. B. Journal of Sporting, Adventures and travel in Chinese Tartary and Thibet.

« en quelques heures, tandis qu'au contraire, en préparant les
« poches garnies de poils pour les conserver, on les grille com-
« plétement.

« J'ai envoyé à la maison des échantillons des deux sortes
« pour savoir quelle était la meilleure, et le musc contenu
« dans les poches sans poils a été trouvé de beaucoup supé-
« rieur. Tous les échantillons venaient du même endroit et
« d'animaux tués dans la même saison. »

« Dans une lettre précédente il disait :

« Je vous envoie le compte du produit de la saison, à savoir :
« 120 poches pesant de 110 à 120 et quelques onces (5 kilogr.
« 10 grammes à 5 kilogr. 40 grammes), parce qu'elles sont
« grosses. Les petites n'étant presque que de la peau j'ai cru
« devoir les laisser aux indigènes pour les préparer à leur ma-
« nière et les vendre aux gens du pays. »

« La poche de musc que nous connaissons tous est cette vessie
membraneuse que l'on coupe sur le porte-musc avec une partie
de la peau extérieure; on la presse, on la coud et on la fait
sécher sur une pierre chaude. L'action prolongée de la chaleur
ôte au musc beaucoup de son odeur; par suite il perd ses qualités comme agent thérapeutique, et comme article de parfumerie il est grandement détérioré. Une grande quantité de
musc recueilli par les indigènes, et qui est invariablement sophistiqué, s'écoule dans le pays même et dans d'autres contrées. Ils coupent les jeunes poches, qui ne contiennent point
de musc du tout, comme je l'ai déjà dit, et les remplissent
d'un mélange composé du foie, du sang de l'animal et de ce
liquide jaune trouvé dans la poche avec un peu de musc véritable. Ainsi remplies, ils les cousent dans la peau et les font
sécher sur la pierre chaude. Celles qui contiennent un drachme
ou un demi-drachme de musc (deux ou trois grammes), ils y
introduisent le même mélange et les font sécher de la même
manière.

on perd bien des jours sans en rencontrer un, et en moyenne on fait plus de quatre myriamètres par vingt-quatre heures.

« Ces excursions à travers d'immenses montagnes qu'il faut sans cesse gravir et descendre sont excessivement pénibles, aussi la recherche des porte-musc entraîne beaucoup de fatigues et de privations. Le temps employé, les distances parcourues, rendent cette occupation très-coûteuse; il faut se faire accompagner par toute sorte de serviteurs, les uns pour découvrir et poursuivre le gibier, les autres pour porter les provisions et les ustensiles de cuisine, d'où il résulte que le musc véritable doit toujours se maintenir à un prix élevé.

« On verra sous la surface intérieure de la peau de l'abdomen une membrane mince, ayant l'apparence d'une petite vessie et contenant une substance molle un peu épaisse qui est le musc. Le musc contenu dans une de ces poches membraneuses pèse ordinairement de trois à vingt-cinq grammes; chez un vieux daim, de quarante à cinquante grammes; l'odeur s'accroît en proportion de l'âge de l'animal. Le mâle seul fournit le musc; à l'âge d'un an et au-dessous il n'en a pas, ce n'est qu'à trois ans que la poche en contient assez pour que ce soit la peine de l'extraire. Un œil exercé reconnaît aisément si l'animal est jeune : en ce cas on le laisse échapper. A deux ans la poche est remplie d'une substance laiteuse et jaunâtre, et, quand cette substance commence à prendre la consistance du musc, on n'en trouve pas plus de trois grammes et souvent moins.

« Quelques extraits d'une lettre de notre correspondant himalayen achèveront de faire connaître les caractères du musc :

« Un ou deux petits morceaux, dit-il, que j'ai envoyés à « Londres, ont obtenu sur le marché la préférence même sur les « meilleurs Assam. Quant à l'envoyer dans des poches avec le « poils dessus, je le ferai si vous voulez, mais je ne vous le con- « seillerais pas, car mon musc est pur et tel qu'il vient d'être « extrait de l'animal. La peau membraneuse se sèche au soleil

L'impératrice Joséphine aimait passionnément les parfums, et le musc par-dessus tout. Son cabinet de toilette en était plein, en dépit des fréquentes observations de Napoléon. Quarante ans se sont écoulés, et on prétend que depuis sa mort le propriétaire actuel de la Malmaison a fait à plusieurs reprises lessiver et peindre les murs de ce cabinet de toilette; mais ni grattage, ni eau seconde, ni peinture, n'ont pu enlever l'odeur du musc de la bonne impératrice, qui est encore aussi forte que si le flacon qui le contenait n'avait été retiré que d'hier.

Le musc sert principalement à parfumer le savon, les sachets, et à mêler dans les cosmétiques liquides. La juste réputation du véritable savon de Windsor des fabriques de Paris est due surtout à sa délicieuse odeur. Le savon est sans doute de la plus belle qualité, mais son parfum lui donne un cachet de distinction particulier, et c'est au musc qu'il le doit.

La réaction alcaline du savon favorise le développement du principe odorant du musc. Si cependant on verse une forte solution de potasse sur des grains de musc, au lieu de la véritable odeur du musc, c'est de l'ammoniaque qui se dégage.

On trouve communément trois espèces de musc sur les marchés d'Europe. Le *musc Cabardin* ou *Kabardin* ou de Russie, qui n'est jamais ou presque jamais sophistiqué; mais à cause de sa mauvaise odeur il ne se vend pas plus de huit schellings l'once en poche (10 francs les 28 grammes). Le *musc d'Assam* vient ensuite pour la qualité; il a une odeur pénétrante, mais forte; les poches sont grandes et de forme irrégulière; il se vend environ 24 schellings l'once en poche (de 30 à 35 francs les 28 grammes). Le *musc de Tonkin* ou *de Chine* est l'espèce la plus estimée en Angleterre; elle est plus souvent frelatée que les autres; son prix sur le marché varie de 26 à 32 schellings l'once en poche (35 à 50 francs les 28 grammes).

[Le musc en poches du commerce présente des formes qui

« A l'une des ventes faites par ordre du gouvernement des présents apportés par les princes indigènes, il y avait un grand nombre de poches de musc très-belles en apparence et qui se trouvèrent presque sans valeur. Elles avaient évidemment été fabriquées, et ayant été gardées longtemps, le peu de musc véritable qu'elles contenaient s'était en grande partie évaporé.

« Il serait difficile à un indigène de résister à la tentation d'ajouter quelque chose même aux plus belles poches, ou d'extraire une partie du musc qui s'y trouve et de le remplacer avec le mélange de foie et de sang.

« C'est dans la partie des monts Himalayas qui avoisine Ladak, le Thibet et la Tartarie chinoise, que se récolte le musc; et comme ces montagnes s'étendent à des milliers de milles, il est probable que les muscs connus sous le nom de muscs de Chine, du Népaul, et peut-être même de Russie, viennent des mêmes districts. Les tribus tartares errent de pays en pays, trafiquant avec les naturels des diverses contrées qui ont accès dans ces régions. De là suit que tous les muscs pourraient bien être de la même espèce, et les différences extérieures ne seraient que le résultat de l'âge et du mode de préparation et de dessiccation.

« La pureté du musc dépend de la loyauté des indigènes et des intermédiaires qui l'apportent et le vendent sur les divers marchés.

« A poids égal, le musc renfermé dans les vessies membraneuses donne presque deux fois plus de graines que celui des poches vendues avec la peau et le poil. »

C'est une mode aujourd'hui de dire qu'on n'aime pas le musc. Malgré cela, une longue expérience dans une des plus grandes maisons de parfumerie d'Europe me permet de dire que le goût du public pour cette odeur est aussi grand que peuvent le désirer les parfumeurs. Les préparations qui en contiennent sont toujours celles qu'il préfère tant que le marchand a soin d'assurer à l'acheteur qu'il n'y en a point.

C'est de cet extrait qu'on se sert pour mêler dans les autres

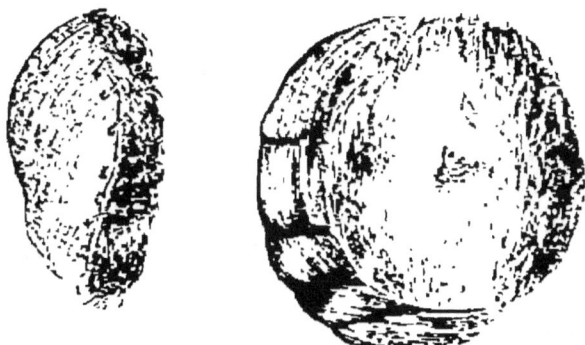

Fig. 56. Musc de Sibérie ou musc Kabardin.

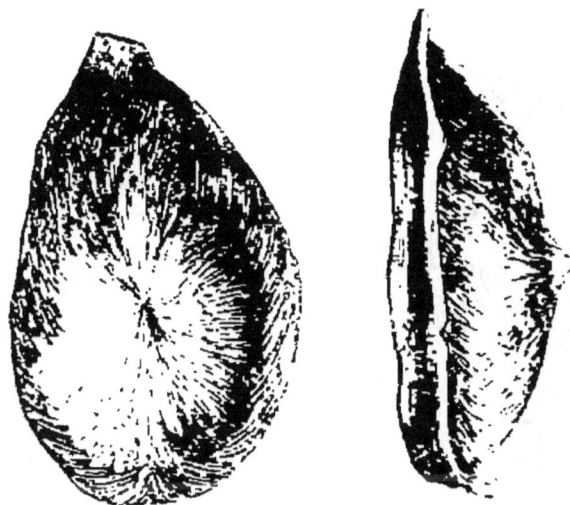

Fig. 57. Fausses poches à musc.

parfums. Celui qu'on fait pour vendre en détail se fait de la manière suivante et se vend sous le nom de :

Teinture de musc composée.

Extrait de musc comme ci-dessus. . . . . 0.56 litre.
   — d'ambre gris. . . . . 0.28 —
   — de rose triple. . . . . 0.11 —

Mêlez, filtrez, mettez en flacons.

Cette préparation est plus agréable que l'extrait pur de musc

varient avec leur origine. Voici quelles sont les plus habituelles :

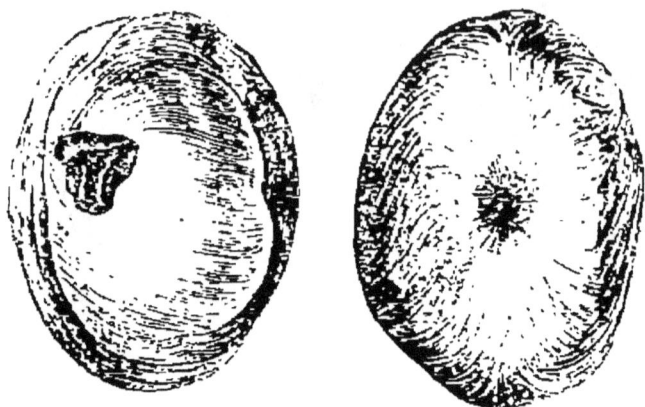

Fig. 55. Poches de musc de Chine vues par les deux faces.

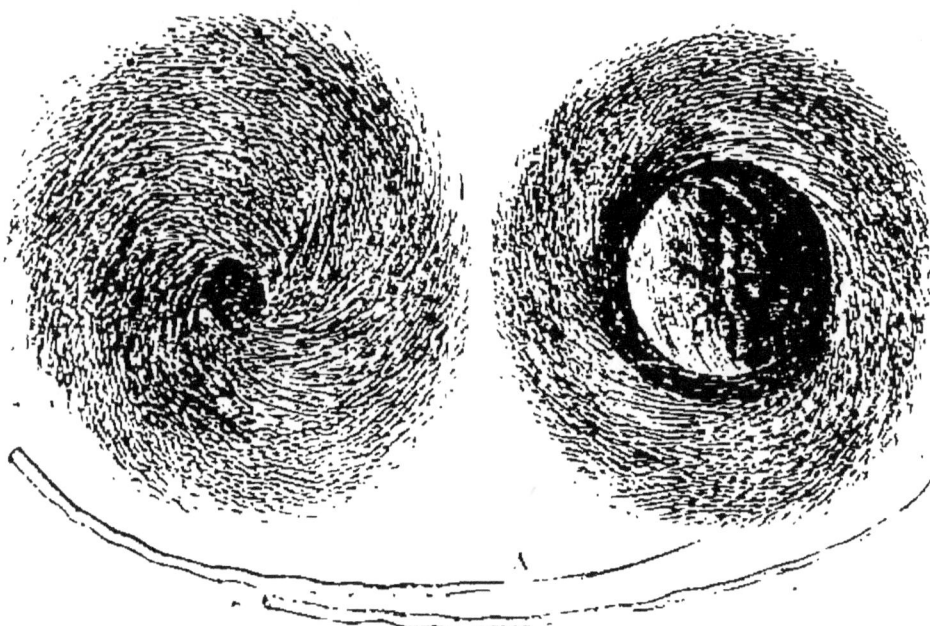

Fig. 54 et 55. Musc du Bengale en poches vues par la face supérieure et par la
face inférieure. Poids des poches à musc de grandeur naturelle.

Teinture de musc.

Musc en grain. . . . . 28 grammes.
Alcool rectifié. . . . . 4 litres.

Laissez reposer six mois à une température douce et filtrez.

tité d'extrait de musc mêlé à l'essence de rose, de violette, de
tubéreuse ou autres fleurs, atteint le but jusqu'à un certain
point; c'est-à-dire que lorsque la violette ou les autres odeurs
se sont évaporées, le mouchoir conserve encore une odeur qui,
bien qu'elle ne soit plus la même, satisfait le consommateur
parce qu'elle est agréable à sentir.

Fig. 30. Retour de la chasse au porte-musc.

(Finest selected Tonquin musk : musc Tonquin, première qualité, premier choix.)

préparé selon la précédente formule; elle est aussi plus avantageuse pour le marchand. On verra plus loin que l'extrait
original de musc sert principalement à fixer les autres parfums, à donner de la durée aux essences volatiles, les acheteurs demandant en général ce qui est incompatible, c'est-à-
dire qu'un parfum soit fort et qu'il reste longtemps dans le
mouchoir, partant qu'il ne soit pas volatil. Une petite quan-

Fig. 58. (Chasse au porte-musc.

(Finest Tonquin musk : musc Tonquin, première qualité.)

Fig. 60. Prospectus d'un marchand de musc.

[D'après un travail récent et très-important de A. Milne Edwards, la famille des chevrotains ou des *tragulides* se composerait de trois genres : le genre *moschus*, le genre *tragulus* et le genre *hyamoschus*; les *moschidés* seraient intermédiaires entre les *cervidés* et les *tragulides*; ceux-ci, à leur tour, établiraient le passage des ruminants aux pachydermes.

Le genre *moschus* est caractérisé par un placenta polyco-

Dans les caisses de musc apportées de Chine en Angleterre, on trouve parfois des prospectus, ou comme on les appelle *shop papers* (papiers de boutique), et aussi de curieuses gravures représentant la chasse au porte-musc (fig. 58 et 59). Bien que grossièrement exécutées, ces vignettes nous apprennent quelque chose sur la manière de se procurer ce parfum. Les archers, l'animal percé d'une flèche, le retour de la chasse et le gibier suspendu à des bâtons, porté à son dernier gîte, tout y est; et la gravure raconte la scène mieux que ne feraient toutes les narrations du monde.

Je dois à M. Smith, de la maison Smith et Elder, de Cornhill, la traduction suivante d'un prospectus (shop papers) trouvé en ouvrant une caisse de musc de première qualité; il semblerait en résulter que le meilleur musc, aux yeux des Chinois, est celui qui vient du Thibet et de la province de Ta-tseen-loo. Les principaux marchés où ce musc est mis en vente sont aussi indiqués.

« Notre maison choisit elle-même la meilleure sorte de musc Sze-chuen, première qualité, à Ta-tseen-loo, dans la province de ce nom, et dans le Thibet, d'où nous l'expédions sans aucun mélange à Soo-Chow, Nankin, Hwae-Chow, Yang-Chow et Kwang-Tung, pour y être vendu. Nos marchandises sont pures, nos prix loyaux, et ni vieux ni jeunes n'y sont trompés. Nous prions les honorables négociants qui peuvent nous favoriser de leur confiance de se rappeler la marque de notre maison, quelques flibustiers éhontés ayant usurpé faussement notre titre et publié des avis mensongers pour tromper les négociants. Craignant qu'il ne soit difficile de se reconnaître dans cette confusion, nous, actuellement à Kwang-tung, faisons connaître le titre qu'a choisi notre maison, pour servir de règle et de guide aux acheteurs.

« Le Kwang-thm-se-he, magasin de Sze-chuen (musc). »

tylédonaire ; pas d'appendices frontaux, sa formule dentaire est :

$$\text{Incis. } \frac{00}{44} \text{ Can. } \frac{11}{11} \text{ ou Mol. } \frac{611}{66}.$$

Les canines sont très-développées chez le mâle, les incisives sont placées en séries continues semblables et spatuliformes; quatre estomacs, un appareil moschifère chez le mâle.

On a attribué le musc à plusieurs espèces de chevrotains porte-musc ; mais d'après A. Milne Edwards, il faut rayer des catalogues zoologiques toutes les espèces réputées nouvelles, et n'admettre qu'une espèce unique de chevrotain moschifère qui renfermerait plusieurs variétés que l'on pourrait appeler *maculée, rubanée, concolor* et *leucogaster*.

Toutes les parties du chevrotain porte-musc exhalent l'odeur caractéristique du musc et la conservent longtemps. A. Milne Edwards l'a constatée dans un squelette préparé depuis plus de quarante ans; les gazelles ordinaires répandent une odeur de musc très-prononcée qui appartient au mâle aussi bien qu'à la femelle, sans qu'on connaisse le siège de cette sécrétion.

Plusieurs auteurs, et notamment Guibourt, pensent que l'odeur du musc provient uniquement des plantes dont se nourrit l'animal; parmi ces plantes, nous citerons le *sumbul* ou *soumboul*, racine d'ombellifère qui nous vient de l'Asie et de la Tartarie chinoise, dont l'origine est tout à fait inconnue, et qui répand une odeur musquée des plus prononcées; parmi les plantes de notre pays, nous citerons les suivantes : *rosa moschata, malva moschata, adoxa moschatellina, centaurea moschata, mimulus moschatus*, etc.; mais l'odeur de ces plantes n'est pas diffusible : on ne la perçoit que lorsqu'on les approche du nez.

Un fait qui donnerait un grand poids à l'opinion de Guibourt, c'est que les petits porte-musc ont une poche pleine d'un liquide inodore, et ce n'est qu'à l'âge de deux ans que la sécrétion devient odorante; d'un autre côté, on a observé des porte-

musc en captivité, à Trianon, par exemple, où Daubenton en a observé un; et, quoique ces animaux fussent nourris presque exclusivement avec du foin, ils ont continué à faire du musc.

Le commerce fournit le musc de deux manières, *en vessie* ou *en poche*, c'est-à-dire contenu dans l'appareil glandulaire qui le produit, et *hors vessie* ou en grain : le premier est plus estimé; les principales variétés sont le *musc Tonkin*, le *musc de Chine* ou *musc du Thibet*, et le *musc Kabardin* ou musc de Sibérie; on pourrait multiplier ces divisions.

Le musc du Thibet et le Tonkin, ainsi que celui des parties occidentales de la Chine, nous arrive par la voie de Canton, par les navires anglais, hollandais et américains; il est renfermé dans des boîtes de 0^m,20 sur 0^m,11 en longueur et en hauteur, revêtues à l'extérieur de feuilles de plomb soudées; il y a environ vingt-cinq poches par boîte; elles sont enveloppées chacune dans du papier très-fin avec des inscriptions et des figures diverses indiquant les provenances.

Le musc de la Chine, qui est le plus estimé, porte écrit sur le papier d'enveloppe en lettres rouges ou bleues et en anglais les mots : *musc collecté à Nankin par Tungtchin-Chung-Chang-Kée*; au-dessous on voit la figure d'une divinité chinoise ayant à ses pieds une civette et une banderole sur laquelle on vante l'excellence de la marchandise; sur le couvercle on lit ces mots : *Ling-Tchan-Musk*, et on voit au-dessous une image grossière représentant la chasse de la civette, sous le ventre de laquelle on a figuré une poche moschifère.

Le musc d'Assam, situé au sud du Thibet, arrive en Europe par la voie de Calcutta; on l'expédie en sacs renfermés dans une caisse en bois ou de fer-blanc contenant environ deux cents poches; la forme de celles-ci est plus irrégulière que celle du musc dit de Nankin.

Le musc Kabardin, ou de Sibérie, vient des monts Altaï et

autres parties de l'Asie septentrionales il nous vient par la Baltique; les poches sont plus petites, le poil de la face inférieure est gris argenté, la teinte du musc est plus foncée, elle est d'un chocolat clair, il est plus sec et moins parfumé, et son odeur est plus désagréable.

Le musc devait avoir une grande valeur à l'époque des Croisades, puisqu'on le voit figurer parmi les objets précieux que le sultan Saladin envoya à l'empereur grec de Constantinople; il entrait dans un grand nombre de préparations pharmaceutiques; on en faisait usage pour la toilette et il servait aux embaumements.

On ne sait rien sur le rôle physiologique de la poche à musc et de la matière qu'elle contient; on sait seulement que la sécrétion est plus abondante à l'époque du rut, ce qui fait supposer qu'il joue un certain rôle dans l'acte de la reproduction de ces animaux. —

Brandt a constaté que les porte-musc mâles avaient vers le milieu de la face externe de la cuisse une glande sous-cutanée composée de cellules aréolées sécrétant une matière verdâtre sirupeuse et incolore dont on ignore les usages.

L'odeur du musc est plus ou moins modifiée par son association avec diverses substances inodores ou odorantes. C'est ainsi que le camphre et la valériane modifient son odeur, et que les amandes amères la détruisent. Aussi lorsque les pharmaciens veulent désinfecter un mortier, ils y pilent des amandes amères.]

VII

PARFUMS ÉCONOMIQUES

Comme on demande souvent des essences économiques pour remplir de petits flacons comme ceux qu'on voit dans les bazars, les magasins de jouets, les loteries, etc., les recettes suivantes, pour en faire, seront de quelque utilité :

ALCOOLATS ET ESPRITS

1

Esprit-de-vin à 86°. . . . . 0,56 litre.
Essence de bergamote. . . . . 23 grammes.

2

Esprit-de-vin à 86°. . . . . 0,56 litre.
Essence de santal. . . . . 28 grammes.

3

Esprit-de-vin à 86°. . . . . 0,56 litre.
Essence de lavande française. . . . 14 grammes.
—— de bergamote. . . . . 14 ——
—— de girofle. . . . . 1,77 ——

4

Esprit-de-vin à 86°. . . . . 0,56 litre.
Essence de citronelle (lemon grass). . 7 grammes.
—— de citron. . . . . 14 ——

5

Esprit-de-vin à 86°. . . . . 0,56 litre.
Essence de petit-grain. . . . . 7 grammes.
—— d'écorce d'orange. . . . . . 14 ——

Presque toutes ces mixtures veulent être filtrées à travers un papier brouillard, en y ajoutant un peu de magnésie pour les

rendre claires. Nous laissons à de plus habiles nomenclateurs le soin de leur donner des noms.

VINAIGRES AROMATIQUES

[Les vinaigres aromatiques sont souvent employés dans la toilette et comme antiseptiques; le plus grand nombre peuvent être préparés par les consommateurs : il suffit pour cela de faire choix d'un bon vinaigre; celui de vin blanc est préférable, surtout lorsqu'il a été distillé, mais on lui substitue le plus souvent de l'acide acétique du bois, que l'on étend d'eau.

Nous verrons plus loin, au chapitre *de l'Hygiène*, quelles sont les circonstances dans lesquelles il faut éviter d'employer les vinaigres, et les inconvénients que l'on a à redouter de leur usage habituel; depuis quelques années on diminue l'âcreté de ces préparations en les additionnant d'un dixième d'alcool ou d'un vingtième de glycérine.]

Vinaigre camphré.

Vinaigre.	1,250 grammes.
Camphre.	50 —

Le vinaigre camphré de Raspail se prépare avec 1,000 grammes de vinaigre pour la même proportion de camphre.

Vinaigre de citron distillé.

Vinaigre blanc.	24 kilogr.
Zestes frais de citron.	1 —

Distillez et retirez 16 kilogrammes.

Vinaigre de concombres.

Suc de concombres.	500 grammes.
Vinaigre fort.	1,000 —

Faites macérer quinze jours; filtrez.

Vinaigre framboisé.

Vinaigre très-fort.	1,500 grammes.
Framboises récentes et mondées. . . .	1,500 —

Vinaigre de roses rouges.

Vinaigre fort.	375 grammes.
Roses rouges.	30 —

Faites macérer huit jours; filtrez; c'est le vinaigre ro-at.

On prépare de même les vinaigres de lavande, d'œillets, de romarin, de sureau, de sauge. On y ajoute souvent 30 grammes de glycérine. On peut remplacer cette préparation par la formule générale suivante :

Vinaigre blanc.	500 grammes.
Glycérine.	30 —
Essence de lavande.	1 —
— de romarin.	1 —

Les vinaigres composés sont ceux qui renferment plusieurs substances ; parmi ceux-ci, celui qui est connu sous le nom de *vinaigre antiseptique* ou des *quatre-voleurs, vinaigre aromatique à l'ail, vinaigre bézoardique,* etc., est le plus important. Voici quelle est sa formule :

Vinaigre fort.	4,000 grammes.
— radical.	60 —
Camphre.	15 —
Ail.	8 —
Muscade	8 —
Calamus.	8 —
Cannelle.	8 —
Girofle.	8 —
Rue.	60 —
Lavande.	60 —
Grande absinthe.	60 —
Petite absinthe.	60 —
Romarin.	60 —
Sauge.	60 —
Menthe.	60 —

Faites macérer les plantes pendant quinze jours dans du vinaigre, dissolvez le camphre dans l'acide acétique : mêlez et filtrez. — Ce vinaigre est versé et brûlé dans les appartements dans les temps d'épidémie.

Vinaigre dentifrice.

Racine de pyrèthre.	60 grammes.
Cannelle fine.	8 —
Girofle.	8 —
Vinaigre blanc.	2,000 —
Alcoolat de cochléaria.	60 —
Eau vulnéraire rouge.	125 —
Résine de gayac.	8 —

On concasse les substances et on les fait macérer dans le vinaigre; on fait dissoudre la résine de gayac dans l'eau vulnéraire et l'alcoolat de cochléaria; on réunit les liqueurs et on filtre.

Vinaigre virginal.

Vinaigre blanc, benjoin pulvérisé : parties égales.

On fait macérer huit jours et on filtre; quelques gouttes versées dans de l'eau la rendent laiteuse.

Vinaigre de toilette.

Alcool à 85°.	5,000 grammes.
Acide acétique à 8°.	300 —
Eau de Cologne.	500 —
Extrait de benjoin.	200 —
— de storax.	100 —
— d'iris.	500 —
Essence de lavande.	30 —
— de cannelle.	4 —
— de girofle.	4 —
Ammoniaque.	4 —

Faites macérer et filtrez. Nous rappelons que les extraits de benjoin et de storax sont des teintures alcooliques de ces substances.

D'autres vinaigres peuvent être préparés dans les mêmes proportions que les esprits et alcoolats en substituant l'acide acétique à l'alcool.

Vinaigre de Bully (vinaigre aromatique et antiputride).

Eau...	7,000 grammes.
Alcool à 85°...	5,500
Essence de bergamote...	50 —
— de citron...	50 —
— de Portugal...	12 —
— de romarin...	25 —
— de lavande...	4 —
Néroli...	4
Alcool de mélisse...	500 —

Mêlez, agitez, et après vingt-quatre heures ajoutez :

Teinture de benjoin, de tolu, de storax, de girofle :
60 grammes de chacun.

Agitez de nouveau et ajoutez : vinaigre distillé 2 kilogrammes, filtrez. Après douze heures, ajoutez : vinaigre radical 90 grammes (brevet expiré).

Vinaigre cosmétique et hygiénique.

Alcool à 80°...	100 litres.
— de mélisse...	15 —
— de lavande...	10 —
— de romarin...	10 —
Essence de bergamote...	1,000 grammes.
— de bigarade...	600 —
— de citron...	400 —
d'orange...	550 —
— de néroli...	200 —
— de menthe...	150 —
— de girofle...	50 —
— de cannelle...	25 —
— de verveine...	150 —

Mêlez et distillez au bain-marie pour recueillir 126 litres; dans le tiers de ces 126 litres on met en macération, pendant un mois, 15 kilogrammes d'iris et 2 kilogrammes de baume de Tolu. On filtre et on réunit au produit distillé; on y ajoute 15 litres d'acide acétique à 8°. On filtre après vingt-quatre heures (brevet expiré). C'est le *vinaigre de la Société hygiénique.*

POUDRES DENTIFRICES

Nous parlerons, au chapitre *de l'Hygiène*, des cosmétiques, des poudres et eaux dentifrices ; nous insisterons sur leurs inconvénients ; nous voulons indiquer ici seulement la composition de quelques poudres les mieux réputées.

Poudre dentifrice (Charlard).

Crème de tartre.	150 grammes.
Alun calciné.	10 —
Cochenille.	8 —
Essence de rose.	6 gouttes.

Mêlez et porphyrisez : dans quelques formules on indique le charbon comme faisant partie de cette poudre.

Poudre dentifrice (Lefoulon).

Cochléaria, raifort, gayac, quinquina, menthe, pyrèthre, ratanhia, acore : parties égales de chacun.

Pulvérisez et porphyrisez. Peu estimée.

Poudre dentifrice (Pelletier).

Sulfate de quinine.	2 grammes.
Corail préparé.	300 —
Laque carminée.	40 —
Essence de menthe.	20 gouttes.

Poudre dentifrice (Regnard).

Magnésie calcinée.	15 grammes.
Sulfate de quinine.	0,50 —
Carmin.	Quantité suffisante.
Essence de menthe.	3 gouttes.

Poudre dentifrice (Toirac).

Carbonate de chaux.	4 grammes.
Magnésie.	8 —
Sucre.	4 —
Crème de tartre pulvérisée.	1,20 —
Essence de menthe.	1 goutte.

Poudre dentifrice alcaline (Deschamps).

Talc de Venise.	120	grammes.
Bicarbonate de soude.	50	—
Carmin.	0,50	—
Essence de menthe.	6	—

Poudre dentifrice blanche anglaise.

Craie blanche.	500	grammes.
Camphre pulvérisé.	100	—

Conservez en flacons bouchés.

EAUX DENTIFRICES

Parmi les eaux dentifrices, la plus employée en France est celle qui est connue sous le nom d'*eau de Botot*. Il existe plusieurs formules de cette eau. Voici quelles sont les plus suivies :

1° Anis vert.	30	grammes.
Girofle.	8	—
Cannelle.	8	—
Eau-de-vie	875	—
Essence de menthe.	1,20	—

Faire macérer huit jours, filtrer et ajouter : teinture d'ambre 4 grammes ; on colore avec de la cochenille.

2° Girofle.	50	grammes.
Cannelle.	50	—
Badiane.	50	—
Cochenille.	25	—
Crème de tartre.	25	—
Alcool à 80°	8,000	—
Essence de menthe.	25	—

On concasse les substances, on fait macérer huit jours après avoir broyé la cochenille avec la crème de tartre.

3° Anis vert.	64	grammes.
Cannelle	16	—
Girofle.	1	—
Pyrèthre.	4	—
Cochenille.	5	—
Crème de tartre.	5	—
Benjoin.	2	—
Essence de menthe.	4	—
Alcool à 80°	2,000	—

On concasse et on fait macérer huit jours, après avoir broyé ensemble la crème de tartre, la cochenille et le benjoin.

Cette formule donne une teinture qui blanchit légèrement lorsqu'on la met dans l'eau ; on remplace avec avantage le benjoin par de la myrrhe.

BAINS AROMATIQUES

Les bains aromatiques sont devenus depuis quelques années d'un usage très-fréquent ; on emploie le plus souvent pour les préparer les alcoolats aromatiques qui peuvent sans inconvénient être associés avec les savons et les crèmes parfumées. Mais il faut bien éviter d'associer les mêmes savons avec les vinaigres, qui les décomposent et mettent les acides gras en liberté. Voici quelques formules suivies :

Bain aromatique.

Essences aromatiques..........	1,000 grammes.
Eau bouillante............	12,000 —

Faites infuser, passez et ajoutez à l'eau d'un bain ; on y ajoute quelquefois : essence de savon 125 à 250 grammes.

Essence de savon.
Alcoolé ou teinture de savon aromatique.

Savon blanc...........	360 grammes.
Eau.............	500 —
Alcool à 36°..........	1,000 —
Carbonate de potasse......	45 —
Essence de bergamote.......	15 —

Mais c'est le plus souvent avec les alcoolats que l'on aromatise les bains. L'eau de Cologne est très-souvent employée ; on peut lui substituer tout autre alcoolat aromatique.

PATES ET FARINES

Le tourteau d'amandes amères est le plus souvent employé

pur pour laver les mains, quelquefois cependant on lui associe d'autres substances aromatiques. Voici quelles sont les formules employées :

Tourteau d'amandes amères finement pulvérisé	750	grammes.
Poudre de riz	125	—
— d'iris	125	—
Benjoin pulvérisé	50	—
Sel de tartre (carbonate de potasse)	50	—
Essence de lavande	1,50	—
— de girofle	1,50	—
— de thym	1,50	—

Mêlez.

Amandine (Faguer).

Mélangez, dans un mortier, 60 grammes de gomme avec 180 grammes de miel blanc; ajoutez 90 grammes de savon blanc liquide; incorporez, peu à peu, 1,000 grammes d'huile d'amandes; 5 jaunes d'œufs; 125 grammes de lait de pistaches à l'eau de roses. On peut augmenter la teinte verte en ajoutant au mélange de la chlorophylle d'épinards. On aromatise avec 2 grammes d'essence d'amandes amères, par 5 kilogr.

Poudre cosmétique pour les mains.

Farine de marrons d'Inde	480	grammes.
Carbonate de potasse	7	—
Amandes amères en poudre	360	—
Iris	50	—
Essence de bergamote	4	—

Pâte cosmétique savonneuse pour la main.

Savon blanc pulvérisé	560	grammes.
Carbonate de potasse	60	—
Pâtes d'amandes	720	—
Essence de lavande	2	—
— de citron	1,50	—
— de girofle	0,50	—
— de bergamote	2	—

Mêlez exactement.

VIII

AMMONIAQUE

Sous les divers noms de sels *(smelling salts)*, sels de Preston, sels inépuisables, eau de Luce, sels volatils, on emploie beaucoup l'ammoniaque mêlée à d'autres substances odorantes pour charmer l'odorat.

AMMONIAQUE

Les parfumeurs se servent d'ammoniaque liquide concentrée et de sesquicarbonate d'ammoniaque pour préparer les différents sels qu'ils vendent. Ils ne les font pas eux-mêmes : cette manipulation est tout à fait en dehors de leur spécialité ; mais ils les achètent tout prêts chez les fabricants de produits chimiques. La meilleure préparation pour les flacons est celle qu'on appelle *sels inépuisables*, dont voici la formule :

Ammoniaque liquide.	0,56 litre.
Essence de romarin.	1,77 gramme.
— de lavande anglaise	1,77 —
— de bergamote.	0,88 —
— de girofle.	0,88 —

Mêlez le tout ensemble et remuez dans une bouteille forte et bien bouchée.

Pour employer ce mélange on remplit les flacons d'une matière poreuse absorbante comme de l'amiante, ou, ce qui vaut mieux, de rognures d'éponges qu'on a d'abord battues, lavées et séchées. On peut acheter presque pour rien, chez tous les marchands d'éponges, ces rognures qui ne sont pas autre chose que les bords et le pédoncule de l'éponge turque que les mar-

chands coupent avant de la vendre en détail. Lorsque l'éponge a été introduite dans le verre on la sature d'ammoniaque; mais il n'en faut pas verser plus que l'éponge n'en peut retenir quand le flacon est renversé; car si par hasard l'ammoniaque venait à couler et à tomber sur certaines étoffes de couleur, elle ferait des taches; et quand un accident de ce genre arrive, c'est au parfumeur qu'on s'en prend.

Quand l'éponge est imbibée convenablement, elle conserve le parfum ammoniacal plus longtemps qu'aucune autre substance; c'est pour cela, croyons-nous, que les flacons remplis de cette manière ont été nommés *inépuisables*, nom qu'ils ne peuvent cependant soutenir que deux ou trois mois avec honneur. La chaleur de la main en tout cas fait bientôt évaporer l'ammoniaque et alors il faut les remplir de nouveau.

Pour les flacons de couleur transparente, au lieu d'éponge les parfumeurs emploient ce qu'ils appellent des cristaux de sel insolubles (sulfate de potasse). Après avoir rempli les flacons de ces cristaux on y verse, soit de l'ammoniaque liquide parfumée, comme nous avons dit, soit de l'ammoniaque alcoolisée, autrement dit de l'alcool saturé de gaz ammoniac. On introduit dans le goulot un peu de coton blanc, sans quoi, lorsqu'on renverse le flacon, l'ammoniaque que les cristaux n'ont point absorbée s'écoule et est un sujet de plaintes. Les cristaux sont plus jolis que les éponges dans les flacons de couleur; mais dans les flacons ordinaires l'éponge fait tout aussi bien, et, comme nous l'avons déjà dit, elle conserve l'ammoniaque mieux qu'aucune autre substance. Les parfumeurs vendent aussi ce qu'ils appellent sels blancs parfumés et sels de Preston (White smelling salts). Le premier est un sesquicarbonate d'ammoniaque en poudre dans lequel on a mis quelques gouttes d'une essence quelconque. En général, c'est l'essence de lavande qui produit le meilleur effet.

Les flacons ainsi chargés perdent bientôt leur piquant, et il n'y reste plus qu'un résidu presque inodore. Le procédé de M. Allchin consiste à convertir d'abord le sesquicarbonate en monocarbonate d'ammoniaque, ce qui se fait de la manière suivante. On casse un kilogramme de sesquicarbonate d'ammoniaque en morceaux de la grosseur d'une noisette que l'on met dans un bocal muni d'un couvercle fermant hermétiquement; on y verse ensuite cinq cents grammes d'ammoniaque liquide du poids spécifique de 880°. On agite le tout fréquemment pendant huit jours et l'on a soin de tenir le bocal dans un endroit frais pendant trois ou quatre semaines. Si ce mélange n'est pas remué pendant la première semaine, il devient aussi dur qu'une pierre; remué, il se transforme en une masse solide et sèche qu'on peut cependant faire aisément sortir du bocal. On le réduit alors en une poudre grossière, à peu près comme du sel de tartre. Dans cet état on peut en remplir des flacons et il devient meilleur en vieillissant. En le mettant dans les flacons on y ajoute quelque huile volatile ou de l'ammoniaque concentrée parfumée. L'essence volatile qu'emploie M. Allchin et qu'il recommande, est celle dont la recette a été donnée par le docteur Redwood, dans son édition de Gray, *Supplément à la Pharmacopée :*

Huile de la lavande anglaise. . . .	7	grammes.
Essence de musc.	7	—
Huile de bergamote.	3,54	—
— de girofle.	1,77	—
— de rose.	10	gouttes.
— de cannelle.	5	—
Ammoniaque liquide concentrée. . .	0,56	litre.

On fait de cette manière un sel qui conserve son piquant aussi longtemps qu'il en reste une goutte dans le flacon. Un flacon qui avait été rempli cinq ans auparavant fut présenté dans une réunion de la Société pharmaceutique de Londres, et quoique presque tout le contenu s'en fût évaporé, le peu qui restait conservait encore une odeur agréable et astringente.

On remarque que le sel avait pris une teinte brunâtre, ce qui fut attribué à l'action de l'huile de girofle contenue dans le parfum, et l'on s'accorda à reconnaître que sans cela il serait resté incolore.

[Nous ferons remarquer que le protocarbonate d'ammoniaque n'existe pas à l'état de liberté et pur; on peut admettre que le sesquicarbonate résulte de la combinaison d'un bicarbonate avec un carbonate neutre; en ajoutant de l'ammoniaque à ce mélange, on obtient un carbonate basique; mais ceci est peu important au point de vue des applications de ces sels en parfumerie.]

SELS DE PRESTON

Ces sels, les moins chers de tous les composés ammonia-caux, ont pour base quelque sel facile à décomposer par la chaux, tel que muriate d'ammoniaque, sesquicarbonate d'ammoniaque, et chaux nouvellement éteinte, en parties égales. Lorsque les flacons sont remplis de cette composition bien tassée, on verse dessus une goutte ou deux d'une essence bon marché avant de boucher. L'essence de lavande française ou l'essence de bergamote fait très-bien l'affaire. Nous avons à peine besoin de dire que les bouchons doivent être plongés dans la cire à cacheter fondue, ou enduits de cire liquide, c'est-à-dire de la cire rouge ou noire dissoute dans l'alcool avec une petite addition d'éther. Le seul autre composé d'ammoniaque qui se vende chez les parfumeurs est l'eau de Luce, quoique à vrai dire cette eau soit du domaine de la pharmacie. Quand elle est bien faite, ce qui est très-rare, elle garde une remarquable odeur d'ambre qui la caractérise.

Eau de Luce.

Teinture de benjoin ou de baume du Pérou.	28 grammes.
Essence de lavande.	10 gouttes.
— d'ambre.	5 —
Ammoniaque liquide.	56 grammes.

S'il est nécessaire, passez à travers un linge de coton ; mais il ne faut pas filtrer, l'eau de Luce devant avoir l'apparence d'une émulsion laiteuse.

[Il existe plusieurs formules pour préparer l'eau de Luce. Voici celle qui est le plus souvent suivie en France :

Huile de succin rectifiée.	2 grammes.
Savon blanc.	1 —
Baume de la Mecque.	1 —
Alcool à 86°.	96 —

Faites macérer huit jours, filtrez. On prépare l'eau de Luce en ajoutant une partie de la teinture précédente à seize parties d'ammoniaque liquide,

Le savon n'entre pas dans toutes les formules de l'eau de
Luce, il donne plus de fixité au mélange laiteux.]

TABAC A PRISER

Quoique nous désirions voir cultiver le sens de l'odorat,
nous sommes ennemi de la tabatière. Nous ne saurions pourtant laisser paraître ce volume sans signaler l'analogie qui
existe entre l'usage des parfums et celui du tabac à priser. Par
une singulière perversité de la nature humaine, les priseurs
déclarent presque unanimement qu'ils n'aiment pas les parfums; nous nous bornerons à montrer que le tabac est au plus
haut degré ce qu'on appelle un parfum, et nous laisserons
au lecteur le soin de décider la question.

La plus grande partie du tabac qu'on prise doit son arome
à l'ammoniaque, la feuille du tabac ne servant que d'intermédiaire pour porter l'ammoniaque au nez. Fraîche, la feuille
donne certainement une odeur particulière à la poudre qui en
est faite; mais en définitive c'est à l'ammoniaque que cette
poudre doit son montant spécial. Sous ce rapport donc nous
pouvons comparer la tabatière au flacon des dames; l'un et
l'autre ne sont que des intermédiaires de l'ammoniaque, soit
pure, soit modifiée par quelque autre substance odorante, à
l'effet d'en déguiser l'odeur réelle à l'appareil olfactif.

Le lecteur comprend maintenant la raison pour laquelle
nous plaçons le tabac à priser dans la même section que les
sels.

Comme toutes les substances capables d'être modifiées par
l'homme, le tabac à priser compte des variétés innombrables.

Les poudres ordinaires se font, en Angleterre, avec les nervures de la feuille de tabac, qui sans cela seraient un déchet
de la fabrication des cigares. Lorsque la feuille a été roulée en
cigare, les nervures et les fibres en sont séparées, sans quoi elle

ne se roulerait pas comme il faut; quand on en a rassemblé une quantité suffisante, on s'occupe de fabriquer la poudre. S'il s'agit d'une des qualités bien sèches, on porte la matière au four, et là on la fait sécher plus ou moins, selon le nom sous lequel elle doit être vendue, et ensuite on la réduit en poudre.

Les poudres humides se préparent autrement. Après qu'on a réuni dans la manufacture une quantité suffisante de côtes, on les coupe en petits morceaux de deux à trois millimètres et on les met dans une grande auge par tas de 50 à 100 kilogrammes. Une fois là, on les mouille avec une dissolution de carbonate d'ammoniaque pour certaines sortes et de muriate d'ammoniaque pour d'autres; dans cet état on les laisse fermenter ou mûrir pendant un ou deux mois, suivant le temps; quinze ou vingt jours après cette opération, la matière commence à fermenter. C'est alors que l'arome ou bouquet, comme disent les fabricants, se décide, car si la chaleur est trop grande l'ammoniaque s'évapore; si elle ne l'est pas assez, l'odeur ammoniacale ne se développe pas suffisamment. Il ne faut pas oublier que, sous quelque forme qu'il soit, le tabac qu'on mouille et qu'on laisse fermenter *produit de l'ammoniaque*, en vertu des éléments mêmes qui le constituent. Sous ce rapport il ne fait que ressembler aux autres végétaux qui contiennent des composés azotés. L'odeur définitive de la poudre dépend des qualités particulières des diverses sortes de tabac employées et venant les unes d'Amérique, les autres de Cuba, etc. Lorsque la fermentation est terminée, on envoie la pâte au moulin pour la moudre.

Les priseurs ont été les premiers à apprendre aux parfumeurs combien l'odeur de la fève de Tonka était estimée, et encore aujourd'hui, quand un parfumeur met trop d'extrait de fève de Tonka dans une composition, on accuse ses produits de sentir le tabac.

[Les tabacs français, préparés autrement que les tabacs anglais, sont très-estimés des priseurs étrangers, qui souvent les préfèrent aux célèbres tabacs d'Espagne. Contrairement à l'opinion de M. Piesse, nous croyons que les tabacs agissent autrement que par l'ammoniaque qu'ils peuvent dégager.

Pour préparer les tabacs à priser on choisit dans les manufactures françaises les tabacs gras et corsés comme le Virginie, et les tabacs forts tels que le Nord, le Lot, le Hollande ; le premier donne l'arome, les derniers produisent le montant. La manutention du tabac à priser est très-longue : elle ne dure pas moins de dix-huit mois à deux ans ; elle consiste plus spécialement dans des fermentations qui ont pour but de déterminer la formation d'une huile essentielle dont l'odeur entre pour beaucoup dans le parfum du tabac, la destruction d'une partie de la nicotine, destruction sans laquelle le tabac aurait une action trop énergique sur l'économie, l'apparition d'un caractère alcalin avec formation de vapeurs ammoniacales qui donnent le montant, la formation de matières noires qui donnent aux tabacs la couleur recherchée par les amateurs, la décomposition partielle des acides malique, citrique, pectique, de la nicotine, etc.

On distingue dans les tabacs le *montant* de la *force* ou *parfum*. Le montant s'apprécie à l'odeur, la force aux effets que produit le tabac après la prise ; celle-ci est due à la nicotine. Un tabac a beaucoup de montant lorsqu'il renferme des sels ammoniacaux, et peu de force lorsqu'il est faible en nicotine ; le contraire a lieu pour le Virginie, qui contient peu d'ammoniaque et a peu de montant, tandis qu'il a beaucoup de force, parce qu'il contient beaucoup de nicotine. Celle-ci se dissimule à l'odorat et elle ne se manifeste que par absorption par la muqueuse du nez.

Il est probable que le parfum est indépendant de la nicotine et de l'ammoniaque ; on désigne sous ce nom l'odeur douce

dont sont doués les tabacs de Virginie : il se développe surtout pendant la fermentation des masses.

Aujourd'hui le mouillage nécessaire pour déterminer la fermentation s'opère avec de l'eau salée; autrefois, sous le nom de sauces, on employait divers liquides, soit pour favoriser la fermentation, soit pour aromatiser; ces sauces variaient selon les fabriques : on employait la mélasse dissoute dans l'eau, une dissolution de suc de réglisse, de l'eau dans laquelle on faisait bouillir du raisin, des pruneaux, des eaux de roses et de violettes; on donnait aussi des odeurs particulières aux tabacs, qui prenaient alors des noms étrangers, tels que : *scaferlati*, *du Levant, de canasse ou canaster, d'andouille de Saint-Vincent ou cigale d'Amérique, de role de Montauban, de luquet du Brésil*, etc. Le *Macouba* était contrefait avec une décoction d'iris de Florence, tandis que le vrai Macouba est un tabac préparé à la Martinique avec une dissolution de sucre brut qui lui donne l'odeur de la violette. Dans les fabriques de la Havane et de Malaisie on emploie encore ces sauces. D'après de Prade (1) la sauce employée par les Espagnols était plus composée; ils pilent, dit-il, les feuilles de tabac, les expriment pour en retirer le suc, les font bouillir avec du vin, faute duquel les Indiens employaient, dit-on, l'urine; on laisse cuire en consistance d'un sirop que les Espagnols nomment *Caldo*; on y ajoute du sel pour le conserver et on aromatise avec l'anis et le gingembre. On a conseillé de substituer l'hydromel au vin, qui nuit à la tête, ou y ajoute la cannelle et du fenouil.

D'après de Prade, l'infusion de mélilot était employée pour aromatiser le tabac, et les décoctions de bois d'Inde et de cannelle pour le colorer; d'ailleurs la nature des parfums variait avec les fabricants, la fleur d'oranger, le jasmin, la rose, la tubéreuse, l'ambre, le musc, la civette, ou des essences agréa-

(1) *Histoire du tabac*. Paris, 1691, p. 46.

bles à l'odorat ; mais aujourd'hui la régie fabrique le tabac en
poudre sans aromate, et les amateurs le parfument à leur gré,
et le plus souvent avec la fève de Tonka ou Tonkin, qui est la
graine du *coumarouna odorata* Aubl., *dipterix odorata*
Wild., qui doit son odeur à un principe neutre cristallisable
nommé coumarine que l'on trouve dans la *vanille*, la *flouve
odorante*, l'*aspérule odorante*, le *mélilot officinal*, l'*orchis
fusca*, etc.

D'après Brunet (1) on obtenait du tabac de plusieurs sortes
de graines que l'on parfumait de différentes manières et que
l'on colorait avec de l'ocre jaune ou rouge ; on y ajoutait, d'a-
près lui, de la gomme adragante.

Ces différentes manières de parfumer le tabac donnaient lieu
à autant de variétés différentes que l'on nommait tabac de
mille fleurs, d'*Espagne*, de cédrat, de bergamote, de néroli,
de *pongibon musqué*, à la pointe d'Espagne, en odeur de Rome,
en odeur de Malte, ambré, de Gênes ; mais qui étaient aussi
l'occasion de fraudes coupables : ainsi sous le nom de tabac de
Malte on vendait un mélange dans lequel entraient les poudres
de rosier et de réglisse.

On cherchait aussi à augmenter le montant ou la force des
tabacs en y mélangeant certaines poudres ; on faisait ainsi des
tabacs composés avec l'euphraise, la bétoine, la pyrèthre, le
cyclamen, les nigelles (*nigella sativa* et *damascena*), le gingembre, le poivre, le girofle, le cubèbe, le cumin, la moutarde,
l'angélique, le bois-saint, l'ellébore, l'euphorbe, etc., aromatisés avec le stœchas ou son essence, *lavendula stœchas* (labiées) ;
mais tous ces mélanges étaient plus spécialement employés
comme sternutatoires ; ils sont aujourd'hui inusités.

On connaissait aussi des tabacs à fumer composés et aromatisés ; on y mêlait l'anis, le fenouil, le bois-saint (*guayacum*

(1) *Le bon usage du tabac en poudre.* Paris, 1700.

sanctum), le bois d'aloès, de l'iris, du jonc odorant, de la sauge, du romarin; aujourd'hui on n'emploie guère plus que l'écorce de cascarille.

Les vrais amateurs de cigares prétendent que leur arome est aussi variable que les bouquets des vins. Le choix des tabacs, leur mode de fermentation peuvent contribuer sans doute beaucoup à donner aux cigares des aromes divers; on a attribué à la *nicotianine* les parfums divers des cigares, mais on ne sait rien de positif à ce sujet, et le goût des cigares a été comparé à celui du cacao, du café brûlé, des amandes amères, de la noisette, de l'absinthe, etc. Aussi les fabricants de Cuba les parfument-ils aujourd'hui avec diverses plantes aromatiques, soit en les enfermant dans des boîtes en bois odorant tel que le genévrier des Bermudes ou de Virginie (*juniperus bermudiana* et *j. virginiana*), et d'autres conifères. Mais il est probable que le sol, le climat, la culture peuvent influer sur la formation des huiles essentielles qui contribuent à donner l'arome aux cigares; il en est de même des fermentations plus ou moins avancées; en général, une fermentation trop forte est nuisible aux qualités du cigare. Quelques fabricants prétendent que certaines boissons favorisent le développement de l'arome du cigare; telles sont, dit-on, la bière et le café à l'eau.

Pour aromatiser les cigares il suffit de les enfermer dans des boîtes ou dans des bocaux avec l'arome qu'on veut leur communiquer. Comme ils sont très-poreux et perméables, ils s'en imprègnent facilement et le conservent longtemps.]

ACIDE ACÉTIQUE, SON EMPLOI DANS LA PARFUMERIE.

L'odeur astringente du vinaigre l'a naturellement fait employer de bonne heure dans la parfumerie.

L'acide acétique, produit par la distillation de l'acétate de

il vaut mieux retirer autant de liquide qu'il est possible à l'aide d'un entonnoir ordinaire, puis extraire le reste des interstices des herbes en les attachant dans un linge et en les pressant avec un presse citron ou quelque autre ustensile du même genre.

Vinaigre à la rose.

Acide acétique concentré.   28   grammes.
Essence de rose.   0,88   —

Mêlez bien.

Il est facile de voir qu'on peut faire d'autres vinaigres parfumés en employant d'autres essences. Tous s'emploient de la même manière que l'ammoniaque parfumée, c'est-à-dire en en versant cinq ou six grammes dans des flacons de fantaisie préalablement remplis de cristaux de sulfate de potasse, ce qui fait le « sel de vinaigre » des boutiques, ou sur une éponge dans de petites boîtes d'argent appelées vinaigrettes. La mode de ces vinaigres vint de ce qu'on pensait qu'ils préservaient ceux qui en faisaient usage des maladies contagieuses, opinion née sans doute de l'histoire du vinaigre des quatre-voleurs, ainsi racontée dans le Lewis's *Dispensatory* en 1785 :

« On dit que, pendant la peste de Marseille (1720 et 1721), quatre individus, grâce à l'usage de ce préservatif, purent approcher sans danger un grand nombre de pestiférés, et que, sous prétexte de les soigner, ils dépouillaient les morts et les malades. Arrêtés plus tard, continue la chronique, un d'eux échappa aux galères en révélant la composition de ce prophylactique (1), » composition que voici :

1 Histoire très-vraisemblable !

cuivre (vert-de-gris), est le véritable vinaigre aromatique des
vieux alchimistes.

Le vinaigre aromatique d'aujourd'hui est l'acide acétique
concentré, aromatisé au moyen de diverses essences, du camphre, etc.

Vinaigre aromatique.

Acide acétique cristallisable.	226	grammes
Essence de lavande anglaise.	3.54	—
— de romarin anglais.	1,77	—
— de girofle.	1,77	—
Camphre.	28	—

Faites dissoudre d'abord le camphre pilé dans l'acide acétique, puis
ajoutez les essences; après avoir laissé le tout ensemble pendant quelques jours, en remuant de temps en temps, on peut le passer et s'en
servir.

Plusieurs recettes ont été publiées pour préparer ce vinaigre;
mais presque toutes semblent n'avoir d'autre but que de com-
pliquer un procédé qui est tout ce qu'il y a de plus simple au
monde, et d'en faire un mystère.

L'article le plus en vogue en ce genre est le suivant :

Vinaigre de Henry.

Feuilles sèches de romarin, de rue, d'ab-		
sinthe, de sauge, de menthe, fleurs de		
lavande; de chaque.	28	grammes.
Muscade concassée, clous de girofle, racine		
d'angélique, camphre; de chaque. . .	7	—
Alcool rectifié.	115	—
Acide acétique concentré.	450	—

Faites macérer tous ces ingrédients pendant vingt-quatre heures dans
l'alcool; ajoutez l'acide et laissez digérer encore pendant huit jours à une
température de 12 à 15°. Enfin retirez l'acide qui est alors aromatisé et
passez.

Comme cette composition ne doit pas être mise sous la
presse en métal à cause de l'action chimique qui en résulterait,

Vinaigre des quatre-voleurs.

Sommités fraîches d'absinthe ordinaire, d'ab-
    sinthe romaine, de romarin, de sauge, de
    menthe et de rue ; de chaque   24   grammes.
Fleurs de lavande   28   —
Ail, calamus aromaticus, cannelle, clous de
    girofle et muscade, de chaque   1,77   —
Camphre   14   —
Alcool ou eau-de-vie   28   —
Fort vinaigre . . . .   2,25 litres.

Faites digérer tous ces ingrédients, excepté le camphre et l'alcool, dans
un vase bien clos, pendant une quinzaine de jours, à une température
d'été ; exprimez ensuite et filtrez le vinaigre obtenu ; ajoutez le camphre
préalablement dissous dans l'alcool ou l'eau-de-vie.

On peut obtenir une préparation toute pareille et tout aussi
efficace en faisant dissoudre le principe odorant des plantes
indiquées dans un mélange d'alcool et d'acide acétique. Ces
préparations sont plutôt du ressort du pharmacien que de celui
du parfumeur. Plusieurs vinaigres cependant se vendent en
assez grande quantité pour mêler à l'eau des bains et de la
toilette ; ceux qui les vendent tâchent de les mettre en concurrence avec l'eau de Cologne, mais sans beaucoup de succès.
On peut compter entre autres :

Vinaigre hygiénique ou préservatif.

Eau-de-vie . . . .   0,56 litre.
Essence de girofle . . . .   1,77 gramme.
    —   de lavande   1,77   —
    —   d'origan   0,88   —
Résine de benjoin   28   —

Faites macérer ces ingrédients ensemble pendant quelques heures,
puis ajoutez :

Vinaigre brun . . . .   1 litre.

Passez ou filtrez s'il faut qu'il soit clair.

Vinaigre de toilette à la violette.

Extrait de cassie.	0,25 litre.
— d'iris.	0,12 —
Esprit de roses triple.	0,12 —
Vinaigre de vin blanc.	1 —

Vinaigre de toilette à la rose.

Feuilles de roses sèches.	125 grammes.
Esprit de roses triple.	0,25 litre.
Vinaigre de vin blanc.	1 —

Faites macérer dans un vase clos pendant quinze jours, filtrez et mettez en flacons.

Vinaigre de Cologne.

Eau de Cologne.	0,50 litre.
Acide acétique.	14 —

Vinaigre cosmétique de Piesse et Lubin.

Alcool.	1 litre.
Résine de benjoin.	35 grammes.
Vinaigre aromatique concentré.	28 —
Baume du Pérou.	28 —
Essence de néroli.	1,77 —
— de muscade.	0,88 —

Ce vinaigre est un des meilleurs qui se fasse.

—Sans que nous multipliions inutilement des formules semblables, le lecteur comprendra qu'on peut préparer de la même manière des vinaigres avec toute espèce de fleurs ; ainsi il n'y a qu'à substituer l'essence de jasmin ou de fleurs d'oranger à l'eau de Cologne, pour avoir des vinaigres au jasmin ou à la fleur d'orange. Cependant ces articles ne sont pas demandés et notre seule raison pour expliquer comment on peut les faire, est d'indiquer la méthode à suivre aux personnes qui voudraient en faire un objet de spéculation.

Nous ferons remarquer, en passant, que lorsque l'on doit se préoccuper de la question d'économie dans la fabrication d'un

vinaigre de toilette, il n'y a qu'à l'étendre avec de l'eau de rose en quantité suffisante pour que le bénéfice soit raisonnable.

Les vinaigres parfumés destinés à prendre une teinte pâle quand on y met de l'eau doivent contenir un peu d'une résine, comme le vinaigre hygiénique ci-dessus. La myrrhe, le benjoin, le storax ou le baume de Tolu, atteignent également bien le but.

[On substitue souvent à l'acide acétique du verdet pour les usages de la parfumerie, celui qui est obtenu par la distillation du bois ; celui-ci est même préféré lorsqu'il est parfaitement rectifié, c'est-à-dire privé de ses matières empyreumatiques ; le premier au contraire renferme toujours de *l'esprit pyro-acétique* ou *acétone*, dont l'odeur désagréable goudronneuse devient très-sensible, lorsqu'on sature l'acide par un carbonate alcalin.

Enfin, on obtient, par la distillation du *vinaigre de vin*, un acide acétique assez concentré très-estimé, qui se reconnaît à l'odeur extrêmement agréable d'éther acétique, qui devient très-sensible lorsqu'on sature par un carbonate alcalin.]

IX

BOUQUETS

Voyez, des régions de la lumière, portée sur des brises ... dorées, l'hirondelle, messager de l'été, accourt à tire d'ailes. Souffle, doux zéphir! Que des lèvres des chérubins ta suave influence pénètre non sans ivresse. Toi dont la douce voix éveille les tendres fleurs, dont le pinceau les décore, dont l'haleine les parfume, oh! puisse chacun des boutons qui forment la couronne du printemps répandre tous ses parfums sur toute ... là l'onde.

Dans les pages précédentes nous avons expliqué la manière de préparer les parfums primitifs, les odeurs naturelles des végétaux. On aura remarqué que si la plupart peuvent s'obtenir sous forme d'huiles essentielles, il en est d'autres qui jusqu'ici n'ont pas été isolés, mais qui n'existent qu'à l'état de solution, absorbés dans l'alcool ou dans un corps gras. Parmi ces derniers sont compris tous les plus estimés, à l'exception de l'huile essentielle de rose, ce diamant dans l'écrin des odeurs. En fait nous n'avons pas d'huile essentielle de jasmin, de vanille, de cassie, de tubéreuse, de seringa, de violettes, etc. Ce que nous connaissons de ces odeurs nous le connaissons par des esprits tirés de graisses ou d'huiles dans lesquelles les différentes fleurs ont été plongées à plusieurs reprises et qu'on a fait ensuite infuser dans l'alcool. Ces odeurs sont sans contredit celles qui plaisent le plus généralement, tandis que celles qu'on fait avec les huiles essentielles dissoutes dans l'alcool ont un caractère inférieur. Isolées, les odeurs simples sont connues sous le nom d'huiles essentielles; dissoutes ou en solution dans l'alcool, les Anglais les appellent essences, et les Français EXTRAITS ou ESPRITS. Quelques exceptions confirment la règle. L'huile essentielle d'écorce d'orange et l'huile essentielle

d'écorce de citron sont souvent appelées dans le commerce essences d'orange ou de citron. Plus tôt la nomenclature correcte sera adoptée dans la parfumerie et dans les arts analogues, mieux cela vaudra et moins on verra d'erreurs dans le formulaire. L'auteur pense qu'une révision de la nomenclature de ces substances serait une bonne chose et il proposerait d'employer le terme *essence* comme une expression significative, brève et intelligible pour indiquer que telle ou telle substance est le principe odorant de la plante. Nous aurions alors essence de lavande au lieu d'huile essentielle de lavande, etc. On remarquera que dans cet ouvrage l'auteur, fidèle à son idée, a généralement substitué le mot *essence* à celui d'*huile essentielle*. Quand il existe une solution d'une huile essentielle dans une huile grasse, la nécessité d'une distinction de ce genre dans les termes est évidente, car ces articles sont encore appelés dans le commerce huiles, huile de jasmin, huile de rose, etc. On ne peut attendre que le public se serve des mots *huiles grasses* et *huiles essentielles* pour distinguer ces différentes compositions.

Il y a plusieurs bonnes raisons pour ne pas donner au principe odorant des plantes le nom d'huile. D'abord c'est une mauvaise chose que de donner à une classe de substances, quelle qu'elle soit, un nom qui appartient à une autre. Or, il y a dans la composition, dans les caractères physiques, dans la réaction chimique, assez de traits distinctifs pour garantir la possession d'un nom significatif à cette classe nombreuse de substances, qui constituent l'arome des fleurs. La dernière fois que la nomenclature a été revisée, on s'occupa peu des corps organiques. On sait que cette appellation universelle d'*huile* nous vient des vieux alchimistes à peu près comme celle d'*esprit*; mais un peu d'attention montre quelle erreur c'est de continuer à s'en servir. Nous ne pouvons pas plus appeler huile l'essence de romarin ou de muscade, que nous ne pouvons appeler huile de vitriol l'acide sulfurique. Tous les ouvrages de chimie traitent les corps

odorants d'huiles essentielles ou volatiles, et les corps gras d'huiles fixes. Les huiles proprement dites se combinent avec des bases salifiables et forment du savon, tandis que les huiles essentielles ou volatiles que nous voudrions voir appeler essences ne se comportent pas de même, au contraire elles s'unissent aux acides dans la majorité des cas.

Il ne nous reste qu'à compléter la partie de la parfumerie relative aux odeurs pour le mouchoir en donnant les formules des « bouquets » le plus en faveur. Ce ne sont, comme nous l'avons déjà dit, que des mélanges des essences simples dans l'alcool qui, convenablement associées, produisent une odeur caractéristique et agréable, dont l'effet sur l'odorat est analogue à celui que produit sur l'oreille la musique, c'est-à-dire un mélange de sons harmonieux.

Parfum de l'Alhambra.

Extrait de tubéreuse.	0,56 litre.
— de géranium.	0,28 —
— de cassie.	0,14 —
— de fleurs d'oranger.	0,14 —
— de civette.	0,14 —

Bouquet du Bosphore.

Extrait de cassie.	0,56 litre.
— de jasmin.	0,28 —
— de roses triple.	0,28 —
— de fleurs d'oranger.	0,28 —
— de tubéreuse.	0,28 —
— de civette.	0,14 —
Essence d'amandes amères.	10 gouttes.

Bouquet d'amour.

Esprit de roses (de pommade).	0,56 litre.
— de jasmin (de pommade). . . .	0,56 —
— de violette (de pommade). . . .	0,56 —
— de cassie (de pommade). . . .	0,56
Extrait de musc.	0,28
— d'ambre gris.	0,28 —

Mêlez et filtrez.

suivant les uns, du *cyperus esculentus*, et, suivant les autres, devant son nom à l'île de Chypre. Quoi qu'il en soit, voici la recette de l'eau de Chypre du commerce :

Extrait de musc	0,56	litre.
— d'ambre gris	0,28	—
— de vanille	0,28	—
— de fèves de Tonka	0,28	—
— d'iris	0,28	—
Esprit de roses triple	1,12	—

Ce mélange constitue un des parfums les plus durables qu'on puisse faire.

Bouquet de l'impératrice Eugénie.

Extrait de musc	0,28	litre.
— de vanille	0,28	—
— de fèves de Tonka	0,28	—
— de néroli	0,28	—
— de géranium	0,28	—
— de roses triple	0,28	—
— de santal	0,28	—

Bouquet Estherhazy.

Extrait de fleurs d'oranger (de pommade)	0,56	litre.
Esprit de roses triple	0,56	—
Extrait de vétyver	0,56	—
— de vanille	0,56	—
— d'iris	0,56	—
— de fèves de Tonka	0,56	—
Esprit de néroli	0,56	—
Extrait d'ambre gris	0,28	—
Essence de santal	0,88	gramme.
— de girofle	0,88	—

Malgré la composition compliquée de cette préparation, c'est le vétyver qui lui donne son cachet particulier. Il est peu de parfums qui ait fait plus fureur dans son temps.

Eau-Bouquet.

La réputation de ce parfum a fait naître de nombreuses

Bouquet des fleurs du val d'Andorre.

Extrait de jasmin (de pommade). . . .	0,56 litre.
— de roses (de pommade). . . .	0,56 —
— de violettes (de pommade). . . .	0,56 —
— de tubéreuse (de pommade). . . .	0,56 —
— d'iris.	0,56 —
Essence de géranium.	7 grammes.

Bouquet de Buckingham Palace.

Extrait de fleurs d'oranger (de pommade).	0,56 litre.
— de cassie (de pommade).	0,56 —
— de jasmin (de pommade).	0,56 —
— de roses (de pommade).	0,56 —
— d'iris.	0,28 —
— d'ambre gris.	0,28 —
Essence de néroli.	0,88 gramme.
— de lavande.	0,88 —
— de rose.	4,77 —

Bouquet de Caroline appelé aussi bouquet des délices.

Extrait de roses (de pommade). . . .	0,56 litre.
— de violettes (de pommade). . . .	0,56 —
— de tubéreuse (de pommade. . . .	0,56 —
— d'iris.	0,28 —
— d'ambre gris.	0,28 —
Essence de bergamote.	7 grammes.
— de zeste de citron.	14 —

Bouquet de cour.

Extrait de roses.	0,56 litre.
— de violettes.	0,56 —
— de jasmin.	0,56 —
Esprit de roses triple.	0,56 litre.
Extrait de musc.	28 grammes.
— d'ambre gris.	28 —
Essence de zeste de citron.	14 —
— de bergamote.	14 —
— de néroli.	1,77 —

Eau de Chypre.

Voici un parfum autrefois très-à la mode en France, extrait,

imitations, particulièrement sur le continent. Dans un grand nombre de magasins, en Allemagne et en France, on trouve des flacons étiquetés comme ceux qu'expédient MM. Bayley et Cᵉ, Cockspur street, London, qui en sont en réalité les inventeurs.

Esprit de roses triple.	0,56	litre.
Extrait d'ambre gris.	56	grammes.
— d'iris.	226	—
Essence de citron.	8	—
— de bergamote.	28	—

Le nom de *Ess-bouquet*, qui paraît intriguer quelques personnes, n'est que l'abréviation de essence de bouquet.

Eau de Cologne (première qualité).

Esprit-de-vin (de raisin).	27,26	litres.
Essence de néroli bigarade.	87	grammes.
— de romarin.	56	—
— de zeste d'orange.	141	—
— de zeste de citron.	141	—
— de bergamote.	56	—

Mêlez et agitez; laissez reposer parfaitement tranquille pendant quelques jours avant de mettre en flacons.

Eau de Cologne (seconde qualité).

Alcool de grain.	27,26	litres.
Essence de petit grain.	56	grammes.
— de néroli bigarade.	14	—
— de romarin.	56	—
— d'écorce d'orange.	113	—
— de citron.	113	—
— de bergamote.	113	—

Quoique l'eau de Cologne ait été dans l'origine présentée comme une panacée universelle, un véritable élixir de longue vie, on ne la range plus parmi les produits de la pharmacie, mais parmi ceux de la parfumerie. Nous ne pouvons rien dire de ses qualités médicinales, la question ne rentrant pas dans le plan de cet ouvrage. Quoi qu'il en soit, considérée comme parfum, l'eau de Cologne occupe une place distinguée dans la faveur

publique. Bien qu'elle soit très-volatile et s'évapore très-facilement elle possède le précieux avantage d'être très-réfrigérante. Le doit-elle au romarin ou à l'esprit-de-vin? Nous ne saurions le dire, mais nous croirions volontiers qu'elle le tient de l'un et de l'autre. Toutefois, un point important et qui ne saurait être passé sous silence, c'est la qualité de l'alcool employé. L'esprit distillé du raisin et celui qu'on tire du grain ont chacun un arome tellement distinct et caractérisque que l'un ne saurait être pris pour l'autre. L'odeur de l'esprit-de-vin est due, dit-on, à l'éther œnanthique qu'il contient. L'alcool de grain doit la sienne à l'huile de pommes de terre. L'éther œnanthique de l'esprit français est si puissant que malgré l'addition de substances odorantes aussi fortes que les essences de néroli, de romarin et autres, il communique encore un parfum caractéristique aux produits dans lesquels on l'introduit. De là vient la difficulté de préparer de l'eau de Cologne avec les alcools qui ne contiennent point d'éther œnanthique.

Quoique l'on fasse souvent de très-bonne eau de Cologne en mêlant simplement les ingrédients comme il est dit dans la recette ci-dessus, cependant il vaut mieux mêler d'abord toutes les essences citrines avec l'alcool et distiller ensuite le mélange, puis ajouter au produit le romarin et le néroli. Ce procédé est celui que suit la maison la plus en vogue à Cologne.

On a publié un grand nombre de recettes pour faire l'eau de Cologne. Les auteurs de quelques-unes de ces recettes n'ont évidemment aucune connaissance pratique du sujet qu'ils traitent en théorie; d'autres pour faire étalage de leur science sont allés chercher toutes les plantes aromatiques mentionnées dans les livres de botanique et voudraient nous faire employer l'absinthe, l'hysope, l'anis, le genièvre, l'origan, le carvi, le fenouil, le cumin, le cardamome, la cannelle, la muscade, le serpolet, l'angélique, le girofle, la lavande, le camphre, le baume, la menthe, le galanga, le thym, etc., etc., etc.

Toutes ces recettes ne sont que du charlatanisme. Quand c'est une simple question de bénéfice, si la recette que nous avons donnée est trop coûteuse pour l'article dont on a besoin, il vaut mieux étendre l'eau de Cologne dans de l'alcool d'un degré moindre ou dans de l'eau de rose et la filtrer ensuite à travers du papier avec un peu de magnésie plutôt que de l'altérer autrement, parce qu'ainsi préparée elle gardera encore, quoique affaiblie, la véritable odeur de l'eau de Cologne.

Nous avons donné la formule de la seconde qualité pour montrer qu'on peut faire avec l'alcool de grain un article très-convenable.

[On sait que lorsqu'on mélange de l'eau de Cologne avec de l'eau, on obtient un précipité blanc laiteux qui est dû à la séparation des huiles essentielles sous forme de globules extrêmement petits; on ajoute souvent à l'eau de Cologne un peu de benjoin qui ne fait qu'augmenter cette lactescence, tout en donnant à l'eau de Cologne plus de fixité et de parfum. Mais nous avons vu souvent vendre dans les rues de Paris, sous le nom d'eau de Cologne, un liquide très-peu alcoolique et aromatisé dans lequel on avait ajouté de l'acétate de plomb liquide dans le but d'imiter cette lactescence que l'on sait être produite par l'eau de Cologne; nous n'avons pas besoin de dire que cela constitue non-seulement une fraude coupable, mais encore un danger pour la santé publique.

[Il est impossible de terminer la partie relative aux eaux de Cologne et aux spiritueux en général, sans parler de quelques préparations spéciales aux principales maisons qui s'occupent de la fabrication de la parfumerie.

D'abord, l'*eau d'Albion*, de Gellé frères, dont le suave parfum rappelle à la fois l'eau de lavande et l'eau de Portugal, et où l'on saisit une légère trace d'acide acétique qui se laisse à peine deviner à travers un mélange d'arômes savamment combinés, parmi lesquels le baume de Tolu et la bergamote.

Parmi les *eaux de toilette*, nous ne pouvons passer sous silence celle préparée par Chardin-Hadancourt; un odorat exercé y trouve une combinaison d'eaux de Cologne et de lavande, où vient se glisser un léger et presque imperceptible parfum de violettes, relevé par un peu d'ambre et de musc, de façon à en rendre l'arome plus pénétrant et plus stable.

Dans l'eau de toilette composée par la maison Chardin de la rue du Bac, le parfum de la bergamote domine et couvre tout au premier abord, mais ensuite se révèle un mélange de parfums plus doux, composé de rose et d'orange, de benjoin et de girofle.

L'*oléolisse* tonique de Piver, destinée à donner aux cheveux la souplesse et le brillant, est composée de 15 parties d'alcool et de 5 parties d'huile de ricin, le tout légèrement aromatisé avec l'essence de bergamote ou d'orange.

Le *lait d'iris* est une préparation récente due au même fabricant : c'est une émulsion préparée avec la racine d'iris et qui s'emploie comme toutes les eaux de toilettes, soit pour le bain, soit pour la toilette. Elle communique à la peau une odeur de violette douce et persistante.]

Fleurs d'Irlande.

Extrait de roses blanches (V. Rose blanche).   0,56 litre.
— de vanille.   28   grammes.

Foin coupé.

« Le bon foin, le doux foin n'a pas son pareil, » dit Shakespeare; et, en réalité, l'odeur du foin est une des plus agréables qu'on puisse imaginer; il est donc naturel que le parfum en soit recherché.

L'odeur du foin est due à la flouve, *anthoxanthum odoratum* (graminées) qu'il contient. Cette herbe mûre, coupée et desséchée exhale un principe odorant semblable à celui du *coumarin* ou *coumarine* de la fève de Tonka; de là vient qu'on trouve

cette odeur employée dans la préparation ci-après qui est généralement appréciée :

Extrait de fèves de Tonka.	1,13	litre.
— de géranium.	0,56	—
— de fleurs d'oranger.	0,56	—
— de roses.	0,56	—
— de roses triple.	0,56	—
— de jasmin.	0,56	—

Bouquet des chasses royales.

Esprit de roses triple.	0,56	litre.
— de néroli.	0,56	—
— de cassie.	0,56	—
— de fleurs d'oranger.	0,14	—
— de musc.	0,14	—
— d'iris.	0,14	—
— de fèves de Tonka.	0,28	—
Essence de zeste de citron.	3,52	grammes.

Bouquet de Flore ou extrait de fleurs.

Esprit de roses (de pommade).	0,56	litre.
— de tubéreuse (de pommade).	0,56	—
— de violettes (de pommade).	0,56	—
Extrait de benjoin.	42,50	grammes.
Essence de bergamote.	56,67	—
— de zeste de citron.	14,16	—
— de zeste d'orange.	14,16	—

Bouquet des gardes.

Esprit de roses.	1,13	litre.
— de néroli.	1,13	—
Extrait de vanille.	0,28	—
— d'iris.	0,28	—
— de musc.	0,14	—
Essence de girofle.	0,88	grammes.

Fleur d'Italie ou bouquet italien.

Esprit de roses (de pommade).	1,13	litre.
— de roses triple.	0,56	—
— de jasmin (de pommade).	0,56	—
— de violettes (de pommade).	0,56	—
Extrait de cassie.	0,28	—
— de musc.	56	grammes.
— d'ambre gris.	56	—

Bouquet du Jockey-Club (formule anglaise).

Extrait de racine d'iris. . . . . 1,13 litre.
Esprit de roses triple. . . . . 0,56 —
—— de roses (de pommade). . . . . 0,56 —
Extrait de cassie (de pommade). . . . . 0,28 —
— de tubéreuse (de pommade). . . 0,28 —
— d'ambre gris. . . . . 0,28 —
Essence de bergamote. . . . . 36 grammes.

Bouquet du Jockey-Club (formule française).

Esprit de roses (de pommade). . . . . 0,56 litre.
— de tubéreuse. . . . . 0,56 —
— de cassie. . . . . 0,28 —
— de jasmin . . . . 0,42 —
Extrait de civette. . . . . 85 grammes.

La différence qui existe entre les parfums fabriqués d'après les mêmes recettes à Londres et à Paris est entièrement due à l'emploi des différents alcools. Les parfumeurs du continent se prévalent de la force du bouquet de l'alcool de vin comparé à l'alcool de grain pour attribuer à leurs produits une supériorité de qualité; mais cet arome a dans beaucoup de cas un inconvénient. Ainsi, bien que nous admettions franchement que *certaines* odeurs sont plus agréables quand elles sont préparées avec l'esprit-de-vin, que quand elles le sont avec l'esprit de grain, il y en a cependant d'autres qui sont incontestablement préférables quand on s'est servi de ce dernier.

[Nous avons déjà dit ailleurs que, sous le nom d'alcools du Nord, on trouve dans le commerce français des alcools de mélasse parfaitement purifiés et pouvant rivaliser avec les meilleurs alcools de grain et de vin pour certains usages de la parfumerie.]

Parfum japonais.

Extrait de roses triple. . . . . 0,28 litre.
— de vétyver. . . . . 0,28 —
— de patchouly. . . . . 0,28 —
— de cèdre. . . . . 0,28 —
— de santal. . . . . 0,28 —
— de verveine. . . . . 0,14 —

Bouquet des jardins de Kew.

Esprit de néroli bigarade	0,56	litre.
— de cassie	0,28	—
— de tubéreuse	0,28	—
— de jasmin	0,28	—
— de géranium	0,28	—
— de musc	85	grammes.
— d'ambre gris	85	—

Baisers dérobés.

Les baisers de mille fleurs
A leur sein dérobés pendant qu'elles sommeillent.
R. Brown.

Extrait de jonquille	1,15	litre.
— d'iris	1,15	—
— de fèves de Tonka	0,56	—
— de roses triple	0,56	—
— de cassie	0,56	—
— de civette	0,14	—
— d'ambre gris	0,14	—
Essence de citronelle	1,77	gramme.
— de verveine	0,88	—

Eau des mille-fleurs.

Esprit de roses triple	0,56	litre.
— de roses (de pommade)	0,28	—
— de tubéreuse (de pommade)	0,28	—
— de jasmin (de pommade)	0,28	—
— de fleurs d'oranger (de pommade)	0,28	—
— de cassie (de pommade)	0,28	—
— de violettes (de pommade)	0,28	—
Extrait de cèdre	0,14	—
— de vanille	56	grammes.
— d'ambre gris	56	—
— de musc	56	—
Essence d'amandes	10	gouttes.
— de néroli	10	—
— de girofle	10	—
— de bergamote	28	grammes.

Laissez tous ces ingrédients ensemble pendant quinze jours et filtrez
ensuite.

Mille-fleurs et lavande.

Essence de lavande (Mitcham ou Hitchin). 0,28 litre.
Eau des mille-fleurs. . . . . 0,56 —

Lavande aux mille-fleurs de Delcroix.

Esprit-de-vin. . . . . 0,56 litre.
Essence de lavande française. . . . . 28 grammes.
Extrait d'ambre gris. . . . . 56 —

Il y a encore d'autres bouquets dont la lavande est l'élément principal et auxquels elle donne son nom tels que lavande à l'ambre gris, lavande au musc, lavande à la maréchale. Ils sont tous composés de belles essences spiritueuses de lavande avec environ quinze pour cent des autres ingrédients.

Bouquet à la maréchale.

Esprit de roses triple. . . . . 0,56 litre.
Extrait de fleurs d'oranger. . . . . . 0,56 —
— de vétyver. . . . . 0,28 —
— de vanille. . . . . 0,28 —
— d'iris. . . . . 0,28 —
— de fèves de Tonka. . . . . 0,28 —
Esprit de néroli. . . . . 0,28 —
Extrait de musc. . . . . 0,14 —
— d'ambre gris. . . . . 0,14 —
Essence de girofle. . . . . 0,88 gramme.
— de santal. . . . . 0,88 —

Eau de mousseline.

Bouquet de la maréchale. . . . . . . 0,56 litre.
Extrait de cassie (de pommade). . . 0,28 —
— de jasmin (de pommade). . 0,28 —
— de tubéreuse (de pommade). 0,28 —
— de roses (de pommade). . . 0,28 —
Essence de santal. . . . . 5,54 grammes.

Bouquet de Montpellier.

Extrait de tubéreuse. . . . . 0,56 litre.
— de roses (de pommade). . . 0,56 —
— de roses triple. . . . . . . 0,56 —
— de musc. . . . . 0,14 —
— d'ambre gris. . . . . 0,14 —
Essence de girofle. . . . . 2,65 grammes
— de bergamote. . . . . . . 14 —

Bouquet de l'année bissextile (Leap year bouquet).

*Dans l'année bissextile elles ont le pouvoir de choisir,
Et vous, hommes, vous n'avez pas le droit de refuser.*

Vieille ballade.

Extrait de tubéreuse. . . . . 0,56 litre.
— de jasmin. . . . . 0,56 —
— de roses triple. . . . . 0,28 —
— de santal. . . . . 0,28 —
— de vétyver. . . . . 0,28 —
— de patchouly. . . . . 0,28 —
— de verveine. . . . . 0,07 —

Bouquet international universel.

Pays d'où viennent les odeurs.

Turquie.	Esprit de roses triple. . . .	0,28 litre.
Afrique.	Extrait de jasmin.	0,28 —
Angleterre.	— de lavande.	0,14 —
France.	— de tubéreuse. . . .	0,28 —
Amérique du Sud.	— de vanille.	0,14 —
Timor.	— de santal.	0,14 —
France.	— de violettes. . . .	0,56 —
Indoustan.	— de patchouly. . . .	0,14 —
Ceylan.	Essence de citronelle. . . .	1,77 grammes.
Italie.	— de citron. . . .	7,08 —
Tonquin.	Extrait de musc.	0,14 litre.

Bouquet de l'île de Wight.

Extrait d'iris. . . . . 0,28 litre
— de vétyver. . . . . 0,14 —
— de santal. . . . . 0,56 —
— de roses. . . . . 0,28 —

Bouquet du roi.

Extrait de jasmin (de pommade). . . . 0,56 litre
— de violettes (de pommade). . . 0,56 —
— de roses (de pommade). . . . 0,56 —
— de vanille. . . . . 0,14 —
— de vétyver. . . . . 0,28 —
— de musc. . . . . 28,35 grammes.
— d'ambre gris. . . . . 28,35 —
Essence de bergamote. . . . . 1,77 —
— de girofle. . . . . 28,35 —

Il y a un siècle Montpellier était le centre de la fabrication de la parfumerie, et le nom de ce bouquet remonte à une date encore plus reculée. Nous voyons Evelyn (1620 à 1706) rappeler à son parent prêt à entreprendre le *grand tour*, que :

« Montpellier était une ville particulièrement favorable pour apprendre une foule d'excellentes recettes pour faire les parfums, les poudres de senteur, les pommades, les antidotes, et diverses autres préparations curieuses, que, je le sais, ajoute-t-il, vous ne négligerez pas. Car, bien que ce ne soit que des bagatelles en comparaison des choses plus sérieuses, cependant, si jamais il vous prenait plus tard l'envie de vivre dans la retraite, vous trouverez dans ces distractions plus de plaisir que vous ne pouvez imaginer. »

Sans doute le savant maître de *Sayes Court* avait lui-même usé de ces distractions.

Caprice de la mode.

Extrait de jasmin.	0,28 litre.
— de tubéreuse.	0,28 —
— de cassie.	0,28 —
— de fleurs d'oranger. . . .	0,28 —
Essence d'amandes.	10 gouttes.
— de muscade.	10 —
Extrait de civette.	0,44 litre.

Fleurs de mai.

Extrait de roses (de pommade).	0,28 litre.
— de jasmin.	0,28 —
— de fleurs d'oranger. . . .	0,28 —
— de cassie.	0,28 —
— de vanille.	0,56 —
Essence d'amandes amères.	0,44 gramme.

Bouquet de la reine d'Angleterre.

Esprit de roses (de pommade).	0,56 litre.
Extrait de violettes (de pommade). . .	0,56 —
— de tubéreuse.	0,28 —
— de fleurs d'oranger.	0,14 —
Essence de bergamote.	7,08 grammes.

Rondeletia.

Ce parfum est sans contredit un des plus agréables qu'on ait jamais composés. Les inventeurs, MM. Hannay et Dietrichsen, en ont sans doute emprunté le nom au *rondeletia*, le *chyn-len* des Chinois, ou bien au *R. odorata* des Indes Occidentales, dont l'odeur est délicieuse. Nous avons déjà vu que certaines odeurs, quoique tirées de substances tout à fait différentes, ont des effets semblables sur l'appareil olfactif, par exemple que l'essence d'amandes peut être mêlée à l'extrait de violettes de telle manière que, bien que l'odeur soit plus forte, le caractère particulier de la violette subsiste. D'autre part, certaines odeurs, combinées dans des proportions voulues, produisent un nouveau parfum d'un caractère particulier et parfaitement distinct. On trouve un exemple de cet effet dans l'influence du mélange de certaines couleurs sur le nerf optique. Ainsi le jaune et le bleu réunis produisent ce que nous appelons vert; de la combinaison du bleu et du rouge résulte un composé connu sous le nom de puce ou violet.

Eh! bien la lavande et le girofle réunies donnent une nouvelle odeur la *rondeletia*. Ce sont les combinaisons de ce genre qui constituent réellement ce « nouveau parfum » qu'annoncent souvent les parfumeurs et qu'ils obtiennent rarement. Le jasmin et le patchouly et plusieurs autres substances encore donnent également un nouvel arome. Il faut donc en étudier les proportions et la force relative et les employer en conséquence. Si la même quantité de n'importe quelle essence est dissoute dans

une égale proportion d'alcool et si la solution est mélangée en proportions égales, l'odeur la plus forte se révélera immédiatement en couvrant l'autre et en en dissimulant la présence. Nous reconnaissons ainsi que le patchouly, le vétyver, la lavande et la verveine sont les plus puissantes des odeurs végétales; que la violette, la tubéreuse, le jasmin en sont les plus délicates.

Bien des personnes trouveront d'abord que nous sommes trop exigeants quand nous demandons pour l'odorat les mêmes égards que pour les autres sens qui exercent leur influence sur nos plaisirs et nos douleurs physiques. Mais faites l'éducation de l'odorat, il devient capable de percevoir dans l'atmosphère les molécules les plus subtiles, non-seulement celles qui sont agréables, mais encore celles qui sont nuisibles. Si une odeur désagréable nous avertit de chercher un air plus pur, la faculté qui nous met en état de suivre un avis utile à la santé vaut assurément la peine d'être cultivée.

Mais, pour en revenir à la rondeletia, on verra, par la recette ci-après, qu'indépendamment des autres ingrédients auxquels elle doit son caractère particulier, — le girofle et la lavande, — elle contient encore du musc, de la vanille, etc. On s'en sert ici, comme dans presque tous les autres bouquets, uniquement pour fixer sur le mouchoir les odeurs plus fugaces.

Extrait de rondeletia.

Alcool.	4,51 litres.
Essence de lavande.	56,67 grammes.
— de girofle.	28,33 —
— de roses.	5,31 —
— de bergamote.	28,33 —
Extrait de musc.	0,14 litre.
— de vanille.	0,14 —
— d'ambre gris.	0,14 —

Il faut faire le mélange au moins un mois avant de le mettre dans le commerce. On peut encore faire un excellent extrait de

rondeletia en ajoutant 1 gramme 35 d'essence de girofle dans un demi-litre de lavande aux mille-fleurs.

Bouquet de Piesse (Piesse's Posy).

Extrait de roses (de pommade). . . .	0,56 litre.
Esprit de roses triple.	0,28 —
Extrait de jasmin (de pommade). . .	0,28 —
— de violettes (de pommade). .	0,28 —
— de verveine.	70,85 grammes.
— de cassie.	70,85 —
Essence de citron.	7,08 —
— de bergamote.	7,08
Extrait de musc.	28,33 —
— d'ambre gris.	28,33 —

Suave.

Extrait de tubéreuse (de pommade). .	0,56 litre.
— de jasmin (de pommade). . .	0,56 —
— de cassie (de pommade). . .	0,56 —
— de roses (de pommade). . .	0,56 —
— de vanille.	141,69 grammes.
— de musc.	56,67 —
— d'ambre gris.	56,67 —
Essence de bergamote.	7,08 —
— de girofle.	1,77

Fleurs de printemps.

Extrait de roses (de pommade). . . .	0,56 litre.
— de violettes (de pommade). . .	0,56 —
— de roses triple.	70,85 grammes
— de cassie.	70,85 —
Essence de bergamote.	56,67 —
Extrait d'ambre gris.	28,33 —

La juste réputation de ce parfum le place au premier rang des meilleures préparations qui soient jamais sorties d'aucune fabrique. Il a un arome particulier qui rappelle véritablement l'odeur des fleurs. Cet arome différent de tous les autres ne saurait être imité facilement. En effet, rien que nous connaissions ne ressemble à l'esprit de roses obtenu par la macération de la

pommade à la rose dans l'alcool. Or, c'est à cet esprit et à l'extrait de violettes, habilement amalgamés de façon à ce qu'aucune des deux odeurs ne domine, que les « fleurs de printemps » doivent leur cachet spécial. L'addition d'un peu d'ambre gris donne de la durée sur le mouchoir à cette odeur qui, par la nature des éléments qui la composent, est essentiellement fugitive.

Bouquet à la tulipe.

Quoique belles à voir, presque toutes les espèces de tulipes sont inodores. Cependant la variété connue sous le nom de duc de Thol exhale une odeur délicieuse, mais dont les parfumeurs ne tirent point parti. On a néanmoins décoré de son nom poétique une excellente imitation qui se prépare de la manière suivante :

Extrait de tubéreuse (de pommade)	0,56	litre.
— de violettes (de pommade)	0,56	—
— de jasmin (de pommade)	0,56	—
— de roses	0,28	—
— d'iris	85	grammes.
Essence d'amandes	5	gouttes.

Violette des bois.

A l'article VIOLETTE, nous avons déjà expliqué la manière de préparer l'extrait de cette modeste fleur. Les parfumeurs de Paris vendent sous le nom de violette des bois une préparation délicieuse et qui se fait ainsi :

Extrait de violettes	0,56	litre.
— d'iris	85,01	grammes.
— de cassie	85,01	—
— de roses (de pommade)	85,01	—
Essence d'amandes	5	gouttes.

Ce mélange est quelquefois préféré par le consommateur à la violette pure parce qu'il a plus de montant.

Couronne des riflemen (volontaires).

Alcool.	0,56	litre.
Essence de néroli.	7,08	grammes.
— de rose.	7,08	—
— de lavande.	7,08	—
— de bergamote.	7,08	—
— de girofle.	8	gouttes.
Extrait d'iris.	0,56	litre.
— de jasmin.	0,14	—
— de cassie.	0,14	—
— de musc.	70,85	grammes.
— d'ambre gris.	70,85	—

Bouquet du Yacht-Club.

Extrait de santal.	0,56	litre.
— de néroli.	0,56	—
— de jasmin.	0,28	—
— de roses triple. . . .	0,28	—
— de vanille.	0,14	—
Fleurs de benjoin.	7,08	grammes.

Bouquet du West-End (1).

Extrait de cassie.	0,56	litre.
— de violettes.	0,56	—
— de tubéreuse.	0,56	—
— de jasmin.	0,56	—
Esprit de roses triple.	1,70	—
Extrait de musc.	0,28	—
— d'ambre gris.	0,28	—
Essence de bergamote.	28,55	grammes.

Nous terminons ici la partie de l'art du parfumeur relative aux parfums pour le mouchoir ou parfumerie liquide. Bien que nous ayons peut-être consacré trop de place à la composition de tant de bouquets, nous en avons cependant omis plusieurs qui jouissent d'une grande vogue. Ceux que nous avons publiés sont particulièrement connus à cause de leur odeur spéciale; nous les avons choisis dans plus de mille recettes que nous avons toutes expérimentées.

(1) *West-End*, quartier aristocratique à l'ouest de Londres.

Le lecteur qui désire savoir quelque chose sur les simples extraits de fleurs n'a qu'à consulter la liste alphabétique.

BAGUE A JET D'ODEUR

Cette bague a obtenu, dans ces derniers temps, une sorte de célébrité comme moyen de porter sur soi des odeurs.

Le succès qu'a obtenu ce charmant bijou auprès de tous ceux qui l'ont vu est on ne peut plus flatteur pour celui qui l'a inventé. C'est à la fois un objet de luxe et d'utilité. Au moyen de la plus légère pression, la personne qui le porte peut en faire jaillir à volonté un jet de parfum. Ainsi chacun peut avoir sur soi au bal, au concert, dans la chambre d'un malade, une quantité d'essence suffisante pour rafraîchir un instant.

Plus d'une fois ces bagues ont été l'occasion de scènes comiques. Ainsi, un monsieur qui a les parfums en horreur, excepté le tabac, en pressant la main d'une dame reçoit une averse de l'éternelle frangipane ou du non moins éternel « *kiss me quick* » (embrassez-moi vite) ; au grand bonheur de la société ravie de le voir si doucement « *dévoilé*. »

Fig. 61. Bague à jet d'odeur.

Ces bagues se remplissent très-aisément. On presse le chaton de la bague; on verse de l'odeur dans une tasse et on y plonge l'anneau; l'élasticité du chaton attire le parfum à l'intérieur jusqu'à ce qu'il soit rempli.

X

POUDRES POUR LES SACHETS. — PASTILLES

La terre sourit dans tout l'éclat de sa parure,
Ici des plantes embaumées exhalent leurs parfums.
Création, p'Hexan.

Dans les chapitres précédents nous nous sommes occupé exclusivement des parfums liquides; nous allons nous occuper des parfums secs : poudres pour les sachets, tablettes, pastilles, etc. Les parfums en usage chez les anciens n'étaient certainement pas autre chose que les résines odorantes qui coulent naturellement de divers arbres et arbustes de l'hémisphère oriental; pour nous convaincre de l'usage et du cas qu'ils en faisaient nous n'avons qu'à lire les saintes Écritures : « Quel est celui-ci qui vient... parfumé de myrrhe et d'encens avec toutes les poudres du marchand. » (*Cantique de Salomon*, III, 6.) S'abstenir de l'usage des parfums est considéré en Orient comme un signe d'humiliation. « Et il arrivera qu'au lieu d'une odeur agréable ce sera une puanteur infecte. » (*Isaïe*, III, 20, 24.) « Et ils vinrent et apportèrent des tablettes. » (*Exode*, XXXV, 22.) Le mot *tablettes* dans ce passage veut dire boîtes à parfums en métal, en bois, ou en ivoire, curieusement incrustées. Quelques-unes de ces boîtes étaient peut-être faites en forme d'édifices, ce qui expliquerait le mot *palais* dans le psaume XLV, 8 : « Tous tes vêtements sentent la myrrhe, l'aloès et la casse dont l'odeur s'échappe des palais d'ivoire par quoi ils t'ont rendu joyeux. » De ce qui est dit dans saint Matthieu, II, 11, il semblerait résulter que les parfums étaient considérés comme le présent le plus précieux qu'il fût possible de faire : « Et quand ils (les Mages) eurent ouvert leurs trésors, ils lui offrirent pour présent (à l'enfant Jésus) de l'or, de l'encens et de la myrrhe. » Autant que nous pouvons savoir, les parfums dont se servaient les Égyptiens et les Persans pendant les premiers temps du monde étaient des parfums secs, le nard (*nardostachys latamansi*, valérianes), la myrrhe, l'oliban et autres résines qui sont encore presque toutes employées par les parfumeurs. Parmi les objets curieux réunis à Alnwick Castle, on voit un vase trouvé dans les catacombes d'Égypte. Il est rempli d'un mélange de résines, etc., qui répandent encore aujourd'hui une odeur agréable, quoiqu'elles aient probablement trois mille ans. Il est certain, pour nous, que l'on se servait de ce vase et de la préparation qu'il renfermait pour parfumer les appartements, comme on se sert à présent d'un pot-pourri.

POUDRES POUR SACHETS

Les parfumeurs de France et d'Angleterre préparent un grand nombre de ces poudres qui, mises dans des sachets de soie ou dans des enveloppes élégantes, trouvent un facile débouché. Ces sachets qu'on aime à respirer fournissent encore un moyen économique de communiquer une odeur agréable au linge et aux vêtements, quand on les laisse dans les tiroirs. La formule ci-dessous montre la composition des sachets. Toutes les substances doivent être d'abord moulues dans un moulin, ou pulvérisées dans un mortier et ensuite tamisées.

Sachet à la cassie.

Sommités de fleurs de cassie	500 grammes.
Poudre d'iris	500 —

C'est un charmant bouquet qui a quelque chose de l'odeur du thé. —

Dans la confection des poudres pour les sachets, on n'emploie que les substances qui conservent une odeur quand elles sont sèches ; ce sont presque toutes les herbes en usage dans l'écono-

mie domestique. Le thym, la menthe, etc., et quelques feuilles
d'arbres comme celles de l'oranger, du citronnier, etc. Mais
très-peu de fleurs, excepté la lavande, la rose, la cassie, la fleur
d'oranger, gardent leur odeur quand elles sont sèches. Le jasmin,
la tubéreuse, la violette et le réséda ne conservent rien de leur
parfum primitif et montrent clairement que leur arome se produit pendant leur vie et n'est point accumulé dans les pétales
comme cela a lieu pour les autres fleurs que nous venons de
nommer.

La gravure ci-jointe montre les appareils à air chaud dans
lesquels on fait sécher les végétaux destinés à être pulvérisés.

Fig. 62. Séchoir pour les végétaux destinés à être pulvérisés.

Aux solives du toit du séchoir sont suspendues en bottes toutes les herbes que le cultivateur élève. Pour accélérer la dessication des feuilles de roses et des autres pétales, le séchoir est garni de grandes armoires légèrement chauffées par des cylindres mobiles qu'alimente un foyer placé au-dessous.

Les boutons de fleur sont placés sur des plateaux faits de canevas étendu sur un châssis et qui n'ont pas moins de trois mètres soixante-cinq de long sur un mètre vingt et un de large chacun. Quand ces plateaux sont chargés, on les met sur les planches dans les étuves jusqu'à ce que les feuilles soient sèches.

Sachet de chypre.

Bois de rose pulvérisé.	500	grammes
— de cèdre pulvérisé.	500	—
— de santal pulvérisé.	500	—
Essence de bois de rose	6	—
Musc.	2	—

Mêlez, tamisez et vous pouvez mettre en vente.

Sachet de frangipane.

Poudre de racine d'iris.	1,500	grammes
— de vétyver.	125	
— de bois de santal.	125	
Essence de néroli	2	—
— de rose.	2	—
— de santal.	2	—
Poudre de musc.	28	—
— d'ambre.	17	—

Le nom de ce sachet est emprunté, dit-on, à la noble famille romaine des Frangipanni. Mutio Frangipanni était évidemment un alchimiste d'un certain mérite, car nous avons une autre préparation appelée rosolis, *ros solis* (rosée du soleil), liqueur aromatique et spiritueuse employée comme stomachique et dont il était, dit-on, l'inventeur. Elle se composait de vin dans lequel il avait infusé de la coriandre, du fenouil, de l'anis et du musc.

Sachet à l'héliotrope.

Iris en poudre..................	1,000 grammes.
Feuilles de roses en poudre......	500 —
Fèves de Tonka en poudre........	250 —
Gousses de vanillon.............	125 —
Musc en grains.................	10 —
Essence d'amandes.............	5 gouttes

Mêlez bien, passez dans un gros tamis et mettez en vente.

C'est un des meilleurs sachets que l'on fasse, et il a si parfaitement l'odeur de la fleur à laquelle il emprunte son nom, que ceux qui n'en connaissent pas la composition ne voudraient jamais croire que ce n'est pas réellement de l'héliotrope.

Sachet de lavande.

Fleurs de lavande pulvérisées......	500 grammes.
Benjoin en poudre.............	125 —
Essence de lavande.............	7 —

Sachet à la maréchale.

Poudre de bois de santal.......	250 grammes.
— de racine d'iris.......	250 —
Feuilles de roses pulvérisées.....	125 —
Clous de girofle en poudre.......	125 —
Écorce de cassia (laurus cassia)....	125 —
Musc en grains.................	0,88 —

Sachet de mousseline.

Vétyver en poudre..............	500 grammes.
Bois de santal.................	250 —
Iris.........................	250 —
Fleurs de cassie...............	250 —
Benjoin en poudre.............	125 —
Essence de thym..............	5 gouttes.
— de rose...............	0,88 gramme.

Sachet aux mille-fleurs.

Fleurs de lavande pulvérisées. . . .	500	grammes.
Iris.	500	—
Feuilles de roses.	500	—
Benjoin	500	—
Fèves de Tonka.	125	—
Vanille.	125	—
Santal.	125	—
Musc.	5,54	—
Civette.	5,54	—
Clous de girofle en poudre.	125	—
Cannelle.	56,67	—
Piment Jamaïque.	56,67	—

Sachet au Portugal.

Écorce d'orange sèche.	500	grammes.
— de citron.	250	—
Racine d'iris.	250	—
Essence d'écorce d'orange.	28,33	—
— de néroli.	0,44	—
— de schœnanthe.	0,44	—

Sachet au patchouly.

Patchouly pulvérisé.	500	grammes,
Essence de patchouly.	0,44	—

On vend souvent le patchouly dans son état naturel, tel qu'il a été importé, en bottes de 250 grammes chacune.

Pot-pourri.

C'est un mélange de fleurs sèches et d'épices non moulues.

Lavande sèche.	500	grammes.
Feuilles de roses entières.	500	—
Iris grossièrement écrasée.	500	—
Clous de girofle concassés.	56,67	—
Cannelle concassée.	56,67	—
Piment Jamaïque concassé.	56,67	—
Noix muscades.	56,67	—

Olla podrida.

C'est encore une préparation dans le genre du pot-pourri. On n'en peut donner aucune recette régulière, car elle se fait généralement avec les rebuts et les résidus des substances déjà soumises à d'autres manipulations dans les fabriques, telles que la vanille, le musc en grain, la racine d'iris, les fèves de Tonka qui ont servi à faire les teintures ou extraits du même nom, mêlées avec des feuilles de roses, de la lavande ou toute autre herbe odorante.

Sachet à la rose.

Pétales de roses.	500	grammes.
Bois de santal en poudre	250	—
— de Rhodes en poudre	500	—
Essence de rose	4	—

Sachet de bois de santal.

Voici un bon sachet, peu coûteux ; il se compose simplement de bois pulvérisé. Il faut acheter le bois de santal à quelque marchand en gros, et le faire mettre en poudre par les broyeurs qui travaillent pour les droguistes ; il serait inutile d'essayer de le faire chez soi à cause de la dureté du bois.

Sachet sans nom.

Thym sec	125	grammes.
Citronelle	125	—
Menthe	125	—
Origan	125	—
Lavande	250	—
Pétales de roses	500	—
Clous de girofle en poudre	57	—
Poudre de *calamus aromaticus*	500	—
Musc en grains	1,77	—

Sachet à la verveine.

Écorce de citron séchée et pulvérisée	500	grammes
Lemon thyme (*thymus serpyllum*)	125	—
Essence de verveine (lemon grass)	1,77	—
— d'écorce de citron	14,16	—
— de bergamote	28,35	—

Sachet de vétyver.

Les racines fibreuses (rhizomes) de l'*andropogon muricatus*, réduites en poudre, constituent le sachet qui porte ce nom dérivé du nom tamoul *vittie vayer*, transformé par les Parisiens en celui de *vétyver*. L'odeur ressemble à celle de la myrrhe. On vend le vétyver en petits paquets, comme il nous vient des Indes; plus souvent que pulvérisé.

Sachet à la violette.

Fleurs de cassie,	1,000	grammes.
Pétales de roses.	500	—
Poudre de racine d'iris	1,000	—
Essence d'amandes amères.	0,44	—
Musc en grains.	1,77	—
Benjoin en poudre.	250	—

Mêlez bien ces ingrédients en les tamisant; gardez-les ensemble pendant une semaine dans une jatte de verre ou de porcelaine avant de mettre en vente.

On fabrique encore beaucoup d'autres sachets; mais pour les besoins réels du commerce il n'y a aucun avantage à en tenir une plus grande variété. Il y a cependant plusieurs autres substances qui s'emploient de la même manière. La plus populaire est la

PEAU D'ESPAGNE

La peau d'Espagne est un cuir très-parfumé que l'on prépare de la manière suivante : on prend de bons morceaux de peau de chamois ou de mouton chamoisée que l'on trempe dans un mélange d'essence où l'on a fait dissoudre quelques résines odorantes : essence de néroli, essence de rose, de santal, de chacune 14 ou 15 grammes; essence de lavande, de verveine, de bergamote, de chacune 7 ou 8 grammes; essence de girofle, de cannelle, de chacune 3 ou 4 grammes, et toutes autres essences qu'on jugera convenables. Faites dissoudre environ 115 grammes

de gomme benjoin dans 25 centilitres d'alcool que vous ajoutez aux essences; mettez alors la peau tremper dans ce mélange pendant un jour ou deux; puis retirez-la et faites-en sortir tout le parfum inutile, enfin faites-la sécher en l'exposant à l'air. On fait ensuite une pâte en pilant dans un mortier un ou deux grammes de civette avec une égale quantité de musc en grains et une solution de gomme adragante pour lui donner une consistance qui permette de l'étendre. Quelques gouttes de l'une des essences qui peuvent être restées du bain, mêlées à de la civette, sont très-utiles pour donner au tout une consistance égale. On coupe la peau en morceaux d'environ 25 centimètres carrés et on l'enduit comme un emplâtre avec la composition qui vient d'être décrite; on réunit ensuite deux morceaux, les côtés enduits l'un contre l'autre, on les met sous presse entre deux feuilles de papier et on les laisse sécher ainsi pendant une semaine; enfin chaque double peau, qui maintenant reçoit le nom de peau d'Espagne, est enveloppée dans un fourreau de soie ou de satin et décorée selon le goût du marchand.

Les peaux préparées de cette manière exhalent pendant des années une odeur très-agréable, ce qui les a souvent fait appeler « sachets inépuisables. » On en fait de minces qui sont très-recherchées pour parfumer le papier à lettres.

L'odeur permanente du cuir de Russie est connue de tout le monde et plaît à beaucoup de personnes. Elle est due au santal odorant avec lequel il est tanné et à l'huile empyreumatique de l'écorce du bouleau avec laquelle il est corroyé. Mais l'odeur du cuir de Russie n'est pas assez *recherchée* pour être considérée comme un parfum; cependant on peut, en le plongeant dans les diverses essences, lui donner toutes les odeurs possibles, et il les retiendra d'une manière remarquable surtout si on le trempe dans l'essence de santal ou de schœnanthe. De cette manière on peut varier à l'infini l'odeur de la peau d'Espagne et en augmenter beaucoup le mérite par la fixité donnée au parfum. Une

autre manière de faire un bon sachet plat est de faire un mélange de civette et de musc pilés dans un mortier avec de la gomme liquide et d'étendre ce composé sur un morceau de carton qu'on laisse sécher et que l'on décore ensuite avec des rubans de couleur.

PAPIER A LETTRES PARFUMÉ

Si l'on met un morceau de peau d'Espagne en contact avec du papier, celui-ci absorbera assez d'odeur pour pouvoir être considéré comme « parfumé. » Il va sans dire que pour qu'on puisse écrire sur le papier il ne faut pas qu'aucune des teintures ou essences odorantes le touche, car ces substances altéreraient la fluidité de l'encre et gêneraient le mouvement de la plume; ce n'est donc qu'au moyen de cette sorte de contagion qu'il est possible de parfumer avec avantage le papier à lettres.

Après les sachets dont nous venons de parler, il faut mentionner la ouate parfumée dont on se sert pour garnir toutes sortes d'objets en usage dans le boudoir des dames. On en met dans les pelottes à épingles, dans les écrins à bijoux et autres choses pareilles. Pour préparer ce coton on se borne à le tremper dans quelque teinture forte de musc, etc.

SIGNETS PARFUMÉS

Nous avons vu dans la fabrication de la peau d'Espagne comment le cuir pouvait absorber les substances odorantes; c'est absolument de la même manière que l'on traite les cartes avant d'en faire des signets. Ainsi préparées on les décore ensuite de dessins au goût des acheteurs et on les orne tantôt de broderies, tantôt de perles.

PIERRES PARFUMÉES

On est curieux de savoir comment ces pierres peuvent exhaler

une odeur comme des fleurs naturelles et de quelle contrée elles viennent.

Quand on les déplace dans la petite boîte qui les contient, en voit les effets curieux du kaléidoscope et l'on respire le plus délicieux parfum. La vérité est que sous le papier d'argent sur lequel les pierres sont fixées, est une carte découpée de la grandeur de la boîte; sur chaque carte est étendu un mélange de musc, de civette et d'essence de rose broyés et mêlés dans un peu de gomme adragante.

CASSOLETTES ET PRINTANIÈRES

Ce sont de petites boîtes d'ivoire de différentes formes percées de manière à laisser échapper l'odeur qu'elles contiennent. Le mélange dont on se sert pour remplir « ces palais d'ivoire qui nous rendent joyeux » se compose de parties égales de musc en grain, d'ambre gris, de graines de vanille, d'essence de rose, de poudre d'iris avec une quantité suffisante de gomme adragante pour donner au tout la consistance d'une pâte. On se sert aujourd'hui des cassolettes pour parfumer les poêlés et les saes de la même manière que des vinaigrettes en or et en argent.

COQUILLES PARFUMÉES

Les coquillages de Venise qu'on trouve en si grande abondance sur les bords de la mer Adriatique, près des îles de la Grèce et des îles Maldives, sont d'abord nettoyés avec de l'acide muriatique affaibli pour leur donner leur brillant de perle. On fait ensuite un mélange d'essences, par exemple, 500 grammes de bergamote et 25 grammes de bois de santal, 56 grammes de lavande et 56 grammes de bois de rose, on y mêle 2 grammes de civette et 3 ou 4 grammes de musc.

Alors on trempe les coquillages dans la composition qui monte dans les spirales dont ils se composent. Quand ils sont secs, ces coquillages servent à parfumer les écrins et les boîtes à ouvrages.

ENCENS

Il n'est pas douteux que l'habitude de brûler des pastilles dans les appartements ne vienne de l'usage de brûler de l'encens

Fig. 65. Grand prêtre et autel

aux les autels pendant les cérémonies religieuses. — Il arriva par le sort, selon ce qui s'observait entre les prêtres, que ce fut à lui Zacharie d'entrer dans le temple du Seigneur pour y brûler l'encens. » (*Luc.* I, 9.) — Et tu feras un autel pour y brûler de l'encens... Et Aaron y brûlera de l'encens tous les matins quand il arrange les lampes; et le soir, quand il allume les lampes, il y brûlera de l'encens. » *Exode.* XXX, I, 7.

ci-jointe en montre la forme ; la partie supérieure est percée de trous pour laisser s'évaporer le parfum (1). Dans la partie inférieure est un petit réchaud de cuivre que l'on peut en tirer et remplir de charbon embrasé. Pour s'en servir on met le charbon dans l'encensoir et on verse l'encens dessus, la chaleur le volatilise immédiatement et la fumée se répand. Le clerc, en balançant en l'air l'encensoir attaché à trois longues chaînes, favorise le dégagement de la vapeur embaumée. La manière d'encenser varie légèrement dans les églises à Rome, en France et en Angleterre ; quelques-uns envoient l'encensoir plus haut que la tête. A l'église de la Madeleine, à Paris, l'habitude est de le lancer toujours de toute la longueur des chaînes et de le rattraper vivement de la main gauche.

La gravure ci-après représente une boîte ou brûloir à encens antique (fig. 65) ; l'original en argent est long de 18 centimètres.

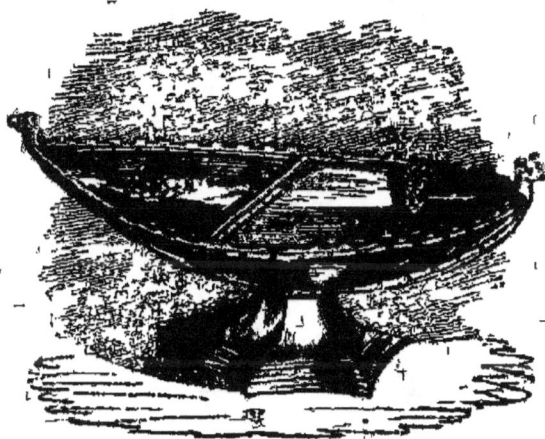

Fig. 65. Brûloir à encens antique.

Il appartient à William Wells, esq., de Holme Wood House, Whittlesea, Cambridgeshire. On l'a trouvé en curant l'étang de Whittlesea. La forme et la construction en sont bien assorties

(1) Le mot parfum (per fume) est dérivé du latin per fumus (par fumée), parce que les premiers parfums en usage étaient ceux dont l'odeur se dégage dans la combustion.

L'ENCENSOIR

Sur les murs de tous les temples égyptiens depuis Méroé jusqu'à Memphis on voit l'encensoir fumer devant la divinité qu'on y adore; sur ceux des tombeaux on trouvait peinte en brillantes couleurs la préparation des épices et des parfums. Il y a au *British Museum*, sous le n° 2595, un vase dont le corps est destiné à renfermer une lampe; les parois sont percées de manière à permettre à la chaleur de la flamme d'agir sur des tubes qui font saillie et qui contiennent, dans de petits vases placés à l'extrémité inférieure, des essences; la chaleur volatilise les essences et parfume immédiatement l'appartement. Ce vase ou encensoir a été tiré d'un caveau égyptien.

L'encensoir en usage dans les églises est fait de cuivre, d'argent allemand ou d'autres métaux précieux; la gravure

Fig. 64. Encensoir.

à l'usage auquel il est destiné. Quand il ne sert pas, c'est un objet élégant pour orner un boudoir ; et, quand on en a besoin, on trouve dans la boîte l'encens et les allumettes pour le faire brûler. Il est probable qu'il a appartenu à l'abbaye de Ramsey (1), supposition suggérée par les têtes de bélier qu'on voit à l'avant et à l'arrière du vaisseau.

Divers échantillons d'encens préparé pour le service des autels, tel que l'expédient MM. Martin, de Liverpool, paraissent n'être pas autre chose que de la résine oliban d'une qualité ordinaire qui ne ressemble en rien à la composition prescrite par Dieu et dont l'exode donne la formule tout au long.

Les pastilles des modernes ne sont en réalité qu'une légère variante de l'encens des anciens. Pendant longtemps on leur donna le nom d'osselets de Chypre. On trouve dans les vieux livres de pharmacie, sous le nom de *suffitus*, un certain mélange des résines alors connues qui, jeté sur les cendres chaudes, produisait une fumée que l'on regardait comme salutaire dans plusieurs maladies.

C'est avec la même idée, ou tout au moins pour masquer la mauvaise odeur de la chambre des malades, qu'on se sert aujourd'hui de pastilles et de rubans de fumigation.

Il n'y a pas beaucoup de variété dans la formule des pastilles qui se vendent à présent. Nous avons d'abord :

Pastilles jaunes ou indiennes.

Bois de santal en poudre.	500	grammes
Benjoin	750	—
Tolu	125	—
Essence de santal	5,51	—
— de casse *laurus cassia*	5,51	—
— de girofle	5,51	—
Nitrate de potasse	42,50	—

Mucilage de gomme adragante en quantité suffisante pour faire du tout une pâte compacte.

1 *Ram*, en anglais, bélier.

Il faut d'abord pulvériser le benjoin, le bois de santal et le baume de Tolu, les mêler en les tamisant, après quoi on ajoute les essences, puis le nitre dissous dans le mucilage. On pile bien dans un mortier et l'on donne la forme aux pastilles avec un moule et on les fait sécher peu à peu.

Les *josticks* chinois sont composés de la même manière, mais ils ne contiennent pas de tolu; on les brûle comme l'encens dans les temples de Boudha et en assez grande quantité pour faire enchérir considérablement le bois de santal.

Poudres d'encens.

Bois de santal en poudre.	500	grammes.
Écorce de cascarille en poudre	250	—
Benjoin.	250	—
Vétyver.	56,67	—
Nitrate de potasse (salpêtre)	56,67	—
Musc en grains	0,44	—

Passer bien le tout ensemble plusieurs fois à travers un tamis fin.

Pastilles du sérail.

[Les clous fumants, pastilles du sérail, pastilles aromatiques, etc., sont préparés de plusieurs manières; ils renferment toujours des poudres aromatiques, des résines ou des baumes, du charbon et du nitre, le tout lié par un mucilage épais de gomme adragante. Voici quelles sont les formules les plus suivies :

Trochisques odorants. Clous fumants. Pastilles fumigatoires.

Benjoin.	60	grammes.
Baume de Tolu.	8	—
Laudanum.	4	—
Santal citrin.	15	—
Charbon de peuplier	100	—
Nitre.	8	—
Mucilage de gomme adragante.	Quantité suffisante.	

On fait une pâte que l'on dispose en cônes de 22 à 25 millimètres de hauteur et de 10 à 12 millimètres à la base; on les

fait dessécher à une basse température, et on les allume par le sommet pour les brûler.

Pastilles des parfumeurs.

Braise de boulanger.	1,000	grammes.
Benjoin.	375	—
Tolu.	125	—
Gousses de vanille.	125	—
Clous de girofle.	125	—
Essence de santal.	5,54	—
— de néroli.	5,54	—
Nitre.	42,50	—
Gomme adragante.	Quantité suffisante	

Pastilles de Piesse.

Charbon de saule.	500	grammes.
Acide benzoïque.	70	—
Essence de thym.	0,88	—
— de carvi.	0,88	—
— de rose.	0,88	—
— de lavande.	0,88	—
— de girofle.	0,88	—
— de santal.	0,88	—
Ambre gris.	1,77	—
Pure civette.	0,44	—

Avant de faire le mélange, faites dissoudre 20 grammes de nitre dans 25 centilitres d'eau de roses, distillée ou ordinaire; mouillez complétement le charbon avec cette solution et laissez-le ensuite sécher dans un endroit chaud.

Lorsque le charbon ainsi préparé est bien sec, versez dessus les essences mélangées et agitez dedans les fleurs de benjoin. Après que le tout a été bien mêlé en le tamisant (le tamis vaut mieux pour mêler les poudres que le pilon et le mortier), il faut le piler dans un mortier avec quantité suffisante de mucilage pour bien lier le tout ensemble; moins on en met, mieux cela vaut.

On a publié un grand nombre de recettes pour la fabrication des pastilles; les neuf dixièmes contiennent des bois, des écorces, ou des grains aromatiques. Or, quand ces substances brûlent, le chimiste sait que si la fibre ligneuse qu'elles renferment subit une combustion lente, il se produit des corps dont

l'odeur est loin d'être agréable. En fait, l'odeur du bois brûlé couvre celle des ingrédients aromatiques volatilisés ; c'est pour cette raison seule qu'on préfère le charbon aux autres substances. Le charbon qui entre dans les pastilles n'a pas d'autre objet que de produire en brûlant la chaleur nécessaire pour volatiliser promptement les substances aromatiques dont il est entouré. Le produit de la combustion du charbon est inodore et n'a par conséquent aucune action sur le parfum de la pastille. Mais il n'en est pas de même pour les autres ingrédients qu'on peut employer lorsqu'ils ne sont pas par eux-mêmes parfaitement volatilisables à l'aide d'un petit surcroît de chaleur. Si la combustion a lieu, ce qui arrive toujours avec tous les bois aromatiques qu'on introduit dans les pastilles, nous avons, outre les essences volatiles que contient le bois, tous les composés naturellement produits par la combustion lente de la matière ligneuse qui gâtent ou altèrent l'odeur des autres ingrédients volatilisés.

Quelquefois, il est vrai, on a recours à certaines espèces de fumigations où ces produits sont précisément ce qu'on recherche, comme quand on fait brûler du papier gris dans une chambre pour masquer de mauvaises odeurs. Si l'on brûle du tabac rapidement, en faisant de la flamme, il ne se développe aucune odeur ; mais si on le brûle lentement comme font les fumeurs, l'arome connu du « nuage » qui n'existait pas primitivement dans le tabac, se révèle et prend naissance. Or, une pastille bien faite ne doit répandre aucune odeur qui lui soit propre, mais simplement volatiliser les corps odorants quels qu'ils soient qui sont entrés dans sa composition. La dernière formule que nous avons donnée atteint, croyons-nous, le but.

Il ne s'ensuit pas que les formules données ici produisent toujours l'odeur la plus recherchée ; il est évident que, pour les pastilles comme pour les autres parfums, cela dépend beaucoup du goût. Beaucoup de personnes n'aiment pas du tout l'arome

17.

du benjoin, tandis qu'elles aiment passionnément les vapeurs de la cascarille.

LAMPE A PARFUM

Peu de temps après la découverte de la propriété particulière qu'a le platine spongieux de rester incandescent dans la vapeur d'alcool, feu J. Deck, de Cambridge, en fit une ingénieuse application pour parfumer les appartements. On remplit une lampe ordinaire à l'esprit-de-vin, d'eau de Hongrie ou d'autre esprit parfumé, puis on y met une mèche comme d'habitude. Au centre de la mèche et la dépassant environ de 5 millimètres on met une petite boule de platine spongieux fixée à une petite tringle de verre introduite dans la mèche.

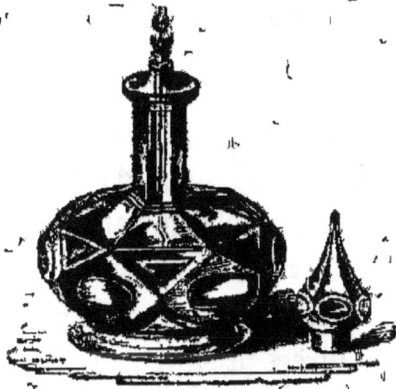

Fig. 66. Lampe sans flamme à parfum.

Quand la lampe est ainsi arrangée, on l'allume et on la laisse brûler jusqu'à ce que le platine passe au rouge cerise; on peut alors éteindre la flamme, le platine continue à demeurer incandescent pendant un temps indéfini. Le voisinage d'une boule embrasée amène naturellement l'évaporation d'un corps volatil, comme l'est une essence aromatique répandue sur la surface d'une mèche de coton, et par suite la diffusion de l'odeur.

Au lieu de remplir la lampe d'eau de Hongrie on peut y mettre de l'eau de Portugal, de verveine ou toute autre essence spiritueuse. Quelques parfumeurs font pour ces lampes un mélange particulier appelé :

Eau à brûler.

Eau de Hongrie ou eau de Cologne.	0,56	litre.
Teinture de benjoin	56,67	grammes.
— de vanille	28,33	—
Essence de thym	0,88	
— de menthe	0,88	
— de muscade	0,88	

Autre forme appelée :

Eau pour brûler.

Esprit-de-vin rectifié	0,56	litre.
Acide benzoïque	14,16	grammes.
Essence de thym	1,77	—
— de curvi	1,77	—
— de bergamote	56,67	—

Les personnes qui ont l'habitude de se servir des lampes à parfums ont souvent occasion de remarquer que, quelque différence qu'il y ait dans la composition du liquide employé, il y a toujours une certaine ressemblance dans l'odeur quand le platine est en œuvre. Cela vient de ce que, tant que la vapeur de l'alcool mêlée au gaz oxygène passe sur le platine incandescent, il se forme toujours divers produits, en plus ou moins grande quantité, tels que l'acide acétique, l'aldéhyde et l'acétal, qui donnent un cachet particulier et un bouquet assez agréable à la vapeur, mais qui absorbent et annihilent toute autre odeur.

PAPIER A FUMIGATIONS

Il y a deux manières de le préparer :

I. Prenez des feuilles de papier à cartouches léger, plongez-les dans une solution d'alun ainsi faite : alun, 28 grammes ; eau, 1 litre 56 centil. Quand elles sont complétement imbibées faites-les bien sécher ; sur un des côtés de ce papier étendez un mélange composé de gomme de benjoin, d'oliban, et de baume de Tolu ou du Pérou en proportions égales, si vous n'aimez mieux le benjoin seul. Pour étendre la résine, etc., il est nécessaire de les faire fondre dans un vase de terre; on en verse ensuite une couche mince sur le papier et on en adoucit la surface avec une spatule chaude. Quand on veut s'en servir, on tient des bandes de ce papier au-dessus de la bougie ou de la lampe afin de faire évaporer le principe odorant sans embraser le papier. L'alun l'empêche jusqu'à un certain point de s'enflammer.

II. On trempe des feuilles de bon papier léger dans une solution de salpêtre, dans la proportion de 56 grammes de salpêtre pour 56 centilitres d'eau; on les fait ensuite bien sécher.

On fait dissoudre une gomme odorante, myrrhe, oliban, benjoin ou autre dans de l'esprit-de-vin rectifié jusqu'à ce que celui-ci en soit saturé; avec une brosse on étend cette solution sur les deux côtés du papier, ou bien on plonge le papier dans la solution; après quoi on l'étend sur un grand plat, et enfin on le suspend en l'air où il sèche rapidement. On fait ensuite avec des bandes de ce papier, en les roulant, des espèces de broches que l'on enflamme et qu'on souffle aussitôt. Le nitre contenu dans le papier est cause qu'il brûle tout doucement en répandant l'agréable parfum des gommes aromatiques. Si l'on presse deux de ces feuilles l'une contre l'autre avant que la surface soit sèche, elles se colleront et n'en feront plus qu'une seule. Coupées en bandes elles forment ce qu'on appelle *allumettes odoriférantes* ou *broches parfumées*.

RUBAN DE BRUGES

Faites deux teintures dans des bouteilles séparées comme suit :

Bouteille n° 1

Teinture d'iris. . . . . 0,28 litre.
Benjoin entier . . . . 115 grammes.
Myrrhe entière . . . . 24 —

Bouteille n° 2

Alcool. . . . . 0,28 litre.
Musc. . . . . 14 grammes.
Essence de rose. . . . . 2 —

Laissez reposer ces deux teintures pendant un mois. Prenez 130 mètres
de ruban de coton sans apprêt et plongez-les dans une solution de
28 grammes de salpêtre dans 50 centilitres d'eau de roses chaude;
faites-les sécher, filtrez les deux teintures et mêlez-les; trempez-y le
ruban; quand il est sec, roulez le et mettez-le dans le vase de manière à
ce que le bout en sorte, comme la mèche d'une lampe. Allumez-le, souf-
flez la flamme; le ruban, en brûlant lentement, répandra dans l'air une
vapeur embaumée. Lorsque le ruban est consumé jusqu'au fond de la
bobèche, il ne peut plus brûler et s'éteint spontanément, ce qui est à
la fois une sécurité et une économie.

La vue d'une lampe de sûreté de Davy, où l'action réfrigérante du
corps qui l'entoure empêche le feu de passer à travers une étroite ouverture, m'a suggéré l'idée de cette petite invention.

Fig. 67. Vase et section montrant le ruban de Bruges.

XI

SAVONS PARFUMÉS

Le mot *savon*, en anglais *soap* ou *sope*, du grec *sapo*, se rencontre pour la première fois dans les écrits de Pline et de Galien. Pline nous apprend que le savon fut inventé par les Gaulois, qu'il se composait de suif et de cendre, et que le savon de Germanie passait pour le meilleur. On lit, dans Sismondi, qu'il y avait un savonnier parmi les serviteurs de Charlemagne.

Dans des fouilles faites il y a quelques années à Pompéi, ville d'Italie, ensevelie sous les cendres du Vésuve lors de l'éruption qui eut lieu en l'an 79, on a découvert la boutique d'un fabricant de savon avec du savon dedans.

Il résulte évidemment de là que la fabrication du savon remonte à une date très-éloignée; en effet, Jérémie en parle au figuré : — « Car quoique tu te laves avec du natron et que tu prennes beaucoup de savon, cependant ton iniquité est *marquée* devant moi. » (*Jér.*, ii, 22.) Malachie en fait autant : « Il est comme le feu du raffineur, et comme le savon du foulon. » (*Mal.*, iii, 2.)

Le parfumeur fabrique lui-même ou achète au fabricant les divers savons à l'état brut, puis il les refond, les parfume et les colore selon les articles qu'il se propose de faire.

Les savons se partagent primitivement en savons durs et savons mous; les premiers sont à base de soude, les seconds à base de potasse. Ceux-ci se subdivisent encore en sortes diverses, selon le corps gras employé et la proportion d'alcali qu'ils contiennent. L'espèce qui intéresse spécialement le parfumeur est celle qu'on appelle *blanc de suif* (*curd soap*) et qui forme la us les savons à odeurs prononcées.

Le BLANC DE SUIF (*curd soap*) est presque un savon neutre, composé de soude pure et de beau suif.

Le SAVON A L'HUILE (*oil soap*) est une combinaison incolore d'huile et de soude, dure, serrée et ne renfermant qu'une petite quantité d'eau.

Le SAVON DE CASTILLE, importé d'Espagne, est un composé semblable, coloré avec du protosulfate de fer. On ajoute la solution de sel après que la pâte est fabriquée; la présence de l'alcali amène la décomposition du sel, le protoxyde de fer se répand dans la masse du savon et, par sa couleur verte que tout le monde connaît, lui donne l'apparence du marbre. Lorsque le savon est coupé en briques et exposé à l'air, le protoxyde, par l'absorption de l'oxygène, se transforme en peroxyde, c'est ce qui fait que la tranche extérieure d'un morceau de savon est marbrée de rouge tandis que l'intérieur est marbré de vert. Tout le savon de Castille n'est pas coloré artificiellement; il y en a auquel on donne la même couleur en employant tantôt une barille ou soude qui contient un sulfure alcalin, tantôt un sel de fer.

SAVON MARIN (*marine soap*). C'est un savon fait avec de l'huile de noix de coco, un grand excès de soude et beaucoup d'eau.

SAVON JAUNE (*yellow soap*) est un savon composé de soude, de suif, de résine, de saindoux, etc., etc.

SAVON DE PALME (*palm soap*). Ce savon, composé de soude et d'huile de palme, conserve la couleur et l'odeur particulières à cette huile. Le principe odorant de l'huile de palme ressemble à celui de la racine d'iris et peut en être extrait par infusion dans l'alcool; comme les essences en général, il ne subit pas l'action des alcalis, c'est pourquoi le savon d'huile de palme garde l'odeur de l'huile.

Le SAVON MOU DE FIGUES est un composé d'huiles, principalement d'huile d'olive de la qualité la plus commune, et de potasse.

Le savon mou de Naples est un savon fait avec de l'huile de poisson mêlée à de l'huile de Lucques et de la potasse : il conserve, quand il est pur, son odeur naturelle de poisson.

Le public veut un savon qui ne se racornisse pas et ne change pas de forme quand il est en magasin. Il doit faire beaucoup de mousse pendant qu'on s'en sert ; il ne doit pas laisser la peau rude après qu'on s'en est servi ; il doit être tout à fait inodore ou avoir une odeur agréable. Aucun des savons dont nous venons de parler ne possède cette réunion de qualités ; c'est au parfumeur à la réaliser en les refondant.

Les savons ci-dessus constituent l'élément principal, la base de tous les savons de fantaisie à odeur que font les parfumeurs en les mêlant et refondant d'après la formule suivante.

REFONTE DES SAVONS

Cette opération est excessivement simple. On coupe d'abord la brique en tranches minces au moyen d'un rabot circulaire, parce qu'il serait presque impossible de fondre une brique entière, le savon étant un des plus mauvais conducteurs de la chaleur.

La chaudière est un vase de fer, de grandeur variable, pouvant contenir depuis 15 jusqu'à 300 kilogrammes, chauffée par un jet de vapeur ou par un bain-marie. On met le savon dans la chaudière par degrés ou, pour parler la langue technique, par ronds, c'est-à-dire que les petites tranches sont placées perpendiculairement tout autour de la chaudière. On verse en même temps une petite quantité d'eau pour favoriser la fusion. On couvre la chaudière et au bout d'une demi-heure le savon est fondu. On fait alors un autre rond et l'on continue ainsi de demi-heure en demi-heure jusqu'à ce que la fonte soit complète. Plus un savon contient d'eau, plus il est facile à fondre ; ainsi un rond de savon marin ou de savon jaune frais fondra en moitié moins de temps qu'il n'en faut pour un savon vieux.

Lorsqu'on fond plusieurs savons différents pour n'en faire en définitive qu'une seule espèce, il faut mettre les diverses sortes dans la chaudière en ronds alternatifs ; mais chaque rond ne doit se composer que d'une seule espèce pour être sûr d'avoir une pâte uniforme. Pendant que le savon fond, pour le mêler et diviser les grumeaux, etc., il faut de temps en temps l'agiter (to crutch). L'instrument, l'outil avec lequel on le remue s'appelle en anglais *crutch* (béquille) : le nom en indique la forme, un long manche avec une petite croix, un T renversé et recourbé pour suivre la courbure de la chaudière. Tout le savon fondu, on le colore, quand cela est nécessaire, puis on ajoute le parfum et l'on incorpore complétement le tout au moyen de la béquille (crutch).

Le savon est ensuite mis dans la forme (frame) (fig. 68). C'est une boîte composée de châssis mobiles, afin qu'elle puisse se démonter pour permettre de couper le savon quand il est refroidi ; ces châssis (lifts) sont ordinairement de la grandeur qu'on veut donner aux briques.

Fig. 68. Forme à savons.

Lorsque le savon est resté deux ou trois jours dans la forme, il est assez froid pour être coupé en tranches de la grandeur des sections de la forme ; ces tranches sont posées de champ pour sécher encore pendant un jour ou deux ; au bout de ce temps on les partage en briques avec un fil de laiton (fig. 69). Les châssis de la forme règlent la largeur des briques, la jauge règle leur

Fig. 69. Découpage du savon.

épaisseur. La densité du savon étant bien connue, les jauges sont faites de manière à ce que le couteau puisse couper les briques par quarts, sixièmes ou huitièmes, c'est-à-dire par carrés de huit, douze ou seize au kilogramme.

Fig. 70. Savon mis en tablettes.

M. Brunot, de Paris, a inventé dans ces derniers temps différentes machines pour couper le savon qui, dans de très-grands établissements, tels que ceux de Marseille et de Paris, économisent beaucoup de travail; mais en Angleterre on se sert encore du laiton (fig. 70).

[La machine broyeuse n° 3 (fig. 71) porte trois cylindres en granit dont on peut régler à volonté le serrage. Sur le côté droit du dessin on voit une boîte dont l'extrémité supérieure est plus élevée que le volant : c'est dans cette boîte qu'on introduit un pain de savon qu'on a préalablement coupé sur la grosse

forme. Ce pain, quand la machine est en mouvement, vient
appuyer à sa partie inférieure sur un couteau circulaire et se

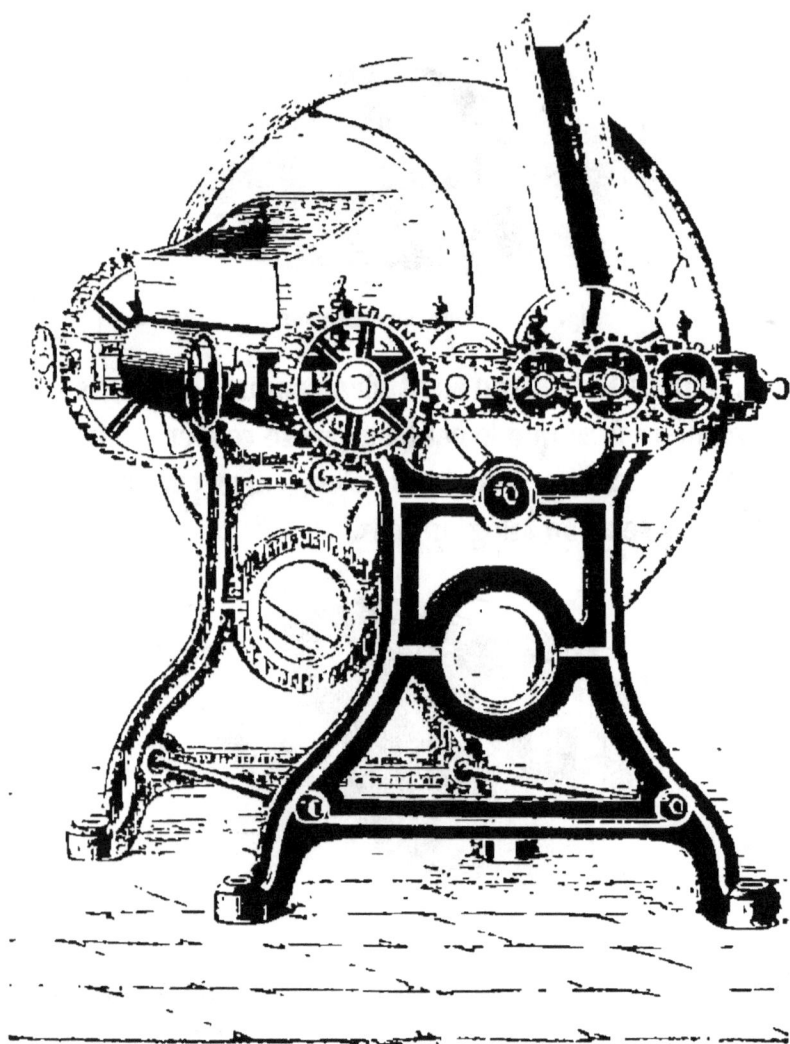

Fig. 71. Machine broyeuse n° 5 pour savons de Brunet, E. Trotin, successeur

trouve découpé par petits morceaux qu'on reçoit sous la machine dans une boîte. On place le savon ainsi coupé dans la
trémie qui est au-dessus des deux premiers cylindres, à gauche
de la figure; ces deux cylindres entraînent le savon, qui se
trouve broyé par eux, puis est entraîné entre le deuxième et
le troisième. Ces cylindres, ayant des vitesses différentes, pro-

duisent un broyage parfait. Sur le troisième cylindre, un couteau vient s'appuyer sur toute sa largeur et détache le savon en feuilles minces qui viennent tomber dans une boîte placée en dessous de ces cylindres. Lorsque le savon y est arrivé, il est broyé convenablement pour être introduit dans la peloteuse.

La machine n° 1 (fig. 72), étant de dimensions plus grandes, ne porte pas de couteau qui divise préalablement la pâte; celle-ci est découpée par une machine spéciale et est apportée ensuite dans la trémie qui surmonte les deux premiers cylindres. Le travail se fait sur cette broyeuse comme dans la précédente;

Fig. 72. Machine broyeuse n° 1 de Brunot, de Paris.

seulement cette broyeuse marche exclusivement par machine à vapeur ou autre, la machine n° 5 pouvant marcher soit à bras d'homme, soit à la vapeur.

La peloteuse n° 1, qui est indiquée sur la figure 75, marche

Fig. 75. Machine peloteuse à mouvement rectiligne alternatif des ateliers de M. E. Trotot, serrurier, maison Bancel.

exclusivement par la vapeur. Cette machine se compose d'une caisse rectangulaire dont le couvercle, à la partie supérieure, s'ouvre à volonté pour introduire la pâte; dans cette boîte se meut un piston ayant exactement les dimensions intérieures de la boîte. Ce piston possède une tige filetée à sa partie extérieure, tige qui est mise en mouvement par le mécanisme qui lui donne un mouvement alternatif. Lorsqu'on introduit la pâte dans la caisse, le piston doit laisser la caisse vide, de manière à y introduire le plus de savon possible. On referme le couvercle et on fait avancer le piston qui refoule la pâte et vient la comprimer très-fortement. Alors elle sort vers la partie droite de la figure par une ouverture de forme et de dimension convenables, variables à volonté, pour donner aux boudins la forme la plus voisine des pains de savon qu'on veut obtenir. Ces boudins sortent sur une toile fine sans fin (partie droite de la figure). Lorsqu'ils sont à dimension convenable, on les coupe, au moyen d'un mécanisme, à des longueurs égales entre elles, mais variables à volonté, de manière à donner aux pains qu'on obtient ainsi le poids qu'on désire. Lorsque le piston est arrivé à l'extrémité de sa course, on ouvre de nouveau le couvercle, on ramène le piston en arrière et on recharge à nouveau. Il y a des peloteuses fonctionnant aussi à bras d'homme.

La presse (fig. 74) sert à donner au savon les différentes formes sous lesquelles il est livré au commerce. A cet effet, les moules sont en deux morceaux qui portent gravées les différentes indications que chaque fabricant veut y mettre. A la vis de percussion se trouve fixée la partie supérieure du moule, tandis que la partie inférieure est assujettie dans une contre-partie qui varie de forme suivant qu'on veut obtenir des poids fixes ou variables. La presse est mise en mouvement à l'aide du volant situé à la partie supérieure. Des arrêts automoteurs empêchent le volant d'avancer dans un sens ou dans l'autre, lorsque la presse ne fonctionne pas pour laisser le temps de retirer le pain terminé et de mettre celui qu'on veut frapper.

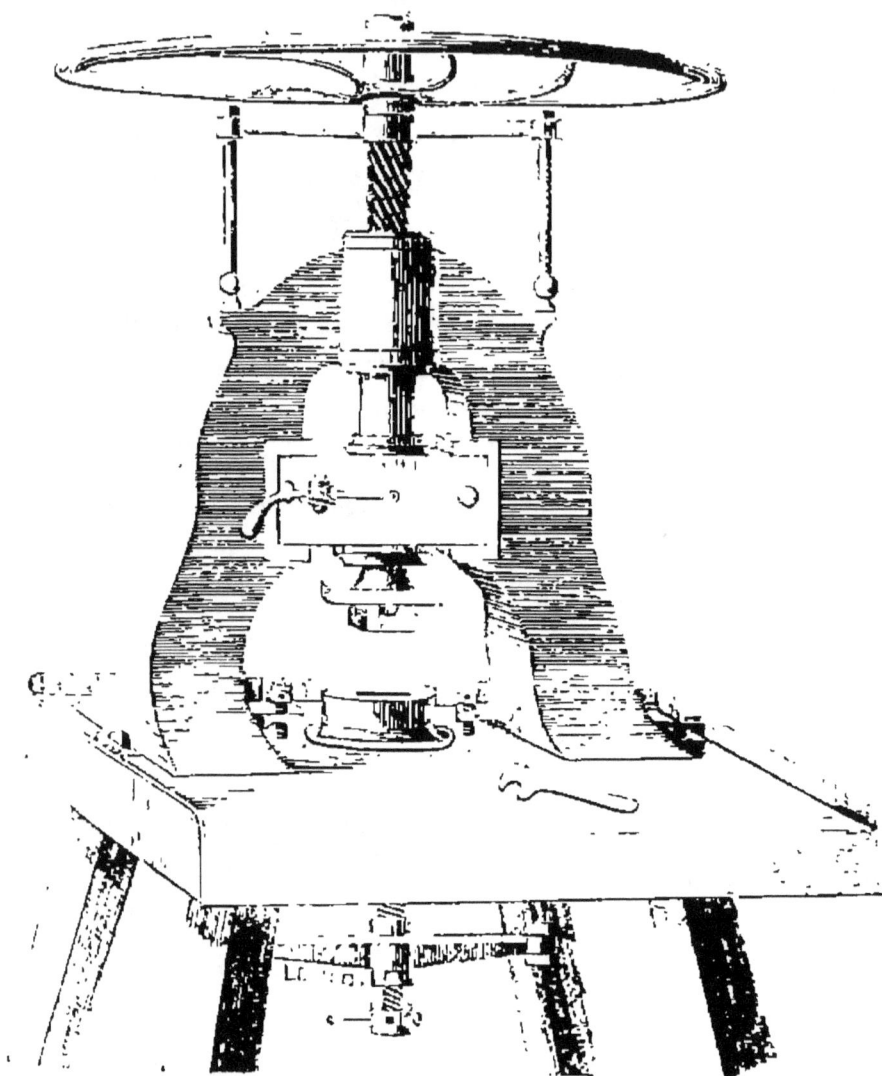

Fig. 74. Presse à savon portative de Bonnot, de Paris.

Pour certains savons on se sert de deux presses, l'une pour ébaucher la forme des pains et l'autre pour les terminer complètement.

Le pulvérisateur pour poudres fines (fig. 75) se compose d'un mortier dans lequel se déplacent, avec un mouvement circu-

laire et alternatif, des pilons qui viennent, en frappant alternativement sur les différentes parties du mortier, réduire en

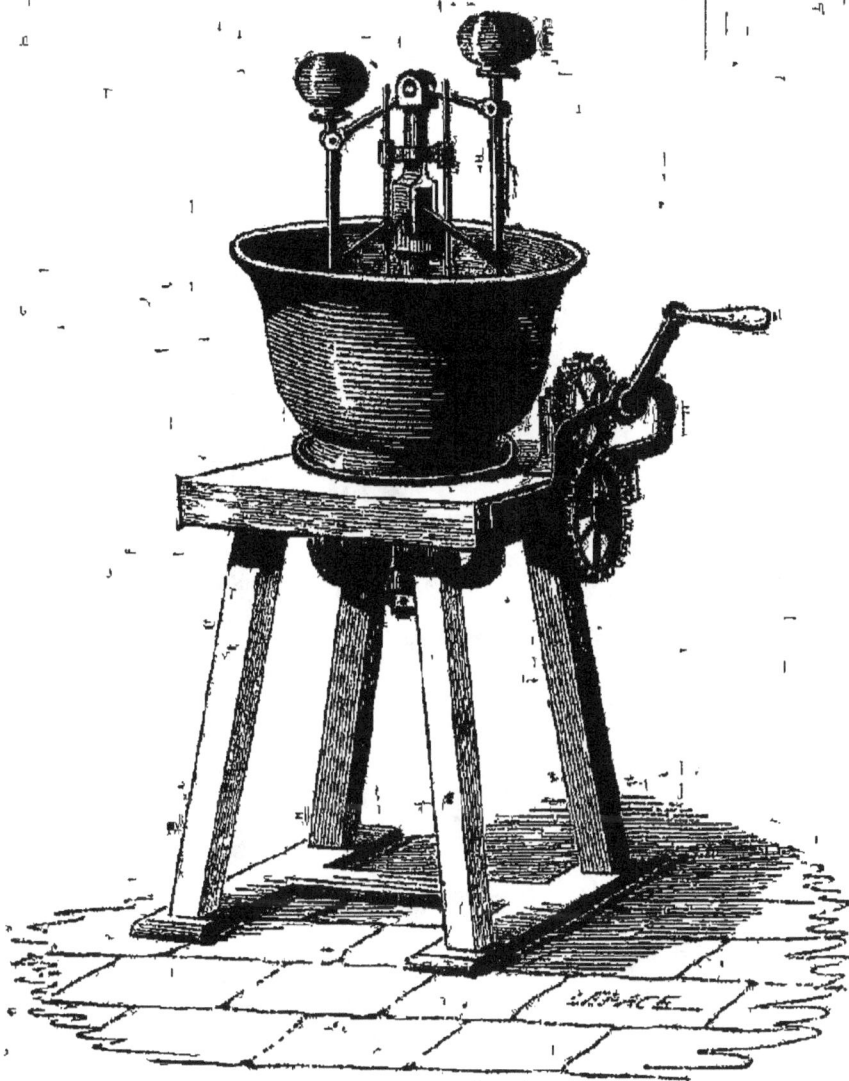

Fig. 75. Pulvériseur (à mouvement continu) pour poudres fines, inventé
par Brunot, de Paris.

poudre les substances qu'on y place. On entoure généralement
ce mortier d'un sac en cuir, pour empêcher ces poudres de se
répandre dans l'atmosphère.

Le mélangeur (fig. 76) se compose de cylindres dont les axes ne sont pas dans le même plan que l'axe de rotation de la machine ; de cette manière les extrémités de chaque cylindre

Fig. 76. Mélangeur-rotatif à extraits d'Ernest de Paris.

sont alternativement soit en haut soit en bas. Ces cylindres une fois remplis convenablement des extraits qu'on veut mélanger, il suffit d'imprimer un mouvement de rotation à la machine.

En Angleterre, pour donner au savon la forme de tablettes on le coupe en carrés que l'on met d'abord dans un moule, puis sous

Fig. 78. Cuiller à savon.

une presse (fig. 79), modification des presses à frapper la monnaie. On taille les boules à la main à l'aide d'un petit instrument appelé *scoop* (cuiller creuse) de cuivre ou d'ivoire et qui n'est en réalité qu'une sorte de couteau circulaire. On fait aussi des

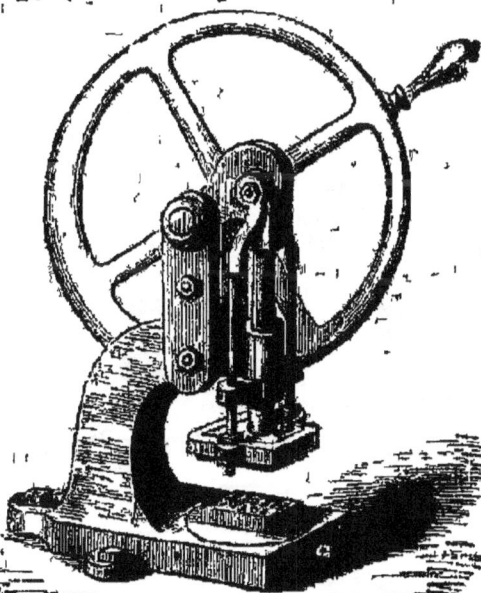

Fig. 79. Presse anglaise à savon.

boules à la presse avec un moule d'une forme approprié (fig. 78).

La presse à extraits (fig. 77) sert à l'extraction des sucs de

Fig 77. Presse à extraits de Brunot, de Paris.

différentes plantes sous une forme peu embarrassante; elle possède une grande puissance.]

C'est encore avec la presse et des moules spéciaux qu'on donne au savon la forme de certains fruits ou celle de figures grotesques. Quand les savons-fruits sont sortis du moule, on les plonge dans de la cire fondue, puis on les peint comme on fait pour les fruits artificiels.

Fig. 80. — Moule à savon.

Les savons panachés se font en ajoutant les diverses couleurs, telles que smalt ou vermillon, préalablement délayées dans l'eau, à la pâte fondue; ces couleurs ne sont que faiblement amalgamées, de là vient l'apparence jaspée de ce savon que l'on appelle encore savon marbré.

[Les savons à base de soude et de potasse sont seuls employés aux besoins de la toilette; les savons insolubles ou à base de chaux ou d'oxyde de plomb n'ont d'application qu'aux besoins d'industries particulières ou de la médecine.

Tous les corps gras peuvent être saponifiés par les alcalis. Parmi les substances animales les suifs de mouton, de bœuf, de chèvre, les graisses de porc dites *saindoux* ou *flambards*, provenant de la cuisson de viande des charcutiers, sont seuls employés à la confection des savons de toilette; les graisses de cheval, d'os ou de cuisine (graisses vertes), les huiles de suif, de graisses ou de poisson, servent à la préparation des savons plus communs.

Les huiles végétales, au point de vue de la fabrication des savons, doivent être divisées en deux catégories, selon leur richesse en principes solides, car pour obtenir un savon solide il ne suffit pas que la soude en forme la base, il faut encore que le corps gras employé présente la composition nécessaire pour amener ce résultat : les huiles d'olive, d'arachide, de sésame, de lentisque, d'illipé, de palme, de coco, sont les plus estimées pour cette fabrication.

Les savons de toilette se préparent à chaud ou à froid ; les graisses et les suifs de première qualité doivent être seuls employés à cette fabrication.]

SAVONS A CHAUD

[Le mérite du bon savon consiste dans l'union bien entendue de certains corps gras, de manière à compenser la dureté que donnent certains d'entre eux, par la douceur et la mollesse de quelques autres. Ainsi le suif de mouton allié à l'axonge par parties égales donne un produit d'une grande blancheur et d'une bonne consistance, propre à recevoir les parfums les plus fins, pour les savons destinés à être colorés. On allie dans les mêmes proportions le suif de bœuf avec le flambard ; l'huile de palme décolorée est aussi mélangée pour les savons blancs, et on se sert de l'huile naturelle pour ceux qui sont colorés. L'huile de coco produit bon effet dans ces mélanges, en allongeant, en raison de l'humidité qu'elle retient, les molécules de la pâte ; mais on doit éviter de l'employer en trop grande quantité.

On fabrique ces savons dans des chaudières en fer de forme conique munies d'un robinet en fer (ou épine) sous lequel se trouve un réservoir en fer propre à recevoir les lessives.

La lessive préparée à l'avance provient d'une solution à chaud de carbonate de soude (sel de soude) à 80° alcalimétriques, obtenue d'abord à 12° et rendue caustique avec 40 pour 100 du poids du sel, de chaux vive bien cuite et éteinte avec soin. La solution tirée à clair doit marquer 22° chaud. La quantité de sel à employer est environ le quart du poids du corps gras. Celui-ci est mis dans la chaudière avec la moitié de son poids de lessive neuve, blanche, caustique, réduite à 10°; on porte à l'ébullition, et on remplace l'eau évaporée par un peu de la même lessive, et de temps en temps on en met d'un peu plus concentrée. En goûtant avec la langue on juge du degré d'alcalinité ou de causticité.

A mesure que la saponification s'opère et que la pâte épaissit, on ajoute de la lessive plus concentrée ; lorsqu'on est arrivé au point dit de *l'empatage*, c'est-à-dire lorsque la vapeur se dégage avec difficultés, on modère le feu et on gratte le fond de la chaudière avec un ringard en fer. La pâte ne prend alors aucune solidité par le refroidissement; on y ajoute des lessives d'une précédente opération (recuit) sorties de dessous le savon après la cuisson, et que l'on a conservées sur de la chaux pour les clarifier et les rendre caustiques; elles marquent 20° à 23°, elles sont plus riches en chlorure de sodium qu'en soude caustique. On les mêle avec de la lessive à 25° et on en arrose la pâte à savon. Celle-ci *s'allonge*, devient consistante, la glycérine s'isole, la masse se lève à la surface, où la voit *s'ouvrir* et le liquide passe à travers; on pousse alors l'ébullition pour *serrer* le savon; la lessive en se concentrant devient plus *mordante*, et le savon se condense; on dit alors que le *relargage* est à son point, c'est-à-dire que la saponification est complète, et que la glycérine reste dans les liquides que l'on sépare par *soutirage* après un repos de quelques heures. On verse alors sur le savon, un nouveau *service* de lessive neuve, blanche, bien caustique, à 15°, en assez grande quantité pour soulever la masse ; le feu est alors ranimé et il se produit une mousse qui annonce que le *grenage* commence; il va en augmentant à mesure que les lessives se concentrent, et les grains peuvent acquérir le volume d'un petit pois; pendant l'ébullition on perçoit une bonne odeur de lessive qui annonce que le point de cuisson (ou *coction*) est arrivé.

On laisse refroidir de nouveau, on décante pour séparer les lessives que l'on conserve caustiques sur de la chaux pour les faire servir au relargage d'une nouvelle opération.

Ainsi obtenu, le savon est grenu, dur, sans cohésion, très-alcalin, peu soluble; on procède alors au *réglage* qui a pour but d'enlever l'excès d'alcali, et de donner du liant et de la cohésion à la masse.

Le réglage s'opère de deux manières : la plus usitée pour les savons de toilette consiste à délayer le grain de savon dans un peu d'eau douce mélangée d'un vingtième de recuit, en assez grande quantité pour que le savon surnage ; on affaiblit plus tard la pâte avec de l'eau jusqu'à ce qu'elle paraisse s'attacher au fond de la chaudière ; on y ajoute de nouveau de la lessive de recuit à 12° pour dégager l'adhérence qui commence à se former, et on chauffe jusqu'à ce que la pâte épaississe de nouveau la lessive. On arrête alors le feu, on laisse reposer quelques heures, on soutire encore une fois ces lessives qui ne pèsent que 12° à 13° et qui doivent être évaporées dans une chaudière à part.

On verse alors sur la pâte des eaux alcalines bien blanches à 3° ou 4°; on chauffe doucement en ajoutant de l'eau de manière à ce que le mélange passe à l'état de gelée transparente, épaisse, sans viscosité, n'adhérant pas au fond de la chaudière, mais étant *très-près d'y adhérer*; à ce moment on retire le feu, on couvre la chaudière et on l'enveloppe d'un tapis, de manière que l'air ne puisse pénétrer, car le refroidissement subit gênerait indubitablement le travail de séparation qui se fait spontanément pendant quinze à vingt heures.

Pendant ce repos, l'eau chargée de sels neutres et d'alcali entraînant les impuretés se précipite, les mousses *sulfureuses* et les ordures légères surnagent. C'est au milieu que se trouve le savon tout privé d'alcali et d'eau ; on écume avec soin et on met à part le produit de cette opération, on enlève ensuite le bon savon à l'aide d'un *pot* (vase de fer ajusté à un manche de bois), on enlève la partie claire et transparente et on l'envoie dans les *mises*; dès que la pâte devient trouble et noire, on s'arrête. On est alors arrivé à la partie grasse (dite *nègre*) composée des principes étrangers et fusibles des corps gras, que le peu de densité de la lessive ne peut soutenir. Cette dernière opération s'appelle *lever sur nègres*. On ne retire d'une cuite que les 6/10es, le reste est fondu à part pour faire des sortes plus ordinaires.

Un demi-kilogramme de lessive à 36° sature un kilogramme de corps gras et donne 1 kil. 5 de bon savon; sa fabrication exige 240 grammes de sel de soude du commerce à 80° Descroizilles.

La seconde manière de purger le savon diffère peu de la précédente; seulement aux petites lessives de recuit, blanches, limpides à 6°, on ajoute assez de chlorure de sodium pour élever le tout à 8°; ces procédés ne diffèrent de celui de Marseille que par le mode de terminaison.]

SAVONS A FROID

[On ne peut opérer que sur de petites quantités dans des chaudrons posés sur de petits fourneaux à main. On emploie la lessive de soude à 36°, on prend le plus souvent un tiers de suif de mouton et deux tiers de saindoux, on le fait fondre, on tire à clair et on laisse refroidir à 50° ou 60°; on ajoute trois fois le poids du corps gras de lessive blanche caustique à 36°, on maintient la température entre 60° et 70°, on agite constamment avec une spatule de bois; après quelque temps, on ajoute une seconde lessive; et, lorsque la liaison est intime, on en met une troisième; la pâte devient alors assez épaisse pour qu'il soit difficile de la remuer. C'est à ce moment que l'on colore, que l'on parfume et que l'on coule dans un cadre ou *mise* en bois placé dans un lit de fer et muni d'un couvercle que l'on ferme hermétiquement, puis on enveloppe de couvertures et de foin pour que le refroidissement soit aussi lent que possible. En cet état et pendant 20 heures environ la combinaison s'opère, le refroidissement se fait peu à peu ; on coupe la masse encore tiède et on met en petits pains que l'on frappe aussitôt à la presse.

Par ce moyen on obtient des produits de très-belle apparence ; mais la cuisson manque, les molécules grasses ne sont pas complétement acidifiées, la glycérine n'est pas éliminée, de sorte qu'en vieillissant au contact de l'air et de la chaleur les produits se détériorent et rancissent.

Les savons de ménage, faits avec les graisses communes, l'acide oléique provenant des fabriques d'acide stéarique, l'huile d'olive, l'huile de palme, l'huile de coco, et dans lesquels on a même fait entrer des savons de résine, sont obtenus par des moyens analogues.

Les savons mous ou gras sont à base de potasse ; deux de ces savons sont seulement employés en parfumerie : l'un constitue les *crèmes cosmétiques*, qui sont faites avec de l'axonge bien blanche mêlée d'un dixième de suif de mouton additionné d'un peu d'essence d'amandes amères ou de toute autre essence ; l'autre constitue le savon de Naples qui est fait avec l'huile de palme mêlée d'un peu d'huile d'olive. Pour ces deux savons on opère de la même manière, c'est-à-dire qu'on fond le corps gras et qu'on le tire à clair, on le remet sur le feu et on y ajoute la moitié de son poids de lessive blanche de potasse à 10°. Lorsque la masse devient laiteuse on ajoute un nouveau service de lessive à 15° ou 18° et après saturation un troisième à 25°. La pâte devient alors consistante ; on verse le tout alors dans un vase couvert que l'on tient dans un endroit chaud pour que le refroidissement s'opère lentement, on lie ensuite la masse par agitation dans un mortier de marbre à l'aide d'un pilon en bois. Quand le tout est lisse et nacré, on parfume à volonté.

Les savons verts ou noirs à base de potasse ne sont employés que dans l'industrie.

Savon à l'amande.

Ce savon, que les uns croient fait avec de l'huile d'amandes douces et que d'autres regardent comme un composé mystérieux d'amandes douces et d'amandes amères, n'est en réalité qu'un mélange des ingrédients suivants :

Savon blanc de suif de mouton (ou de panne).	50,000 grammes.
Savon à l'huile (1re qualité).	7,000 —
— marin (1re qualité).	7,000 —
Essence d'amandes.	750 —
— de girofle.	100 —
— de rose.	45 —

Lorsque la moitié du blanc de suif est fondue, ajoutez le savon marin ; quand celui-ci est bien brassé, ajoutez le savon à l'huile et terminez en ajoutant ce qui reste du blanc de suif. Quand le tout est bien fondu avant de mettre dans la forme, mêlez les diverses essences avec la crosse.

Quelques fabricants ont essayé d'employer la mirbane ou essence artificielle d'amande pour parfumer leur savon, cette essence étant bien moins chère que la véritable ; mais le résultat a été si peu satisfaisant que l'on a dû y renoncer pour les savons fins et que ce parfum n'est plus employé que pour les savons communs.

Savon au camphre.

Savon blanc de suif.	14,000 grammes.
Essence de romarin.	625 —
Camphre.	625 —

Réduisez le camphre en poudre en le pilant dans un mortier, ajoutez au moins 30 grammes d'huile d'amandes, puis passez au tamis. Quand l savon est fondu et prêt à être retiré de la chaudière, ajoutez le camphr et le romarin en vous servant de la crosse pour amalgamer.

Savon au miel.

Savon jaune première qualité. . . .	50,000 grammes.
Savon mou de figues.	7,000 —
Essence de citronelle.	750 —

Savon blanc de Windsor.

Savon blanc de suif, ...	50,000	grammes.
— marin.	10,500	—
— à l'huile.	7,000	—
Essence de carvi.	750	—
— de thym.	750	—
— de romarin.	750	—
— de cassie (laurus cassia . . .	125	—
— de girofle.	125	—

Savon brun de Windsor.

Savon blanc de suif..	55,500	grammes.
— marin.	12,500	—
— jaune.	12,500	—
— à l'huile.	12,500	—
Caramel (brown colouring).	0,28	litre.
Essence de carvi,.	56	grammes.
— de girofle.	56	—
— de thym.	56	—
— de cassie (laurus cassi . . .	56	—
— de petit grain.	56	—
— de lavande,.	56	—

Savon de sablé.

Savon blanc de suif.	5,500	grammes.
— marin.	5,500	—
Sable d'argent tamisé..	14,000	—
Essence de thym.	56	—
— de cassie (laurus cassia). . .	56	—
— de carvi.	56	—
— de lavande.	56	—

Terre à foulon.

Savon blanc de suif.	5,250	grammes.
— marin.	1,750	—
Terre à foulon passée au four. . . .	7,000	—
Essence de lavande.	56	—
— d'origan..	28	—

Nous venons d'indiquer la manière de parfumer les savons quand ils sont chauds ou en fusion. Mais tous les savons tresdorants sont préparés à froid afin d'éviter une déperdition de vingt pour cent, résultat de l'évaporation des essences soumises à l'action de la chaleur.

Le lecteur n'attend sans doute pas que nous énumérions ici tous les savons par leurs noms divers depuis l'ambitieuse « sultane » jusqu'à la ridicule « moelle de tortue; » il peut être sûr au reste qu'il ne perd rien à notre silence.

Les recettes indiquées ne donnent que les premières qualités. Quand on veut des savons à bas prix, il ne faut pas beaucoup de perspicacité pour comprendre qu'en supprimant les essences coûteuses ou en diminuant la quantité, on obtient ce qu'on désire. On fait des qualités encore plus communes en mettant plus de savon jaune, du blanc de suif tout à fait inférieur et en supprimant tout à fait le savon à l'huile.

MANIÈRE DE PARFUMER LES SAVONS A FROID

Ce procédé est très-commode et très-économique pour parfumer de petites tournées; il n'exige qu'un travail purement mécanique et pour seuls outils un rabot ordinaire de menuisier, un bon mortier de marbre et un pilon en bois de buis.

Le bois du rabot doit être façonné à chaque extrémité, de

Fig. 81. Rabot à savon

telle façon qu'étant placé en travers du mortier il reste ferme et ne puisse être dérangé par la pression parallèle du savon contre la saillie que fait la lame.

Pour commencer le travail, nous prenons d'abord trois, six ou neuf kilogrammes de savon en brique, qu'il s'agit de parfumer. Nous plaçons le rabot sens dessus dessous en travers de l'ouverture du mortier.

Les choses étant ainsi disposées, nous poussons le morceau de savon sur le rabot jusqu'à ce qu'il soit entièrement réduit en menus copeaux. Les copeaux tombent légèrement dans le mortier à mesure qu'ils se produisent.

Le savon tel qu'on le reçoit ordinairement du fabricant est dans de bonnes conditions pour cette opération. Mais s'il est resté en magasin pendant quelque temps, il devient dur ; alors il faut arroser les copeaux avec 120 ou 160 grammes d'eau distillée par kilogr. de savon employé, et, avant d'ajouter les essences, attendre, au moins, vingt-quatre heures qu'ils aient absorbé cette eau. C'est quand le fabricant a décidé la grosseur qu'il veut donner à ses pains, quel sera le prix de revient et quel doit être le prix de vente, qu'il peut déterminer la quantité d'essence à employer.

Le savon dans un état convenable d'humidité, il faut y incorporer les essences. A cet effet on se sert du pilon. Au bout de deux heures de travail consciencieux le savon doit être exempt de stries et la pâte d'une consistance uniforme.

Quand on parfume à froid de grandes quantités de savon, au lieu d'employer le pilon et le mortier pour incorporer, il est plus commode et plus économique d'employer un moulin semblable à ceux dont on se sert pour faire le chocolat. Toute machine propre à mêler une pâte, à écraser des grumeaux, sera bonne pour triturer le savon.

[Nous avons décrit la machine broyeuse de M. Brunet (fig. 72), la plus généralement adoptée dans les fabriques françaises.]

Avant de mettre le savon dans la broyeuse, il faut le réduire en copeaux et y verser en remuant la couleur et l'essence; on le passe dans la broyeuse autant de fois que cela est nécessaire pour que la couleur et le parfum soient bien répandus dans la masse et uniformes. Alors on pèse des morceaux au poids voulu des tablettes ou on les façonne à la main en forme d'œuf. Tous ces morceaux posés séparément et par rangée sur des feuilles de papier blanc doivent y rester plusieurs jours jusqu'à ce qu'ils soient assez secs pour ne plus se déformer, alors on les passe sous la presse dont nous avons déjà parlé. Avant de mettre les pains sous la presse on les passe légèrement dans l'eau pour enlever la poussière qui a pu s'y déposer et on les essuie rapidement afin qu'ils soient secs avant de les passer au moule.

La base de tous ces beaux savons doit toujours être un blanc de suif de la première qualité et de la plus grande pureté, ou bien un savon préalablement fondu et coloré à la nuance désirée.

Le *savon rose* est un blanc de suif coloré avec du vermillon broyé dans de l'eau ou un peu d'alcool, complétement incorporé quand la pâte est fondue et pas très-chaude.

[Le vermillon ou bisulfure de mercure est une substance toxique qui ne présente pas ici un grand danger, puisqu'il est insoluble; il n'en serait pas moins désirable qu'on pût le remplacer par des substances inactives.]

Le *savon vert* est un mélange de savon d'huile et de blanc de suif auquel on ajoute un peu de jaune et de vert de chrome broyés dans de l'alcool.

Le *savon bleu*. Blanc de suif coloré avec du smalt.

Le *savon brun*. Blanc de suif avec du caramel ou sucre brûlé.

Le *savon à la mauve* coloré avec le violet d'aniline.

L'intensité des nuances varie naturellement selon la quantité de matière colorante.

Quelques espèces de savon sont suffisamment colorées par les essences employées pour leur donner de l'odeur, tels sont le savon au blanc de baleine et le savon au citron qui devient d'un beau jaune pâle par le simple mélange de l'essence avec le blanc de suif. (Voyez au chapitre COULEURS.)

Savon à l'essence de rose.

Savon blanc de suif préalablement coloré en rose.	2,500 grammes.
Essence de rose.	28 —
Extrait alcoolique de musc.	56 —
Essence de santal.	7 —
— de géranium.	7 —

Mêlez les essences, remuez-les dans les copeaux de savon et amalgamez le tout ensemble de la manière indiquée précédemment.

Savon au musc.

Savon blanc de suif coloré en brun pâle.	2,500 grammes.
Musc en grains.	7 —
Essence de bergamote.	28 —

Broyez le musc dans l'essence, ajoutez ensuite au savon et mêlez bien. Ce savon doit être fait six mois d'avance.

Savon à la fleur d'oranger.

Savon blanc de suif.	3,500 grammes.
Essence de néroli.	100 —

Savon au bois de santal.

Savon blanc de suif.	3,500 grammes.
Essence de santal.	200 —
— de bergamote.	56 —

Savon au blanc de baleine.

Savon blanc de suif.	7,000 grammes.
Essence de bergamote.	1,250 —
— de citron.	250 —

Savon au citron.

Savon blanc de suif.	5,000 grammes.
Essence de zeste de citron.	375 —
— de verveine.	14 —
— de bergamote.	113 —
— de citron.	56 —

C'est un des meilleurs savons de fantaisie qui se fassent.

Savon à la frangipane.

Savon blanc de suif préalablement coloré en rose. 3,500 grammes.
Civette.. 7 —
Essence de néroli..................................... 14 —
— de santal...................................... 42 —
— de rose.. 7 —
— de vétyver.................................... 14 —

Broyez la civette dans les essences, mêlez et amalgamez comme à l'ordinaire.

Savon au patchouly.

Savon blanc de suif.................................. 2,250 grammes.
Essence de patchouly.............................. 28 —
— de santal...................................... 7 —
— de vétyver.................................... 7 —

Crème de savon à l'amande.

La préparation vendue sous ce nom est un savon mou, fait d'axonge et de potasse; il a une belle apparence nacrée et est très-recherché comme savon à faire la barbe. C'est un article d'une consommation assez considérable pour le parfumeur qui l'emploie aussi dans la fabrication des émulsines.

Axonge clarifiée.. 3,500 grammes.
Lait de potasse contenant 26 p. 100
de potasse caustique......................... 1,875 —
Esprit-de-vin rectifié............................... 85 —
Huile d'amandes..................................... 5 —

Manipulation. — Faites fondre l'axonge dans un vase de porcelaine à l'aide d'un bain d'eau salée ou par la chaleur de la vapeur. Mettez le lait de potasse *tout doucement* et en remuant tout le temps; quand la moitié du lait est versée, le mélange commence à se figer, peu à peu il épaissit de telle sorte qu'on ne peut plus le remuer. La crème est alors terminée, mais elle n'a pas encore l'aspect nacré qu'on lui donnera en la triturant longtemps dans un mortier et en ajoutant progressivement l'alcool dans lequel l'essence a été dissoute.

Poudres de savon.

Ces préparations se vendent tantôt comme dentifrices, tantôt pour la barbe. On réduit d'abord le savon en copeaux avec le rabot, on le fait ensuite bien sécher dans un endroit chaud, puis on le moud dans un moulin et enfin on le parfume avec l'essence désirée.

[La vente des poudres de savon devrait être surveillée; nous avons, en effet, trouvé dans le commerce des poudres de savon qui renfermaient des proportions considérables de poudres minérales insolubles, telles que talc, albâtre, etc.]

Savon Hypophagon.

Savon jaune de première qualité.
Savon mou de figues.

Quantités égales fondues ensemble. Parfumez avec de l'essence d'anis et de citronelle.

Crème d'ambroisie.

Colorez fortement votre graisse avec la racine d'orcanète, puis procédez comme pour la crème de savon. La crème ainsi colorée a une teinte bleue; quand on la veut rouge pourpre, on lui donne cette nuance avec de l'aniline. Pour parfumer, ajoutez de l'essence de menthe anglaise.

Savon de Naples pour la barbe.

Cet article est très-employé. On peut le parfumer avec de l'essence de thym, de lavande, de menthe ou de rose. Il faut beaucoup d'essence pour couvrir l'odeur peu agréable qui lui est particulière et qui vient de sa composition qui n'est pas positivement connue. Cependant M. Foiszt dit qu'on le fait en saponifiant la graisse de mouton avec de la chaux et en séparant ensuite les acides gras du savon ainsi obtenu au moyen d'un acide minéral (chlorhydrique). Ces acides gras, combinés ensuite avec de la potasse caustique ordinaire, donnent le savon de Naples.

Savon mou transparent.

Solution de potasse caustique (Pharmacopée de Londres)............ 5,000 grammes
Huile d'olive...................... 500

Parfumez suivant le goût.

Avant de commencer à faire le savon, réduisez la solution de potasse à la moitié de son volume en continuant de la faire bouillir; procédez ensuite comme pour la crème de savon. Après avoir laissé reposer quelques jours, faites écouler le liquide inutile.

Élixir d'eau douce pour adoucir l'eau dure.

Esprit-de-vin.	4,50 litres.
Eau de fleurs d'oranger.	2,25 —
Savon marin.	3,500 grammes.

Colorez avec quelques gouttes d'aniline. Coupez le savon en copeaux et mettez-le dans l'eau ; faites-chauffer, et, quand il est dissous, ajoutez l'esprit-de-vin.

Une cuillerée de cet élixir, mise dans le fond d'une cuvette, adoucira complétement l'eau avec laquelle on se lave.

Savon dur transparent.

Réduisez le savon en copeaux que vous faites sécher autant que possible ; faites-les ensuite dissoudre dans la quantité d'alcool strictement nécessaire pour que la dissolution ait lieu ; colorez ensuite et parfumez *ad libitum* ; versez dans des moules appropriés et faites sécher dans un endroit chaud.

Jusqu'à ce que la législature anglaise supprime les droits sur les esprits employés dans l'industrie, l'Angleterre ne saura rivaliser avec la France dans cette fabrication. L'alcool de grain mal purifié a une si abominable odeur qu'on ne peut l'employer pour faire des savons de toilette parfumés.

Savons médicinaux.

En 1850, j'ai commencé à faire une série de savons médicinaux tels que savon au soufre, à l'iode, au brôme, à la créosote, savon mercuriel, savon d'huile de croton, et plusieurs autres. On prépare ces savons en ajoutant la substance médicamenteuse à du blanc de suif, puis on les met en tablettes. Pour le savon au soufre, il faut d'abord faire fondre le blanc de suif et ajouter ensuite la fleur de soufre, pendant que la pâte est encore molle. Pour le savon d'antimoine et le savon mercuriel, les sous-oxydes des métaux employés peuvent aussi être mêlés dans le blanc de suif en fusion. Les savons à l'iode, au brôme, à la créosote et autres contenant des substances très-volatiles, se font mieux à froid en rapant le blanc de suif dans un mortier et en incorporant les médicaments par une longue trituration.

L'auteur a lieu de croire, que dans certaines maladies cutanées, ces savons seront d'une grande utilité comme auxiliaires du traitement général. Il est évident que, pendant les lotions, les vaisseaux absorbants sont très-actifs; on ne doit donc se servir de ce genre de savon que sur l'avis spécial d'un homme de l'art. Sans doute on ne tardera pas à reconnaître qu'ils peuvent être également utiles à l'intérieur. Le précédent du savon de Castille qui contient de l'oxyde de fer permet de croire que ces savons trouveront leur place dans les pharmacopées. La découverte faite par M. William Bastick, de la solubilité dans l'huile, sous certaines conditions, des alcaloïdes actifs, de la quinine, de la morphine, etc., rend vraisemblable la supposition qu'on peut faire, avec du savon, des composés analogues.

Il y a quelque quarante ou cinquante ans, on importait plusieurs espèces de savon qui sont aujourd'hui tout à fait inconnues : savons de Joppé, de Smyrne, de Jérusalem, de Gênes, d'Alicante, etc. Presque tous avaient l'huile pour base.

[La vente des savons médicinaux, au soufre, à l'iode, au brôme, à la créosote, etc., qui peut être faite par les parfumeurs en Angleterre, où la pharmacie est libre, ne saurait être tolérée en France; il est évident que de pareilles préparations rentrent dans le domaine de la pharmacie, et que toutes les fois qu'un savon ou tout autre cosmétique est présenté comme possédant des propriétés thérapeutiques, c'est un *médicament* et non un cosmétique; il doit par conséquent être soumis en France aux prescriptions légales sur la vente des médicaments.

Consultez à cet égard le *Manuel légal* de Guibourt (1).]

(1) *Manuel légal des Pharmaciens ou Recueil des lois, arrêtés, règlements et instructions concernant l'enseignement, les études et l'exercice de la pharmacie*, Paris, 1852.

Savon à la résine de genièvre.

On fait ce savon avec la résine du bois de *juniperus communis* en la dissolvant dans une huile végétale fixe, telle que l'huile d'amande ou d'olive, ou dans du beau suif, et en la saponifiant suivant le procédé ordinaire avec une faible solution de soude. On obtient ainsi un savon d'une fermeté et d'une clarté moyennes qu'on applique la nuit avec avantage sur les parties affectées d'éruptions, étendu dans un peu d'eau; il faut avoir soin de laver le lendemain matin. Ce savon a été dans ces derniers temps employé contre les affections éruptives, particulièrement sur le continent et avec plus ou moins de succès. On croit que l'élément efficient dans sa composition est un hydrocarbure moins impur que celui connu, à Paris, sous le nom d'*huile de Cade*. A cause de la facilité qu'il a de se mêler à l'eau, il possède une grande supériorité sur l'emplâtre de goudron ordinaire.

Pierre de savon de Mylos.

Cette pierre forme un article de commerce important en Turquie et en Russie, où l'on s'en sert comme de savon. M. Landerer l'a analysé et y a trouvé : 63 parties de silice, 23 d'alumine, 12 d'eau, 1,25 de sesquioxyde de fer. Ce minéral, d'une couleur grisâtre, se brise à la manière du schiste. Il peut se couper en copeaux et colle légèrement à la langue; il s'amollit dans l'eau et se désagrège graduellement; il devient ensuite blanc et gras au toucher. Après dessiccation il reprend sa couleur

Savon végétal.

Il y a plusieurs plantes dont le jus est employé pour laver; mais quant à présent on n'en fait point usage pour la toilette, quoique sans doute cela doive arriver dès qu'on pourra se les procurer d'une manière assurée et en quantité suffisante.

[La saponaire, *saponaria officinalis*, la saponaire d'Égypte, *gypsophyla struthium* L., ou *strution* de Dioscoride et *kal-vagi des Arabes*, et l'*écorce de panama* ou de *quillaye*, *sapindus saponaria* (sapindacées), sont extrêmement riches en un principe immédiat nommé *saponine* qui jouit de la propriété de faire mousser l'eau. Ce sont ces plantes ou parties de ces plantes qui constituent les *savons végétaux*; elles servent non-seulement à la toilette, mais encore au dégraissage des étoffes, surtout de celles de soie; le fiel de bœuf et celui d'autres animaux est encore un véritable savon qui sert à nettoyer les étoffes.

La *saponine*, découverte par M. Bussy dans la saponaire d'Égypte, peut être représentée par $C^{26}H^{25}O^{16}$; elle est blanche, incristallisable; sa saveur, d'abord douce, devient bientôt âcre et astringente; elle provoque l'éternuement; elle se dissout dans l'eau en toutes proportions et sa dissolution mousse comme de l'eau de savon; elle est soluble dans l'alcool étendu et peu soluble dans l'alcool absolu. Un pharmacien très-distingué de Bayonne, M. Le Bœuf, a constaté que la saponine jouissait de propriétés émulsives très-prononcées; on peut employer sa solution aqueuse ou alcoolique à tenir en suspension dans l'eau les résines, le camphre, les huiles, etc. C'est avec la teinture de saponine, préparée avec l'*écorce de quillaye* ou de *panama*, *sapindus saponaria*, *smegmadermos quillaya* Plan., que M. Le Bœuf prépare le *coaltar saponiné* qui est un excellent antiseptique et désinfectant, et un *vinaigre de toilette saponiné* qui rend l'eau mousseuse et qui est très-estimé.]

XII

ÉMULSINES

Des savons proprement dits, nous passons maintenant à ces composés qui en tiennent lieu et qui sont tous classés sous la dénomination générale d'*émulsines*, parce que tous les cosmétiques compris sous ce titre ont la propriété de former des émulsions dans l'eau, c'est-à-dire de lui donner une apparence laiteuse.

Au point de vue chimique c'est une classe de composés extrêmement intéressante et très-digne d'être étudiée. Entrant aisément en décomposition, comme on peut le comprendre à la manière dont ils sont composés, il ne faut les fabriquer qu'en petites quantités, ou du moins en quantités qui puissent s'écouler promptement.

En magasin il faut les tenir au frais autant que possible et à l'abri de l'humidité.

Amandine.

Belle huile d'amandes douces,	3,500 grammes.
Sirop ordinaire,	115 —
Savon blanc mou ou crème de savon, c'est-à-dire crème d'amande.	28 —
Essence d'amandes amères,	28 —
— de bergamote,	28 —
— de girofle,	14 —

Mêlez le sirop avec le savon mou jusqu'à ce que le mélange devienne homogène; mêlez ensuite peu à peu dans l'huile après l'avoir préalablement parfumée.

Dans la fabrication de l'amandine et de l'olivine, la diffi-

culté est de trouver la quantité d'huile indiquée sans laquelle
la préparation ne prend pas cette apparence de gelée transparente que doit avoir l'amandine bien faite. A cet effet, on met
l'huile dans un versoir (*runner*), espèce de seau de fer-blanc
ou de verre, à l'extrémité inférieure duquel est un petit robinet (fig. 82). L'huile étant mise dans ce seau on la laisse couler dans le mortier où se fait l'amandine, aussi lentement qu'il
est nécessaire pour que l'ouvrier puisse l'incorporer avec la
pâte de savon et de sirop; tant que dure l'opération le mélange doit toujours présenter au toucher la consistance d'une
gelée. Mais si l'huile tombe trop vite dans le mortier pour

Fig. 82. Versoir et mortier pour la fabrication des émulsines.

que l'opérateur puisse bien la mêler avec la pâte, alors celle-ci
devient huileuse et peut être considérée comme perdue, à
moins de recommencer l'opération toute entière avec de nouveau savon et de nouveau sirop en se servant du mélange
marqué comme si c'était de l'huile pure. Cette disposition
s'accroît à mesure que la fin du travail approche, aussi faut-il
beaucoup de précaution et beaucoup d'*huile de bras* ou *de*

coude (1) quand on en est à introduire le dernier kilogramme d'huile. Si l'huile n'est pas parfaitement pure, ou si la température est plus élevée que la moyenne d'une chaleur d'été, il sera presque impossible d'incorporer entièrement la quantité d'huile indiquée dans la formule. Quand la masse devient brillante et d'un état cristallin, il est bien de s'arrêter et de n'y plus rien ajouter.

Toutes les préparations de cette nature doivent être mises en pots aussitôt qu'elles sont faites et les couvercles assujettis avec des feuilles d'étain ou des bandes de papier pour exclure l'air. Lorsque les pots sont pleins, on décore la préparation au moyen d'un instrument ayant environ la moitié du diamètre de l'intérieur du vase et fait comme une scie ; un morceau de plomb ou d'écaille dentelé avec une lime triangulaire, ou simplement un bout de vieille lame de scie fait très-bien l'affaire. On place l'instrument sur l'amandine et on fait tourner doucement le pot.

Olivine.

Gomme d'acacia en poudre..	56	grammes.
Miel.	170	—
Jaunes d'œufs.	5	—
Savon blanc mou.	85	grammes.
Huile d'olive.	1,000	—
Huile verte.	28	—
Essence de bergamote.	28	—
— de citron.	28	—
— de girofle.	14	—
— de thym.	0,88	—
— de cassie (*laurus cassia*).	0,88	—

Broyez la gomme et le miel ensemble jusqu'à ce qu'ils soient incorporés, puis ajoutez le savon et les jaunes d'œufs. Mêlez l'huile verte et les essences dans l'huile d'olive, mettez le mélange dans le versoir et continuez exactement comme il est dit pour l'amandine.

(1) [Locution anglaise pour exprimer qu'il faut beaucoup de patience et de fatigue pour préparer cette huile.]

Pâte d'amandes au miel.

Amandes amères blanchies et pilées.	250 grammes.
Miel.	500
Jaunes d'œufs.	8
Huile d'amandes douces.	500 grammes.
Essence de bergamote.	7
— de girofle.	7

Broyez d'abord le miel et les jaunes d'œufs ensemble, puis ajoutez l'huile petit à petit, et enfin les amandes pilées et les essences.

Pâte d'amandes.

Amandes amères blanchies et pilées.	750	grammes.
Eau de roses.	0,85	litre.
Alcool.	450	grammes.
Essence de bergamote.	85	—

Mettez les amandes pilées et 50 centilitres d'eau de roses dans une bassine, faites-les cuire sur un feu doux et égal jusqu'à ce qu'elles perdent leur texture granuleuse pour se transformer en pâte; ayez soin de remuer sans cesse pendant tout le temps, autrement les amandes s'attacheraient bientôt au fond du vase et donneraient à toute la pâte une odeur empyreumatique.

Une grande quantité d'essence d'amandes se volatilisant pendant l'opération, il est important que l'opérateur évite la vapeur autant que possible.

Lorsque les amandes sont presque cuites, il faut ajouter le reste de l'eau de roses; enfin, on met la pâte dans un mortier et on la broie bien avec le pilon, puis on ajoute l'essence et l'alcool. Avant de mettre cette pâte en pots, aussi bien que la pâte au miel, il faut la passer dans un tamis de moyenne finesse, afin d'être sûr d'une consistance uniforme, d'autant plus que les amandes se pilent mal.

On obtient un meilleur résultat et un produit beaucoup mieux préparé par le procédé suivant :

Passer dans un moulin les amandes amères préalablement dépouillées de leur enveloppe. Quand elles sont bien moulues, les mouiller avec de l'eau de roses ou une eau aromatique quelconque, et faire cuire de manière à évaporer une partie de l'eau et faire ressortir un peu l'odeur des amandes amères. Quand la pâte est cuite, elle doit être d'une consistance à peu près ferme. Alors on la délaye avec la quantité d'alcool voulue en la passant dans un tamis de crin; après cela on ajoute le parfum.]

La recette pour préparer les autres pâtes telles que la pâte de pistaches, la pâte de coco, la pâte de guimauve, ressemble si fort à celle que nous venons de donner, qu'il est inutile d'en dire autre chose ici, sinon qu'il ne faut pas confondre ces pâtes avec celles que les confiseurs font sous le même nom.

Farine d'amandes.

Amandes pilées et exprimées.	1,000	grammes
Racine d'iris en poudre.	60	—
Essence de citron.	14	—
— d'amandes.	0,88	—

Farine de pistache ou de toute autre amande.

Pistaches (décortiquées comme les amandes sont blanchies).	500	grammes
Poudre d'iris.	500	—
Essence de néroli.	1,77	—
— de citron.	14	—

On demande quelquefois d'autres farines, par exemple, de la farine d'avoine parfumée, du son parfumé, etc. Ces articles se préparent de la même manière.

Toutes les préparations ci-dessus s'emploient dans la toilette pour remplacer le savon et « pour donner à la peau de la souplesse, de la douceur et de la beauté »

Émulsine au jasmin.

Crème de savon.	28	grammes
Sirop ordinaire.	42	—
Huile d'amandes	500	—
— au jasmin (1re qualité).	250	—

Émulsine à la violette.

Crème de savon.	28	grammes
Sirop de violettes.	42	—
Huile à la violette (1re qualité).	750	—

On peut également faire d'autres émulsines à la tubéreuse, à la rose ou à la cassie, avec des huiles parfumées par enfleurage ou par macération. Pour la manière de mélanger les ingrédients voir AMANDINE, p. 354.

Vu le prix élevé des huiles parfumées aux fleurs, ces prépa-rations sont coûteuses, mais ce sont sans contredit les cosmé-tiques les plus parfaits.

Gelée à la glycérine.

Savon blanc mou. . . . . 115 grammes.
Glycérine pure. . . . . 170 —
Huile d'amandes douces (en été). . . . 1,500 —
— (en hiver). . . 2,000 —
Essence de thym. . . . . 4 —

Mêlez le savon et la glycérine dans un mortier, puis ajoutez petit à petit l'huile, de la même manière que pour l'amandine.

XIII

LAITS OU ÉMULSIONS

Peu d'articles de parfumerie sont d'un débit plus facile que les cosmétiques connus sous la dénomination de laits. On sait depuis longtemps que presque toutes les espèces de noix ou d'amandes décortiquées et dépouillées de leur pellicule, réduites en pâte et broyées avec environ quatre fois leur poids d'eau, donnent un liquide qui a toute sorte d'analogie avec le lait de vache. L'apparence laiteuse de ces émulsions est due à l'extrême division dans l'eau de l'huile que contiennent ces fruits. Elles offrent toutes, surtout celles qui sont faites avec des amandes amères et des pistaches, un grand intérêt au point de vue chimique, tant à cause de leur prompte décomposition qu'à cause des produits qui résultent de leur fermentation.

Il est de la dernière importance d'apporter les plus grands soins dans la manipulation des divers laits destinés à la vente, autrement ces émulsions ne se gardent pas, et la perte est plus grande que le bénéfice.

Les éléments de la caséine végétale (contenue dans les graines) se transforment, dit Liebig, à l'instant même où les amandes douces sont converties en lait d'amandes, c'est ce qui explique la difficulté que beaucoup de personnes trouvent à faire du lait d'amandes qui ne tourne pas spontanément, un jour ou deux après qu'il a été préparé.

L'eau pure est le cosmétique par excellence; mais, quoique tout à fait suffisante pour ceux qui se portent bien, elle cesse de l'être le plus souvent pour les habitants des villes dont la santé est rarement parfaite, éprouvés qu'ils sont par les soucis des affaires, la chaleur des appartements, la ventilation défectueuse des édifices publics et des lieux de réunions, et par une atmosphère sulfureuse saturée des vapeurs résultant de la combustion du gaz et du charbon de terre. Il est donc nécessaire que l'art vienne au secours de la nature à laquelle nous sommes trop portés à demander plus qu'elle ne peut donner. Dehors aussi bien que dans l'intérieur des maisons, à la promenade, au bal, en soirée, dans les lieux de réunions publiques, au milieu des veilles et des diverses occupations de la journée, la peau du visage est salie par des atomes impurs que l'eau seule ne ferait pas disparaître. Pour lui rendre sa fraîcheur, pour corriger l'influence mauvaise de la vie des villes, pour donner au teint l'éclat de la santé, aucun cosmétique n'approche de l'émulsion de roses. Elle purifie, adoucit la peau et la rend brillante, et cependant elle est aussi inoffensive qu'une rosée d'avril sur la verdure du printemps. Les soins à donner à la manipulation quand on fabrique l'émulsion ou le lait de roses sont de la plus grande importance.

Lait de roses.

Grosses amandes décortiquées (1)	250	grammes.
Eau de roses	1,15	litre.
Alcool à 60°	0,14	—
Essence de rose	1,77	grammes.
Cire blanche	14	—
Spermaceti	14	—
Savon d'huile	14	—

Manipulation. — Râpez le savon et mettez-le dans un vase qui puisse être chauffé au bain-marie, ajoutez-y 60 à 80 grammes d'eau de roses. Quand le savon est parfaitement fondu, ajoutez la cire et le spermaceti (blanc de baleine), sans les diviser plus qu'il n'est nécessaire pour obtenir le poids exact. Cette précaution leur permet de fondre lentement et de s'assimiler en partie au savon liquéfié; il est nécessaire de remuer de temps en temps. Pendant ce travail, mondez les amandes en ayant bien

(1) C'est-à-dire privées de leur épisperme par le contact de l'eau chaude. O. R

soin de retrancher tout ce qui est le moins du monde endommagé. Pilez-les ensuite dans un mortier bien propre en faisant couler l'eau de rose peu à peu dans la pâte. Le versoir (*runner*) employé dans la fabrication de l'olivine (voyez p. 320) est très-convenable à cet effet. Lorsque l'émulsion d'amandes est ainsi achevée, il faut la passer, *sans la presser*, à travers une mousseline propre et *préalablement lavée* (la mousseline *neuve* contient souvent de l'empois, de l'amidon, de la gomme ou de la dextrine).

Le mélange de savon d'abord préparé est alors mis dans le mortier et l'émulsion qui vient d'être faite dans le versoir, puis tous deux sont amalgamés avec soin. Lorsque les dernières gouttes de l'émulsion sont tombées dans le mortier, l'alcool, où l'on a préalablement fait dissoudre l'essence de rose, prend sa place dans le versoir, d'où il faut le faire couler peu à peu dans les autres ingrédients. Une addition trop subite d'alcool coagule souvent le lait et le fait cailler; en tout cas la température du mélange s'élève et il faut prendre tous les moyens pour l'abaisser, ce qui se fait bien en agitant constamment dans un mortier froid. Enfin, lorsque le lait de roses est fait, on le passe.

On peut passer les résidus d'amandes dans quelques grammes d'eau de rose pour retrouver exactement et sans déficit la quantité des substances employées. Le lait obtenu doit être mis dans une bouteille ayant un robinet à environ cinq millimètres au-dessus du fond. Après être resté parfaitement tranquille pendant vingt-quatre heures, il est bon à mettre en flacons. Lorsque toutes ces précautions ont été prises, le lait peut se garder indéfiniment sans précipité ni écume crémeuse.

Ces instructions s'appliquent à toutes les recettes de laits ci-après données :

Lait d'amandes.

Amandes amères décortiquées.	285	grammes.
Eau distillée ou eau de roses	1,13	litre.
Alcool à 00°	0,40	—
Essence d'amandes.	0,14	gramme.
— de bergamote.	3,54	—
Cire, spermaceti, huile d'amandes, savon d'huile, de chacun.	0,14	—

Lait de sureau.

Amandes douces décortiquées.	113	grammes.
Eau de fleurs de sureau.	0,56	litre.
Alcool à 00°.	226	grammes.
Huile aux fleurs de sureau préparée par macération.	14	—
Cire, spermaceti, savon, de chacun.	14	—

Lait de pissenlit (demi-destiné).

Amandes douces décortiquées.	226 grammes.
Eau de roses.	0,56 litre.
Jus de racine de pissenlit.	28 grammes.
Esprit de tubéreuse.	226 —
Huile verte, cire, savon d'huile, de cha-	
cun.	56

Le jus de pissenlit doit être tout nouvellement exprimé; comme il est lui-même une émulsion, on peut le mettre dans le mortier après que les amandes ont été pilées, et le mêler avec l'eau et l'alcool de la manière ordinaire.

Lait de concombre.

Amandes douces mondées.	115 grammes.
Jus de concombre.	0,56 litre.
Alcool à 60°.	226 grammes.
Huile verte, cire, savon d'huile, de	
chacun.	7

Faites bouillir le jus de concombre pendant une demi-minute, re-froidissez-le aussi promptement que possible, passez-le à travers une mousseline fine; continuez ensuite la manipulation selon la formule ordinaire.

Lait de pistache.

Pistaches.	85 grammes.
Eau de fleurs d'oranger.	0,42 litre.
Savon de palme, huile verte, cire, sper-	
maceti, de chacun.	28,5 grammes.

Lait virginal.

Eau de roses.	1,13 litre.
Teinture de Tolu.	14 grammes.

Ajoutez l'eau tout doucement à la teinture; vous obtenez ainsi un liquide laiteux de nuance opale qui conserve sa consistance pendant plu-sieurs années. Si l'on fait l'inverse, c'est-à-dire si l'on verse la teinture dans l'eau, la matière résineuse forme un précipité nébuleux qu'il est difficile de remettre en suspension dans l'eau.

[Le lait virginal se fait le plus souvent en France avec la teinture de benjoin.]

Extrait de fleurs de sureau.

Eau de fleurs de sureau. . . . .   1,13 litre.
Teinture de benjoin.   28   grammes.

Manipulez comme pour le lait virginal.

Il va sans dire qu'on peut faire des préparations du même genre avec l'eau de fleurs d'oranger et les diverses autres eaux.

Lotion à la glycérine.

Eau de fleurs d'oranger. . . . .   4,54 litres.
Glycérine.   226   grammes.
Borax.   28   —

Le docteur Startin recommande cette préparation comme un excellent cosmétique.

On emploie beaucoup la glycérine aujourd'hui comme remèdes pour les lèvres gercées, et c'est en effet une chose très-utile; cependant comme elle est gluante, elle déplaît à beaucoup de personnes qui préfèrent la gelée à la glycérine.

On se sert encore de la glycérine comme d'une espèce de bandoline et pour rendre les cheveux brillants. Parfumée avec de l'essence de géranium ou de rose et colorée avec de l'aniline, on la vend aujourd'hui sous le nom d'huile de mauve.

XIV

COLD-CREAM

Galien, célèbre médecin de Pergame, en Asie, qui se distingua à Athènes, à Alexandrie et à Rome, il y a environ dix-sept cents ans, est l'inventeur de cet onguent particulier, mélange de graisse et d'eau connu aujourd'hui dans la parfumerie sous le nom de cold-cream, et dans la pharmacie sous celui de cérat de Galien (*ceratum Galeni*).

Cependant la recette actuelle pour faire le cold-cream diffère complétement de la formule qui se trouve dans les ouvrages de Galien quant à l'odeur et à la qualité, quoique les éléments principaux soient les mêmes, à savoir de la graisse et de l'eau. Il y a dans le commerce de la parfumerie européenne diverses espèces de cold-cream qu'on distingue par leur odeur, tels que cold-cream au camphre, à l'amande, à la violette, à la rose, etc.

Cold-cream à la rose.

Huile d'amandes.	500	grammes.
Eau de roses.	500	—
Cire blanche.	28	—
Spermaceti.	28	—
Essence de rose.	0,88	—

Manipulation. — Mettez d'abord la cire et le spermaceti dans un vase de porcelaine, épais et bien émaillé, plutôt profond que plat et pouvant contenir une quantité de crème double que celle que vous voulez faire; placez ensuite le vase dans un bain d'eau bouillante. Quand la cire et le spermaceti sont fondus, ajoutez l'huile et exposez de nouveau le tout à la chaleur, jusqu'à ce que les flocons de cire et de spermaceti soient liquéfiés. Retirez alors le vase et mettez-le avec ce qu'il contient sous le versoir contenant l'eau de roses. Ce versoir peut être une burette de fer-blanc avec un petit robinet à la partie inférieure, la même que celle qui sert à fabriquer le lait de rose. Ayez un *stirrer* (agitateur), fait de bois, plat et percé de trous de la grandeur d'une pièce de cinquante centimes, ayant la forme d'une grande spatule de peintre. Aussitôt que l'eau de roses commence à couler, agitez continuellement la crème jusqu'à ce que toute l'eau y soit tombée. De temps en temps il faut arrêter l'eau, racler la crème qui prend aux bords du vase et l'incorporer à celle qui reste liquide. En hiver, il est nécessaire de faire chauffer légèrement l'eau de roses, autrement la crème prend avant d'avoir été suffisamment battue. Lorsque toute l'eau est absorbée, la crème est assez froide pour la verser dans les pots pour la vente ; c'est alors qu'on doit ajouter l'essence de rose. La raison pour laquelle il ne faut mettre le parfum qu'au dernier moment est facile à saisir : la chaleur et l'agitation occasionneraient par l'évaporation une perte inutile.

Le cold-cream fabriqué de cette manière devient tout à fait ferme dans les pots où on le verse et garde l'apparence de la cire prise quoiqu'il y ait moitié d'eau dans les interstices de la préparation. Lorsque les pots sont bien vernissés, elle se conserve pendant un an ou deux. Le cold-cream destiné à être exporté dans les Indes orientales ou occidentales doit toujours être expédié dans des flacons bouchés.

Cold-cream à l'amande.

On le fait exactement comme il vient d'être dit, mais au lieu d'essence de roses on emploie de l'essence d'amandes.

Cold-cream à la violette.

Huile à la violette..	500 grammes.
Eau de violette.	500 —
Cire..	28 —
Spermacéti.	28 —
Essence d'amandes.	5 gouttes.

C'est un cosmétique très-fashionnable et généralement recherché.

Cold-cream à la tubéreuse, au jasmin et à la fleur d'oranger.

On les prépare suivant la formule ci-dessus. Ce sont des articles très-distingués.

Cold-cream ou glace au camphre.

Huile d'amandes douces.. • • • • • • •   500   grammes.
Eau de roses. • • • • • • • • • • •   500   —
Cire et spermaceti, • • • • • • • •   28   —
Camphre. • • • • • • • • • • • • •   56   —
Essence de romarin. • • • • • • • •   1,77   —

Faites fondre le camphre, la cire et le spermaceti, puis manipulez comme pour le cold-cream à la rose.

Cold-cream au concombre.

Huile d'amandes douces. • • • • • •   500   grammes.
Huile verte. • • • • • • • • • • • •   500   —
Jus de concombres. • • • • • • • •   500   —
Cire. • • • • • • • • • • • • • • •   28   —
Spermaceti. • • • • • • • • • • • •   28   —
Esprit de concombre. • • • • • • •   56   —

On extrait aisément le jus du concombre en soumettant le fruit à l'action d'une presse ordinaire. Il faut le chauffer à une température assez élevée pour faire coaguler la petite portion d'albumine qui y est contenue, après quoi on le passe à travers un linge fin. Comme l'essence de concombre est très-volatile et que la chaleur occasionne une perte considérable, on peut avec avantage adopter le procédé que voici :

Coupez le fruit en tranches très-minces que vous mettez dans l'huile pendant vingt-quatre heures, passez votre huile et mettez-y de nouvelles tranches de concombre; il n'est pas besoin d'autre chaleur que celle d'une température d'été. Faites ensuite le cold-cream de la manière ordinaire en employant l'huile d'amandes ainsi préparée, l'eau de roses et les autres ingrédients selon la formule et en parfumant avec l'essence de concombre.

On trouve chez les parfumeurs de Paris une autre préparation plus simple qui n'est autre chose que de l'axonge parfumée avec le jus extrait du concombre, de la manière suivante : on fait fondre l'axonge dans un vase au bain-marie; on y met le jus de concombre en remuant bien, puis on laisse le tout reposer au frais. L'axonge monte à la surface et quand elle est refroidie ou la sépare du jus resté liquide. La même manipulation se répète aussi souvent qu'il est nécessaire suivant le degré d'odeur qu'on veut donner à la pommade.

Pommade de concombre.

Axonge au benjoin.	5,000 grammes.
Spermaceti.	1,000 —
Essence de concombre.	500 —

Faites fondre le spermaceti avec l'axonge, remuez constamment pendant que le mélange refroidit; malaxez-le ensuite dans un mortier en ajoutant peu à peu l'essence de concombre; continuez jusqu'à ce que toute l'essence soit évaporée et vous avez alors une pommade d'une merveilleuse blancheur. (Voyez Concombre, p. 105.)

On emploie la pommade de concombre, soit en l'étendant sur la peau au moment de se mettre au lit, soit en en mettant gros comme une noisette sur l'éponge ou sur la serviette avec le savon, quand on fait sa toilette. On peut aussi avec avantage en enduire un peu la peau, avant de s'exposer au soleil, ou quand on va sur le bord de la mer chercher le plaisir et la santé.

Le melon et les autres fruits semblables peuvent également servir à parfumer des graisses selon les mêmes procédés.

Pommade divine.

Parmi les mille et une panacées plus ou moins efficaces, la pommade divine, comme la poudre de James, a obtenu un succès qui a dépassé les espérances les plus ambitieuses de ses inventeurs. Cet article considéré comme un agent médical est strictement du ressort du pharmacien, cependant ce sont presque toujours les parfumeurs qui le vendent. Voici comme on le prépare :

Blanc de baleine.	125 grammes.
Axonge.	250 —
Huile d'amandes.	375 —
Benjoin en poudre.	125 —
Gousses de vanille	42 —

Faites digérer le tout dans un vase chauffé au bain-marie, à la température de 90°. Au bout de cinq à six heures le mélange est bon à mettre en flacons pour la vente.

Savonnettes à l'amande.

Graisse de rognons clarifiée.	500	grammes.
Cire blanche.	250	—
Essence d'amandes amères.	1,77	—
— de girofle.	0,44	—

Savonnettes au camphre.

Graisse de rognons clarifiée.	500	grammes.
Cire blanche.	125	—
Camphre.	125	—
Essence de lavande ou de romarin.	14	—

Ces deux articles se vendent soit en blanc, soit colorés avec de la racine d'orcanète. Lorsque les ingrédients sont complétement fondus, on jette le mélange en moule ; on emploie à cet effet de petits pots avec le fond bien poli ; quelques fabricants se servent tout simplement de grandes boîtes à pilules.

Pâte au camphre.

Huile d'amandes douces.	250	grammes.
Axonge purifiée.	125	—
Cire.	28	—
Spermaceti.	28	—
Camphre.	28	—

Amalgamez bien les ingrédients pendant qu'ils refroidissent avant d'empoter.

Baume à la glycérine.

Cire blanche.	28	grammes.
Spermaceti.	28	—
Huile d'amandes douces.	250	—
Glycérine.	56	—
Essence de rose.	0,44	—

Nous n'entendons pas discuter ici l'efficacité d'aucune de ces préparations, il suffit qu'elles soient demandées par le public pour en donner la formule.

Belle pommade à la rose pour les lèvres.

Huile à la rose.	250 grammes.
Spermaceti.	50 —
Cire.	50 —
Racine d'orcanète.	50 —
Essence de rose.	7 —

Mettez la cire, le spermaceti, l'huile à la rose et la racine d'orcanète dans un vase chauffé à la vapeur ou au bain-marie; quand ces ingrédients sont fondus, laissez-les macérer avec l'orcanète pendant quatre ou cinq heures au moins pour en extraire la couleur; enfin, passez à travers une mousseline fine et ajoutez l'essence avant que le mélange se refroidisse.

Pommade blanche pour les lèvres.

Huile d'amandes.	125 grammes.
Cire.	28 —
Spermaceti.	28 —
Essence de bergamote.	1 —
— de géranium.	2 —

Quand la pommade est versée dans les pots et refroidie, on tient un fer rouge au-dessus pendant une minute ou deux; la chaleur qui rayonne du fer liquéfie la surface de la graisse et la rend unie.

Pommade à la cerise pour les lèvres.

Cette composition se prépare de la même manière que la belle pommade à la rose, avec cette différence que le parfum consiste en 2 grammes d'essence de laurier et 2 grammes d'essence d'amandes.

Pommade ordinaire pour les lèvres.

Elle se compose simplement de parties égales de saindoux et de graisse de rognon colorées avec la racine d'orcanète et parfumées avec 28 grammes de bergamote et géranium par pour 500 grammes de pommade.

XV

HUILES ET POMMADES

Selon les vieux écrivains, les mots *onguent*, *pommade*, *oingnement* sont des expressions synonymes pour désigner les graisses médicamenteuses et parfumées. Ainsi nous lisons au livre des *Proverbes*, xxvii, 9 : « Les oingnements et les parfums réjouissent le cœur ; » dans l'*Ecclésiaste*, ix, 8 : « Que ta tête ne manque pas d'oingnement. » « Les fils des prêtres faisoient les oingnements des aromates. » (I *Paralipomènes*, ix, 30.) « Ézéchias était ravi et leur montra ses trésors, ses aromates et l'oingnement précieux. » (*Isaïe*, xxxix, 2.)

La coutume d'huiler et de graisser les cheveux est répandue parmi presque toutes les nations civilisées de la terre. Nous avons bien sous le cuir chevelu des glandes qui sécrètent une sorte d'huile (1), mais, sauf quelques cas assez rares, c'est en très-petite quantité. Dans ces cas, on dit que les cheveux sont naturellement gras et doux. En général les cheveux deviennent durs et secs faute de sécrétion huileuse naturelle ; de là est né comme instinctivement l'usage d'employer une huile artificielle, usage consacré par son ancienneté et sanctionné comme une nécessité par les élégantes de nos salons comme par les beautés africaines des régions équatoriales. M. du Chaillu dit, en parlant de l'huile de Njavi dont se servent les naturels de Goumbi :

« Ils mêlent l'huile de Njavi avec une poudre odoriférante appelée Yembo et en font une sorte de pommade qu'ils mettent en grande quantité sur leur laine, c'est-à-dire leur chevelure.

1) Cazenave, *Traité des maladies du cuir chevelu*. Paris, 1850.

Ils trouvent que cette pommade répand une odeur agréable, mais je ne partage pas leur opinion. »

L'huile dans les cheveux, outre qu'elle les rend doux et brillants, a l'avantage inappréciable de les rendre « inhabitables, » considération trop souvent négligée dans les écoles et dans les autres institutions du même genre.

Le nom de pommade vient du mot latin *pomum*, pomme, parce que, dans l'origine on la faisait en mettant macérer des pommes très-mûres dans de la graisse.

Piquez une pomme avec des clous de girofle ou quelque aromate du même genre, exposez-la à l'air pendant plusieurs jours, faites-la ensuite macérer dans de l'axonge clarifiée et fondue ou dans tout autre corps gras, et vous aurez une graisse parfumée. Répétez cette opération plusieurs fois avec la même graisse, vous obtiendrez la véritable « pommade. »

Voici une recette publiée il y a plus d'un siècle :

Prenez : Graisse de chevreau, une orange coupée en tranches, des pommes de reinette, un verre d'eau de rose, un demi-verre de vin blanc; faites bouillir, passez et enfin parfumez avec de l'huile d'amandes douces.

L'auteur, le docteur Quincy, fait observer que dans cette recette la pomme ne signifie absolument rien, et, comme plusieurs auteurs de nos jours, il est d'avis que le lecteur en sait autant que l'écrivain sur cette question. Il pense donc que le poids et la quantité des ingrédients mentionnés dans sa recette sont également insignifiants.

Les parfumeurs, soit qu'ils en aient fait l'expérience ou qu'ils se contentent de l'avis du docteur Quincy, fabriquent aujourd'hui leurs pommades sans pommes. Leur préparation se compose simplement de saindoux ou de graisse de bœuf, d'un mélange de cire, de spermaceti et d'huile, de toutes ces substances réunies ou de quelques-unes d'entre elles seulement, qu'ils parfument en y ajoutant une certaine quantité d'essence selon le nom qu'ils veulent donner à leur produit.

Le point essentiel dans la fabrication de la pommade, c'est, quelle que soit la graisse qu'on emploie, que cette graisse soit *parfaitement inodore.*

Voici comment on obtient un saindoux sans odeur :

Prenez, par exemple, 14 kilogrammes de pannes *parfaitement fraîches,* mettez-les dans un vase bien vernissé qui puisse supporter la chaleur d'un bain d'eau salée bouillante, ou, si l'on emploie la vapeur, une légère pression ; lorsque la panne est fondue, ajoutez-y 30 grammes d'alun en poudre et 60 de sel de table ; entretenez la chaleur jusqu'à ce que vous voyiez s'élever une écume composée en grande partie de caillots de protéine (albumine), de pellicules, etc., et qu'il faut écumer. Lorsque la graisse liquide paraît ne plus contenir de corps étrangers, laissez-la refroidir.

Il faut alors laver la panne ou axonge. On procède à ce lavage par petites portions à la fois. On la fait ensuite refondre en ayant soin d'élever assez la chaleur pour faire évaporer toute l'eau qui pourrait être restée. Quand la graisse est refroidie, l'opération est terminée.

Cette opération est pénible sans doute et prend beaucoup de temps, mais la graisse qui n'est pas ainsi purifiée est complétement impropre aux usages de la parfumerie ; en effet une mauvaise graisse coûte plus en parfums pour couvrir sa mauvaise odeur que la dépense nécessaire pour la clarifier. De plus, si la panne employée a le goût de la bête, il est presque impossible de lui donner aucune odeur délicate, et si on la parfume fortement en ajoutant beaucoup d'essence, la graisse ne se conserve pas davantage et devient bientôt rance. De toutes manières, donc, employer, dans la fabrication des pommades, des graisses qui ne soient pas *parfaitement inodores* est une très-fausse économie.

Dans la Provence qui produit les fleurs et où les belles pommades se font par *enfleurage* ou par macération, la clarification des graisses nécessaires à ce commerce est un objet assez important pour en faire une industrie à part.

On purifie la graisse de bœuf ou de mouton, à peu près de la même manière que la panne. Mais la consistance plus fermé de ces graisses exige pour les laver un mécanisme d'une force plus grande que celle que peut fournir un travail manuel. On emploie pour l'épurement un rouleau de pierre se promenant sur une ardoise circulaire. Ce rouleau reçoit son mouvement d'un axe qui passe au centre de l'ardoise ou plutôt de la table de pierre sur laquelle est placée la graisse ; cette table étant plus élevée au centre qu'à la circonférence, le courant d'eau s'écoule après avoir lavé le corps gras. Le reste de l'opération se fait de la même manière que pour le saindoux. Ces graisses sont employées dans la parfumerie sous le nom général de corps ; ainsi nous avons des pommades de corps durs (graisses de bœuf ou de mouton — suif), et des pommades de corps mous (panne). Pour tirer des *extraits* des pommades faites par enfleurage, tels qu'extraits de violette, de jasmin, etc. ; les pommades de corps mous sont préférables, parce qu'ils abandonnent plus facilement leur parfum. Mais lorsqu'on veut employer des pommades parfumées pour fabriquer des cosmétiques pour la chevelure, les pommades de corps durs doivent être mélangées aux autres en proportions déterminées, afin d'obtenir une consistance moyenne, suivant la température du moment et aussi suivant les contrées auxquelles les marchandises sont destinées.

La recette suivante pour épurer les graisses avant l'enfleurage a été spécialement écrite, pour cet ouvrage, par M. Bermond, de Nice.

ÉPURATION DES GRAISSES

« Choisissez les graisses toujours les plus fraîches, en ôtant toutes les fibres et petites peaux (1) qui peuvent les corrompre.

---

(1) Aponévroses.

« Pour 50 kilogrammes de graisse. — Vous la coupez par morceaux, ensuite vous la pilez dans un mortier en pierre ou marbre. De suite qu'elle est bien écrasée, il faut la laver et la faire dégorger dans de l'eau fraîche. Il faut répéter le lavage 3 à 4 fois, jusqu'à ce que toute l'eau soit claire comme quand vous la mettez. Cette opération terminée, faites fondre la graisse, en y ajoutant 100 grammes d'alun pulvérisé; faites bouillir et écumer quelques secondes. Après, passez la graisse fondue à travers un linge pas trop serré, sans trop presser les crétons, soit le marc que vous réservez pour vos pommades communes. Vous laissez reposer la graisse dans un grand récipient environ deux heures; ensuite, vous retirez votre graisse au clair sans y laisser d'eau.

« Vous remettez, après, la graisse fondue à feu nu, avec 3 ou 4 litres d'eau de rose, et 150 grammes de benjoin bien en poudre; vous faites bouillir petit à petit, en retirant sans cesse l'écume que fait la graisse. Quand, après une heure environ, vous vous apercevez qu'il ne sort plus d'écume, vous retirez tout le feu, vous laissez reposer le mélange quatre ou cinq heures ; ensuite vous tirez au clair dans des jarres ou cuvettes en fer-blanc, et l'opération est terminée. Laissez toujours quelques livres de corps au fond dans la crainte qu'il ne passe un peu d'eau; cette matière vous servira à d'autres emplois. Pour épurer la graisse de bœuf, vous faites la même chose.

« Pour éviter que votre corps avec les chaleurs ne soit trop mou, ce qui l'excite à rancir, vous mettrez 600 kilogrammes de graisse de porc, 25 kilogrammes de graisse de bœuf. En été on met moitié par moitié. »

On remarque que le caractère principal dans ce procédé, c'est l'emploi du benjoin.

Le docteur Redwood (1) a récemment appelé l'atten-

1) Pharmaceutical Journal, vol. XIV, n° 5. London.

tion des chimistes sur ce fait, que certains onguents, et particulièrement l'onguent de zinc, ne deviennent pas rances quand on y ajoute, en les faisant, un peu de benjoin ou d'acide benzoïque. Il n'y a guère à douter de l'exactitude du fait, car on a déjà remarqué que la graisse employée par les producteurs de fleurs dans l'opération de l'enfleurage se garde fraîche pendant des années, pourvu que, dans l'opération de l'épuration, elle soit restée pendant quelque temps en contact avec le benjoin, méthode généralement suivie depuis quelques années à Paris, à Grasse, à Cannes et à Nice. Il ne reste donc plus qu'à faire des expériences pour constater si l'action antiseptique du benjoin s'exerce également sur tous les corps gras.

[Les corps gras, sous l'influence des matières azotées (albumine, sang, etc.), s'oxydent, s'acidifient et éprouvent une sorte de fermentation qu'on a appelée *rancique*; il importe de s'opposer autant que possible à cette altération. Les lavages répétés à l'eau et la fusion à une douce température suffisent dans le plus grand nombre des cas ; l'addition d'une petite quantité de résine ou d'un baume conserve parfaitement les corps gras et empêche leur acidification spontanée. L'*axonge benzinée* est préparée avec du benjoin, comme on vient de le dire ; en y mettant du baume de Tolu, elle prend le nom d'*axonge toluinée*. On peut employer à cet usage, surtout dans les pharmacies, le tolu épuisé par l'eau chaude, c'est-à-dire le résidu de la préparation du sirop de Tolu. Enfin, on a appelé *graisse* ou *axonge populinée* la graisse chauffée pendant quelques instants avec les bourgeons de peuplier qui lui donnent une bonne odeur et agissent comme le feraient le benjoin ou le tolu. Quant à l'acide benzoïque pur, nous doutons qu'il possède la même efficacité.]

La manière de parfumer la graisse directement avec les fleurs ayant déjà été décrite à l'article respectif de chacune des fleurs employées à cet usage, il ne reste plus qu'à parler des composés qui en sont faits, ainsi que des quelques sujets dépendant de cette branche de parfumerie dont il n'a pas encore été question.

[Quoique les onguents proprement dits ne soient pas employés en parfumerie, il importe de faire connaître la distinction qui doit être faite entre ces préparations et les pommades.

Les onguents, quelle que soit leur consistance, sont des mélanges en proportions variables de corps gras divers, de cire, d'huiles et de résines unis avec diverses substances.

Les pommades diffèrent essentiellement des onguents en ce qu'elles ne renferment jamais de résines; on peut les diviser en pommades par action chimique, non employées en parfumerie, et en pommades par solution (pommade camphrée), et la plupart des pommades odorantes employées en parfumerie, et les pommades par simple mélange : telle est la pommade à l'oxyde de zinc, etc.]

Huile de ben ou de behen.

C'est sans contredit la plus belle huile grasse qu'un parfumeur puisse employer. Presque incolore, elle est inodore et insipide; elle se garde longtemps sans devenir rance. A une certaine époque l'huile de ben constituait une branche importante de notre commerce avec l'Orient, mais l'énormité des droits imposés sur cet article, et le grand nombre de falsifications dont il était devenu l'objet, ont été cause qu'il a disparu du marché.

L'espoir de rappeler sur un article aussi précieux la faveur qu'il mérite, me porte à en parler de la sorte, quoiqu'il soit difficile de s'en procurer quant à présent dans le commerce. L'huile de behen s'obtient par extraction de la graine du *moringa pterygosperma*, Gærtn., *hyperanthera moringa*, Willd. (légumineuses), arbre aujourd'hui naturalisé aux Indes

occidentales. La graine contient, dit-on, 25 pour 100 d'huile,
ce qui, à raison de 600 fr. les 50 kilogrammes, — valeur actuelle de l'huile de behen à Paris, — serait assurément un prix
suffisamment rémunérateur pour séduire le producteur. Pour
faire le cold-cream et les divers autres onguents, elle serait inappréciable et sans rival. En supposant que l'huile de ben expé-
diée dans son état naturel n'indemnisât pas le producteur, on
pourrait l'enfleurer par le procédé décrit page 57, avec les
fleurs du plumeria, de la cassie, du jasmin grandiflore, des
pancratium et mille autres fleurs qui croissent en abondance
et sans qu'on y fasse attention ; on l'a vendue autrefois 20 fr.
le kilogramme.

[Les semences des ben aptères, *moringa apterà*, Gærtn.,
produisent également une huile très-estimée. On les appelle
noix de ben blanches, et les *noix de ben grises* qui sont moins
estimées sont attribuées au *moringa disperma*.]

Paraffine.

La paraffine, substance solide, inodore et semblable à la cire,
qu'on obtient par la distillation du charbon minéral, de la
tourbe d'Irlande, etc., etc., est une matière qui, dans plus
d'une occasion, peut remplacer pour la fabrication de la parfumerie, lorsqu'elle est bien purifiée, la cire produite par les
abeilles. J'ai dit qu'elle ressemble à la cire, mais en réalité, à
cause de son caractère cristallin, elle ressemble plutôt au blanc
de baleine dont elle a aussi la demi-transparence.

La paraffine vaut de 2 fr. 25 c. à 5 fr. le kilogramme. Différentes expériences m'ont convaincu que la paraffine est une
substance précieuse en parfumerie pour la fabrication des
pommades qui doivent être exportées dans les pays chauds.

La paraffine $= C^{48}H^{50}$ tire son nom de *parum affinis*, à cause
de son indifférence pour les autres corps. Autrefois extraite
presque uniquement des goudrons de houille et des produits de

la distillation de la houille, elle est aujourd'hui préparée en grande abondance avec les pétroles américains et de l'Inde (Rangoon). MM. Cogniet et Maréchal peuvent la livrer aujourd'hui à assez bon compte pour qu'on ait pu la faire entrer économiquement dans la fabrication des bougies translucides. C'est M. Arrault, pharmacien et fabricant de parfums et de cosmétiques à Montmartre, qui le premier, en France, l'a fait entrer à notre connaissance dans la fabrication des pommades et du cold-cream.

La paraffine cristallise en belles lames nacrées fusibles à 45°; elle se volatilise sans décomposition, et brûle avec une flamme blanche; elle est soluble dans l'éther et peu soluble dans l'alcool; les pommades à la paraffine jouissent de la propriété singulière d'exciter la sudation. Elle possède en outre la propriété d'empêcher les pommades de rancir.]

La POMMADE A LA CASSIE, communément appelée *cassiæ pomatum*, se fait avec un corps gras épuré dans lequel on fait macérer les petits pétales ronds et jaunes de la fleur de l'*acacia Farnesiana*. (Voyez CASSIE, p. 97.)

Huile et pommade au benjoin.

L'acide benzoïque est parfaitement soluble dans la graisse chaude. 15 grammes d'acide benzoïque dissous dans 25 centilitres d'huile d'olive ou d'huile d'amandes chaude déposent, en refroidissant, de beaux cristaux en aiguilles semblables aux efflorescences des gousses de vanille; néanmoins une partie de l'acide reste en dissolution dans l'huile à la température ordinaire et lui communique l'arome particulier du benjoin. C'est sur ce fait qu'est basé le procédé qui consiste à parfumer la graisse avec la résine du benjoin directement, c'est-à-dire en faisant macérer du benjoin réduit en poudre dans du saindoux ou de la graisse fondue pendant quelques heures à une température de 80 à 90 degrés centigrade. Presque toutes les résines traitées de cette manière cèdent leur principe odorant aux corps gras. La connaissance de ce fait, en se répandant, donnera sans doute l'idée de quelques nouvelles préparations médicinales, telles que onguent de myrrhe, onguent d'assa fœtida et autres.

[La myrrhe, l'assa fœtida et beaucoup d'autres résines et gommes-résines, entraient autrefois dans plusieurs préparations pour l'usage externe, telles que onguents, emplâtres, etc. Elles sont aujourd'hui beaucoup moins employées.]

Huile et pommade de fèves de Tonka.

L'huile de fèves de Tonka s'obtient en broyant les fèves et en les soumettant à une forte pression. Cette huile, concrète, d'une odeur très-forte et persistante, s'emploie dans la composition de quelques pommades et huiles.

Huile et pommade à la vanille.

Gousses de vanille . . . . 125 grammes.
Graisse ou huile. . . . . 2,000 —

Faites macérer à une température de 25° centigrade pendant trois ou quatre jours, puis passez. Si vous pouvez la laisser plus longtemps, cela n'en vaudra que mieux.

Ces huiles et pommades constituent, avec les huiles et les pommades de Grasse et de Nice déjà décrites, la base des meilleurs cosmétiques pour la chevelure, préparés et vendus par les parfumeurs. Les huiles et pommades de qualité inférieure se font en parfumant le saindoux, la graisse, la cire, l'huile, etc., avec diverses essences. Ces produits, quoique souvent plus coûteux que les précédents, ont en réalité une odeur, un bouquet moindres ; car la graisse même légèrement parfumée par macération ou par enfleurage est beaucoup plus agréable à l'odorat que lorsqu'elle l'est avec des essences.

[Les confiseurs, les pâtissiers, les restaurateurs de bas étage, substituent souvent à la vanille les enveloppes (balles) de l'avoine noire, de l'orge, et les écailles de la racine (rhizome) du chien-

dent; il est probable que les parfumeurs peu consciencieux
font la même substitution.

Les feuilles de l'*orchis fusca* et celles de l'orchis *anthropophora* peuvent être substituées à la fève de Tonka; elles
possèdent une odeur très-forte de coumarine.]

Les pommades ci-après ont obtenu une grande faveur due
particulièrement à la persistance de leur parfum, qui rappelle
véritablement l'odeur des fleurs.

Graisse d'ours.

La pommade de graisse d'ours se fait de la manière suivante :

Huile à la rose.	250 grammes.
— à la fleur d'oranger.	250 —
— à la cassie.	250 —
— à la tubéreuse.	250 —
— au jasmin.	250 —
— d'amandes.	3,000 —
Panne ou axonge.	6,000 —
Pommade à la cassie.	1,000 —
Essence de bergamote.	115 —
— de girofle.	56 —

Faites fondre ensemble les graisses solides et les huiles au bain-marie,
puis ajoutez les essences.

La graisse d'ours ainsi préparée est assez ferme pour prendre dans les pots à une température moyenne d'été. Par une
température très-chaude, ou si l'article devait être exporté aux
Indes ou en Amérique, il faudrait remplacer une partie des
huiles par des pommades, ou bien mettre plus de panne et
moins d'huile d'amandes.

Crème circassienne.

Panne épurée.	500 grammes.
Graisse au benjoin.	500 —
Pommade à la rose de Grasse.	250 —
Huile d'amandes colorée avec l'orcanète.	1,000 —
Essence de rose.	7 —

Baume de fleurs.

Pommade à la rose de Grasse.	340	grammes.
— à la violette.	340	—
Huile d'amandes.	1,000	—
Essence de bergamote.	7	—

Huile cristallisée (1re qualité).

Huile à la rose.	500	grammes.
— à la tubéreuse.	500	—
— à la fleur d'oranger.	250	—
Spermaceti.	250	—

Huile cristallisée (2e qualité).

Huile d'amandes.	1,250	grammes.
Spermaceti.	250	—
Essence de citron.	85	—

Faites fondre le spermaceti au bain-marie, puis ajoutez les huile
chauffez jusqu'à ce que tous les flocons aient disparu; versez dans d
vases chauds et faites refroidir aussi lentement que possible pour assur
une bonne cristallisation; si le mélange refroidit trop vite, il se fige sa
prendre l'apparence cristalline.

Cette préparation a une apparence très-agréable, ce qui fa
qu'elle se vend bien; mais quand on s'en sert quelque temj
pour graisser les cheveux elle rend la tête comme farineuse
au bout d'une semaine ou deux on peut avec le peigne e
lever les cristaux de spermaceti comme de petites écailles.

Pommade à l'huile de ricin.

Pommade à la tubéreuse.	500	grammes.
Huile de ricin.	250	—
— d'amandes.	250	—
Essence de bergamote.	28	—

Baume de néroli.

Pommade à la rose de Grasse. . . .	250	grammes.
— au jasmin.	250	—
Huile d'amandes.	575	—
Essence de néroli.	1,77	—

Crème à la moelle.

Panne épurée.	500	grammes.
Huile d'amandes.	500	—
— de palme.	28	—
Essence de girofle.	0,88	—
— de bergamote.	14	—
— de citron.	42	—

Pommade à la moelle.

Panne épurée.	2,000	grammes.
Graisse de mouton.	1,000	—
Essence de citron.	28	—
— de bergamote.	14	—
— de girofle.	4	—

Faites fondre les corps gras; battez-les pendant une demi-heure au moins avec une spatule plate en bois. À mesure que la graisse refroidit, de petites bulles d'air se trouvent emprisonnées dans la pommade, et non-seulement en augmentent le volume, mais lui donnent une faculté particulière d'agrégation mécanique qui la rend légère et spongieuse. Dans cet état il est évident qu'une même quantité remplit plus de pots qu'autrement et par suite l'article est plus avantageux.

Pommade à la violette.

Panne épurée.	500	grammes.
Pommade à la cassie épuisée.	170	—
— à la rose épuisée.	113	—

Même manipulation que pour la pommade à la moelle.

Dans toutes les préparations à bon marché pour la chevelure, les fabricants de parfumerie emploient, pour faire leurs graisses, les pommades et les huiles épuisées; on entend par huiles et pommades épuisées celles qui ont servi à préparer les alcools parfumés, comme il a été dit précédemment. Elles conservent une odeur assez forte pour servir à fabriquer la plupart des pommades pour la chevelure.

Pour faire d'autres pommades il suffit, dans les formules précédentes, de substituer à la pommade à la cassie les pommades à la rose, au jasmin, à la tubéreuse, etc.

*Pommades doubles aux mille-fleurs.

Les pommades à la rose, au jasmin, à la fleur d'oranger, à la violette, à la tubéreuse, etc., se font toutes en hiver avec deux tiers des meilleures pommades de Grasse et de Nice et un tiers des meilleures huiles de Grasse. En été, il faut mettre parties égales.

Pommade à l'héliotrope.

Pommade à la rose.	500 grammes.
Huile à la vanille.	250 —
— au jasmin.	113 —
— à la tubéreuse.	56 —
— à la fleur d'oranger.	56 —
Essence d'amandes.	6 gouttes.
— de girofle	3 —

Huile antique à l'héliotrope.

Même formule que la précédente, en substituant l'huile à la rose, à la pommade.

PHILOCOME

Le nom de cette préparation, composé de deux mots grecs φιλος et κόμη, ami de la chevelure, a été mis en circulation par les parfumeurs de Paris, et c'est un nom bien trouvé, car le philocome est sans contredit une des meilleures pommades de toilette qui aient été inventées.

Philocome (1re qualité).

Cire blanche.	285 grammes.
Huile à la rose.	500 —
— à la cassie.	250 —
— au jasmin.	250 —
— à la fleur d'oranger.	500 —
— à la tubéreuse.	500 —

Faites fondre la cire dans les huiles au bain-marie à la plus basse température possible. Remuez le mélange pendant qu'il refroidit; ne le versez pas qu'il ne soit presque assez froid pour prendre; faites chauffer légèrement les jarres, bouteilles ou pots que vous remplissez pour la vente; que ces différents vases soient au moins à la même température que le philocome lui-même, autrement le verre refroidit la préparation qu'on y met et la fait paraître d'une consistance inégale.

Philocome (2ᵉ qualité).

Cire blanche.	140	grammes.
Huile d'amandes.	1,000	—
Essence de bergamote.	28	—
— de citron.	14	—
— de lavande.	0,50	—
— de girofle.	1,77	—

Fluide lustral.

Ajoutez 50 grammes de cire à 500 grammes d'huile et parfumez comme ci-dessus.

Pommade hongroise pour les moustaches.

Cire blanche.	500	grammes.
Savon d'huile.	250	—
Gomme arabique.	250	—
Essence de rose.	0,56	litre.
Essence de bergamote.	28	grammes.
— de géranium.	0,88	—

Faites fondre la gomme et le savon dans l'eau à une chaleur douce; ajoutez la cire en remuant constamment les ingrédients; quand le tout est d'une consistance égale, mettez les parfums.

Pour colorer en brun, on se sert de terre d'ombre brûlée, broyée dans l'huile, que l'on trouve chez les marchands de couleurs pour les peintres; pour teindre en noir on emploie le noir d'ivoire délayé dans la même huile.

Pommade blanche dure ou en bâtons.

Graisse au benjoin.	500	grammes.
Cire blanche ou paraffine	500	—
Pommade au jasmin.	250	—
— à la tubéreuse.	250	—
Essence de rose.	1,75	—
— de bergamote.	2	—

Bâtons de cosmétique blanc.

Graisse.	500	grammes.
Cire ou paraffine	250	—
Essence de bergamote.	28	—
— de cassie (laurus cassia).	1	—
— de thym.	1	—

Bâtons bruns et noirs.

Ces cosmétiques, que l'on demande aussi, se font de la même manière que les précédents; on les colore avec du noir de fumée ou de la terre d'ombre broyée dans l'huile d'amandes. Le mieux est d'acheter ces couleurs toutes prêtes chez un marchand de couleurs pour les artistes.

Cosmétique brun et noir.

Celui qui se vend sous le nom de cosmétique à l'eau se fait avec un savon parfumé fortement coloré, soit avec du noir de fumée, soit avec de la terre d'ombre. On fait d'abord fondre le savon et on y ajoute la couleur pendant qu'il est liquide; lorsqu'il est froid, on le coupe en morceaux.

On l'emploie pour teindre les moustaches le matin; on l'applique avec une petite brosse et de l'eau.

XVI

TEINTURES POUR LES CHEVEUX. — PRÉPARATIONS ÉPILATOIRES.

Peu d'usages ont une origine plus ancienne que celui de peindre le visage, de teindre les cheveux et de noircir les cils et les sourcils pour relever la beauté. En Égypte, c'est une coutume générale chez les femmes de la haute et de la moyenne classe, et très-commune parmi celles des classes inférieures, de se noircir le bord des paupières supérieure et inférieure avec une poudre qu'elles appellent *kohol*. On applique le kohol avec un petit stylet de bois, aminci et émoussé à l'extrémité. On le trempe de temps en temps dans l'eau de roses, puis on le plonge dans la poudre et on le promène sur le bord des paupières. On pense que cette opération donne une expression très-douce au regard en faisant paraître l'œil plus grand. C'est sans doute à ce fait que Jérémie fait allusion quand il dit : « Quoique tu te fendes le visage (les yeux) avec de la couleur, c'est en vain que tu te feras belle (1). »

Une singulière coutume des femmes moresques et arabes est de se dessiner entre les deux yeux des bouquets de petits points bleuâtres ou d'autres petites figures sur lesquelles elles appliquent une couleur qui les rend indélébiles. Le menton est aussi tatoué de la même manière; une petite ligne bleue, partant de la pointe, descend jusqu'à la gorge. Les cils, les sourcils, le bord et l'extrémité des paupières sont également colorés en noir. La plante des pieds et quelquefois d'autres parties du pied, jusqu'à

---

(1) *Jérémie*, iv, 40. — Voir aussi E. W. Lane, *Manners and Customs of modern Egyptians*, London, vol. I, p. 41 et suivantes.

la cheville, la paume des mains et les ongles sont teints en un rouge jaunâtre avec les feuilles d'une plante appelée henna (1), henné ou alkanna de Chypre et d'Égypte, *lawsonia inermis* (salicariées). Ses feuilles, que l'on fait sécher pour cet usage, ressemblent un peu à celles du myrthe. On les pile et on en fait avec de l'eau de chaux une pâte que l'on applique sur la peau, sur les cheveux, sur les ongles; on l'y laisse pendant plusieurs heures; la couleur ainsi imprimée se conserve pendant des semaines. Souvent aussi on peint de cette manière le dessus des mains et on le décore de divers dessins. Les jours de fête elles se peignent les joues avec une couleur rouge brique; une petite ligne rouge marque aussi le contour des tempes.

[Les Persans, jeunes et vieux, teignent leurs cheveux et leur barbe tous les huit jours. Nous avons eu l'occasion d'examiner deux poudres qu'ils emploient à cet usage; elles avaient été remises par Feroukh-Kan à M. le professeur Trousseau : l'une teint les cheveux en jaune-d'or, c'est du henné; l'autre les teint en bleu; c'est très-certainement une plante indigofère dont le nom nous est inconnu. On applique d'abord le henné, dont on fait une pâte avec de l'eau, on en couvre la tête, et après une demi-heure de contact, on applique de la même manière la poudre bleue et on obtient ainsi une coloration magnifique d'un noir *aile de corbeau*.]

Des usages semblables subsistent encore en Perse. Dans son livre intitulé *Glimpses of Life in Persia*, lady Sheil dit en parlant de la mère du shah :

« La paume de ses mains et le bout de ses doigts étaient teints en rouge avec une herbe appelée henna et le bord de la paupière inférieure était coloré avec de l'antimoine. Tous les kajars ont naturellement de grands sourcils arqués; mais les

(1) Le *Cantique de Salomon* mentionne cette plante sous le nom de *camphire*; on la trouve, sous celui de *henna*, chez Piesse et Lubin, Bond street, London.

femmes ne se contentent pas de ce que leur a donné la nature, elles les agrandissent et en doublent les proportions réelles en les prolongeant par de grandes lignes tracées avec de l'antimoine. Leurs joues sont couvertes de fard, comme c'est l'invariable coutume des femmes persanes de toutes les classes.

« En Grèce, pour teindre les cils et les paupières, on jette de l'essence ou de la gomme labdanum, *cistus Creticus* (cistinées), sur de la braise; on intercepte la fumée qui s'en dégage avec une assiette pour en recueillir le noir. Voici comment j'ai vu employer cette préparation : Une jeune fille, assise sur un sofa, les jambes croisées suivant l'usage, fermant un de ses yeux prenait les deux cils entre le pouce et l'index de la main gauche, les tirait en avant, puis introduisait par le coin extérieur une espèce d'épingle ou de stylet préalablement plongé dans le noir de fumée. En retirant le stylet, les parcelles de couleur qui y étaient adhérentes s'arrêtaient entre les cils et y demeuraient (1). »

Le docteur Shaw raconte qu'entre autres curiosités retirées des tombeaux découverts dans le Sahara et qui avaient appartenu à des femmes, il vit un morceau de roseau ordinaire contenant une de ces épingles et 50 grammes au moins de cette poussière.

En Angleterre, beaucoup de personnes ayant les cheveux gris ont adopté un usage analogue; mais au lieu d'employer le noir sous forme de poudre, elles se servent d'une espèce de crayon dans lequel la matière colorante est mêlée à un corps gras, comme les bâtons de pommade bruns et noirs dont il a été question ci-dessus.

On a souvent discuté la question de savoir si les cheveux sont sujets à changer subitement de couleur. Le docteur Davy a répondu négativement dans un travail lu en 1861, à Manchester, au sein de la *Bristol Association.*

(1) Chandler, *Travels in Greece.*

21.

Les mémoires de la Société royale de Londres qui embrassent plus de deux cents ans ne contiennent pas un seul exemple d'un pareil changement de couleur. Cette circonstance semble bien prouver qu'il n'y en a jamais eu, car si un tel phénomène s'était produit d'une manière incontestable, il n'est pas probable qu'on ne l'eût pas décrit. Je ne sache pas qu'en dehors des cas rapportés, la physiologie fournisse aucun fait à l'appui de l'opinion adoptée par la foule. Les cheveux de l'homme ne peuvent être injectés. Je me suis servi de liquides colorants tels qu'une solution de nitrate d'argent, une solution d'iode et je n'ai observé aucun changement de couleur, si ce n'est dans les parties positivement immergées. Que leur couleur soit due à une huile fixe, à une disposition particulière des molécules qui les composent ou à ces deux causes, ils opposent une résistance remarquable à la décomposition ; ils résistent à l'action des acides et des alcalis ; les plus forts seuls peuvent les dissoudre. Ils résistent à la macération et à l'action de l'eau bouillante elle-même, à moins qu'à cette action longtemps continuée ne se joigne celle de la pression, car dans ce cas ils se désagrègent et se décomposent. Le soleil les blanchit, mais ce fait n'explique nullement celui d'un changement subit de couleur. Les partisans de l'opinion populaire allèguent les changements qui se produisent dans le plumage de certains oiseaux tels que le *ptarmigan* (*tetras lagopide, tetrao lagopus* L.; *tetrao Alpinus* Nils., *tetrao rupestris* Gmel., ou perdrix des quatre saisons), et dans le poil de certains quadrupèdes tels que le lièvre de montagnes et l'hermine qui deviennent blancs à l'approche de l'hiver et reprennent une nuance plus foncée quand il est passé.

Un naturaliste, M. Blyth, ayant examiné un lemming tué en automne, à l'époque où ils changent de couleur, s'est convaincu que les poils bruns n'avaient pas changé, mais qu'ils avaient été remplacés par de nouveaux poils blancs. Il y a d'ailleurs des raisons pour que le pelage et le plumage d'été soient d'une cou-

L'opinion générale se prononce fermement pour l'affirmative; plusieurs naturalistes et physiologistes concluent dans le même sens. Ils citent des exemples de personnes dont les cheveux sont devenus blancs ou gris sous l'influence d'émotions violentes, telles que la douleur, la terreur, etc. Haller (1) relate huit cas de changements de ce genre relevés par les auteurs; mais tout ce qu'il semble admettre pour son compte, c'est que ce changement peut se produire lentement sous l'influence d'une santé altérée. Marie-Antoinette a été citée par les partisans de l'opinion générale comme un exemple frappant et authentique; mais quand on l'examine avec soin, ce cas rentre dans la catégorie admise par Haller.

Pendant l'emprisonnement que lui firent subir les Jacobins, la reine avait été privée de l'usage des cosmétiques avec lesquels elle avait l'habitude de teindre en noir ses cheveux naturellement cendrés, et les historiens, en racontant son exécution, répètent que sa chevelure passa d'un noir de jais au gris par suite des tortures morales que la malheureuse reine avait éprouvées.

S'il avait été possible qu'une émotion morale, terreur ou chagrin, rendît tout à coup ses cheveux gris, assurément le changement aurait été remarqué avant l'époque où la famille royale fut arrêtée en cherchant à sortir de France. Si une métamorphose semblable était admissible, ne devrait-on pas la voir se produire chez les militaires engagés dans de terribles expéditions, au milieu des dangers et des horreurs de la guerre. Le docteur Davy avait lui-même examiné des milliers de soldats, prématurément épuisés par des climats divers, ayant assisté à de sanglantes batailles et dont beaucoup avaient reçu de terribles blessures, et il déclare n'avoir jamais rencontré un cas de cette espèce.

(1) *Elementa Physiologiæ.*

Règle générale il ne faut pas se teindre les cheveux ; presque toujours c'est nuire à l'un des éléments dont l'ensemble forme ce tout harmonieux qu'on appelle beauté physique. Les principaux éléments de la beauté, indépendamment de la forme, sont le teint, les yeux et la chevelure. La première question à poser, avant d'essayer de changer la couleur d'un auxiliaire si important, doit donc naturellement être celle ci : Le changement s'accordera-t-il avec le teint et les yeux? La beauté teutonique des anglo-saxons et des anglo-normands a été transmise aux enfants de la Grande-Bretagne avec le bons sens pratique des uns et l'air noble des autres. La plupart des femmes dont les charmes font l'ornement de l'Angleterre sont donc essentiellement blondes, blanches et fraîches, tout l'opposé du brun et du noir. Les teints roses et clairs, les yeux bleus, les cheveux plus ou moins châtains dominent dans notre île. Maintenant changer la couleur du visage ou celle de la chevelure, c'est détruire l'harmonie d'un pareil genre de beauté, parce que l'œil ne peut être changé en conséquence ; c'est produire un effet aussi désagréable que celui que produit souvent une femme mal habillée par un étalage de couleurs disparates dans sa toilette. Les personnes blondes ont rarement de l'avantage à se teindre les cheveux, si tant est qu'elles en aient jamais. Celles qui ne portent pas ce signe caractéristique d'origine teutonique, dans les veines desquelles se mêle le sang d'une race plus méridionale et dont le teint foncé, les yeux de gazelle, les cheveux de jais concourent à former de ces beautés que nous appelons *brunettes*, quand la jeunesse commence à s'éloigner ou quand les boucles de leurs cheveux s'argentent et grisonnent prématurément, celles-là peuvent appeler l'art à leur aide pour rendre à leur chevelure sa couleur primitive, sans enfreindre les principes de l'harmonie. Si la nuance des cheveux est un châtain trop vif, trop éclatant pour bien s'assortir avec les yeux ou avec la fraîcheur des joues, on peut en adoucir l'éclat en employant un

leur plus foncée que ceux de l'hiver. L'auteur conclut que, de quelque manière qu'on envisage la question, — soit qu'on se reporte aux témoignages humains si contestables ou aux données physiologiques beaucoup plus dignes de confiance, — il est impossible de ne pas regarder comme erronée l'opinion suivant laquelle les cheveux pourraient changer subitement de couleur sous l'influence d'impressions morales.

Les tentatives faites par les physiologistes pour expliquer un tel changement sont restées sans succès, et de plus amusantes tentatives avaient été faites pour expliquer le phénomène autrement que par une déception. Le docteur Davy, ayant pris du service sur le continent, eut occasion de connaître un chirurgien militaire qui était devenu fou et auprès duquel il fut appelé quinze jours ou trois semaines après l'invasion de la maladie. Les cheveux du malade précédemment bruns étaient devenus gris ; mais lorsque le docteur appela sur cette métamorphose l'attention du chirurgien du régiment, celui-ci lui répondit simplement : « Votre surprise cessera, quand vous saurez que M. ***, depuis qu'il est tombé malade, a cessé de se teindre les cheveux. »

L'assassin Orsini, exécuté à Paris pour avoir, en janvier 1858, attenté à la vie de l'Empereur des Français et immolé sans pitié douze personnes innocentes, présenta par la même cause la même anomalie. Au moment de son arrestation, les boucles abondantes de sa chevelure étaient aussi noires que l'ébène ; mais, lorsqu'il fut conduit au supplice, elles étaient d'un gris de fer, simplement parce qu'il avait négligé les soins de sa toilette ou parce qu'on lui avait retiré le cosmétique dont il avait l'habitude de se servir pour les teindre en noir... Ses amis et la plupart des journaux attribuèrent naturellement ce changement à une autre cause, et nous ne doutons pas que l'histoire ne présente ce fait comme le résultat de la surexcitation et des souffrances morales endurées pendant sa captivité.

cosmétique qui se vend sous le nom d'eau de brou de noix, mais qui n'est, en réalité, qu'une solution de *plombate de potasse*, et qui se prépare en faisant dissoudre un oxyde de plomb nouvellement précipité dans la potasse liquide jusqu'à parfaite saturation.

KOHOL

Le mot *kohol* vient de l'hébreu et signifie peindre. Les femmes en Orient étaient autrefois et sont encore aujourd'hui dans l'habitude de se peindre les sourcils avec divers pigments; le plus généralement employé est le sulfure d'antimoine réduit en poussière impalpable. Cet usage s'est jusqu'à un certain point introduit en Angleterre; mais le kohol dont on se sert ne contient pas d'antimoine : il se compose d'une solution d'encre de Chine dans de l'eau de roses. Pour le préparer on prend un bâton d'encre de Chine pesant environ 30 grammes, on le pulvérise dans un mortier — ce qui est loin d'être facile ; — ensuite on verse peu à peu dans cette poudre un demi-litre d'eau de roses chaude, et l'on mêle jusqu'à ce que le tout soit également liquide, résultat qui ne s'obtient qu'après deux jours de trituration. Le kohol ainsi préparé s'applique sur les cils et les sourcils avec un pinceau fin en poil de chameau.

TEINTURE TURQUE POUR LES CHEVEUX

Il y a à Constantinople quelques personnes, particulièrement des Arméniens, qui se livrent à la préparation des cosmétiques, et qui tirent beaucoup d'argent de ceux qui désirent apprendre leur art. Parmi ces cosmétiques on cite une teinture noire pour les cheveux, qui, selon M. Landerer, d'Athènes, se prépare de la manière suivante :

On pulvérise des noix de galle dont on fait ensuite une pâte avec un peu d'huile; on fait cuire cette pâte dans une bassine de fer, jusqu'à ce que les vapeurs d'huile cessent de se dégager;

alors on triture le résidu et l'on en fait avec de l'eau une nouvelle pâte que l'on remet sur le feu, pour la faire sécher. Pour compléter la préparation, on y ajoute un mélange minéral apporté d'Égypte sur les marchés de l'Orient et qui s'appelle en turc *rastikopetra* ou *rastik-yusi*. Ce métal qui ressemble à de l'écume est fondu exprès par les Arméniens et se compose de fer et de cuivre. Il tire son nom de l'emploi qu'on en fait pour teindre les cheveux et particulièrement les sourcils, car *rastik* veut dire sourcils et *yusi* pierre. Réduit en une poussière fine on l'incorpore aussi complétement que possible avec la noix de galle traitée comme il vient d'être dit, de manière à former une pâte molle que l'on conserve dans un endroit humide où elle acquiert la propriété de noircir. Quelquefois on introduit dans cette pâte des poudres odorantes employées comme parfums dans le sérail et appelées *karsi*, c'est-à-dire odeur agréable et dont le principal élément est l'ambre gris. Pour employer cette teinture, on en écrase un peu dans la main ou entre les doigts et on en frotte bien les cheveux ou la barbe. Au bout de quelques jours les cheveux deviennent d'un noir magnifique et c'est un vrai plaisir de voir les belles barbes noires qu'on rencontre en Orient parmi les Turcs qui se servent de cette préparation. Un autre avantage que présente ce cosmétique, c'est que les cheveux et la barbe restent doux et souples et qu'ils conservent longtemps leur couleur noire lorsqu'ils ont une fois été teints. On peut assurer, sans crainte de se tromper, que les propriétés colorantes de cette préparation sont dues principalement à l'acide pyrogallique qu'on peut retrouver en traitant le tout par l'eau.

Litharge pour teindre les cheveux.

Litharge pulvérisée	1,000 grammes.
Chaux vive	250 —
Magnésie calcinée	250 —

Éteignez la chaux en employant aussi peu d'eau que possible pour la dissoudre; mêlez le tout dans un tamis et passez.

Autre recette.

Chaux éteinte.	1,500 grammes.
Blanc de céruse en poudre.	1,000 —
Litharge.	500 —

Mêlez en tamisant, mettez en bouteilles et bouchez bien.

— INSTRUCTION SUR LA MANIÈRE D'EMPLOYER LES PRÉPARATIONS CI-DESSUS.

Délayez la poudre avec assez d'eau pour former une sorte de crème épaisse; avec une petite brosse couvrez-en complétement les cheveux que vous voulez teindre. Pour teindre en brun clair, laissez la couche quatre heures; en brun foncé, quatre; en noir, douze. Comme la préparation n'agit qu'autant qu'elle est humide, il faut la maintenir dans cet état en mettant un bonnet de taffetas ciré, de caoutchouc ou toute autre coiffure imperméable. Quand les cheveux ont pris la couleur, il faut se laver la tête avec de l'eau ordinaire pour enlever le résidu du cosmétique, faire sécher les cheveux et enfin les huiler.

Teinture d'argent ou teinture minérale.

Nitrate d'argent.	28 grammes.
Eau de roses.	0,55 litre.

Avant de se servir de cette eau, il faut débarrasser la tête de toute espèce de graisse, en la lavant avec une solution de soude ou de potasse d'Amérique dans l'eau. Il faut que les cheveux soient bien secs avant d'y étendre la teinture, ce qui se fait avec une vieille brosse à dents. Cette teinture ne prend qu'au bout de plusieurs heures. Il est à peine besoin de dire que l'effet se produit plus rapidement, si l'on a soin d'exposer les cheveux à l'air et au soleil, après les avoir préalablement lavés avec du savon sulfuré.

Teinture pour les cheveux avec un mordant.

BRUXE.

Nitrate d'argent. . .	28 grammes.	Bouteilles bleues
	Eau de roses. . . .	225 —	
Le mordant.	Sulfure de potassium.	28 —	Bouteilles blanches
	Eau.	170 —	

NOIRE.

Nitrate d'argent. . . .	28 grammes.	Bouteilles bleues.
Eau.	170	—
Le mordant. Sulfure de potassium.	28 —	Bouteilles blanches
Eau.	170 —	—

Étendre d'abord le mordant sur les cheveux, et, quand ils sont secs, la solution d'argent.

Il faut avoir bien soin que le sulfure soit nouvellement fait ou au moins bien conservé dans des bouteilles bouchées, autrement, au lieu de noircir les cheveux, il leur donnera une teinte *jaune.* Lorsqu'il est bon, l'odeur en est très-désagréable; aussi, quoique ce soit la teinture qui prenne le plus vite et le mieux, cette mauvaise odeur a donné l'idée de la composition suivante :

Teinture inodore.

Flacons bleus. — Faites dissoudre le nitrate d'argent dans l'eau comme dans les recettes précédentes; ajoutez l'ammoniaque liquide peu à peu jusqu'à ce que le précipité du sel d'argent rende le liquide trouble; continuez à ajouter de l'ammoniaque en petites quantités, jusqu'à ce que le sel d'argent, en se dissolvant de nouveau, lui rende sa limpidité.

Flacons blancs. — Versez 25 centilitres d'eau de roses bouillante sur 85 grammes de noix de galle en poudre; laissez refroidir, passez et mettez en flacons. C'est ce mélange qui constitue le mordant; on l'emploie de la même façon que le sulfure des autres recettes. Cette teinture ne vaut pas la précédente.

Teinture brune de manganèse.

M. Condy, de Battersea (Angleterre), a imaginé une excellente teinture sous le nom de *baffine.* C'est une solution saturée de permanganate de potasse. Ce sel, comme le nitrate d'argent, se décompose quand il se trouve en contact avec des substances organiques. Il donne aux cheveux et à la peau une belle couleur châtain. Quand on s'en sert, il faut donc prendre garde de n'en pas mettre sur les raies qui séparent les cheveux.

Teinture brune française.

Flacons bleus. — Solution saturée de sulfate de cuivre; ajoutez-y assez d'ammoniaque pour précipiter le sel de cuivre et le redissoudre comme pour le sel d'argent dans la recette précédente; le liquide est alors d'un bleu d'azur.

Flacons blancs. — *Mordant.* — Solution saturée de prussiate de potasse.

Les cheveux employés pour la fabrication des perruques se teignent de la même manière que la laine.

On trouve dans le commerce d'autres teintures pour les cheveux, mais ce ne sont que des modifications des préparations que nous venons de formuler, et elles ne présentent aucun avantage marqué.

Teinture à la plombagine. Eau châtain.

Il se fabrique sous ces deux noms une teinture faible qui consiste en une solution alcaline de plomb ou plutôt de plombate de potasse; elle agit lentement, mais elle a le grand avantage de ne pas noircir la peau; on peut la préparer ainsi :

Dans 30 grammes de lessive de potasse faites dissoudre autant de sel de plomb nouvellement précipité qu'elle en pourra absorber, et délayez la solution claire qui en résultera dans 30 grammes d'eau distillée. Il faut prendre garde de n'en pas répandre sur la peau.

[A peu de chose près, tous les liquides employés en France pour teindre les cheveux, ont pour base les sels d'argent, de cuivre ou de plomb; le mordant dont on se sert pour fixer la couleur ou plutôt pour la produire, sont tantôt des solutions de sulfures alcalins, potassium ou sodium, tantôt des dissolutions de tannin, d'acide gallique ou d'acide pyrogallique. La vente au public de ces substances toxiques est une violation de la loi de germinal, an XI, relative à la vente des substances vénéneuses; mais certains commerçants vont plus loin. Comme les sels d'argent colorent l'épiderme en noir, ils vendent pour faire disparaître ces taches une solution saturée de *cyanure de* potassium, poison aussi terrible que l'acide cyanhydrique lui-même. Un flacon de solution de 30 grammes suffirait pour tuer soixante personnes. Des accidents graves, des empoisonnements mortels ont été le résulat de cette liberté commerciale qui annonce, sous des noms de villes ou de contrées américaines, et comme étant préparées avec des plantes de ces contrées, des eaux qui ne sont autre chose que des solutions d'acétate de plomb dans une eau aromatisée et additionnée de fleur de soufre.]

Rusma ou poudre épilatoire.

Le mot épilatoire vient du latin *pilus*, poil. Quelques dames considérant les villosités qui poussent sur la lèvre supérieure, sur les bras et derrière le col comme nuisibles à la beauté, celles à qui ces signes physiques d'énergie vitale et de bonne santé déplaisent, ont depuis longtemps recours au rusma ou poudre épilatoire pour s'en débarrasser.

Cette préparation et ses analogues nous viennent de l'Orient, où le rusma est en usage dans les harems asiatiques depuis des siècles.

Bonne chaux éteinte.	1,500 grammes.
Orpiment en poudre.	250 —

Mêlez les ingrédients en les passant ensemble dans un tamis; gardez dans des flacons bien bouchés.

Manière de s'en servir. — Mêlez la poudre épilatoire avec assez d'eau pour lui donner la consistance d'une crème; étendez cette crème sur la partie velue pendant cinq minutes environ, ou jusqu'à ce que l'action caustique sur la peau vous avertisse de la retirer; procédez ensuite comme lorsqu'on se rase, mais en employant, en guise de rasoir, un couteau à papier d'os ou d'ivoire; lavez ensuite la place à grande eau et mettez un peu de cold-cream.

Suivant le docteur Redwood, l'épilatoire le plus sûr et le meilleur consiste dans une pâte épaisse faite d'amidon détrempé avec une forte solution de sulfure de baryum; comme cette pâte se détériore rapidement, il faut l'employer dès qu'elle est faite.

Il n'est pas possible de déterminer d'une manière précise combien de temps il faut laisser la préparation épilatoire sur la partie à épiler, parce qu'il y a une différence physique dans la nature des poils. « Les tresses d'ébène » demandent plus de temps que les « boucles d'or; » il faut aussi faire attention à la sensibilité de la peau. On se servira avec avantage d'une petite plume pour éprouver la force de la préparation.

Quelques lecteurs seront sans doute étonnés de ne trouver ici qu'une seule recette de préparation épilatoire. J'aurais pu aisément augmenter le nombre des formules, mais non leur mérite. Les composés arsénicaux ont sans doute une action très-puissante, mais il y a plus d'une objection à faire contre leur emploi. Quelques compilateurs de formulaires ajoutent à la chaux de la poudre de charbon, du carbonate de potasse, de l'amidon, etc. Mais, quelle action chimique ces substances peuvent-elles avoir sur le poil? L'épilatoire le plus simple est la chaux vive mouillée, mais elle est moins énergique que le mélange recommandé plus haut ; elle convient aux tanneurs et aux peaussiers pour lesquels la question de temps est peu de chose.

[Des accidents graves, des empoisonnements fréquents ont été signalés à la suite de l'application des pâtes arsénicales employées comme épilatoires ; cela n'a rien de surprenant, puisque l'on sait qu'il existe dans le commerce des orpiments ou trisulfure d'arsenic AsS^5 qui renferment jusqu'à 95 pour 100 d'acide arsénieux, c'est-à-dire qui doivent agir comme le ferait l'acide arsénieux lui-même, tandis que l'orpiment pur est presque inerte ; il est vrai que par son mélange avec la chaux il doit être décomposé en partie d'après l'équation

$$AsS^5 + 5CaO = AsO^5 + 5CaS.$$

Depuis longtemps nous n'employons en France, même dans

l'industrie, pour enlever les poils des peaux, que des épilatoires au sulfure de calcium ; voici les deux formules les plus employées :

Dépilatoire ou épilatoire Boudet.

[Chaux vive pulvérisée. . . . . 10 grammes.
Sulfhydrate de soude. . . . . 3 —
Amidon. . . . . 10 —

On délaye cette poudre dans un peu d'eau et on l'applique sur les parties que l'on veut épiler, l'effet est produit en quelques minutes (vingt à trente).]

Dépilatoire de Bœtiger.

[On fait passer un courant d'acide sulfhydrique dans un lait de chaux très-épais jusqu'à saturation. Puis on prend de ce sulfhydrate de chaux bien égoutté, 20 grammes; glycérolé d'amidon et amidon, 10 grammes de chacun; essence de citron ou autre, 10 gouttes. Appliquez la pâte, et lavez après vingt à trente minutes de contact.]

Épilatoire au suc d'hernandia.

Suivant Burnett, le suc des feuilles de l'*hernandia sonora* est un épilatoire précieux et puissant, qui détruit infailliblement le poil sans nuire à la peau.

Sachant par expérience combien un tel article serait agréable aux dames de mon pays, je me propose d'en expérimenter prochainement la valeur, et s'il possède réellement les propriétés qu'on lui attribue, elles pourront bientôt se procurer le suc d'*hernandia*.

[L'*hernandia sonora*, famille des laurinées, croît aux Antilles, dans l'Inde; son nom vient du bruit que fait le vent en soufflant dans ses calices persistants, à divisions coriaces et rapprochées; on les nomme quelquefois les fruits *mirobolants*; et on prépare aux Antilles une liqueur nommée *mirobolanti*.]

Poudre d'or pour les cheveux.

La poudre d'or a été portée, pour la première fois, par l'impératrice Eugénie au carnaval de 1860. Depuis lors, comme c'est l'ordinaire en fait de modes, l'usage de cette poudre s'est rapidement propagé, et toutes les beautés qui aspirent à briller dans la sphère du grand monde doivent être poudrées d'or.

La première qualité se fait avec de l'or en feuilles pulvérisé; la qualité inférieure, n'est pas autre chose qu'une grossière poudre de cuivre.

XVII

ROUGES ET POUDRES ABSORBANTES.

Il manque quelque chose sur la table de toilette d'une dame s'il ne s'y trouve pas quelque boîte de poudre absorbante. En effet, dès notre plus tendre enfance, cette poudre s'emploie avec avantage pour ôter l'humidité de la peau. Il n'est donc pas étonnant qu'on en continue l'usage dans un âge plus avancé, si, en en modifiant légèrement la composition, on peut en faire non-seulement un absorbant, mais encore un auxiliaire de la beauté. Nous n'exagérons rien en disant qu'il s'en consomme chaque année des quintaux. Ces poudres ont généralement pour base diverses fécules extraites du froment, du riz, des pommes de terre, de différentes amandes, mêlées en proportions plus ou moins grandes avec du talc en poudre, ou stéatite (pierre de savon), de la magnésie (silicate de magnésie), de la craie de Briançon, de l'oxyde de bismuth, de l'oxyde de zinc, etc. On les étend sur le visage avec une patte de lièvre préparée et emmanchée à cet effet. Cependant, quand on saupoudre toute la peau, comme lorsqu'on veut étancher l'humidité après s'être lavé, on préfère le plus souvent les *houppes* en duvet de cygne. Une personne en position d'être bien renseignée m'affirme qu'il s'importe chaque année en Angleterre, environ cinq mille peaux de cygnes qui payent les droits d'entrée; mais il y a tout lieu de supposer qu'un grand nombre trouvent encore moyen de « se soustraire aux ennuyeuses formalités de la douane. » Si nous portons ce nombre à deux mille, nous aurons chaque année une importation réelle de sept mille peaux de cygnes. Chaque peau pouvant faire en moyenne soixante houppes, ce sera par an un total de quatre cent vingt mille houppes.

La poudre la plus en faveur est celle qui est connue sous le nom de :

Poudre à la violette.

Amidon de blé.	6,000 grammes.
Racine d'iris pulvérisée,	1,000 —
Fleurs de cassie pulvérisées.	100 —
Clous de girofle pulvérisés,	10 —

Poudre de toilette à la pistache.

Fécule de pistache.	3,500 grammes.
Craie de Briançon pulvérisée..	3,500 —
Essence de rose.	2 —
— de lavande.	1 —

Mêlez et passez ensemble à travers un tamis fin.

On peut extraire l'amidon d'une foule de substances diverses, et la grosseur du grain dépend de la substance sur laquelle on a opéré. Le grain de l'amidon de blé est comparativement le plus fin.

Poudre rose pour le visage.

Amidon de riz	4,000 grammes.
Rose pink (laque carminée).	1 —
Essence de rose.	4 —
— de santal.	4 —

Poudre à poudrer ordinaire.

C'est tout simplement de l'amidon de blé.

Poudre pour le visage.

Amidon.	500 grammes.
Sous-nitrate de bismuth.	115 —

Poudre de perle.

Craie de Briançon.	500 grammes.
Oxyde de bismuth.	28 —
— de zinc.	28 —

[Les poudres au blanc de zinc (oxyde de zinc) ou au blanc de fard (sous-nitrate de bismuth) peuvent à notre avis être vendues par les parfumeurs français, mais à la condition toutefois qu'ils ne leur attribueront aucune propriété thérapeutique, car ils en feraient ainsi de véritables médicaments. Il en est de même des poudres composées au calomel ou à toute autre préparation mercurielle dont la vente, aux termes de notre législation, ne peut être faite que par des pharmaciens, sur prescription d'un médecin.

Il est peu de matières sur lesquelles on trompe davantage que sur les poudres de toilette. Nous voudrions à cet égard que l'étiquette fît connaître la composition de ces poudres, et, lorsqu'on annonce de la *poudre de riz*, il faudrait que celle-ci ne contînt pas jusque 60 pour 100 d'albâtre (sulfate de chaux) pulvérisé. Il existe en France, dans diverses localités, des individus *patentés* dont l'unique industrie consiste à fabriquer des produits destinés à en falsifier d'autres. Un pareil état de choses est honteux, il ruine le commerce et fait injustement rejaillir sur des industriels et des commerçants honnêtes la défaveur qui ne devrait atteindre que ceux qui trompent le public.]

BLANC FRANÇAIS

C'est du talc pulvérisé passé à travers un tamis de soie.

Cette dernière poudre est excellente pour le visage, particulièrement parce que ni les émanations de la peau ni celles de l'atmosphère n'en altèrent la couleur.

L'usage de se peindre le visage paraît avoir été suivi plus ou moins par les personnes des deux sexes depuis les temps les plus plus reculés jusqu'à nos jours. « Et Jéhu étant arrivé auprès de Jezrael, Jezabel l'apprit ; et elle se peignit le visage, orna sa tête et se mit à la fenêtre. » (*Rois*, ix, 30.) Gibbon (1) dit que

---

(1) Gibbon, *Décadence et chute de l'empire romain*, vol. I, chap. vi

l'empereur Héliogabale, quand il entra pour la première fois dans Rome, avait les sourcils teints en noir et les joues enluminées de rouge et de blanc. Le premier présent que fit l'impératrice de Russie à Catherine nouvellement arrivée à la cour et, à peine âgée de quinze ans, fut un pot de rouge (1).

Blanc de perle liquide (pour le théâtre).

L'usage d'un fard blanc est indispensable aux actrices et aux danseurs; les grands mouvements de la scène couvrent leurs joues d'une rougeur incompatible avec certains effets dramatiques et qui a besoin d'être dissimulée sous quelque cosmétique. Madame V..., dans sa carrière théâtrale, a probablement employé plus d'un demi-quintal d'oxyde de bismuth préparé comme suit :

Eau de rose ou de fleur d'oranger. . . . 0,50 litre.
Oxyde de bismuth. . . . . 115 grammes.

Triturés pendant longtemps et bien mélangés.

TALC CALCINÉ

Il s'emploie beaucoup comme poudre de toilette et se vend sous différents noms; il est moins onctueux que la sorte ordinaire.

ROUGE ET FARDS

Ces préparations sont demandées non-seulement par les artistes dramatiques mais aussi par les particuliers. On en fait de différentes nuances pour les assortir au teint des blondes et des brunes. Une des meilleures est celle qu'on appelle

Fleur de roses.

Ammoniaque liquide concentré. . . . 28 grammes.
Carmin (1re qualité). . . . . 14 —
Eau de roses. . . . . 1 litre.
Esprit de rose triple. . . . . 28 grammes.

(1) *Mémoires de l'Impératrice Catherine II*, par M. A. Herzen.

Cette préparation, élément presque indispensable de la toilette des dames en France et en Allemagne, sert à donner aux lèvres cette belle couleur cerise qui en relève si heureusement l'éclat ; elle sert encore à répandre une teinte rosée (incarnat) sur des joues ternes et pâles. Elle est à beaucoup d'égards préférable au rouge dont l'usage est aujourd'hui presque aussi répandu en Angleterre qu'au temps de George III, quand le rouge et les mouches fournissaient un sujet aux sarcasmes de Swift.

Mettez le carmin dans une bouteille d'un litre et demi ; versez l'ammoniaque dessus ; laissez-les macérer ensemble pendant deux jours en ayant soin de remuer de temps en temps. Ajoutez l'eau de roses et l'esprit, et mêlez bien. Laissez la bouteille reposer pendant une semaine ; les corps étrangers venant du carmin se précipiteront au fond ; la fleur de roses surnagera à la surface. Remplissez alors les flacons. Si le carmin était parfaitement pur, il n'y aurait pas de précipité ; mais presque tout le carmin acheté chez les marchands est plus ou moins sophistiqué, le prix énorme au quel il se vend étant un appât pour la contrefaçon.

La fabrication du carmin pour le commerce ne saurait offrir d'avantage pratiquée sur une petite échelle ; quatre ou cinq maisons suffisent à en fournir toute l'Europe. C'est chez M. Monin, successeur de Titard, rue Grenier-Saint-Lazare, à Paris, qu'on trouve sans contredit la plus belle qualité.

La manipulation du plus beau carmin est encore un mystère, parce que, d'une part, la consommation en étant très-restreinte, peu de personnes s'en occupent, et d'autre part, la matière première étant très-chère, il n'est pas facile de faire des expériences aussi coûteuses.

Sir H. Davy raconte à ce sujet l'anecdote suivante :

« Un fabricant anglais, connaissant la supériorité du carmin français, se rendit à Lyon pour perfectionner ses procédés et traita avec le premier fabricant de cette ville de la vente de son secret ; il convint de lui en donner 25,000 fr. Celui-ci lui montra toutes les opérations dont le résultat obtenu sous ses yeux

était un magnifique carmin. Cependant l'Anglais n'avait trouvé
aucune différence entre le mode de fabrication français et celui
qu'il avait toujours suivi lui-même. Il se plaignit à son professeur, soutenant que celui-ci lui avait caché quelque chose. Le
Français jura que non et l'engagea à venir une seconde fois voir
la manipulation. Notre homme examina minutieusement l'eau
et les substances qu'il trouva en tout semblables à celles qu'il
employait, puis au comble de la surprise : « Je vois, dit-il, que
« j'ai perdu ma peine et mon argent, car l'air de l'Angleterre
« ne nous permet pas de faire de bon carmin. — Un instant,
« repartit le Français, n'allez pas vous y tromper. Quel temps
« fait-il aujourd'hui ? — Un beau soleil, reprit l'Anglais. —
« Eh bien, c'est ces jours-là que je fais ma couleur. Si j'es-
« sayais de travailler par un temps sombre et nébuleux, j'au-
« rais le même résultat que vous. Si vous voulez m'en croire,
« mon ami, ne faites jamais de carmin que par un beau soleil.
« — Sans doute, répondit l'Anglais, mais alors je crains de
« n'en pas faire beaucoup à Londres ! »

L'analyse nous a fait connaître la composition du carmin, mais
une certaine habileté de manipulation et une température ap-
propriée sont indispensables à une réussite complète.

La plupart des recettes données par le docteur Ure et par
les autres auteurs sont empruntées à la même publication;
mais, comme elles n'ont aucune valeur pratique, nous nous
abstenons de les réimprimer ici.

M. B. Wood a pris un brevet pour la manière suivante de
faire le carmin. La connaissance de sa recette pourra être très-
utile à quelques-uns de nos lecteurs qui payent cette substance
beaucoup plus cher qu'elle ne leur coûterait en la préparant
eux-mêmes.

Prenez 250 grammes de carbonate de soude, faites-les dissoudre dans
30 litres d'eau de pluie en y ajoutant 325 grammes d'acide citrique.
Lorsque le tout entre en ébullition, mettez 750 grammes de la plus

belle cochenille pulvérisée et faites bouillir pendant cinq quarts d'heure. Passez ou filtrez et laissez refroidir. Faites ensuite bouillir une seconde fois avec 270 grammes d'alun pendant environ dix minutes; retirez encore de dessus le feu, laissez refroidir et reposer pendant deux ou trois jours. Faites alors écouler le liquide qui surnage, filtrez les sédiments qui sont tombés au fond, lavez-les avec de l'eau douce froide et bien claire, enfin desséchez-les en faisant évaporer toute l'humidité.

Vous obtiendrez ainsi un beau carmin dont vous pourrez faire la plus belle encre rouge, en le faisant dissoudre dans une solution caustique d'ammoniaque dans laquelle vous introduirez un peu de gomme arabique fondue.

Suivant l'ancienne manière de procéder on n'employait pas d'acide citrique : on faisait simplement bouillir la cochenille dans l'eau de pluie pendant deux heures avec une petite quantité de carbonate de soude; puis on laissait reposer et l'on continuait le reste de l'opération de la manière indiquée ci-dessus. On obtient un plus beau brillant en ajoutant à l'alun un neuvième de cristaux de sel d'étain, et, par conséquent, en employant un dixième d'alun de moins que la quantité qui vient d'être indiquée.

ROUGES DE TOILETTE

On en fait de différentes nuances en mélant de beau carmin à du talc pulvérisé en différentes proportions; ainsi, par exemple : 1 gramme 75 centigr. de carmin pour 55 grammes de talc ou 1 gramme 75 centigr. de carmin pour 85 grammes de talc et ainsi de suite. Ces rouges se vendent en poudre, ou dans de petits pots de porcelaine. Dans ce dernier cas on ajoute au rouge une petite proportion de gomme adragante fondue. M. Monin prépare un grand nombre de rouges divers. Quelquefois la matière colorante de la cochenille est étendue sur un papier très-fort où on la laisse sécher lentement; elle prend alors une belle teinte verte. Ce curieux effet d'optique s'observe aussi dans le rose en tasse. Ce qu'on connaît sous le nom de rouge en feuilles ou rouge de Chine est évidemment fait de la même manière; c'est un article importé en Angleterre depuis long-temps.

Lorsque les cartes de vert-bronze sont mouillées avec un morceau de laine humide et appliquées sur les lèvres ou sur les joues, la couleur prend une belle nuance rouge. Avec la laque du bois de Brésil on fait des rouges communs appelés rouges de théâtre; on en tire une autre espèce du safran bâtard, *carthamus tinctorius* (synanthérées), plante avec laquelle on fait aussi le *rose en tasse*.

ROSE EN TASSE

On lave le safran bâtard ou carthame dans l'eau jusqu'à ce qu'on ait isolé la matière colorante jaune; on dissout ensuite la carthamine ou principe colorant dans une solution légère de carbonate de soude, puis on la précipite sur les tasses en ajoutant de l'acide sulfurique à la solution.

On colore de la même manière et pour le même usage, des morceaux de coton cardé et de crêpe qui se vendent sous le nom de laine d'Espagne et sous celui de crépon rouge.

[On obtient une carthamine plus belle et plus rouge, lorsqu'on précipite la solution alcaline de matière colorante avec de l'acide citrique au lieu d'acide sulfurique; le rouge des théâtres est presque toujours fait avec la carthamine.]

ROSE SYMPATHIQUE OU SCHNOUDA

Sous le nom harmonieux de *schnouda* une nouvelle espèce de fard est récemment entrée dans le commerce de la parfumerie. J'aime mieux l'appeler rose sympathique à cause de ses propriétés particulières.

Au point de vue chimique ce fard présente un grand intérêt et montre comment la science s'applique aux arts.

Le principe colorant du schnouda est connu des chimistes sous le nom d'*alloxane*, il a été découvert par Liébig.

L'alloxane est blanche et soluble dans l'eau; en l'amalgamant avec un corps gras, par les procédés suivis pour fabriquer le cold-cream, on en fait une crème blanche.

Lorsqu'on l'étend sur les joues, sur les lèvres ou sur toute autre partie du corps, l'alloxane exposée à l'air passe peu à peu, sous l'influence de l'atmosphère, au rose foncé. Employé avec habileté, ce fard produit l'illusion la plus complète qu'aient jamais réalisée les stratagèmes de la fashion.

L'alloxane $= C^8H^4Az^2O^{10}$ a été découverte par MM. Liébig et Woelher; elle cristallise en octaèdres rhomboïdaux; on l'obtient en traitant l'acide urique par l'acide azotique.

Lorsqu'on mélange une dissolution d'acide urique dans l'acide azotique avec de l'ammoniaque, on obtient une magnifique couleur rouge pourpre qui est la murexide ou purpurate d'ammoniaque $= C^{12}H^6Az^5O^6$.

BLEU POUR LES VEINES

Les exigences de la mode sont telles que, si les parfumeurs n'étaient pas en état de fournir aux élégantes le moyen de faire serpenter sur leur peau blanche un petit filet d'azur, pour marquer le trajet des veines, il semblerait qu'il y eût une lacune, un *desideratum* dans leur art et dans leur laboratoire.

Le bleu pour imiter les veines se fait avec de la craie de Briançon (talc), réduite en poussière impalpable, passée à travers un tamis de soie, teintée dans la proportion voulue avec du bleu de Prusse, et enfin transformée en une pâte par l'addition d'un peu d'eau légèrement gommée. Quand cette pâte est sèche, on la met en pots de la même manière que le rouge.

Après avoir adouci le teint avec du blanc, on indique les veines avec une estompe trempée dans le bleu, dont la compo-

ongles se compose d'oxyde d'étain pur parfumé avec de l'essence de lavande et coloré avec du carmin; elle se vend dans de petites boîtes de bois d'environ 30 grammes chacune. On l'applique en la frottant sur l'ongle avec le doigt ou avec un polissoir recouvert en cuir. On comprendra aisément l'utilité de l'oxyde d'étain pour entretenir les ongles, quand on saura que c'est avec cette substance qu'on polit l'écaille de tortue.

[C'est l'acide stannique ou bioxyde d'étain StO^2 que l'on emploie; son usage ne présente aucun danger lorsqu'il a été bien lavé à l'eau distillé; il sert aussi à polir le marbre.]

sition précède. Ces estompes sont faites en peau de chevreau; l'intérieur de la peau forme l'extérieur de l'estompe.

. Lorsqu'il est employé avec art, ce bleu produit un effet agréable et naturel.

POUDRE POUR LES ONGLES

Bien soignés, les ongles deviennent une véritable parure; mal soignés, ils sont une honte. En fait, on peut dire que l'état des ongles d'une personne donne la mesure de son degré de civilisation. Il faut couper les ongles au moins une fois tous les quinze jours; un bon canif donne une coupe plus égale et plus nette que des ciseaux. Il y a des personnes qui ne peuvent pas se couper les ongles de la main gauche; mais, avec un peu de pratique, il est aisé de vaincre cette petite difficulté, et la main gauche s'habitue bientôt à rendre les services qu'on peut lui demander. Avoir les ongles propres est une chose si essentielle, qu'en Angleterre nous n'admettons pas qu'une main soit propre, fut-elle parfaitement lavée, si les ongles ne sont propres aussi. On prévient les envies [on désigne vulgairement sous ce nom les petits lambeaux qui se détachent aux extrémités des doigts, aux angles des ongles], en isolant environ une fois par semaine la chair vive qui adhère à la base de l'ongle. Quelques personnes ont l'habitude de la repousser avec la serviette chaque fois qu'elles se lavent les mains; mais les petites curettes qu'on vend chez les parfumeurs sont bien préférables. Se ronger les ongles est une habitude contraire aux bonnes manières et qui mérite bien la punition qu'elle entraîne le plus souvent avec elle, c'est-à-dire une difformité irrémédiable. Des soins attentifs donnés aux ongles embellissent encore une jolie main, et même une main, qui autrement déparerait presque une personne, devient agréable à l'œil si les ongles en sont bien soignés. La meilleure poudre pour les

contractent des habitudes de propreté et sachent apprécier comme il convient la parure de la bouche. Une brosse bien choisie, pas trop dure, peut être donnée aux enfants qui ont atteint l'âge de cinq ans, afin qu'ils s'en servent tous les matins. En faisant de cette opération une partie de la toilette générale, on leur inculquera d'utiles habitudes de propreté, et en attirant ainsi tous les jours leur attention sur les dents, on assurera vraisemblablement à celles-ci les soins nécessaires pendant tout le cours de la vie.

[Une même brosse ne convient pas à toutes les personnes; celles qui ont les gencives engorgées, sensibles, devront préférer les brosses douces, et dans certains cas d'ulcération, la brosse à éponge sera encore la meilleure pour les personnes anémiques et chlorotiques; pour celles qui ont les gencives décolorées, on devra choisir de préférence une brosse un peu rude pour rappeler un peu de vitalité sur les parties; d'ailleurs, il sera toujours prudent et convenable de consulter un médecin dentiste au sujet de la brosse dont on devra faire usage.]

Les Poudres dentifrices, considérées comme de simples moyens de nettoyer les dents, sont généralement placées au rang des cosmétiques. Il n'en devrait pas être ainsi, car elles contribuent grandement à entretenir l'appareil dentaire dans des conditions satisfaisantes et régulières, et favorisent ainsi autant qu'il est possible l'accomplissement de l'acte de la mastication. A ce point de vue on peut les envisager comme des agents médicaux, secondaires sans doute, mais néanmoins très-utiles. En les employant avec prudence et discernement, on peut prévenir quelques-unes des causes les plus fréquentes de la chute prématurée des dents, à savoir : la formation du tartre, l'engorgement des gencives et l'acidité anormale de la salive. Presque tout le monde connaît les effets de l'accumulation du tartre; il a été clairement démontré que le gonflement

XVIII

POUDRES ET EAUX DENTIFRICES

Il faut ménager les dents; elles ne sont faites ni pour remplir les fonctions de casse-noisettes ni pour usurper le rôle des ciseaux et couper le fil à leur place. Soyez certains que les dents si maladroitement traitées seront toujours les premières à vous fausser compagnie. La propreté est indispensable à leur conservation; il faut les bien brosser tout au moins le matin et le soir, afin qu'aucun débris d'aliment, aucun corps étranger ne puisse se loger entre elles, s'y attacher et y séjourner longtemps. En effet, ces substances, en se décomposant, commencent par altérer l'émail, engendrent du tartre et finissent par miner la santé d'une ou de plusieurs de ces précieuses perles, suivant qu'à raison de leur place dans la bouche elles sont plus ou moins disposées à se gâter. Pour conserver aux dents leur couleur naturelle, il faut le matin se servir d'un dentifrice exempt de toute espèce d'acide et se rincer ensuite la bouche avec de l'eau tiède; car les extrêmes, froid ou chaleur, sont excessivement nuisibles à leur éclat et à leur durée. Les personnes qui s'habituent à manger la soupe très-chaude, à boire le thé brûlant, seront sûres d'avoir mal aux dents. [Les Espagnols et les Portugais qui font un usage habituel du chocolat chaud et qui boivent ensuite de l'eau très-froide, ont en général de mauvaises dents.] Les brosses pour les dents doivent être faites avec les soies moyennes du sanglier; les meilleures sont celles qui sont fabriquées de manière à pénétrer dans les intervalles des dents. Il faut apprendre de bonne heure aux enfants à se servir d'une brosse à dents et leur faire connaître l'utilité et l'importance des dents, pour qu'ils

[Cette formule de Mialhe a surtout été préconisée contre la coloration noire que prennent les dents par l'influence des ferrugineux ; elle pourrait cependant être utile dans d'autres cas.]

Élixir dentifrice astringent.

Alcool à 35°	1,000	grammes.
Kino vrai,	100	—
Racine de ratanhia,	100	—
Teinture de baume de Tolu,	2	—
— de benjoin,	2	—
Essence de menthe,	2	—
— de cannelle de Ceylan.	2	—
— d'anis.	1	—

Faites macérer, l'espace d'une huitaine de jours, le kino et le ratanhia dans l'alcool; filtrez, ajoutez les teintures balsamiques et les essences, et filtrez de nouveau après quelques jours de contact (1).

Après s'être servi de la poudre on se rincera la bouche avec une cuillerée à café de cette préparation étendue dans un demi-verre d'eau. Le mot dentifrice vient du latin *dens* (dent), *frico* (je frotte).

Craie camphrée.

Craie précipitée.	500	grammes.
Racine d'iris pulvérisée..	250	—
Camphre pulvérisé..	125	—

Réduisez le camphre en poudre en le pilant dans un mortier avec un peu d'alcool, passez ensuite le tout ensemble au tamis.

A cause de la volatilité du camphre, cette poudre doit toujours être vendue en flacons ou au moins dans des boîtes doublées d'une feuille d'étain.

Poudre dentifrice à la quinine.

Craie précipitée..	500	grammes.
Amidon pulvérisé..	250	—
Poudre d'iris..	250	—
Sulfate de quinine.	1,77	—

Passez au tamis.

(1) Voyez Mialhe, *Chimie appliquée à la physiologie et à la thérapeutique*, p. 658. Paris, 1856.

de la substance des gencives chasse les dents de leurs alvéoles et en précipite la chute ; enfin, on n'ignore pas que la salive trop acide a sur les dents une action sinon complétement destructive, au moins très-fâcheuse. Maintenant, l'emploi quotidien d'une brosse à dents assez ferme pour exercer sur les dents un degré supportable de friction, sans cependant en altérer l'émail, préviendra presque toujours l'accumulation du tartre en assez grande quantité pour nuire plus tard aux dents. En ajoutant à l'emploi d'une telle brosse à dents celui d'une préparation tonique et astringente, on pourra empêcher les gencives de devenir molles, flasques, spongieuses, ou même les raffermir. Une poudre contenant du charbon végétal et du quinquina rouge produira cet effet dans la plupart des cas, aussi les dentistes la recommandent-ils généralement. Cependant, l'usage du charbon n'est pas sans soulever des objections : il est dur et résistant, sa couleur est un inconvénient, la salive ne peut le dissoudre, il se loge volontiers entre les dents et y devient le noyau autour duquel se rassemblent des parcelles de matières animales ou végétales soumises à la décomposition. L'écorce de quinquina aussi est souvent filandreuse ; elle a un goût amer et désagréable. M. Mialhe recommande particulièrement la formule suivante :

Poudre dentifrice au tannin.

Sucre de lait.	1,000	grammes.
Laque carminée.	10	—
Tannin pur.	15	—
Essence de menthe.	20	gouttes
— d'anis.	20	—
— de fleur d'oranger. . . .	10	—

Broyez la laque avec le tannin ; ajoutez peu à peu le sucre de lait, pulvérisé et passé à un tamis de soie à mailles un peu larges, et puis les huiles essentielles (1).

(1) Voyez Mialhe, *Chimie appliquée à la physiologie et à la thérapeutique*, p. 657. Paris, 1856.

Poudre dentifrice à la rose.

Craie précipitée	500	grammes.
Iris	250	—
Rose-pink (laque carminée)	3,54	—
Essence de rose	1,75	—
— de santal	0,50	—

Toutes ces poudres doivent être passées soigneusement au tamis, après quoi on peut les mettre en vente.

Opiat pour les dents.

Miel	250	grammes.
Craie	250	—
Iris	250	—
Carmin	3,54	—
Essence de girofle	0,88	—
— de muscade	0,88	—
— de rose	0,88	—
Sirop ordinaire	Assez pour former une pâte.	

[Toutes les poudres employées pures pour l'usage des dents ou toutes celles qui entrent dans la composition des opiats, doivent être porphyrisées avec le plus grand soin.

Nous ferons remarquer que toutes les poudres dentifrices anglaises sont neutres ou alcalines; elles sont très-certainement préférables à nos poudres françaises qui doivent en général leur acidité à l'alun ou à la crème de tartre. Non-seulement de telles poudres attaquent et détruisent l'émail, mais elles ont le grave inconvénient de se loger dans les cavités des gencives et de déterminer souvent de légères ulcérations.]

EAUX DENTIFRICES

Eau dentifrice à la violette.

Teinture d'iris	0,28	litre.
Esprit de rose	0,28	—
Alcool	0,28	—

Charbon préparé.

Charbon nouvellement fait, en poussière fine, 3,500 grammes.
Racine d'iris pulvérisée. . . . . 500 —
Cachou pulvérisé. . . . . 250 —
Écorce de cassie (*laurus cassia*). . . . . . 250 —
Myrrhe pulvérisée. . . . . 125 —

[On préfère généralement le charbon de bois blanc, et plus particulièrement celui de peuplier ou de tilleul.]

Poudre d'écorce du Pérou.

Écorce du Pérou en poudre. . . . . 250 grammes.
Sel ammoniac. . . . . 500 —
Poudre d'iris. . . . . 500 —
Écorce de cassie (*laurus cassia*). . . 250 —
Myrrhe pulvérisée. . . . . 250 —
Essence de girofle. . . . . 7 —

Craie homœopathique.

Craie précipitée. . . . . 500 grammes.
Iris en poudre. . . . . 141 —
Amidon en poudre. . . . . 28 —

Poudre de seiche.

Os de seiche en poudre. . . . . . 750 grammes.
Poudre d'iris. . . . . 250 —
Essence de citron. . . . . 28 —
— de néroli. . . . . 0,88 —

Poudre dentifrice à la myrrhe et au borax.

Craie précipitée. . . . . 500 grammes.
Borax en poudre. . . . . 250 —
Myrrhe. . . . . 125 —
Iris. . . . . 125 —

Poudre dentifrice de Plesse-Farina.

Corne de cerf calcinée. . . . . . 1,000 grammes.
Racine d'iris. . . . . 1,000 —
Carmin. . . . . 1,77 —
Sucre en poudre très-fine. . . . . 250 —
Essence de néroli. . . . . 0,88 —
— de citron. . . . . 7 —
— de bergamote. . . . . . . 7 —
— d'écorce d'orange. . . . . 7 —
— de romarin. . . . . 1,77 —

Eau de Botot.

[Voici la formule d'eau de Botot le plus généralement suivie en France :

Anis vert.	64 grammes.
Cannelle de Ceylan..	16 —
Girofle.	4 —
Cochenille.	4 —

Pilez le tout ensemble et faites macérer dans 2,000 grammes d'alcool à 80°. Après quinze jours, filtrez après avoir ajouté 4 grammes d'essence de menthe.

Dans d'autres formules on ajoute du benjoin pour que la préparation blanchisse l'eau; dans d'autres, enfin, il entre de l'alun pulvérisé.]

Dentifrice astringent végétal.

Esprit-de-vin rectifié.	1,13 litre.
Racine de ratanhia..	56 grammes.
Myrrhe en larmes.	56 —
Clous de girofle.	56 —

Faites macérer pendant quinze jours et passez.

Toutes ces teintures doivent être faites avec de l'esprit-de-vin ou au moins avec de l'alcool pur sans couleur ni sucre.

Teinture de myrrhe et de borax.

Esprit-de-vin.	1,13 litre.
Borax.	28 grammes.
Miel.	28 —
Myrrhe en larmes.	28 —
Bois de santal.	28 —

Broyez le miel et le borax ensemble dans un mortier; ajoutez peu à peu l'esprit-de-vin qui ne doit pas avoir plus de 80°. Faites macérer la myrrhe et le bois de santal pendant quinze jours.

En remplaçant la totalité de l'esprit-de-vin par moitié d'eau de Cologne ou d'eau de Hongrie on augmente la dépense, mais on rend le parfum plus pénétrant et on améliore encore la qualité du produit.

Teinture de myrrhe à l'eau de Cologne.

Eau de Cologne. . . . . 1,13 litre.
Myrrhe en larmes. . . . . 110 grammes.

Faites macérer quinze jours et filtrez.

[Camphre à l'eau de Cologne.

Eau de Cologne. . . . . 1,13 litre.
Camphre. . . . . 140 grammes.

Faites dissoudre]

Pastilles turques à l'usage des fumeurs ou pour dissimuler le goût d'une médecine.

Sucre blanc. . . . . 2,000 grammes.
Acide citrique. 7
Essence de rose. . . . . 5 gouttes.
Musc en grain. . . . . 0,20 grammes.
Essence de vétyver. . . . . 0,88 —

Faites du tout une pâte que vous lierez avec une dissolution de gomme adragante dans l'eau ; colorez avec de la laque liquide.

[Cachou aromatique dit de Bologne pour les fumeurs.

Extrait de réglisse par infusion. . . 100 grammes.
Eau. . . . . 100 —

Faites fondre au bain-marie et ajoutez : 30 grammes de cachou pulvérisé et 50 grammes de gomme pulvérisée. — Faire évaporer en consistance d'extrait et incorporer 2 grammes de chacune des substances suivantes réduites en poudre fine : mastic, cascarille, charbon, iris. — Rapprocher la masse, retirer du feu et ajouter : 2 grammes d'essence de menthe anglaise, 5 gouttes de teinture de musc et 5 gouttes de teinture d'ambre. — Coulez sur un marbre huilé et étendez, à l'aide d'un rouleau, en plaques de l'épaisseur d'une pièce de cinquante centimes; lorsque la masse sera refroidie, frottez avec du papier sans colle afin d'enlever complétement l'huile des deux surfaces, puis humectez légèrement celles-ci avec un peu d'eau, et appliquez sur chacune une feuille d'argent; laissez sécher et coupez en lanières très-étroites, puis en petits carrés ou en losanges.]

XIX

EAUX POUR LES CHEVEUX

Règle générale : on ne se sert pas assez de pommades et d'huiles pour les cheveux, de là le grand nombre de vilaines chevelures que l'on voit quand des hommes sont rassemblés, tête nue, comme dans une cour de justice ou autres lieux semblables de réunion publique. Dans les pensions c'est en vain qu'on emploie l'eau et le savon pour détruire un odieux parasite dont le nom n'a pas besoin d'être écrit, mais qu'on ne voit jamais et dont on n'entend même jamais parler là où l'on fait usage pour la toilette de bonne huile ou de bonne pommade. D'autre part, il y a des personnes dont les cheveux sont naturellement si gras et si humides, qu'ils ne demandent aucune espèce d'onguent. Ces cheveux-là sont très-sujets à tomber, à devenir maigres, flasques et mous, tandis que de bons cheveux doivent toujours avoir quelque chose de laineux pour leur donner cet air de vigueur et de vie qui sied si bien aux boucles frisées et dont la tête du nègre nous montre l'exagération. A des cheveux grêles et naturellement gras il faut une lotion qui les entretienne en bon état, et s'ils tombent naturellement, ou par suite de maladie, cette lotion devra être astringente et stimulante.

Eau de romarin.

Fleurs de romarin sans la tige. . .	5,000 grammes.
Eau.	55 litres.

En distillant vous obtiendrez quarante-cinq litres pour servir aux besoins de la fabrication.

Lotion au romarin pour les cheveux.

Eau de romarin.	4,50 litres.
Alcool rectifié.	0,28 —
Potasse perlasse (pearl-ash.). . . .	28 grammes,

Colorez avec du brun.

Bay-rhum ou Rhum au myrcia.

Voici une excellente lotion pour les cheveux qui nous vient de New-York :

Teinture de feuilles de *myrcia aeris*..	140 grammes.
Essence de laurier.	1,77 —
Bicarbonate d'ammoniaque..	28 —
Biborate de soude (borax).	28 —
Eau de roses.	1,13 litre.

Mêlez et filtrez.

Eau athénienne.

Eau de roses.	4,50 litres.
Alcool.	0,56 —
Bois de sassafras.	125 grammes
Potasse perlasse (pearl-ash.). . . .	28

Faites bouillir le bois dans l'eau de roses dans un vase de verre; puis, quand la décoction est froide, ajoutez la potasse perlasse et l'alcool.

[En remplacement de la potasse, je préférerais employer le bois de Panama, la chevelure s'en trouverait mieux.]

Extrait végétal.

Eau de roses.	2,25 litres.
Alcool rectifié.	2,25 —
Extrait de fleurs d'oranger..	0,14 —
— de jasmin.	0,14 —
— de cassie.	0,14 —
— de rose.	0,14 —
— de tubéreuse.	0,14 —
— de vanille.	0,28 —

C'est une lotion d'un bouquet délicieux.

Extrait astringent de rose et de romarin.

Eau de romarin.	2,25 litres.
Esprit de rose.	0,28 —
Esprit-de-vin rectifié.	0,85 —
Extrait de vanille.	1,15 —
Magnésie pour clarifier,	56 grammes,

Passez dans un filtre de papier.

Lotion de glycérine et de cantharide pour arrêter la chute des cheveux.

M. Startin a publié la recette suivante qui a été reconnue très-utile :

Eau de romarin.	4,50 litres.
Esprit de sel volatil (esprit d'ammo- niaque volatil) (1).	28 grammes.
Teinture de cantharides.	56 —
Glycérine.	115 —

On l'emploie deux fois par jour avec une éponge ou une brosse douce.

Lotion pour les cheveux recommandée par le docteur Locock, médecin de la reine d'Angleterre.

Ammoniaque liquide.	3,54 grammes.
Essence d'amandes amères.	3,54 —
Esprit de romarin.	28,35 —
Essence de maeis.	0,88 —
Eau de roses.	75 —

Mêlez d'abord l'essence d'amandes amères avec l'ammoniaque; puis, après avoir ajouté l'essence de maeis au romarin, remuez-les avec l'essence d'amandes amères et l'ammoniaque; enfin, introduisez l'eau de roses peu à peu.

On s'en sert comme d'une lotion, une fois par jour au moment de la toilette. C'est un mélange stimulant ; il a été fait sur la prescription du médecin de Sa Majesté, pour favoriser la pousse des cheveux et en empêcher la chute.

(1) C'est un alcoolat obtenu en dissolvant les essences de cannelle, de girofle et de citron dans une solution alcoolique de sesquicarbonate d'ammoniaque. O. R.

Lotion savonneuse au julep ou aux œufs.

Alcool rectifié.	0,56 litre.
Eau de roses.	4,54 —
Extrait de rondeletia (voir p. 274). .	0,28 —
Savon transparent.	14 grammes.
Safran	0,90 —

Coupez le savon très-menu, faites-le bouillir avec le safran dans le quart de l'eau de roses; quand il est dissous, ajoutez le reste de cette eau, puis l'alcool et enfin le rondeletia qui a pour objet de parfumer. Après avoir reposé pendant deux ou trois jours, le mélange est bon à mettre en flacons.

Vu au transparent, cette lotion est diaphane; mais la réflexion de la lumière lui donne une apparence perlée et singulièrement ondoyante quand on l'agite.

[Dans les préparations, ou eaux pour les cheveux, on emploie souvent maintenant l'huile de ricin qui leur communique un brillant sans égal; mais il faut pour cela choisir une huile de ricin fraîchement préparée, autrement son odeur est forte et désagréable, difficile à masquer, surtout sur la tête où elle s'échauffe facilement.]

BANDOLINES

On emploie diverses préparations pour faire prendre aux cheveux différentes directions. Quelques personnes se servent, à cet effet, d'une pommade dure contenant de la cire, façonnée en rouleaux et appelés pour cette raison *bâtons fixateurs.* C'est avec ces bâtons que l'on couche et qu'on lisse ces *épis* qui font le désespoir de quelques dames. (Voir la formule, p. 365.)

La bandoline liquide est une préparation mucilagineuse; on la fait, soit avec du lichen ou de la graine de lin et de l'eau parfumée de différentes manières, soit en faisant bouillir des pépins de coing dans l'eau. Mais les parfumeurs emploient principalement la gomme adragante.

Bandoline à la rose.

Gomme adragante..........	170	grammes.
Eau de roses.............	4,54	litres.
Essence de rose..........	10	grammes.

Mettez la gomme dans l'eau pendant un jour ou deux. Comme elle gonfle et forme une masse gélatineuse assez épaisse, il faut de temps en temps la bien remuer. Après qu'elle a macéré environ quarante-huit heures, il faut la passer à travers un gros linge blanc. On la laisse ensuite reposer de nouveau pendant quelques jours; on la passe une seconde fois à travers le linge pour obtenir une consistance égale; puis alors on verse l'essence de rose que l'on mélange avec soin.

Dans les qualités à bon marché il n'entre point d'essence. On colore les bandolines avec une solution ammoniacale de carmin (*fleur de roses*) ou avec de la roseline, ou enfin avec de l'aniline quand on veut la teinter en violet.

Bandoline à l'amande.

Elle se fait exactement comme la précédente, en remplaçant l'eau de roses par l'eau distillée d'amandes amères.

Crème de mauve pour lustrer les cheveux.

Cette préparation sert à la fois comme pommade et comme *fixateur*; elle est faite spécialement pour donner aux cheveux de l'éclat et du brillant, quand les tresses et les boucles doivent être particulièrement soignées comme lorsqu'une dame va en soirée, au bal ou à l'Opéra. Elle se fait de la manière suivante :

Glycérine pure........	2,000	grammes.
Esprit de jasmin......	0,56	litre.
Aniline..............	5	gouttes.

[C'est ici que nous aurions dû placer l'oléolisse tonique de Piver, dont nous avons parlé dans un chapitre précédent, et que nous nous bornerons pour le moment à rappeler au lecteur.

La *brillantine*, pour lustrer la barbe et les cheveux, est un composé alcoolique légèrement aromatisé à tel ou tel parfum, suivant le goût de la clientèle que chaque maison a l'habitude de servir, et dans lequel on fait dissoudre environ un dixième de son poids, soit de glycérine parfaitement purifiée, soit d'huile de ricin très-fraîche.

Les eaux romaine et athénienne, et en général toutes les eaux destinées à nettoyer la tête, doivent tenir en dissolution une certaine quantité de saponine pour lessiver la chevelure et la purger de toutes les substances hétérogènes dont quelques fabricants peu consciencieux et trop avides se servent pour allonger leurs pommades.]

Avec ce chapitre finissent nos remarques sur la manipulation des substances odorantes et sur leur application à la toilette de la beauté élégante.

Être « en bonne odeur » est un indice de pureté morale. Le docteur Andrew Winter voudrait que chaque personne adoptât une odeur spéciale, dans le sens physique du mot, suivant les circonstances d'âge, de joie et de tristesse où elle se trouve. Pourquoi, dit-il, ne reconnaîtrions-nous pas nos belles amies par les parfums délicats qui les entourent, comme nous les reconnaissons de loin au doux son de leur voix. Il est pour chaque caractère une odeur qui semble lui appartenir particulièrement. A la femme spirituelle, le jasmin, à la femme brillante, le magnolia, à la femme forte, le musc, à la jeune fille dans la première fleur de sa beauté, la rose. Les émanations du citron conviennent mieux aux natures mélancoliques, et il y a dans l'héliotrope comme une note triste qui sied à la jeune veuve.

Le souverain créateur n'a pas voulu seulement que toutes ses œuvres fussent utiles, il a voulu leur donner encore la beauté et la variété. Les fleurs auraient pu avoir toutes la même couleur et la même odeur, elles auraient pu être inodores et incolores. Cependant quelle beauté exquise, quels parfums divers dans les végétaux ! Et comme nous admirons tous ces teintes brillantes, ces émanations embaumées ! L'homme est fait pour apprécier les dons que la bonté créatrice a semés sur ses pas avec tant de profusion, et le plaisir qu'il en tire, comme il est le plus pur et le plus innocent, est en même temps le plus doux et le plus durable.

« Salomon dans toute sa gloire n'était pas vêtu comme une de ces fleurs, » a dit le divin maître en parlant des lis ; et quand il veut donner une idée de sa grandeur et de sa gloire, c'est à une fleur qu'il se compare : « Je suis, dit-il, la rose de Sharon. »

XX

DU SAVON

MÉTHODE SIMPLE ET SURE POUR DÉTERMINER LA VALEUR COMMERCIALE DU SAVON (1)

On sait combien sont longs et pénibles les procédés employés pour déterminer, dans le savon qu'on est obligé d'incinérer, les acides gras d'une part et l'alcali de l'autre. Je crois donc devoir faire connaître la méthode suivante, qui paraît donner des résultats plus prompts et plus exacts par suite de la plus grande simplicité de manipulation. Elle est particulièrement utile pour les savons à base de soude, qui sont les plus communs, mais on peut aussi l'employer avec les modifications convenables pour ceux qui ont une autre base. Prenez trois ou quatre grammes de savon, faites-les dissoudre dans un verre taré d'environ 160 centimètres cubes de capacité avec 80 à 100 centimètres cubes d'eau, à la chaleur d'un bain-marie; ajoutez autant d'acide sulfurique étendu qu'il en faut pour décomposer le savon, c'est-à-dire trois ou quatre fois la même quantité; agitez à plusieurs reprises, et quand les acides gras se seront séparés de la solution aqueuse en formant à sa surface une couche claire et transparente, laissez refroidir, puis versez dans un filtre que vous aurez d'abord eu soin de mouiller, puis de sécher à la température de 100° centigr., et enfin de peser; lavez le contenu du filtre jusqu'à ce que toute réaction acide disparaisse. Pendant ce temps mettez le verre dans une étuve de vapeur, de manière à ce qu'étant déjà sec il puisse soutenir le filtre lavé et presque sec que vous placez sur la bouche du verre comme dans un entonnoir. Les acides gras passent bientôt

(1) Par le docteur Alexandre Müller.

à travers le papier, et la plus grande partie tombe enfin au fond du verre, dont l'augmentation de poids, quand il est refroidi, et déduction faite du poids du filtre, donne la quantité d'acides gras qui se trouvent dans le savon. Il est inutile de sécher et de peser une seconde fois, si sur les parois intérieures du verre refroidi on ne remarque aucune vapeur occasionnée par la présence d'un reste d'eau. Si la quantité d'oxyde de fer ajoutée pour marbrer le savon est considérable, on peut aisément la retrouver en incinérant le filtre et en déterminant le poids du résidu.

Le liquide qui coule des acides gras sur le filtre et qui, avec les lavages, a été recueilli dans un verre suffisamment grand, est coloré avec la teinture de tournesol et décomposé par une solution titrée jusqu'à ce que la couleur bleue se montre. La différence entre la quantité d'alcali voulue pour neutraliser l'acide sulfurique et la quantité d'acide sulfurique employée d'abord, permet de calculer la quantité d'alcali réellement contenue dans le savon. Ainsi :

23,86 grammes de savon (savon d'huile de coco en partie),
17,05 — acide gras avec le filtre.
4,44 — filtre.

13,51 grammes d'hydrates d'acides gras = 56,62 pour 100.

28,00 centimètres cubes d'acide sulfurique étendu employé pour décomposer le savon dont 100 centimètres cubes représentent 2,982 grammes de carbonate de soude.
17,55 centimètres cubes de liquide alcalin employés pour saturer le susdit acide, et dont 100 centimètres cubes saturent une égale quantité de cet acide.

10,45 centimètres cubes d'acide sulfurique nécessaire pour l'alcali contenu dans le savon, représentant 0,1823 grammes de soude = 7,34 pour 100.

Une détermination de l'alcali comme sulfate a donné dans une autre portion de savon 9,57 pour 100 de soude, parce que le sulfate de soude et le chlorure de sodium contenus dans le savon avaient cédé leur alcali.

Le liquide alcalin que l'on emploie est une solution saccha-
rine de chaux qui peut être naturellement remplacée par une
solution de soude, et qui même doit l'être si l'on veut déterminer de la manière suivante la quantité de chlorure de sodium
et de sulfate de soude qui se trouve dans le savon.

Le fluide, exactement neutralisé par l'alcali, est vaporisé et
le résidu sec doucement chauffé jusqu'au rouge. Comme dans
la manipulation ci-dessus, le liquide n'avait pas été chauffé
jusqu'à l'ébullition, le chlorure original de sodium et le sulfate
de soude sont contenus dans le résidu pesé, outre la soude du
savon et celle qui avait été ajoutée avec l'acide sulfurique formant sulfate de soude. Chauffé une seconde fois au rouge avec
l'acide sulfurique, le résidu tout entier est transformé en sulfate de soude, et par l'augmentation du poids en comparant les
équivalents de NaCl et NaO, SO³ on peut déterminer la quantité du premier. Suivant les équivalents fournis par Koppen
en 1850, l'augmentation de poids est au chlorure de sodium
comme 1 : 4,68. Le sulfate de soude primitif doit être enfin
retrouvé en déduisant du résidu primitivement chauffé le même
sel formé, plus le chlorure de sodium calculé.

Dans la pratique, il est rarement nécessaire de déterminer
le chlorure de sodium et le sulfate de soude, à moins qu'il ne
s'agisse de savon à base d'huile de coco. On est certainement
moins près de la vérité si, après la détermination ci-dessus des
acides gras et de l'alcali effectif, la proportion d'eau est introduite dans l'évaluation, que si on complète l'eau qui n'est jamais isolée du savon, même quand il est fabriqué suivant les
règles de l'art, et qu'on fait une autre *détermination* des
acides gras ou alcali *en bloc*, des acides gras ou même des
éléments alcalins.

La méthode qui vient d'être indiquée n'est pas absolument
exempte des imperfections ordinaires. Les acides gras, aussi
bien que le corps gras non saponifié, y sont estimés également

et l'hydrate ou le carbonate d'alcali mélangé aussi bien que l'alcali combiné. La présence du carbonate se peut aisément reconnaître au bouillonnement de la solution de savon quand on ajoute l'acide sulfurique Mais ces imperfections sont de peu d'importance.

On peut dire qu'il faut toujours laisser à ceux qui ont l'habitude pratique de cette partie de la chimie le soin de déterminer avec une exactitude minutieuse la constitution d'un savon d'après son âge, ou tout au moins d'estimer la quantité d'alcali libre et de graisse non transformée qu'il contient. En outre, un excès considérable de tel ou tel ingrédient se trahit bientôt lui-même par la disparition des propriétés caractéristiques d'un bon produit. On peut juger un petit excès avec une exactitude suffisante par la proportion de l'alcali qui, en supposant la présence de la soude, ne doit pas ê re de plus de 13 pour 100 dans un savon d'huile de coco pur, et de moins de 11,5 pour 100 dans un savon de suif; mais dans les savons d'huile de palme et dans les sortes mêlées, la proportion se tient entre ces deux limites. (*Journal für praektische Chemie.*)

ÉVALUATION DU SAVON

Le docteur Bœdker donne dans le *Polytechnisch Centralblatt*, 1860, s. 1484, une méthode pour calculer la quantité de savon dur dans un échantillon d'après la quantité d'acide gras qu'on a obtenu après avoir décomposé par un acide concentré une quantité donnée de cet échantillon. L'auteur se sert d'un flacon dont le goulot est divisé en centimètres cubes; dans ce flacon à moitié plein d'eau il fait dissoudre 15 grammes de savon. Il ajoute ensuite l'acide, — acide hydrochlorique du commerce ou acide sulfurique étendu, — et fait chauffer le tout, ce qui met les acides gras en liberté. Il introduit alors de l'eau en quantité suffisante pour permettre de lire le nombre de centimètres cubes que mesurent les acides dans le goulot du flacon. Le poids des acides gras varie légèrement suivant les différents corps d'où ils proviennent; mais l'auteur a trouvé que le poids moyen d'un centimètre cube est de 93 grammes, ce qui approche assez de la vérité pour les besoins ordinaires de l'industrie. Comme les acides sont combinés avec un seizième de glycérine, il est aisé, connaissant leur poids, de calculer le poids de la graisse employée, et comme en moyenne 100 kilogrammes de graisse donnent 155 kilogrammes de bon savon dur, on peut calculer le poids effectif du savon quand on connaît le poids de la graisse. Ces calculs peuvent se faire au moyen d'une table que l'auteur a dressée et de laquelle nous extrayons les parties importantes. Ces résultats n'ont pas la prétention d'être scientifiquement exacts, mais, comme nous l'avons dit, ils approchent assez de la vérité pour les besoins ordinaires de l'industrie. Le procédé n'exige qu'une pesée; il ne demande que quelques minutes et est si simple qu'un ouvrier ordinaire peut le pratiquer.

I. Centimètres cubes d'acides gras séparés de 15 grammes de savon;

II. Proportion d'eau, de lessive ou de glycérine contenue dans l'échantillon;

III. Proportion de bon savon dur;

I.	II.	III.
4	97	5
5	69	31
6	63	37
7	57	43
8	51	49
9	44	56
10	38	62
11	32	68
12	26	74
15	20	80
14	13	87
16	7	95

année, il doit se produire des différences qu'on ne saurait regarder comme insignifiantes.

Voici, par exemple, les poids équivalents de plusieurs savons communément employés et regardés comme anhydres, c'est-à-dire déduction faite de l'eau que les acides gras abandonnent en se combinant avec l'alcali.

Savon d'acide oléique (huile rouge) . . . . =3800,95
 — d'huile de palme. . . . . =3588,85
 — de suif. . . . . =3300,95
 — d'huile de coco. . . . . =3065,45

En calculant d'après ces poids combien de chacun des autres savons il faudrait pour remplacer 1000 kilogrammes de savon de suif, on trouverait les quantités suivantes :

Poids.		Pour cent.	
1454	savon d'acide oléique soit	154	de plus que le savon de suif.
1087	— d'huile de palme	87	—
928	— de coco	72	de moins

De semblables différences doivent certainement avoir de l'importance dans la pratique et pourraient sans doute être découvertes par une expérience directe si l'on voulait entreprendre de faire la comparaison des différentes espèces de savon, recherche qui, toutefois, ne serait pas facile (1).

(1) Bœttger's, *Polytechnisches Notizblatt.*

VALEUR DES DIFFÉRENTES ESPÈCES DE SAVON (1)

Il arrive souvent aux consommateurs de se plaindre de la valeur ou plutôt de la bonté de savons qui, autant que les fabricants en peuvent juger, ont été bien préparés.

L'explication qu'on donne ordinairement lorsqu'un savon ne répond pas à l'attente de l'acheteur c'est qu'il contient trop d'eau, ce qui, dans la plupart des cas, est très-probablement la véritable cause. Mais en admettant cette raison et diverses autres, qui ont leur importance quand on doit apprécier la valeur d'un savon, il y a évidemment un autre motif pour que différents savons contenant une égale quantité d'eau possèdent des degrés différents d'efficacité.

La différence des poids proportionnels, ou équivalents chimiques, des divers acides gras démontre que la quantité d'alcali caustique absorbé par eux dans la formation du savon doit être inégale.

S'il est vrai que la puissance détersive du savon dépende entièrement de la quantité d'alcali qu'il contient, il s'ensuit naturellement que les savons qui contiennent la plus grande proportion d'alcali, ou, en d'autres termes, ceux qui contiennent un acide gras dont le poids équivalent est petit, doivent être les plus efficaces.

La différence entre les équivalents des acides gras ordinaires étant peu de chose, ces considérations sont peut-être d'une importance minime ou même nulle quant à la consommation du savon dans l'économie domestique, la quantité totale consommée dans une famille ne s'élevant jamais bien haut ; mais dans une manufacture où l'on peut employer vingt-cinq ou cinquante mille kilogrammes de savon dans le cours d'une

(1) Par R. Graeger.

XXI

DES COULEURS EMPLOYÉES PAR LES PARFUMEURS

> Le doux parfum des fleurs aux mille couleurs
> et aux mille senteurs, ne saurait me faire parler
> plus longtemps.
>
> SHAKSPEARE.

Les divers articles de toilette fabriqués par le parfumeur ne doivent pas seulement plaire à l'odorat et produire une sensation agréable au toucher, ils doivent encore flatter l'œil; en un mot il faut qu'ils soient jolis. Ce résultat s'obtient à l'aide de la couleur.

Les couleurs doivent être appropriées à la nature de l'objet et en harmonie avec l'usage auquel il est affecté. Ainsi l'eau dentifrice à la *rose* appelle naturellement une belle couleur incarnat; le savon de tridace ou de laitue un vert tendre, et ainsi des autres. Il faut cependant, jusqu'à un certain point, laisser le choix au goût du *chef* du laboratoire et, tant que la couleur adoptée est en rapport avec l'idée de la nature de l'article, il n'y a rien à objecter, pourvu que la matière colorante soit inoffensive et ne puisse altérer la peau.

Sous ce rapport les parfumeurs d'aujourd'hui ont beaucoup d'avantages sur leurs prédécesseurs : la chimie leur fournit des couleurs qui non-seulement donnent les nuances les plus riches et les plus variées, mais qui sont encore incapables de nuire. Bien plus; nous pouvons aujourd'hui donner à certaines substances des teintes qu'à l'époque même où parut la première édition de ce livre il était impossible d'obtenir. Lorsque M. Perkins prit un brevet pour l'application de l'aniline et de ses dérivés, il n'y avait qu'un très-petit nombre de substances

organiques qui puissent être employées à colorer les articles de parfumerie. Il y a sans doute beaucoup de couleurs minérales, mais la plupart sont vénéneuses et ne peuvent par conséquent servir dans la fabrication des articles de toilette.

Nous enregistrons ici sous le nom de chaque couleur les différentes substances qui peuvent la recevoir :

VERT. — On colore l'*alcool* en vert en y faisant infuser les feuilles sèches de presque toute espèce de plantes. Les feuilles d'épinards, de sauge, de foin et beaucoup d'autres, séchées au soleil ou artificiellement avec un courant d'air chaud et mises dans l'esprit-de-vin lui donneront plusieurs belles nuances de vert. Les pommades à la violette et à la cassie colorent aussi par la macération l'alcool en vert ; mais, règle générale, plus la nuance est belle, plus la pommade ou la teinture sont vieilles. L'extrait de violette ou de cassie quand il est frais est d'un vert sombre, mais s'il est préparé depuis quelque temps, il prend une teinte verte plus agréable à l'œil.

Les articles de parfumerie colorés en vert ont beaucoup de succès : c'est pourquoi on emploie souvent dans un bouquet un peu de cassie à cause de sa jolie couleur.

On peut teindre les *huiles* et *pommades* en vert de la manière suivante : on met des feuilles d'épinards ou de noyer dans le corps gras qui dissout la matière verte colorante des plantes appelée chlorophyle. Quand les feuilles ont donné tout ce qu'elles peuvent donner de couleur, on tire le corps gras à clair et on y met de nouvelles feuilles jusqu'à ce que celles-ci soient épuisées à leur tour. L'opération étant répétée plusieurs fois avec le même corps gras, il retient la matière colorante en dissolution et devient d'un beau vert foncé.

[En parfumerie, plus que dans toute autre industrie, il faut éviter l'emploi des sels de cuivre pour colorer en vert, et plus spécialement les verts de Scheele ou de Scheweinfurt (arsénite de cuivre mêlé d'acétate) qui sont des poisons violents.]

Les *eaux*, *laits*, etc., peuvent être colorés en beau vert au moyen d'une solution verte nouvellement composée par MM. Judson de Cannon-Street.

On colore le *savon* en vert en faisant dans la bassine un judicieux mélange de pâte contenant de 3 à 7 kilogr. d'huile de palme fraîche par 100 kilogrammes de savon. Cet amalgame produit un bon savon jaune auquel on ajoute 55 à 85 grammes de smalt, bleu d'azur ou de bleu d'outre-mer étendu dans 25 centilitres d'eau. La couleur bleue et le savon jaune bien incorporés ensemble donnent une teinte de vert végétal. On fait quelquefois des savons verts avec du chromate de potasse et du chromate de plomb. Toutes ces substances étant dangereuses, les fabricants qui les emploient devraient être condamnés à l'amende.

[Sur ce point encore nous sommes d'accord avec M. Piesse. Cet honorable parfumeur, exerce dans un pays où la liberté commerciale est extrême et souvent poussée jusqu'à la licence, et cependant il demande comme nous des règlements restrictifs.]

On peut colorer les *poudres* en vert en employant des herbes fraîches telles que persil, épinards, feuilles de noyer et autres pulvérisées et mêlées à l'amidon.

[Les bleus d'azur, celui de Prusse et l'indigo peuvent être employés sans aucun inconvénient.]

JAUNE. — Le safran, l'huile de palme et le curcuma sont les principales substances employées par les parfumeurs pour teindre en jaune.

On peut donner à l'*alcool* la couleur jaune ou plutôt une belle teinte d'*uranium* en y faisant macérer de la pommade à la jonquille; le pollen des fleurs communique d'abord leur couleur au corps gras qui, à son tour, la cède à l'esprit-de-vin. On peut encore colorer l'alcool en jaune en y faisant infuser des racines de curcuma, *curcuma longa* (de l'Inde) (amomacées).

l'ingrédient bien connu qui existe dans la préparation appelée *Curry powder*, etc.

Les *eaux*, les *émulsions* peuvent très-bien être colorées en JAUNE avec le safran, c'est-à-dire avec les stygmates de la fleur du *crocus sativus* (iridées). Saffron-Waldenville, du comté d'Essex, a reçu son surnom des cultures de safran qui, à une certaine époque, y étaient très-nombreuses.

Les meilleures substances pour colorer les *pommades* en JAUNE sont les pommades à la jonquille, la pommade à la rose ou l'huile de palme; celle-ci est la plus économique, mais les deux premières sont de beaucoup plus agréables à l'odorat. La pommade à la rose a une nuance jaune beaucoup plus foncée que celle à la jonquille, mais elle n'est pas aussi puissante que l'huile de palme. Elle doit sa couleur au pollen des roses avec lesquelles elle est faite de la même manière que la pommade à la jonquille, c'est-à-dire par macération. (Voir p. 56.)

Il est difficile de teindre les huiles autrement qu'en rouge et en pourpre; nous ne connaissons rien qui les colore artificiellement en jaune.

L'*huile* de palme n'est pas en réalité une huile dans ce pays; c'est toujours une substance opaque, plus consistante que le beurre, qui ne saurait par conséquent servir à colorer de véritables huiles en jaune.

ROUGE, ROSE, VIOLET, MAUVE. — Toutes ces nuances peuvent être étudiées ensemble puisqu'on les tire toutes d'une seule et même source : l'*aniline*.

L'*alcool* reçoit des différentes sortes d'aniline toutes les nuances que peut désirer le parfumeur; la plus petite différence dans la nuance d'une couleur suffit pour lui faire donner un nom spécial. Les deux nuances d'aniline les plus célèbres entre le rose et le rouge sont celles qu'on appelle *Magenta* et *Solférino*, du nom des deux villes d'Italie illustrées par les victoires remportées par les Français et les Piémontais sur les Autrichiens.

Les *huiles*, les *graisses*, la *cire*, le *spermaceti* se teignent aisément en rouge avec la racine de l'*anchusa tinctoria* vulgairement appelée orcanète (borraginées). Le commerce de la parfumerie en emploie beaucoup ; aussi la plante est cultivée sur une grande échelle dans le midi de la France, aux environs de Montpellier et dans la Turquie d'Asie.

Pour colorer l'huile, on met un kilogramme ou deux de racines d'orcanète concassées dans un vase qui puisse être mis dans l'eau chaude. On couvre ensuite la racine, soit avec de l'huile d'olive, soit avec de l'huile d'amandes que l'on tient chaude pendant plusieurs jours. Au bout de ce temps, on passe l'huile et on la met en bouteille sous le nom de « teinture rouge. » Si la nuance n'est pas du premier coup aussi foncée qu'on le désire, on verse la même huile sur des racines nouvelles, deux, trois fois, jusqu'à ce qu'elle soit arrivée au degré voulu.

Cette « teinture rouge » peut toujours être employée pour donner aux huiles et pommades toutes les nuances, depuis le rose jusqu'au cramoisi.

On importe annuellement en Angleterre environ 7,000 kilogrammes de racine d'orcanète.

Les *huiles* et autres *corps gras* peuvent aussi être colorés en DIFFÉRENTES NUANCES en les mêlant avec la solution alcoolique de toutes les variétés d'aniline, solferino, mauve, etc. Lorsque les huiles, etc., ont pris la couleur, on fait évaporer l'alcool, soit par la chaleur, soit par la précipitation ; nous pouvons par ce moyen, pour la première fois, donner aux corps gras les teintes les plus variées depuis le violet jusqu'au rose le plus tendre.

[Il est encore plus simple et plus économique de dissoudre l'aniline dans une certaine quantité de glycérine, et ensuite de se servir de cette dissolution pour colorer les corps gras, huile ou pommades.]

On peut encore avec les mêmes substances donner les plus éclatantes couleurs à la GLYCÉRINE. La couleur MAGENTA de Simpson et la couleur MAUVE de Perkins, sont employées avec le plus d'avantage à cet effet.

Les *eaux* prennent les teintes mauve, magenta, solférino à tous les degrés.

Les *laits* et les *émulsions* les prennent également; mais il ne faut pas vouloir les garder trop longtemps; en effet, au bout de quelque temps, la matière colorante se précipite peu à peu en se combinant avec l'amygdaline de l'amande ou avec la matière albumineuse de la pistache avec lesquelles l'émulsion a été préparée.

ROUGE BRUN. — La racine de ratanhia est ce qui donne le mieux cette couleur à l'alcool. Le ratanhia est le *krameria triandra* (polygalées) des botanistes; on le tire principalement du Pérou; il y a cependant une autre variété ayant des propriétés presque semblables et qui vient des petites Antilles ou îles Caraïbes. C'est le *krameria ixina*. Les deux variétés ne sont autre chose que des arbrisseaux. On les cultive à cause de la racine qui, comme nous venons de le dire, communique une belle couleur à l'alcool, et à cause de l'odeur qui sert à faire une grande quantité de vin de Porto artificiel. Cette racine entre encore dans la composition des poudres dentifrices. (Voy. ces mots, p. 394.)

On obtient encore un beau ROUGE BRUN dans l'alcool, en faisant une teinture de bois de santal rouge ou *red sanders* dans l'idiome du pays. C'est le bois du *pterocarpus santalinus* (légumineuses), arbre qui croît sur les montagnes de la côte de Coromandel, et qu'on importe en grande quantité pour l'usage des teinturiers avec une autre variété, le *pterocarpus flavus*, santal jaune qui colore l'alcool en jaune. Le bois de cèdre lui donne aussi une belle couleur rouge. Les parfumeurs français l'emploient volontiers pour colorer les dentifrices liquides.

La terre de Sienne et la terre d'ombre pulvérisées teignent les savons en rouge brun et en brun foncé; mais, pour plus d'une raison, aucune de ces deux substances ne vaut les suivantes :

BRUN. — La cassonade ou la mélasse cuites dans un vase de fer jusqu'au moment de brûler et dissoutes dans de l'eau de chaux, constituent ce que les parfumeurs appellent *teinture brune* et les confiseurs *caramel*. [Dans la préparation du caramel on emploie l'eau pure et non l'eau de chaux.] Cette teinture convient pour donner au savon et aux eaux pour la chevelure toutes les nuances désirées; mais comme elle n'est soluble, ni dans les corps gras ni dans l'esprit-de-vin, elle ne les colore pas.

NOIR. — Il n'y a pas de noir véritablement soluble dans l'eau ni dans l'alcool; mais l'encre de Chine reste en suspension plus longtemps qu'aucune autre substance.

On ne peut colorer économiquement la *graisse* et le *savon* en NOIR qu'avec du noir de fumée, d'abord broyé dans l'huile et ensuite ajouté à la graisse ou au savon en quantité suffisante pour donner la nuance voulue. [On emploie souvent pour remplacer le noir de fumée le charbon de liége.] (Voir BATONS BLANCS et NOIRS, p. 365.)

ÉPONGES. — Les meilleures éponges sont celles qu'on tire de Smyrne ou des rivages des îles de l'Archipel grec. Quand nous les recevons elles sont pleines de sable; c'est dans cet état qu'il vaut mieux les acheter. On en fait ensuite sortir le sable en les battant avec une baguette, puis on les rince dans l'eau de rivière froide. Rien n'est meilleur qu'une bonne éponge pour nettoyer la peau; aussi les chirurgiens la préfèrent-ils à toute autre substance. Quand on se sert d'éponges avec du savon pour se laver habituellement, elles deviennent bientôt graisseuses et on les jette de côté avant qu'elles soient à moitié usées. Les fibres cellulaires qui constituent le tissu

particulier de l'éponge la rendent propre à décomposer le savon, en retenant la graisse et l'huile, ce qui la rend *gluante*. Quand cela arrive, il faut préparer une solution de soude dans la proportion de 250 grammes de soude pour deux litres et demi d'eau, et y mettre dégorger l'éponge pendant vingt-quatre heures. Ensuite on la lave, on la rince dans de l'eau de source, puis dans de l'eau contenant un peu d'acide muriatique (un verre d'acide pour deux à trois litres d'eau est suffisant). Enfin, on rince une dernière fois l'éponge à grande eau, toujours dans l'eau de source. Les meilleures éponges valent de cinquante à cent francs le demi-kilogramme; on retrouve bien le prix du temps passé à les nettoyer. Si l'on a bien soin de bien rincer une éponge chaque fois qu'on s'en est servi, il sera rarement nécessaire de recourir à ce grand nettoyage.

ESSENCES EXTRAITES DES PLANTES

Quantités d'essence ou huile essentielle fournies pour chaque plante.

	Quantités de plantes. Kilogr.	Essences fournies. Grammes.
Écorce d'orange.	5	312
Marjolaine sèche.	10	93.50
Marjolaine fraîche.	50	93.50
Menthe poivrée fraîche.	50	93.50 à 123.50
Menthe poivrée sèche.	10	74.90 à 99.60
Origan sec.	10	50.20 à 74.90
Thym sec.	10	30.80 à 46.50
Calamus aromaticus.	10	74.90 à 99.60
Anis.	10	224.90 à 290.50
Carvi d'Allemagne.	10	399.60
Girofle.	1	156.75
Cannelle.	10	74.90
Cassie.	10	74.90
Bois de cèdre.	10	89
Macis.	1	93.81
Muscade	1	93.81 à 123.62
Mélisse fraîche.	25	25.50 à 38.50
Peau d'amandes amères.	5	22.05
Racines d'Iris.	50	416

Feuilles de géranium	50	56
Fleurs de lavande	50	836,50 à 802
Feuilles de myrthe	50	139,50
Patchouly	50	780,50
Roses de Provence	50	2,60 à 5,45
Bois de Rhodes	50	85,50 à 111
Bois de santal	50	836,50
Vétyver ou racine de kus-kus	50	418,25

TEMPÉRATURE A LAQUELLE LES DIVERSES ESSENCES BOUILLENT ET GÈLENT (1)

	Degrés centigr.
L'huile fixe d'amande ne bout pas à	+340
L'essence de patchouly bout à	+268
— vétyver	+287
— bois de santal	+288
— bois de cèdre	+264
— lavande anglaise	+246
— schœnanthe	+227
— rose de Turquie pure	+222
— géranium d'Espagne	+221
— géranium indien	+216
— gaulthérie	+204
— amandes amères	+18.1
— bergamote pure	+188
— carvi ou cumin d'Allemagne	+176
— écorce de citron	+174
— écorce d'orange	+174
— lavande française	+ 82
La cire blanche fond à	+ 66
Le camphre se vaporise à (2)	+ 65
Le spermaceti fond à	+ 44
La paraffine A	+ 30
La paraffine B	+ 52
L'essence de roses d'Italie gèle à	+ 16,7
— roses de Turquie	+ 14,5
— géranium, néroli, girofle déposent des cristaux	— 19
— santal, cèdre, schœnanthe se prennent en gelée	— 20,5
— bergamote gèle	— 24,5
— cannelle est encore liquide à	— 25

(1) Extrait du *Laboratoire des merveilles chimiques*. London.

(2) Le camphre se vaporise à la température ordinaire, mais il se volatilise à +65° avant de fondre.

XXII

LA CHIMIE ORGANIQUE APPLIQUÉE A LA PARFUMERIE

DES ESSENCES ARTIFICIELLES (1)

[Depuis que l'analyse chimique a trouvé, dans certains parfums naturels, des éthers composés que l'on a pu reproduire par voie de synthèse, le résultat industriel n'a pas tardé à se faire sentir, et on est parvenu ainsi à combiner des éléments souvent infects, et à fabriquer industriellement des éthers composés à odeurs plus ou moins agréables qui se rapprochaient par leur arome de certains fruits ou des parfums de certaines fleurs ; cette fabrication a pris une rapide extension en France, en Angleterre et en Allemagne. Quoique les produits qu'elle livre soient désignés sous le nom d'*essences artificielles*, ce ne sont réellement que des dissolutions de ces essences dans de l'alcool. La préparation de la plupart de ces produits est tenue secrète par les fabricants ; mais grâce aux recherches faites par M. Hoffmann, on est à peu près renseigné sur la nature et la composition de ces produits.

Les deux faits les plus importants relatifs à la production des essences artificielles, sont ceux qui ont été découverts par MM. Piria et Cahours ; le premier de ces chimistes est parvenu à faire artificiellement l'*essence de Reine des prés* ou *ulmaire* (*spirea ulmara*, rosacées), en oxydant la salicine au moyen du bichromate de potasse et de l'acide sulfurique ; l'essence ainsi obtenue est identique avec celle qui est extraite par la distillation des fleurs ; le second ayant établi par l'analyse que l'essence de gaultherie couchée, *Gaultheria procum-*

---

(1) Par le Dr A. W. Hoffmann, de Londres.

bens (éricacées) pouvait être représentée par une combinaison d'acide salicilique et d'oxyde de méthylène, est parvenu à produire cette essence en distillant un mélange d'acide sulfurique, d'acide salicilique et d'alcool de bois.

Quant à l'essence de mirbane, ou nitro-benzine dont nous avons parlé ailleurs, qui est si recherchée aujourd'hui par la parfumerie et par les fabricants de produits tinctoriaux, elle a une grande analogie d'odeur avec l'essence d'amandes amères, mais elle s'en éloigne par sa composition.] Réveil.

Les excellentes recherches de Cahours sur l'huile essentielle du *Gaultheria procumbens* (plante de l'Amérique du Nord, de la famille des éricinées, *éricacées* de Jussieu) si souvent employée dans la parfumerie ont ouvert un nouveau champ à cette industrie. L'introduction de cette huile au nombre des éthers composés doit nécessairement attirer l'attention des parfumeurs sur cette branche importante des composés dont le nombre s'accroît de jour en jour, grâce aux travaux de ceux qui s'occupent de chimie organique. La ressemblance frappante qui existe entre l'odeur de ces essences artificielles et celle des fruits, n'avait pas échappé à l'observation des hommes de la science ; mais il était réservé aux praticiens de découvrir les substances et les combinaisons au moyen desquelles il serait possible d'imiter l'odeur particulière de tel ou tel fruit, avec une telle perfection qu'il semble probable que l'odeur de ces fruits est due à une combinaison naturelle, identique à celle que l'art sait produire, et que d'un autre côté il est possible au chimiste de produire ces mêmes combinaisons avec des fruits, pourvu qu'il en ait à sa disposition une quantité suffisante pour opérer. La fabrication des essences aromatiques artificielles pour la parfumerie est naturellement une branche d'industrie toute nouvelle ; cependant elle est déjà tombée entre les mains de plusieurs distillateurs qui en produisent assez pour les besoins du commerce, fait qui n'a pas échappé

à l'attention du jury, lors de l'exposition de Londres. En visitant les montres des confiseurs anglais et français au Palais de Cristal, nous avons trouvé une grande variété de ces parfums chimiques ; des bonbons parfumés à l'aide de ces substances en montraient en même temps l'utilité pratique. Mais comme la plupart des échantillons envoyés à l'exposition étaient très-petits, il m'a été souvent impossible de les analyser exactement. Les échantillons les plus considérables étaient ceux d'un composé intitulé : « essence de poires, » qu'à l'analyse j'ai reconnu être une solution alcoolique d'acétate pur d'oxyde d'amyle. N'en ayant pas une quantité suffisante pour la purifier par la combustion, je l'ai dissoute avec de la potasse qui a séparé l'huile de pommes de terre libre, et j'ai déterminé l'acide acétique à l'état de sel d'argent.

0,3080 grammes de sel d'argent = 0,1997 grammes d'argent. La proportion d'argent dans l'acétate d'argent est conformément à :

LA THÉORIE :	L'EXPÉRIENCE :
64,48	64,55

L'acétate d'oxyde d'amyle qui, suivant la manière ordinaire de le préparer, représente une partie d'acide sulfurique, une partie d'huile de pommes de terre et deux parties d'acétate de potasse, avait une odeur frappante de fruit, mais n'acquit le parfum agréable de la poire jargonelle, qu'après avoir été étendu dans six fois son volume d'esprit-de-vin.

De plus amples informations m'ont appris qu'il y a des distillateurs qui fabriquent des quantités considérables de cette essence, 8 à 10 kilogrammes par semaine pour les confiseurs qui s'en servent principalement pour parfumer des pastilles aux poires, lesquelles ne sont pas autre chose que du sucre d'orge parfumé avec cette essence.

Outre l'essence de poires j'ai trouvé encore une essence de

pommes qui, d'après l'analyse que j'en ai faite, est tout simplement un valérianate d'oxyde d'amyle. Tout le monde doit se rappeler l'insupportable odeur de pommes pourries qui remplit le laboratoire, quand on fait de l'acide valérianique. En traitant ce produit brut de la distillation, par la potasse étendue, l'acide valérianique est séparé, et laisse après lui un éther qui étendu dans cinq ou six fois son volume d'esprit-de-vin possède une délicieuse odeur de pomme.

L'huile essentielle la plus abondante à l'exposition était l'essence d'ananas qui, comme on sait, n'est pas autre chose que le butyrate d'oxyde d'éthyle. Dans cette combinaison, tout comme dans la précédente, l'odeur agréable ou bouquet ne s'obtient qu'en étendant l'éther avec l'alcool. L'éther butyrique qui s'emploie en Allemagne pour parfumer le mauvais rhum sert en Angleterre à parfumer une boisson acidulée qu'on appelle *pine-aple ale* (ale à l'ananas). On ne se sert pas ordinairement pour cet usage d'acide butyrique pur, mais d'un produit qui s'obtient en saponifiant le beurre et en distillant ensuite ce savon avec de l'acide sulfurique concentré et de l'alcool. Outre l'éther butyrique, ce produit contient encore d'autres éthers, mais il peut, néanmoins, servir à parfumer les alcools. L'échantillon que j'ai analysé était plus pur et semblait avoir été fait avec de l'acide butyrique pur.

0,4404 grammes de sel d'argent = 0,2457 grammes d'argent. La proportion d'argent dans le butyrate d'argent est, suivant

LA THÉORIE :	L'EXPÉRIENCE :
55,78	55,75

Les exposants anglais et français ont aussi envoyé des échantillons d'essence de cognac et d'essence de raisin qui servent à parfumer les eaux-de-vie communes. Ces échantillons étant très-petits, je n'ai pu en faire l'analyse rigoureuse. Cependant je

suis certain que l'essence de raisin est une combinaison d'amyle étendue dans beaucoup d'alcool, puisque traitée par l'acide sulfurique concentré et dégagée de l'alcool par un lavage à l'eau elle donnait un acide amylsulfurique que l'analyse fit reconnaître par un sel de baryte.

1,2690 gram. d'amylsulfate de baryte donnèrent 0,5825 grammes de sulfate de baryte, ce qui équivaut à 45,82 pour 100 de sulfate de baryte.

L'amylsulfate de baryte cristallisé avec deux équivalents d'eau contient, suivant l'analyse de Cahours et de Kékulé, 45,95 pour 100 de sulfate de baryte. Il est curieux de voir ici un corps qu'à cause de sa mauvaise odeur on élimine avec grand soin des liqueurs spiritueuses, employé sous une forme différente, leur donner un parfum agréable.

Je dois aussi mentionner ici l'huile artificielle d'amandes amères. Lorsque Mitscherlich, en 1834, découvrit la nitrobenzine, il ne se doutait guère que ce produit serait un jour employé par les parfumeurs, et que vingt ans plus tard il figurerait en beaux échantillons étiquetés à l'exposition de Londres (1). Il est vrai que dès l'époque de la découverte de la nitrobenzine, il signala la ressemblance frappante de l'odeur de ce corps avec celle de l'huile d'amandes amères. Mais alors on ne savait l'extraire que des gaz comprimés et de la distillation de l'acide benzoïque; aussi l'énormité du prix de revient dut exclure toute idée d'employer la benzine pour remplacer l'huile d'amandes amères. Cependant, en 1845, je parvins, au moyen de la réaction que donne l'aniline, à constater l'existence de la benzine dans l'huile de goudron, de houille ordinaire, coaltar, et en 1849 C. B. Mansfield prouva, par des expériences scrupuleuses, qu'on pouvait aisément extraire la benzine de l'huile de goudron et en grande quantité. Dans son mémoire qui contient beaucoup de

(1) En 1851.

Il y avait encore plusieurs autres essences artificielles, mais elles étaient toutes plus ou moins compliquées et en si petites quantités qu'il était impossible d'en reconnaître exactement la nature et il n'était pas douteux qu'elles eussent la même origine que celles dont il vient d'être question.

L'application de la chimie organique à la parfumerie est une base tout à fait nouvelle; il est probable que l'étude de tous les éthers ou combinaisons éthérées qu'on connaît déjà et que la sagacité des chimistes découvre chaque jour, agrandit la sphère de leurs applications pratiques. Les éthers capryliques récemment découvertes par Bouis sont remarquables par leurs odeurs aromatiques (l'acétate d'oxyde de capryle possède une odeur très-forte et très-agréable) et ils promettent une ample moisson aux fabricants de parfumerie.

INTRODUCTION DE L'HYDROGÈNE DANS LES HUILES ESSENTIELLES. CHANGEMENT D'UNE ESSENCE EN UNE AUTRE

Zinin (1) et Kolbe (2) ont fait l'expérience de l'introduction directe de l'hydrogène dans des composés organiques. Le dernier a fait digérer une solution chaude saturée d'acide benzoïque et un peu d'acide hydrochlorique avec un amalgame de sodium, et il a obtenu ainsi une huile d'amandes amères, une autre essence qui se cristallise en refroidissant et un acide volatil. En opérant avec une solution alcaline, les transformations sont différentes. On n'obtient ni huile d'amandes amères, ni essence cristallisable, mais il se forme une quantité plus considérable du nouvel acide que Kolbe se propose d'étudier ultérieurement.

Les premières recherches de Zinin sur le benzile ont montré qu'il pouvait être converti en benzine par une addition directe d'hydrogène. Il montre aujourd'hui qu'en prolongeant l'action

(1) Bulletin de Saint-Pétersbourg, t. III, p. 520.
(2) Annal. der Chem. und Pharm., Bd. CXVIII, s 152.

détails intéressants sur l'utilité pratique de la benzine, il parle également de la possibilité d'obtenir bientôt en grande quantité la nitrobenzine à odeur d'amandes. L'exposition de 1851 a prouvé que cette observation n'avait pas échappé aux parfumeurs. Parmi les articles de parfumerie française nous avons trouvé, sous le nom d'huile artificielle d'amandes amères et sous celui plus poétique encore « d'essence de mirbane, » plusieurs échantillons d'huiles essentielles qui ne sont ni plus ni moins que de la nitrobenzine. Il ne m'a pas été possible de me procurer des renseignements précis sur l'étendue de cette branche de fabrication qui paraît avoir quelque importance. Cet article se fabrique avec succès à Londres. L'appareil employé est celui de Mansfield qui est très-simple. Il se compose d'un grand serpentin de verre dont l'extrémité supérieure se divise en deux branches tubulaires pourvues chacune d'un entonnoir. A travers un de ces entonnoirs passe un courant d'acide nitrique concentré; l'autre doit servir de récipient à la benzine qui, pour cette opération, n'a pas besoin d'être tout à fait pure; à l'angle d'où partent les deux tubes les deux corps se rencontrent et aussitôt s'opère la combinaison chimique qui se refroidit suffisamment en passant à travers le serpentin de verre. Le produit lavé ensuite avec de l'eau et une solution étendue de carbonate de soude est alors bon à employer. Malgré la grande ressemblance physique qui existe entre le nitrobenzole et l'huile d'amandes amères, il y a cependant dans l'odeur *une différence assez sensible pour empêcher de confondre ces deux produits.* Malgré cela la nitrobenzine est très-utile pour parfumer les savons communs. Pour les produits fins, il n'y a rien de tel que l'huile d'amandes amères (1).

(1) L'innocuité de la nitrobenzine est bien loin d'être démontrée; il est incontestable qu'elle est moins vénéneuse que l'essence d'amandes amères pure ou brute, c'est-à-dire renfermant de l'acide cyanhydrique; mais de nombreux faits ont démontré que la nitrobenzine était toxique. O. R.

obtenu de la fermentation des pommes de terre. Il a été plus tard examiné par Pelletier, Dumas, Cahours et autres. On l'appelle ordinairement aujourd'hui hydrate d'oxyde d'amyle, l'amyle étant supposée être le radical, de même que le cyanogène est regardé comme le radical d'une autre série de composés.

Il passe, vers la fin de l'opération de la distillation, sous la forme d'un liquide blanc et trouble qui se compose d'une solution aqueuse et alcoolique d'huile de pommes de terre. L'huile brute se composant d'environ moitié de son poids d'alcool et d'eau peut être purifiée en l'agitant avec de l'eau et en la distillant à nouveau après y avoir ajouté du chlorure de calcium. Lorsque la température des substances contenues dans la cornue atteint 146 degrés centigrade, l'huile de pommes de terre pure coule dans le récipient.

L'huile de pommes de terre est un liquide huileux incolore; l'odeur n'en est pas d'abord désagréable, mais à la fin elle devient infecte, elle suffoque et fait tousser. Elle est âcre et brûlante au goût; à la combustion elle donne une flamme bleuâtre. Elle bout à 146° centigrade, et à la température de —20° centigrade elle devient solide et forme des cristaux. Sa pesanteur spécifique à 15° centigrade est de 0,8124 et sa formule $C^{10}H^{12}O^2$. Sur le papier elle fait une tache graisseuse que la chaleur fait disparaître; exposée à l'air elle subit une réaction acide. L'huile de pommes de terre est légèrement soluble dans l'eau et lui communique son odeur; elle se dissout complétement dans l'alcool, l'éther; les huiles volatiles ou fixes et l'acide acétique. Elle dissout le phosphore, le soufre, l'iode sans aucun changement notable; elle se mêle aussi avec la soude et la potasse caustiques. Elle absorbe promptement l'acide hydrochlorique avec dégagement de chaleur. Lorsqu'elle est mêlée à l'acide sulfurique concentré, le mélange devient d'un rouge violet et il se forme un bisulfate d'oxyde d'amyle.

il peut se former de nouveaux corps, contenant plus d'hydrogène que de benzoïne. L'auteur a fait une solution bouillante
d'une partie de benzoïne et de trois ou quatre parties d'alcool
concentré ; à cela il a ajouté une partie d'alcool rectifié saturé
de gaz acide hydrochlorique ; puis dans ce mélange il a introduit peu à peu une demi-partie de zinc réduit en poudre. Aussitôt que la réaction violente s'est arrêtée, une autre demi-
partie de la solution alcoolique de gaz acide hydrochlorique
fut ajoutée et le mélange chauffé jusqu'à réduction de moitié.
Ôté de dessus le zinc non dissous et mêlé avec de l'eau, un
corps huileux s'est séparé et s'est bientôt refroidi en une
masse cristalline qui a été délivrée de toute trace d'alcool par
une seconde cristallisation. Il formait alors des tablettes rhom-
boïdales, fondant à 55°. Ce nouveau corps est plus hydrogéné
que la benzoïne, mais l'analyse élémentaire, dit l'auteur, présente des difficultés extraordinaires. L'action de l'acide nitrique
et du brome sur ce nouveau corps détermine la formation
d'autres corps cristallisables.

L'huile d'amandes dans la solution alcoolique d'acide hydrochlorique et bouillie avec du zinc forme un corps huileux épais
qui s'attache aux parois du flacon, et en refroidissant devient
solide et résineux. Il est aisément soluble dans l'éther, et de la
solution une partie se cristallise, le reste se sépare comme une
masse huileuse, dans laquelle au bout d'un certain temps se
forment d'autres cristaux.

PRÉPARATION ARTIFICIELLE D'ODEURS IMITANT LE PARFUM DE CERTAINS FRUITS

Huile de pommes de terre (1).

Ce composé organique a été signalé pour la première fois
par Scheele comme un des produits de la distillation du moût

_____
(1) Par M. W. Bastick.

La liqueur ainsi obtenue, il faut la mêler avec un égal volume d'eau froide et y ajouter 5 kil. 570 gr. de carbonate de
soude cristallisé préalablement dissous dans l'eau. Le carbonate de chaux se précipite, on filtre et on fait évaporer jusqu'à
ce qu'il ne reste plus qu'un poids de 4 kil. 500 gr., après quoi
on ajoute avec précaution 2 kil. 504 gr. d'acide sulfurique
préalablement étendu dans un poids égal d'eau. On enlève alors
l'acide butyrique qui monte à la surface sous forme d'une huile
d'un brun foncé et l'on distille le reste du liquide. Enfin on
neutralise le produit de la distillation avec le carbonate de
soude, et l'on sépare comme avant l'acide butyrique à l'aide
de l'acide sulfurique.

On rectifie la totalité de l'acide brut en y ajoutant 60 gr.
d'acide sulfurique par kilogramme. On sature alors avec du
chlorure de calcium en dissolution et on distille de nouveau. On
aura pour résultat environ 800 gr. d'acide butyrique pur.
Pour préparer avec cet acide, l'éther butyrique ou essence d'a-
nanas, on s'y prend de la manière suivante : Mêlez trois parties
en poids d'acide butyrique à six parties d'alcool de vin et deux
parties d'acide sulfurique dans une cornue ; soumettez le tout à
l'aide d'une chaleur suffisante à une distillation lente jusqu'à
ce que le liquide qui passe cesse d'exhaler une odeur de fruit.
En traitant le produit obtenu par le chlorure de calcium et en
le distillant une seconde fois on obtient l'éther pur.

L'éther butyrique entre en ébullition à 114° centigrade.
Sa pesanteur spécifique est de 0,904 et sa formule C^4H^5O
$+ C^8H^5O^3$.

Le procédé de Bensch, ci-dessus décrit pour la production
de l'acide butyrique, offre un remarquable exemple des transformations extraordinaires que subissent les corps organiques
en contact avec un ferment ou par l'action catalytique. Le
sucre de canne traité par l'acide tartrique, particulièrement
sous l'influence de la chaleur, se change en sucre de raisin.

L'acide nitrique et le chlore la décomposent. Distillée avec l'acide sulfurique anhydre, elle donne un composé liquide et huileux d'hydrogène et de carbone. Oxydée par un mélange de bichromate de potasse et d'acide sulfurique, l'huile de pommes de terre donne l'acide valérianique qui s'emploie en médecine, et une essence artificielle appelée en anglais *apple oil* (essence de pomme ou d'ananas) dont se servent les confiseurs pour parfumer leurs produits.

[L'acide valérianique = $C^{10}H^{10}O^3$ est retiré par distillation de la racine de valériane; c'est un liquide d'une odeur forte, qui forme avec certains éthers simples, des éthers composés à odeurs variables ; il est identique avec l'acide obtenu par oxydation de l'essence de pommes de terre ou *acide amylique*, avec l'essence du fruit de la boule de neige (*viburnum opulus*) ou *viburnique*, et avec l'essence de graisse de phoque ou *phocénique*. L'essence de pommes de terre n'est pas employée en parfumerie.] O. R.

Essence artificielle d'ananas (pine-apple) (1).

Cette essence n'est pas autre chose que de l'éther butyrique plus ou moins étendu d'alcool; pour l'obtenir pure sur une grande échelle et d'une manière économique voici le procédé recommandé.

Faites fondre 2 kil. 750 gr. de sucre et 15 gr. d'acide tartrique dans 12 litres d'eau bouillante : laissez reposer la solution plusieurs jours ; ajoutez alors 225 gr. de fromage pourri concassé, 1 kil. 500 gr. d'écume de lait aigre et caillé et 1 kil. 500 gr. de craie pulvérisée. Tenez le mélange dans un endroit chaud, à la température d'environ 55° centigrade, et remuez-le chaque jour, tant qu'il s'en dégage du gaz, ce qui a généralement lieu pendant cinq ou six semaines.

(1) Par W. Bastick.

Celui-ci, mis en présence de substances azotées décomposantes telles que le fromage, se transforme d'abord en acide lactique qui se combine avec la chaux de la craie. L'acide du lactate de chaux ainsi produit sous l'influence prolongée du ferment se change en acide butyrique. C'est ainsi que le butyrate de chaux est le résultat final de l'action catalytique dans le procédé que nous venons de recommander.

[Le procédé de préparation de l'acide butyrique que l'on vient de lire appartient à MM. Pelouze et Gelis. L'essence d'ananas commerciale se prépare en dissolvant un litre d'éther butyrique dans huit à dix litres d'alcool à 18° ou 55° centésimaux.

L'acide butyrique peut encore être obtenu en saponifiant le beurre par la potasse en solution d'une densité de 1,42; le savon obtenu est dissous dans l'alcool et distillé avec un excès d'acide sulfurique. On obtient ainsi un mélange d'acides butyrique, caprique et caproïque dans lequel le premier domine; on le purifie en suivant la marche indiquée.]

Manière de préparer l'essence artificielle de coings (1).

On a écrit jusqu'à ces derniers temps que la peau des coings contenait un œnanthylate d'oxyde d'éthyle. Mais de nouvelles recherches ont fait supposer que le principe odorant des coings était dû à l'éther de l'acide pélargonique.

[Il existe bien dans la pelure des coings une huile volatile, mais c'est en très-petite quantité, et elle est par conséquent fort difficile à obtenir.]

Dans ses dernières recherches sur l'action de l'acide nitrique sur l'essence de rue, M. Wagner a trouvé que, outre les acides gras que Gerhardt avait déjà découverts, il se forme de l'acide pélargonique. Ce procédé peut être employé avec avantage

(1) Par le docteur R. Wagner.

pour la préparation du pélargonate brut d'oxyde d'éthyle qui, à cause de son odeur extrêmement agréable, peut être utilisé comme les essences de fruits préparées par Dobereiner, Hofmann et Fehling. Pour obtenir cette essence qu'on peut appeler essence de coings, on mêle une quantité donnée d'essence de rue avec deux fois la même quantité d'acide nitrique très-étendu, et l'on fait chauffer le mélange jusqu'à ce qu'il commence à bouillir ; au bout de quelque temps on aperçoit deux couches dans le liquide : celle d'en haut est brunâtre, celle d'en bas se compose des produits de l'*oxydation* de l'essence de rue et de l'excès d'acide nitrique. On débarrasse la couche inférieure de la plus grande partie de son acide nitrique en le faisant évaporer dans un bain de chlorure de zinc. Les flocons blancs qu'on trouve souvent dans le liquide acidé et qui sont sans doute des acides gras, sont séparés par le filtre. On mêle ensuite le liquide filtré avec de l'alcool, on fait digérer longtemps à une chaleur douce, il se forme alors un liquide qui a au plus haut degré l'odeur agréable du coing et qu'on peut rectifier en le distillant. (*Journal für practische Chemie.*)

Manière de préparer l'essence de rhum et de fraises.

Prenez oxyde noir de manganèse, acide sulfurique, douze parties de chacun ; alcool 12 litres, acide acétique fort 4 kil. 500 gr. Mêlez et distillez 7 litres. L'éther ainsi préparé est un article de commerce en Autriche, c'est la substance à laquelle le rhum doit son arome particulier. (*Journal autrichien de pharmacie.*)

[Nous avons dit que le butyrate d'oxyde d'éthyle pur possède l'odeur fine de l'ananas; par l'emploi additionnel des alcools de vin et de pommes de terre on peut modifier cette odeur et la changer en celle de fraise ou de framboise; moins pur et mélangé avec les éthers qui l'accompagnent lorsqu'il est préparé avec le beurre, c'est-à-dire avec les éthers caprique et ca-proïque, il peut être employé pour aromatiser le rhum. La plus grande partie des rhums de mauvaise qualité n'est pas obtenue autrement.]

Essence artificielle de poires (1).

Cette essence est une solution alcoolique d'acétate d'oxyde d'amyle et d'acétate d'oxyde d'éthyle. On l'obtient en mêlant 450 gr. d'acide acétique cristallisable à un poids égal d'huile de pommes de terre préalablement lavée avec une eau de soude et distillée ensuite à une température de 125° à 140° centigrade; on ajoute ensuite 225 gr. d'acide sulfurique. On laisse digérer ce mélange pendant quelques heures à la température de 125° centigrade, ce qui sépare l'acétate d'oxyde d'amyle, surtout quand on ajoute un peu d'eau. Enfin on purifie l'acétate d'oxyde d'amyle brut obtenu par la séparation et par la distillation du liquide auquel on a ajouté de l'eau en le lavant avec une lessive de soude. Quinze parties d'acétate d'oxyde d'amyle dissoutes avec une demi-partie d'éther acétique dans cent ou cent vingt parties d'alcool constituent l'essence de poires qui, employée à parfumer les sucres ou les sirops dans lesquels on a d'abord introduit un peu d'acide citrique ou tartrique, leur communique l'odeur de poires de bergamote en même temps qu'un goût de fruit et une saveur rafraîchissante.

Essence de pommes.

[On désigne sous ce nom une solution alcoolique de valérianate d'oxyde d'amyle ou d'essence de pommes de terre. Quelquefois on prépare simplement ce produit en soumettant à la distillation de l'huile brute de pommes de terre en présence

(1) Par M. Fehling.

de l'acide sulfurique et du bichromate de potasse; mais on obtient aussi un mélange de peu d'essence de pommes et de beaucoup d'alcool amylique; il vaut donc mieux préparer d'abord l'acide valérianique par la méthode suivante :

On mélange petit à petit une partie d'huile de pommes de terre avec trois parties d'acide sulfurique et deux parties d'eau; d'autre part on chauffe deux parties et demie de bichromate de potasse et quatre parties et demie d'eau, on mélange alors le tout de manière à maintenir l'ébullition dans la cornue, le liquide distillé est saturé par du carbonate de soude, et l'on fait cristalliser le valérianate de soude.

On prend alors une partie en poids d'huile de pommes de terre, que l'on mélange avec précaution avec poids égal d'acide sulfurique, on y ajoute une partie et demie de valérianate de soude bien sec et on maintient au bain-marie en chauffant doucement; en ajoutant de l'eau l'éther se sépare; on le purifie comme les précédents. Cet éther valéro-amylique mélangé à cinq ou six fois son volume d'alcool constitue l'essence de pommes dont l'odeur est très-agréable.]   O. R.

Essence de cognac et de vin.

[On désigne sous ce nom un mélange de plusieurs éthers de la série éthylique, mais dont l'odeur est due surtout à l'éther pélargonique. On peut employer deux méthodes pour préparer les essences: la première fournit de l'éther pélargonique presque pur, l'autre donne des mélanges à composition très-variable et dont les qualités paraissent inférieures. Par la première méthode on obtient l'acide pélargonique en traitant l'essence de rue par l'acide azotique comme nous l'avons dit en parlant de l'essence de coings; pour éthérifier l'acide pélargonique on le dissout dans l'alcool concentré et on fait passer dans le mélange un courant d'acide chlorhydrique sec; l'éther pélargonique à mesure qu'il se forme vient monter à la surface.

Suivant la seconde méthode on traite des corps gras par l'acide azotique, on obtient alors des acides gras fixes, tels que les acides adipique, pimélique, laurique, succinique, etc., et des acides volatils qui passent à la distillation, et dont les principaux sont les acides butyrique, valérianique, caprique, caprorique, caprylique, œnanthylique et pélargonique. C'est ce mélange que l'on éthérise.

Quelquefois on aromatise l'alcool avec le produit que l'on obtient en éthérifiant l'acide cocinique extrait de l'huile de coco; pour obtenir cet acide on saponifie l'huile de coco par la potasse, on décompose le savon par l'acide chlorhydrique, on dissout l'acide obtenu dans l'alcool et on fait passer un courant d'acide chlorhydrique sec; le liquide obtenu est jaunâtre; on le lave à l'eau et à l'eau alcaline : c'est de l'éther cocinique pur. On le mélange avec dix fois son volume d'alcool.

On peut évaluer la richesse des essences commerciales en essences pures par la distillation : l'alcool bout entre 80° et 85° et les essences restent pour résidu.

La parfumerie repousse en général les essences artificielles, toutefois elle fait usage de l'essence de mirbane, et il est possible qu'elle parvienne à utiliser un jour les autres essences à odeur agréable en ayant le soin de les combiner ou de les diluer considérablement. Telles qu'on les trouve dans le commerce, elles possèdent une odeur qui est bien loin d'être agréable, et, de plus, elles exercent une action nuisible sur l'économie animale lorsqu'on les respire en assez grande quantité. Il faut donc, si on les emploie, le faire avec parcimonie.]

O. R.

XXIII

DE L'ALCOOL ET DE L'ACIDE ACÉTIQUE (1)

DE L'ALCOOL

On entend dans l'industrie par alcools ou esprits le produit liquide qui résulte de la fermentation du sucre ; quelle que soit l'origine de celui-ci, l'alcool formé est toujours le même, et identique à celui qui résulte de la fermentation du jus de raisin, seulement il est plus ou moins souillé par des corps étrangers de la nature des essences ; on connaît diverses variétés d'alcool :

1° L'alcool, esprit ou eau-de-vie de vin, obtenu par la distillation du jus de raisin fermenté, que l'on désigne quelquefois sous le nom d'*alcool français* ou de *Montpellier*, parce que c'est surtout en France et aux environs de Montpellier qu'on le fabrique.

2° Les alcools de betteraves ou du Nord, obtenus par la fermentation du jus de betterave préparé par expression ou macération, ou par saccharification de la pulpe.

3° Les alcools de fécule ou de grains, préparés avec la fécule de pommes de terre, l'orge, le blé, le seigle, le maïs ou de l'amidon qu'on en extrait.

4° Les alcools ou eaux-de-vie de marc, obtenus par fermentation et distillation des marcs de raisin.

5° Les alcools de fruits ou de cidres, obtenus par la distillation du cidre ou du poiré, mais pouvant être préparés avec tous les fruits sucrés fermentés et portant alors les noms des fruits qui les ont fournis.

(1) Par O. Reveil.

6° Enfin on désigne sous des noms particuliers certains alcools d'origine diverse : c'est ainsi que l'on nomme *rhum* l'alcool de mélasse de canne; *tafia*, celui qui provient de la fermentation de jus de canne; *kirsch* ou *kirschwasser*, celui de cerises; *arack* ou *rack*, celui que l'on obtient aux Indes avec le riz fermenté additionné de cachou; *genièvre* ou *gin* et *whiskey*, les alcools obtenus en Angleterre, le premier en distillant de l'eau-de-vie de grains sur le genièvre, le second par la fermentation de la drèche; le *marasquin de zara*, obtenu en Dalmatie par la fermentation des prunes et des pêches, l'absinthe ou l'eau-de-vie distillée sur diverses plantes aromatiques parmi lesquelles dominent les génépis (*artemisia glacialis rupestris* et autres) et très-peu d'absinthe proprement dite.

Dans tous ces liquides l'alcool est identique, mais l'alcool de vin est préféré à tous les autres pour les usages de la parfumerie; toutefois, aujourd'hui, on est parvenu à perfectionner tellement la purification des alcools de mauvais goût, qu'ils peuvent, dans le plus grand nombre des cas, être substitués aux alcools de vin. Les essences qui infectent les alcools de mauvais goût peuvent être séparées par des lavages et des distillations répétés, ou par des filtrages sur des terres poreuses. Ces huiles essentielles sont complexes; mais celle qui domine dans l'alcool de fécule peut elle-même être considérée, au point de vue chimique, comme un véritable alcool ayant pour formule $C^{10}H^{12}O^2$ et pouvant servir à préparer des éthers composés dont quelques-uns sont employés en parfumerie.

Le lecteur sait qu'on donne le nom d'alcool à un groupe de corps, dérivant d'un hydrogène carboné, pouvant donner naissance à un éther, à un aldéhyde et à un acide, comme quelques-uns de ces éthers simples ou composés, et quelques autres qui dérivent de ces alcools sont employés en parfumerie. Nous allons énumérer ici les principaux et faire connaître leur composition :

NOMS ET COMPOSITION DES ALCOOLS.	ÉTHERS CORRESPONDANTS ET LEUR COMPOSITION.	ACIDES CORRESPONDANTS ET LEUR COMPOSITION.	DENSITÉ DES ALCOOLS.	POINTS D'ÉBULLITION.
Alcool de bois $C^2H^4O^2$.	Éther formique C^3H^3O.	Acide formique $C^2H^2.O^4$.	0,798	66°.5
— de vin $C^4H^6O^2$.	— sulfurique [1] C^4H^5O.	— acétique $C^4H^4O^4$.	0,792	78°,4
— propylique $C^6H^8O^2$.	— propylique C^6H^7O.	— propylique $C^6H^6O^4$.	Plus léger que l'e.u	96°
— butylique $C^8H^{10}O^2$.	— butylique C^8H^9O.	— butylique $C^8H^8O^4$.	Plus léger que l'e.u.	112°
— amylique $C^{10}H^{12}O^2$.	— valérianique(2) $C^{10}H^{11}O$	— valérianique $C^{10}H^{10}O^4$	0,818	132°
— caproïque $C^{12}H^{14}O^2$.	— caproïque $C^{12}H^{13}O$.	— caproïque $C^{12}H^{12}O^4$.	0,855	151°
— caprylique $C^{16}H^{18}O^2$.	— caprylique $C^{16}H^{17}O$.	— caprylique $C^{16}H^{16}O^4$.	0,825	180°
— cérotique $C^{54}H^{56}O^2$.	— cérotique $C^{54}H^{5}O^2$.	— cérotique $C^{54}H^{54}O^4$.	Solide.	
— mélissique $C^{60}H^{62}O^2$.	— mélissique $C^{60}H^{61}O$.	— mélissique $C^{60}H^{60}O^4$.	Solide.	

(1) Improprement appelé sulfurique et mieux éther hydrique ou vinique.
(2) Éther valérianique, valérique, amylique, phocénique ou viburnique.

Les éthers correspondant à chacun de ces alcools possèdent en général une odeur peu agréable ou infecte, et il en est de même des acides ; mais par la combinaison de ces deux éléments on produit des éthers composés à odeur le plus souvent suave, c'est ce qui constitue les essences artificielles. C'est ainsi que l'essence artificielle d'ananas est un butyrate d'oxyde d'éthyle $= C^8H^7O, C^4H^5O$ et l'essence de pommes un valérianate d'oxyde d'amyle $= C^{10}H^9O^3, C^{10}H^{11}O$, c'est-à-dire que l'éther et l'acide combinés dérivent du même alcool. C'est dans ces combinaisons que l'art du parfumeur et du confiseur auront certainement des découvertes intéressantes à faire.

L'alcool vinique $= C^4H^6O^2$ est donc toujours le même, quelle que soit la matière sucrée qui lui ait donné naissance ; seulement celui qui provient de la distillation du vin est aromatisé par des essences du vin ; celui qui est extrait des marcs de raisin renferme des traces d'essences infectes qui lui donnent mauvais goût ; celui de grains et de fécule renferme de l'essence de pommes de terre ou *alcool amylique* ; enfin l'alcool de betteraves contient également des essences infectes d'alcool butyrique. Mais aujourd'hui les procédés de désinfection de ces produits sont portés à un tel état de perfection que tous ces liquides sont rendus purs et exempts de toute odeur étrangère.

Il existe aussi dans le commerce un autre alcool qui diffère des précédents par sa constitution et par ses propriétés, c'est l'alcool de bois $= C^2H^4O^2$, ou alcool méthylique, ou esprit de bois ; il provient de la distillation du bois en vase clos ; il n'est pas employé en parfumerie, mais il l'est très-souvent dans l'industrie surtout pour la fabrication des vernis.

Quelquefois on désigne les alcools d'après les noms qui indiquent leur origine : c'est ainsi que l'on dit *alcool français* pour alcool de vin, ou de Montpellier, *alcool anglais* pour alcool de grains, et *alcool du Nord* pour désigner l'alcool de betteraves.

On distingue dans le commerce les alcools par des noms particuliers ou par des fractions ; on se sert, pour reconnaître leur richesse, d'aréomètres qui indiquent leur plus ou moins grande densité. En France on s'est servi longtemps des aréomètres ou pèse-esprits de Cartier ou de Baumé. On trouvera dans le livre de Poggiale (1) les degrés de ces instruments correspondant à l'alcoolomètre centésimal de Gay-Lussac qui est le seul instrument légal et le seul qui puisse être employé dans les transactions (fig. 85) ; celui-ci indique non-seulement la plus ou moins grande densité de l'alcool, mais encore le volume d'alcool réel renfermé dans 100° de liquide. Le mode de graduation de l'instrument fait connaître son utilité et son fonctionnement ; on construit un aréomètre que l'on plonge dans l'eau distillée à +15° et on marque 0 au point d'affleurement ; le même instrument est ensuite plongé dans l'alcool anhydre et on marque 100°. Il semblerait au premier abord qu'il devrait suffire de diviser l'échelle entre 0 et 100, en cent parties égales ; mais il ne peut en être ainsi parce que l'alcool mêlé avec l'eau se condense et donne un volume moindre que celui des deux liquides isolés. On est forcé alors de faire des mélanges de 95 parties d'alcool et de 5 d'eau, et on marque 95° au point où l'instrument affleure dans ce mélange ; puis on continue ainsi de 5 en 5, c'est-à-dire 90 d'alcool et 10 d'eau, 85 d'alcool et 15 d'eau, jusqu'à ce qu'on arrive à 5 d'alcool et 95 d'eau ; la tige sera graduée de 5 en 5 ; on

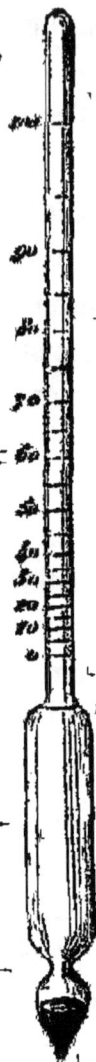

Fig. 85.
Alcoolomètre
centésimal.

(1) *Traité d'analyse chimique par la méthode des volumes.* Paris, 1858, chap. xxvi.

divisera l'espace compris entre 5 degrés, en 5 parties égales;
Gay-Lussac a construit des tables que l'on devra consulter pour
faire les corrections de température.

A l'étranger on se sert d'expressions dont il importe de faire
connaître la signification : ainsi l'alcool contenant 55 pour 100
d'eau ou marquant 19° Cartier est connu sous le nom d'*eau-
de-vie preuve de Hollande*, qui peut *perler*, c'est-à-dire faire
la perle ou le chapelet; l'alcool qui contient un peu moins
d'eau porte le nom d'esprit; celui qui marque 66° à 70° pour 100
d'alcool ou qui marque 24° à 26° Cartier est dit alcool rectifié;
celui qui renferme 59 pour 100 d'alcool et marque 23° Baumé
(22° Cartier) est le *double cognac*; à 61 pour 100 d'alcool ou
24° Baumé (23° Cartier), c'est la *preuve de Londres*; à 85°
pour 100 d'alcool ou 35° Cartier, c'est l'esprit *trois six* (3/6)
qui sur 6 parties en volume renferme 3 parties d'eau et 3 parties d'alcool (sans condensation ni dilatation) et marque 35°
Cartier; l'eau-de-vie trois cinq (3/5) sur 5 parties en volume,
renferme 2 parties d'eau et marque 19° Cartier; l'eau-de-vie
trois sept (3/7) contient sur 7 parties en volumes, 4 parties
d'eau.

Voici un tableau des principaux degrés alcooliques employés :

	CARTIER Température 15° + 0.	GAY-LUSSAC Ou aréomètre centésimal.
Alcool pur absolu ou anhydre.	44°	100
Alcool rectifié (de mélasse, betterave, grains, fécules).	30°	94,1
Esprit 3/6 des mêmes provenances. . .	36°	89,6
Trois-six (esprit-de-vin de Montpellier).	35°	84,4
Eau-de-vie (preuve de Hollande). . .	22°	58,7
Eau-de-vie (preuve de Londres). . .	21°,6	58
Eau-de-vie double de Cognac.	20°	52,5
Eau-de-vie communément vendue au détail.	19°	40,1
Eau-de-vie ordinaire faible.	18°	45,5

L'alcool de vin est un liquide blanc, transparent, limpide,

d'une odeur agréable, qui devient plus forte à mesure que la température s'élève; sa saveur est chaude et brûlante; elle devient agréable lorsqu'on l'affaiblit d'eau. Sa densité et de 0,7947, il bout à 78°4. Conservé dans des tonneaux en bois il leur prend du tannin et de la matière colorante et acquiert une coloration plus ou moins jaune, ambrée ou brun rougeâtre qu'on lui donne artificiellement en y ajoutant du caramel.

L'alcool chauffé doit se volatiliser sans résidu; on y ajoute quelquefois des sels et notamment du chlorure de sodium, dans le but d'augmenter sa densité et de frauder sur les droits; il peut renfermer divers sels tels que ceux de potasse, de soude, d'ammoniaque, de fer, de plomb, de cuivre, qui s'y trouvent accidentellement ou frauduleusement. On reconnait leur présence par les moyens ordinaires indiqués par la chimie.

ACIDE ACÉTIQUE, VINAIGRE

[L'acide acétique = C⁴H³O³ ou C⁴H³O³,HO; il dérive de l'alcool de vin par oxydation au contact de l'air ou sous l'influence d'êtres organisés; toutes les liqueurs alcooliques peuvent par conséquent produire de l'acide acétique. On distingue dans le commerce :

1° L'acide acétique cristallisable ou monohydraté;

2° L'acide acétique étendu ou vinaigre radical;

3° L'acide acétique du bois ou acide pyroligneux;

4° Le vinaigre proprement dit, ou vinaigre de vin et le vinaigre distillé.

Tous les acides parfaitement purifiés pourraient être employés en parfumerie; mais le plus souvent ils sont accompagnés ou souillés par des substances étrangères qu'il importe de faire connaître.

L'acide acétique monohydraté est solide jusqu'à +16° cent.; il bout à 120° cent. Il est très-acide, caustique; sa densité est de

1,063; lorsqu'on y ajoute de l'eau elle augmente jusqu'à 1,070; il peut être représenté alors par $C^4H^3O^3$, $3HO$; si on ajoute de l'eau sa densité diminue. Il n'est pas inflammable, mais sa vapeur brûle avec une flamme bleue; il dissout la gélatine, la fibrine, l'albumine, les résines, le camphre; on l'obtient en traitant l'acétate de soude effleuri par l'acide sulfurique concentré. C'est cet acide acétique cristallisable, ou du moins très-concentré, que l'on emploie contre les syncopes et que l'on met dans les flacons des dames; on l'aromatise alors de différentes manières et on a le soin de remplir préalablement les flacons avec du sulfate de potasse granulé, afin qu'ils puissent être renversés sans que l'acide se répande au dehors.

L'acide acétique étendu d'eau ou vinaigre radical, très-souvent employé en parfumerie, est obtenu par distillation des acétates avec l'acide sulfurique, ou en chauffant dans une cornue en grès l'acétate de cuivre cristallisé pulvérisé; l'acide ainsi obtenu présente toujours une odeur empyreumatique due à l'*esprit pyroacétique* ou *acétone*, dont on le prive par des distillations répétées au contact du péroxyde de manganèse.

L'acide acétique du bois ou vinaigre de bois peut être substitué à celui du vin ou de l'alcool pour la préparation de certains vinaigres aromatiques; mais il faut pour cela qu'il soit parfaitement purifié des corps empyreumatiques qui l'accompagnent le plus souvent, sans cela il peut présenter une odeur des plus infectes; on constate la bonne ou la mauvaise odeur d'un vinaigre en l'étendant d'eau et en le flairant sur la main.

La qualité du vinaigre de vin est toujours en rapport avec celle du vin qui a servi à le fabriquer; pour la préparation de certains vinaigres parfumés, colorés, on devrait préférer le vinaigre de vin à tous les autres. En effet, ce n'est pas seulement de l'acide acétique étendu d'eau, comme celui que l'on fait artificiellement avec de l'acide concentré et de l'eau, il contient en outre les sels, les matières extractives, le tanin, les matières colorantes, et surtout les essences et les éthers du vin qui lui donnent du montant et du moelleux; aussi le vinaigre de vin distillé se distingue-t-il par son odeur suave éthérée, qui devient surtout très-perceptible lorsqu'on le sature par la potasse.

Sous le nom de vinaigre on entend en France le *vinaigre de vin*; aucun autre ne doit être vendu sous ce nom sans une spécification spéciale qui indique son origine, telle que celle de *vinaigre d'alcool, de cidre, de bière, de bois*, etc., etc.

Il est souvent nécessaire de constater la richesse d'un vinaigre en acide acétique. Plusieurs méthodes peuvent être employées à cet effet et entre autres l'essai acidimétrique ordinaire.

Au moyen de l'acétimètre de MM. Reveil et Salleron on détermine rapidement la quantité d'acide acétique réel contenu dans un vinaigre ou dans un acide concentré.

L'acétimètre se compose des objets suivants :

1° Un tube de verre fermé d'un bout (fig. 84), et portant à sa partie inférieure un premier trait marqué 0. Au-dessous de ce premier trait est gravé le mot *vinaigre*, afin d'indiquer la quantité de vinaigre qu'il faut employer. Au-dessus du 0 sont gravées des divisions 1, 2, 3, etc., qui font connaître la richesse acide du vinaigre, comme nous l'indiquerons tout à l'heure ;

2° Une petite éponge fixée à l'extrémité d'une baleine pour essuyer les parois intérieures du tube après chaque expérience ;

3° Une pipette (fig. 85) portant un seul trait marqué 4cc, destinée à mesurer avec précision et facilité la quantité de vinaigre nécessaire à chaque essai ;

4° Un flacon de liqueur dite *acétimétrique titrée*, au moyen de laquelle on dose la richesse acide du vinaigre.

La liqueur, titrée au borate de soude et colorée par du tournesol, est préparée de manière à ce que chaque degré centimétrique corresponde à un centième d'acide acétique réel ; on mesure avec la pipette (fig. 85) 4cc de vinaigre à essayer, on le met dans l'acétimètre (fig. 84), puis on verse goutte à goutte la liqueur bleue titrée jusqu'à ce que le liquide, d'abord rougi par l'acide, soit passé au violet, ou cesse alors de

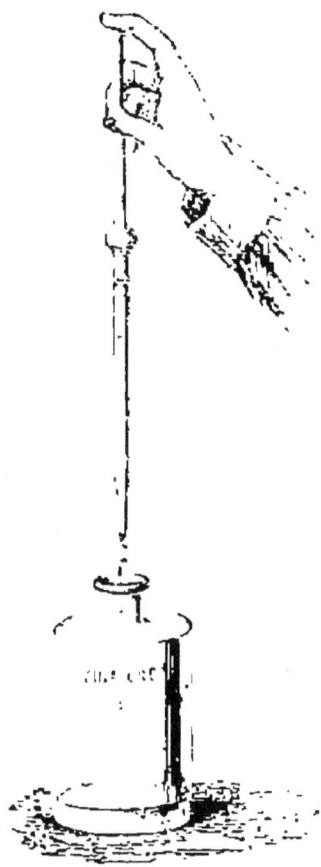

Fig. 84.   Fig. 85.

Bocal contenant l'acide. — Pipette pour mesurer 4ᶜᶜ d'acide. — Acétimètre
gradué dans lequel on verse les 4ᶜᶜ d'acide. — Bocal contenant la liqueur
bleue acétimétrique titrée.

verser la liqueur titrée, et la hauteur à laquelle arrive le liquide indique la proportion d'acide monohydraté $= C^4H^3O^3, HO$ pour cent contenu dans le vinaigre.

L'acétimètre ne portant que 25 degrés, il ne peut servir que pour l'essai d'un vinaigre contenant 25 pour 100 d'acide; lorsqu'on veut essayer un liquide dont l'acidité est supposée supérieure à 25°, on l'étend de un, deux ou quatre volumes d'eau selon son état plus ou moins grand de concentration.]

XXIV

FALSIFICATION DES SUBSTANCES EMPLOYÉES EN PARFUMERIE

[Il est peu de substances qui soient plus souvent falsifiées que les articles de parfumerie; or, il en est de ceux-ci comme des aliments et des médicaments, c'est-à-dire que les fraudes dont ils sont l'objet peuvent amener des conséquences funestes, en ce sens qu'étant destinés à être mis en contact avec le corps de l'homme ils peuvent déterminer des phénomènes que ne produiraient pas les substances pures; à ce point de vue les falsifications intéressent surtout l'hygiène.

Mais les sophistications doivent aussi être considérées sous le rapport de la loyauté des transactions. Nous savons parfaitement que des besoins multiples et les exigences de la concurrence nécessitent plusieurs degrés dans les qualités d'un objet. Nous comprenons parfaitement qu'un savon préparé à l'huile de sésame ou d'arachide ou avec un suif de médiocre blancheur, soit livré à un prix moins élevé que celui qui aura été fait avec du beau suif blanc, ou de l'huile d'amandes ou d'olives. Mais ce que nous n'admettons pas, c'est que, sous une étiquette mensongère, on introduise des substances similaires d'une valeur vénale plus faible, c'est-à-dire que l'on vende du talc ou de l'albâtre pulvérisés sous le nom de poudre de riz ou de poudre de savon parfumée, de l'alcool ou des essences de térébenthine ou de labiées pour des huiles essentielles de citron. Le tort matériel que fait en ce cas le vendeur déloyal ne s'applique pas seulement à l'acheteur, mais il rejaillit sur la profession tout entière; il est donc du devoir du négociant honnête et consciencieux de maintenir par tous ses efforts la loyauté dans les transactions; aussi avons-nous cru bien faire en réunissant dans un chapitre spécial tout ce qui est relatif aux fraudes, aux sophistications et aux moyens de les reconnaître.]

Moyen de découvrir la présence de l'huile de ricin dans les huiles volatiles (essences).

Il y a un moyen simple et cependant infaillible de reconnaître la présence d'une huile fixe quelconque même de l'huile de ricin dans une essence : il consiste à verser sur un papier blanc quelques gouttes de l'essence à essayer et de chauffer fortement le papier, l'essence s'évapore et l'huile laisse une tache grasse et transparente.

Les essences de santal et de cèdre et bien d'autres sont généralement falsifiées avec l'huile de copahu mélangée qui est assez difficile à reconnaître.

Réactif pour découvrir la présence de l'alcool dans les huiles essentielles.

J. J. Bernouilli recommande, pour cet objet, l'acétate de potasse. Quand, à une huile essentielle adultérée avec de l'alcool, on ajoute de l'acétate de potasse bien sec, ce sel se dissout dans l'alcool et forme une solution de laquelle l'huile volatile se sépare. Il n'y a pas d'alcool dans l'huile, le sel y reste inattaqué.

Wittstein, qui vante ce réactif, indique comme étant le meilleur le procédé d'application que voici: dans une éprouvette scellée d'environ un centimètre de diamètre et 12 à 15 centimètres de longueur, mettez au plus 0 gr. 52 d'acétate de potasse sec en poudre, remplissez ensuite les deux tiers du tube avec l'huile essentielle que vous voulez éprouver. Remuez bien avec une baguette de verre, en ayant soin de ne pas laisser monter le sel à la surface de l'huile; laissez ensuite reposer un petit moment. Si le sel se retrouve solide au fond du tube, il est évident que l'huile ne contient pas d'alcool. Souvent, au lieu d'un sel sec, solide, on trouve au-dessous de l'huile un liquide clair et sirupeux qui n'est autre chose qu'une solution de ce sel dans l'alcool qui était mêlé à l'huile. Quand l'huile ne contient qu'une petite quantité d'esprit on trouve sous la solution sirupeuse un peu de sel à l'état solide. Beaucoup d'huiles essentielles produisent souvent des traces d'eau ; mais cette eau ne contrarie pas l'expérience, car, bien qu'elle rende l'acétate de potasse humide, il n'en conserve pas moins sa forme pulvérulente.

Voici un autre procédé plus simple et tout aussi exact :

[Dans une éprouvette graduée versez une quantité déterminée de l'essence à essayer, ensuite versez de l'eau distillée en quantité au moins double et agitez à plusieurs reprises. Laissez reposer et vous verrez si la quantité d'eau primitivement versée dans l'éprouvette a diminué. La quantité qui se trouve en moins indique la quantité d'alcool qui y était mélangée.]

On peut obtenir un résultat plus certain encore par la distillation au bain-marie. Toutes les huiles essentielles, qui pour entrer en ébullition exigent une température plus élevée que ne fait l'alcool, restent dans la cornue, tandis que celui-ci passe dans le récipient avec une simple trace de l'huile essentielle où le goût et l'odorat peuvent aisément reconnaître l'alcool. Mais s'il restait du doute on n'aurait qu'à ajouter au produit de la distillation un peu d'acétate de potasse et d'acide sulfurique concentré et faire chauffer le tout dans un tube fermé par un bout jusqu'à l'ébullition, alors s'il y a de l'alcool on sentira l'odeur caractéristique de l'éther acétique.

[Les huiles essentielles hydrocarbonées telles que celles que fournissent tous les fruits de la famille des aurantiacées ou hespéridées conservent parfaitement le potassium et le sodium ; si elles sont mélangées d'alcool, celui-ci contenant de l'oxygène, les métaux sont rapidement ternis et oxydés.]

Moyen de découvrir l'huile de pommes de terre ou alcool amylique dans l'esprit-de-vin.

Mettez du chlorure de calcium en petits morceaux dans un verre; versez dessus ce qu'il faut de l'alcool suspect pour le mouiller, couvrez ensuite le gobelet avec une assiette de verre et laissez le tout tranquille. Bientôt, s'il y a de l'huile de pommes de terre, l'odeur se fera sentir distinctement et deviendra de plus en plus forte au bout de quelques heures. On peut reconnaître ainsi la moindre trace d'huile de pommes de terre; mais si la quantité est extrêmement petite, l'expérimentateur laissera le mélange se combiner plus longtemps avant de flairer, puis il approchera le nez à plusieurs reprises et à de courts intervalles.

L'impossibilité de reconnaître les petites quantités d'huile de pommes de terre vient de l'insensibilité du nerf olfactif causée par la vapeur d'alcool. Si l'on veut percevoir l'odeur de cette huile seule, il faut empêcher la vapeur d'alcool de s'élever; on en vient à bout en mêlant l'alcool avec le chlorure de calcium qui le fixe. L'huile de pommes de terre se combine aussi avec le chlorure de calcium, mais la combinaison n'est pas inodore, tandis que l'alcool est si bien fixé qu'il n'altère plus l'odeur de l'huile de pommes de terre.

[On constate encore très-bien la présence de l'alcool de fécule dans celui de vin en additionnant celui-ci de cinq ou six fois son volume d'eau, l'essence de pommes de terre n'étant pas soluble dans l'eau, le mélange se trouble et l'odeur de l'essence devient très-sensible.]

Moyen de découvrir la présence de l'huile d'œillette et des autres huiles siccatives dans l'huile d'olives et dans l'huile d'amandes.

On sait qu'on peut distinguer l'oléine des huiles siccatives de celle des huiles qui restent grasses à l'air, parce que n'étant pas transformable en acide élaïdique elle ne devient pas solide. Le professeur Wimmer a récemment proposé pour obtenir l'élaïdine une méthode qu'on peut employer à reconnaître l'altération des huiles d'amandes et des huiles d'olives par les huiles siccatives. Il produit de l'acide nitreux en mettant de la limaille de fer dans une bouteille de verre avec de l'acide nitrique. La vapeur d'acide nitreux est conduite au moyen d'un tube de verre dans de l'eau sur laquelle a été versée l'huile suspecte. Si l'huile d'amandes ou d'olives est pure, étant traitée de cette manière elle se transforme entièrement en cristaux d'élaïdine, tandis que, si elle contient une petite quantité d'huile d'œillette, celle-ci surnage en gouttes à la surface.

[Ce procédé est imité de celui de Poutet, de Marseille, qui emploie le nitrate acide de mercure et de celui de Boudet qui conseille l'acide nitrique nitreux. On peut encore reconnaître ces falsifications au moyen des oléaïmètres de Lefèvre ou de Gobley.]

XXV

HYGIÈNE DES PARFUMS ET DES COSMÉTIQUES (1)

L'usage des cosmétiques remonte à la plus haute antiquité. Outre les livres saints, Hippocrate, Celse, Galien, Paul d'Égine, Pline, Ovide, Martial, Suétone, Juvénal en ont signalé l'emploi; Triller, de Wedel, de Bergen, de Trommsdorff, Fritner, l'abbé Barthélemy (2), C. Dezobry (3), Florence Rivault, Lecamus-Aldeker, Bacher, etc., en ont fait l'objet de leurs recherches.

Il existait autrefois une distinction qui n'est plus faite aujourd'hui, entre les *cosmétiques* et les *commotiques*. Tout ce qui avait rapport à l'hygiène et qui avait pour but de contribuer à embellir le corps humain constituait l'*ars ornatrix* ou *cosmétique*, tandis qu'on appelait *ars fucatrix* ou *commotique* tout ce qui était employé à corriger les imperfections naturelles ou à réparer les outrages du temps (4).

Aujourd'hui, dans le sens étymologique du mot, on entend par *cosmétique* toute substance destinée à entretenir la beauté du corps humain.

Les cosmétiques sont-ils nécessaires? sont-ils nuisibles? Pour résoudre un pareil problème, il faut entrer dans quelques détails et traiter en particulier de chaque groupe de cosmétiques.

Dans un premier groupe, nous comprenons les cosmétiques

(1) Rédigé par M. O. Reveil.
(2) *Voyage du jeune Anacharsis en Grèce.*
(3) *Rome au siècle d'Auguste.*
(4) Rouyer, *Études médicales sur l'ancienne Rome.* Paris, 1850, p. 110.

qui ne renferment aucune substance toxique, et dont l'usage journalier et exagéré est sans aucun inconvénient ; mais nous verrons bientôt que même parmi ceux-ci l'hygiène conseille de faire un choix, et que dans certaines circonstances, et selon l'objet auquel on les destine, on devra préférer tel cosmétique à tel autre.

Le groupe des cosmétiques que nous appellerons *innocents* comprend des préparations qui sont quelquefois sujettes à subir des altérations frauduleuses. La fraude, la plupart du temps, ne porte que sur la qualité des substances employées, et elle n'est pas de nature à atteindre la santé des consommateurs. Elle résulte le plus souvent de la substitution de l'alcool de fécule ou du vinaigre de bois à l'alcool ou à l'acide acétique du vin, du remplacement des graisses ou des huiles fines par des corps gras plus communs ; elle consiste encore à employer des essences communes ou artificielles, au lieu d'essences fines, dans la préparation des alcoolats. Cela ne constitue même pas une fraude, mais bien une fabrication inférieure, et dans tous les cas sans danger pour la santé publique.

Dans un second groupe, nous comprenons les cosmétiques qui ont pour base des matières toxiques dont l'usage, même restreint, peut être la cause de lésions ou de maladies graves.

Une hygiène bien entendue devrait proscrire d'une manière absolue les cosmétiques qui renferment des substances toxiques dont l'usage, même passager, peut présenter de véritables dangers, ainsi que ceux qui contiennent des matières qui, sans être dangereuses par elles-mêmes, peuvent cependant, par un usage journalier ou immodéré, nuire à la santé. Il serait certainement très-prudent de ne jamais employer comme cosmétiques ces pommades, ces poudres, ces liquides préparés avec de la chaux, des sels de plomb, de cuivre, de mercure, d'argent, avec de l'arsenic, etc., etc. ; mais l'emploi de ces préparations est tellement passé dans les habitudes, qu'il serait tout à fait impossible d'en défendre la vente, sans porter une grave atteinte à la liberté commerciale. Peut-être devrait-on obliger le fabricant ou le débitant à indiquer par l'étiquette le danger de ces préparations.

La fabrication et la vente des cosmétiques renfermant des poisons soulèvent des questions bien plus graves et non encore résolues; il arrive souvent, en effet, que l'on attribue des propriétés thérapeutiques très-efficaces à ces préparations. Nous aurons à examiner plus loin s'il ne conviendrait pas d'assimiler certains cosmétiques à des médicaments, et d'exiger que ceux qui renferment des principes actifs soient exclusivement délivrés par les pharmaciens; ou si l'autorité administrative à laquelle est confiée la tutelle de la santé publique peut poursuivre les débitants de produits nuisibles et en particulier les cosmétiques. Pour que l'on comprenne les graves conséquences qu'elle comporte, il est indispensable de faire connaître la composition de ces cosmétiques et de montrer les dangers auxquels on est exposé par leur usage journalier.

Odeurs et parfums.

Les odeurs et les parfums employés à diverses époques éloignées de nous étaient utilisés tels que la nature nous les fournit, et les préparations qu'on leur faisait subir se bornaient à peu de chose : tantôt on les brûlait, tantôt on les réduisait en poudre, d'autres fois enfin on faisait agir sur eux des dissolvants appropriés.

Les Grecs, les Égyptiens, les Orientaux et surtout les Indiens brûlaient les parfums : ils mirent en honneur les poudres et les sachets parfumés; les eaux de senteur, les alcoolats et les vinaigres aromatiques furent plus particulièrement employés par les Romains. Les parfums qui étaient compris dans l'*ars ornatrix* ne renfermaient aucune substance toxique : c'étaient les roses de Pæstum, de Phaselis ou de la Campanie, l'iris, le narcisse, la marjolaine, le jonc odorant (*schœnus*) *schœnanthe odorata*, le *malabatrum*, le *telinum*, l'*opobalsamum*, le *carpobalsamum*, les *nards*, le *cinnamomum* (qui n'est pas la cannelle; celle-ci était appelée *cassia*), qui venaient principalement de l'Inde. On ne connaît pas la composition de ces différents parfums, dont la préparation était tenue secrète par ceux qui en faisaient le commerce; les matières premières venaient d'Assyrie, d'Égypte, d'Arabie : ce dernier pays était divisé en cinq régions dont l'une était le *pays des aromates* (1). Le nom de quelques parfumeurs est resté célèbre. Niceros donna le sien à la *nicerotiane* (2); il y avait également un parfumeur du nom de Cosmus (3). Folia, la compagne de Canidie sur le mont Esquilin, avait donné son nom au *foliatum*, variété du nard de Perse qu'elle préparait par un procédé particulier (4).

Dans l'*ars fucatrix* ou commotique, à côté des substances les plus innocentes, nous trouvons des matières toxiques telles que la céruse, qui entrait dans les fards et qui servait à effacer les rides.

Parmi les odeurs et les parfums, les uns sont de la nature des résines ou des huiles essentielles, et peuvent être facilement isolés des plantes ou des produits qui les contiennent; d'autres, plus fugaces, plus difficiles à séparer, sont moins connus à l'état de pureté; les uns et les autres n'exercent aucune action fâcheuse, en dehors de cas particuliers et d'idiosyncrasies spéciales. Toutefois les odeurs fortes, respirées en grande quantité, peuvent déterminer des accidents nerveux assez graves, des céphalalgies intenses, quelquefois suivies de vertiges; il est

(1) Strabon, liv. XVI. — Voyez Hérodote, liv. III, ch. XII.
(2) Martial, liv. VI, ép. LV. *Fragrat plumbea Nicerotiana*.
(3) Martial, liv. XII, ép. LXV.
(4) Martial, liv. XI, ép. XXVII. — Liv. XIV, ép. CX. — Rouyer, *loc. cit.*, p. 112.

donc prudent de ne respirer les parfums qu'en petite quantité. Il est même des personnes qui ne peuvent les supporter à aucune dose. On rapporte que Grétry et Vincent, peintre célèbre, étaient très-incommodés par l'odeur d'une rose. Nous connaissons une dame chez laquelle la fleur d'oranger détermine des spasmes nerveux violents. Ledelius parle d'un marchand à qui l'odeur des roses causait une ophthalmie (1). Valmont de Bomare dit que les parties subtiles et odorantes de la bétoine fleurie sont si vives, que les jardiniers qui l'arrachent deviennent ivres et chancelants comme s'ils avaient bu du vin. On regarde comme dangereuses les émanations du mancenillier, *hippomane mancenilla* (euphorbiacées), celles du noyer, du chanvre, du sureau en fleurs, etc.; mais il est probable que Sennert et Boyle ont exagéré ou mal observé lorsqu'ils ont dit que l'odeur de l'ellébore noir ou de la coloquinte purgeait et que celle de l'ellébore blanc occasionnait des vomissements; il est très-probable que ces effets sont dus à des particules fines qui s'échappent de ces plantes lorsqu'on les réduit en poudre.

Il ne faut pas regarder les émanations des plantes comme des poisons absolus, c'est-à-dire comme capables de produire l'empoisonnement dans toutes les circonstances possibles, mais seulement comme des poisons relatifs dont les effets dépendent d'une plus ou moins grande susceptibilité nerveuse, ou de l'idiosyncrasie. Il ne faut pas attacher une grande foi aux historiens qui prétendent que l'on empoisonnait jadis les gants, les boîtes, etc. On doit regarder comme fabuleux les récits de ces empoisonnements de l'empereur Henri IV, d'une princesse de Savoie, de Jeanne d'Albret, du pape Clément VII et de quelques autres personnages qui, disait-on, étaient tombés à la renverse pour avoir flairé des boîtes et des gants parfumés (2).

(1) *Éphém. des curieux de la nature*, 11 décembre, deuxième année, observ. XL.

(2) Ambroise Paré, liv. XXI, chap. x. Édition Malgaigne, Paris, 1840.

Les poisons connus des anciens n'étaient pas plus actifs que ceux que nous connaissons ; et parmi les substances très-odorantes, l'acide cyanhydrique et l'essence d'amandes amères exceptés, il n'en est aucune qui puisse déterminer la mort quand on la respire. Ces deux poisons volatils (acide prussique ou cyanhydrique et essence d'amandes amères) se dégagent, il est vrai, en petite quantité, lorsqu'on froisse les feuilles et les fleurs des plantes de certaines rosacées de la tribu des Drupacées (laurier-cerise, pêcher, amandier amer, etc.), mais ces feuilles et ces fleurs sont à peu près inodores lorsqu'elles sont intactes, et dans aucun cas elles ne peuvent produire assez de substance toxique pour amener, par simple inhalation, des accidents graves.

Si les odeurs et les parfums naturels, si les huiles essentielles extraites des végétaux, ne sont pas capables de déterminer ces accidents, en est-il de même de certaines essences artificielles, très-volatiles, très-subtiles, que la chimie est parvenue à obtenir dans ces derniers temps, et dont quelques-unes ont été introduites dans l'art du parfumeur ? Nous ne le pensons pas ; la plupart de ces produits, qui appartiennent au groupe des éthers composés, peuvent certainement occasionner des troubles passagers, même lorsqu'on les respire en petite quantité, et nous citerons en particulier la *nitro-benzine*, qui est encore connue sous le nom d'*essence de mirbane*, qui a été la cause de plusieurs empoisonnements ; aussi la parfumerie fine a-t-elle dû l'exclure de sa fabrication.

On ne doit pas confondre les émanations des fleurs odorantes avec celles des essences qu'on peut en extraire. Les huiles essentielles ne peuvent produire d'autres effets que ceux qui sont inhérents à leur nature ; c'est tout au plus si quelques-unes d'entre elles, lorsqu'elles seront accumulées en grande quantité et en couches minces dans un lieu confiné, pourront vicier l'air en se résinifiant par oxydation, et en produisant de l'acide carbonique : mais ce sont là des cas exceptionnels qui ne seront jamais déterminés par les cosmétiques parfumés.

Il en est tout autrement pour les fleurs odorantes accumulées dans un espace confiné ; il sera toujours imprudent de séjourner dans des appartements où se trouvent des fleurs odorantes, et parmi celles-ci nous signalerons la tubéreuse, le jasmin, le magnolia, etc., etc.; car ici le phénomène est complexe. En effet, outre que ces fleurs dégagent des odeurs plus ou moins fortes, elles vicient d'acide carbonique l'air qui se charge peut-être d'un peu d'oxyde de carbone, agent très délétère, et que M. Boussingault a signalé récemment comme étant un des produits de la respiration des plantes dans certaines circonstances. Toute plante, en plus de son odeur, est un foyer d'exhalaisons plus ou moins redoutables. On connaît assez l'expérience qui consiste à placer le soir une rose, privée de ses feuilles, sous une cloche de verre close hermétiquement. Pendant la nuit, elle absorbe l'oxygène de l'air contenu dans la cloche, et rend en échange de l'acide carbonique ; si le lendemain on en approche une bougie allumée, elle s'éteint. Une fleur oubliée dans une chambre à coucher a pu causer des maux de tête, des nausées, des vertiges. Or, jamais pot de pommade, quel que fût son arome, n'a été accusé de semblables méfaits.

Il n'y a, à part quelques cas exceptionnels, aucun danger à respirer les odeurs et les parfums en petite quantité ; mais l'abus des parfums jette l'esprit et le corps dans une sorte d'alanguissement. Ces caractères énervants sont surtout le propre des odeurs fines ou un peu fades, telles que celles de la rose, du lis, du jasmin et de la tubéreuse. Rappellerai-je ces Asiatiques qui, pour engourdir la femme dans l'esclavage du harem, l'entourent d'une atmosphère tout imprégnée d'effluves odorantes ? cette cour parfumée de Louis XV qui fut, entre toutes, une cour efféminée ? ces *roués* du Directoire à qui la muscade valut l'épithète qui leur a survécu ?

Quant aux odeurs aromatiques et pénétrantes, telles que celles qu'on retire de la lavande, du thym, de la menthe et de la verveine, elles raniment et restaurent; un degré de plus, et elles pourront devenir un stimulant efficace du cerveau. Il suffira de faire respirer de l'acide acétique (*sel anglais*) ou de l'ammoniaque pour prévenir ou dissiper un évanouissement.

Cosmétiques du système pileux.

La conservation de la chevelure de l'homme, qu'on la considère sous le rapport de la beauté naturelle ou comme vêtement protecteur dont le cuir chevelu ne peut pas être impunément dépouillé, réclame un ensemble de moyens hygiéniques sur lesquels nous devons insister.

La chevelure de l'homme remplit plusieurs rôles physiologiques : elle sert d'enveloppe et protège le crâne et les organes importants qu'il renferme contre l'action de l'air, contre celle des rayons solaires et contre les influences atmosphériques; on a vu souvent, en effet, des maladies telles que des coryzas, des rhumatismes du cuir chevelu, disparaître chez les personnes qui en étaient atteintes, après l'emploi des postiches. La chevelure est encore une sorte d'armure qui défend le crâne contre les corps étrangers, le garantissant des blessures ou des contusions; lorsque le cuir chevelu est couvert de sueur, les cheveux lui permettent de sécher doucement sans être exposé à l'influence trop directe de l'air ambiant. Cet air lui-même est tamisé à travers la couche pileuse, et il arrive au cuir chevelu exempt de ces impuretés qui pourraient lui nuire; enfin les poils et les cheveux abritent la fonction de la perspiration. Chez les femmes, la chevelure est non-seulement un vêtement, mais elle est encore un ornement, un des éléments de la beauté générale. On ne doit donc pas être surpris que l'on ait cherché tous les moyens rationnels pour conserver, reproduire, ou remplacer les cheveux : une belle chevelure est presque toujours l'indice d'une bonne santé; aussi le moyen le plus sûr de prévenir l'altération des cheveux, leur chute plus ou moins complète, une calvitie anticipée, c'est d'entretenir la santé générale, de prévenir l'affaiblissement de la constitution, d'éviter les causes générales qui peuvent influer directement ou indirectement sur la chevelure (1).

Les soins que l'on donne à la coiffure peuvent être une cause de la chute des cheveux : les tiraillements qu'on leur fait subir pour les disposer et les maintenir de telle ou telle façon, l'emploi de brosses trop dures, de peignes trop fins, l'usage des cosmétiques, de ceux surtout destinés à teindre les cheveux ou à combattre l'alopécie.

L'hygiène des cheveux doit être considérée à deux points de vue tout à fait opposés : sous le rapport de l'absence complète de tous soins et sous celui de l'excès même de ces soins; quelques coiffures basses et chaudes, certaines exigences de la mode peuvent déterminer la prompte chute des cheveux.

Les soins de propreté à donner à la tête se résument à peu de chose : passer le démêloir le plus souvent possible, le peigne fin tous les jours, afin de détacher les produits de sécrétion déposés sur le cuir chevelu, brosser souvent pour entraîner les pellicules et la poussière, provoquer ainsi une espèce d'excitation faible du bulbe : tels sont les soins journaliers. C'est ce qu'on pourrait appeler, avec M. le docteur C. James, *se ventiler la tête*. A mesure que l'air pénètre dans la chevelure, la sève y abonde, et il en résulte pour le cheveu un surcroît de vigueur. Le cheveu ressemble au végétal par les sucs qu'il s'assimile et par le rôle que joue l'air dans sa vitalité. De même qu'une plante dépérit et s'étiole quand elle est habituellement

<hr/>

(1) Cazenave, *Traité des maladies du cuir chevelu*, Paris, 1850, p. 355 et suivantes.

soustraite au contact de l'atmosphère, de même le cheveu s'étiole et dépérit quand il n'en ressent plus la vivifiante influence.

Faut-il laver la tête, et peut-on impunément mouiller les cheveux? cette question a été un peu controversée. Nous pensons qu'une lotion faite avec de l'eau tiède ou avec un des liquides très-inoffensifs dont nous avons donné la formule ne peut qu'être très-utile. Le plus souvent on fait usage d'un jaune d'œuf d'abord, puis de l'eau, ou bien d'une solution très-légèrement alcalinisée et aromatisée ; mais ces lavages ne doivent être pratiqués que très-rarement, et c'est une très-mauvaise chose que de mouiller tous les jours ses cheveux, et que de se baigner largement la tête : il en résulte toujours un dommage pour la chevelure ; pour les mêmes raisons il faut éviter de mouiller habituellement les bandeaux pour les lisser, et lorsqu'on prend fréquemment des bains, et surtout des bains de mer ou d'eaux minérales, on devra s'abstenir d'immerger la tête.

En général, il faut regarder comme mauvaises toutes les coiffures qui ne laissent pas les cheveux à peu près libres, lisses et relevés, sans être tordus, tiraillés, fatigués; la frisure artificielle est nuisible : la chaleur du fer dessèche les cheveux, les rend cassants, dessèche et brûle la peau et gêne les fonctions du cuir chevelu. Des résultats fâcheux se font surtout remarquer lorsque les cheveux sont naturellement secs, cassants et difficiles à manier; malgré cela, bien des hommes et surtout les femmes sacrifient tout à la mode, sans se préoccuper des inconvénients ou des dangers auxquels ils s'exposent ; cependant on devra toujours préférer les coiffures peu serrées, faiblement relevées, de manière à ne pas tirailler les cheveux et à permettre la libre circulation de l'air, et dans tous les cas on fera bien de les laisser matin et soir libres et flottants pendant quelques instants.

Il importe le plus souvent de se passer de tout agent étranger ; cependant, chez certaines personnes, la sécrétion destinée à lubrifier le poil se fait mal ou elle est presque nulle : les cheveux sont alors très-secs ; les pommades, et les huiles surtout, conviennent alors très-bien, mais il faut les choisir douces et non irritantes. Chez les personnes, au contraire, qui ont habituellement les cheveux gras et humides, celles chez lesquelles les sécrétions trop abondantes du cuir chevelu se déposent à sa surface sous forme de crasse, les cosmétiques gras auront pour résultat et pour inconvénient d'exciter cette sécrétion, qui amène bientôt une altération du bulbe, et de provoquer la chute des cheveux.

Les formules des huiles et des pommades que nous avons données dans cet ouvrage peuvent être employées modérément sans inconvénient ; aucune d'elles ne renferme des substances nuisibles à la santé ; mais il faut donner la préférence aux huiles fines et à celles qui, renfermant de petites quantités de résine ou de baume, sont peu disposées à rancir ; les huiles et les pommades communes s'oxydent et deviennent bientôt irritantes. Peut-être y aurait-il avantage à leur substituer, dans certains cas, des préparations à la glycérine, qui ont les qualités des corps gras sans en avoir les inconvénients.

On emploie souvent, pour maintenir les cheveux, des préparations désignées sous le nom de *bandoline*, *fixateur elyphique* ; la gomme, les mucilages de graines de coing ou de psidium servent le plus souvent à les préparer ; on y ajoute des aromates et un peu d'alcool pour empêcher leur altération, mais bientôt cet alcool s'acidifie et ces préparations deviennent caustiques et irritantes ; il faut donc les choisir récemment faites. Il en est de ce topique comme de tous ceux qu'on applique sur la chevelure, souvent nuisibles, toujours inutiles, ils présentent l'inconvénient de rendre la tête plus difficile à nettoyer.

Nous n'insisterons pas sur la calvitie, qui a pour cause déterminante les coiffures chaudes et lourdes, et closes de manière à former étui. Pour conserver la chevelure, il faut se couvrir le moins possible la tête ; mais comme on ne peut pas l'exposer nue à toutes les intempéries, il faut choisir les coiffures légères. Si les Turcs deviennent chauves de bonne heure, c'est que le turban empêche l'air d'aviver leur cuir chevelu ; si nos gens de service ont d'ordinaire le crâne mieux garni que leurs maîtres, c'est que les convenances veulent qu'ils restent plus souvent la tête découverte. Les paysans, et surtout ceux des Pyrénées et des Landes, qui portent le berret de laine, sont chauves de bonne heure ; aussi dit-on dans ces pays que « la laine mange les cheveux ; » il en est de même des militaires qui ont constamment la tête couverte ; c'est pour cela qu'on leur donne aujourd'hui des coiffures percées de trous à leur partie supérieure.

Souvent les cosmétiques sont dangereux, et l'on a vu une chevelure, déjà menacée de calvitie, se dégarnir par l'effet de certains cosmétiques excitants. M. Cazenave cite l'eau d'Alcibiade comme pouvant amener ce résultat.

Les plantes les plus vulgaires auxquelles les anciens attribuaient des propriétés merveilleuses étaient employées comme philocomes.

Les femmes romaines noircissaient leurs sourcils ; Pline rapporte qu'on employait dans ce but les œufs de fourmis avec des mouches ; Juvénal indique un procédé employé de nos jours :

> Ille supercilium madida fuligine tectum
> Obliqua producit acu, pingitque trementes
> Attollens oculos (1).....

(1) Rouyer, loc. cit., p. 124. — Martial, liv. III, ép. xlii. — Liv. VI, ép. lvii. — Liv. XII, ép. xlv. — Liv. V, ép. lxviii. — Liv. X, ép. lxxxiii. — Liv. XIV, ép. xxv, xxvi et xxvii.

« Celui-ci allonge ses sourcils et teint ses cils avec une aiguille noircie à la fumée. »

On trouve dans Martial le passage suivant :

> Juvat capillos esse, quod emit, suos
> Fabulla; numquid, Paule, pejerat? Nego (1).

« Fabulla jure que les cheveux qu'elle a achetés sont les
siens. Fait-elle un parjure? Nullement. »

Ovide raconte ainsi une mésaventure arrivée à une dame :

> Dictus eram cuidam subito venisse puellæ;
> Turbida perversas induit illa comas (2).

« Un jour on annonce à une belle mon arrivée subite : elle se
trouble et met à l'envers sa chevelure postiche. »

D'après Pétrone : « Une suivante de Typhène emmena Giton
sous l'entrepont du vaisseau pour ajuster à sa tête une chevelure postiche de sa maîtresse ; en outre elle tira de sa boîte une
paire de sourcils, qui, artistement appliqués sur la ligne primitive, rendirent à l'enfant toute sa beauté (3).

Trois esclaves, outre la femme de chambre (fusca), prenaient part à la toilette d'une dame romaine ; les ciniflones
étaient chargées de peigner et de boucler les cheveux, les
psecades de les parfumer, et enfin l'ornatrix les disposait artistement et donnait la dernière main à l'ensemble de la toilette (4).

Il y a peu d'années, un de nos plus spirituels littérateurs,
Alphonse Karr, faisant allusion à l'habitude que l'on avait prise
de noircir les cheveux, disait qu'il ne naissait plus de blondes ;

---

(1) Rouyer, loc. cit., p. 120. — Martial, liv. VI, ép. XII.
(2) Rouyer, loc. cit., p. 120.— Ovide, Art d'aimer, liv. III, v. 245.
(3) Rouyer, loc. cit., p. 121. — Pétrone, Satyricon, cv.
(4) Rouyer, loc. cit., p. 122.

aujourd'hui les caprices de la mode ont conduit nos coquettes à teindre leurs cheveux en châtain et même en roux.

Liébault dit que, pour faire pousser les cheveux et le poil, il faut préparer d'une certaine façon « la chair des limaçons, les mouches-guêpes et les mouches à miel. » Guyot recommandait l'huile de lézard, l'eau de chanvre, l'huile *bénédicte* de Léonard Fioravanti, et l'or potable obtenu par la méthode de Fumavel.

Depuis des siècles et à toutes les époques, les praticiens ont signalé les dangers des cosmétiques destinés à colorer les cheveux, et jamais leur usage ne s'est effacé ni amoindri. Les femmes surtout, comme au temps des Aspasie et des Cléopâtre, par tous les moyens et à tout prix, cherchent à dissimuler les ravages du temps; il ne faut donc pas espérer proscrire complétement l'usage de ces compositions; nous devons par conséquent faire connaître celles qui présentent le moins de danger.

Anciennement les préparations étaient pour la plupart complétement innocentes; nous verrons bientôt qu'il n'en est pas de même aujourd'hui. Nous sommes loin de l'époque où l'on croyait qu'il suffisait de se baigner dans les eaux de deux fleuves, le Crathis et le Sybaris, pour rendre des cheveux blonds. Il faudrait, au point de vue de l'hygiène de la chevelure, s'abstenir de toutes ces préparations, non-seulement parce qu'elles nuisent à la chevelure, brûlent les poils, altèrent la capsule pilifère, nuisent aux sécrétions capillaires, hâtent et favorisent la calvitie, mais encore parce qu'elles altèrent le cuir chevelu qu'elles irritent et enflamment, deviennent la source d'éruptions douloureuses, de maladies graves, et que, enfin, quelques-unes peuvent être absorbées et déterminer de véritables empoisonnements.

Parmi les substances innocentes employées pour colorer les cheveux, nous citerons les substances végétales; mais toutes, on presque toutes, à l'exception des poudres persanes dont nous ne connaissons pas la nature, sont inefficaces.

Les pommades noires, les cires à moustaches, les bâtons cosmétiques noirs, doivent leur couleur à du noir de fumée, du charbon de liége, etc.; la préparation connue sous le nom de *mélaïnocome* est de cette nature; ces préparations noircissent les cheveux, mais la couleur est enlevée par le frottement d'un linge ou du papier.

Les préparations métalliques ne sont pas toutes également dangereuses; nous placerons en première ligne, comme nuisibles, les *plombiques* : peignes en plomb, oxydes de plomb mêlés à la chaux, sels de plomb solubles ou insolubles. On a prétendu à tort qu'il suffisait de les étendre sur la tête, et même de se peigner avec un peigne de plomb pour qu'il se formât un sulfure noir avec le soufre contenu dans les cheveux; mais ces moyens ne réussissent pas, et les eaux les plus vantées et annoncées comme étant composées de plantes cueillies dans les pays étrangers ne sont que des solutions d'acétate de plomb dans des eaux aromatisées auxquelles on a ajouté de la fleur de soufre (eaux de la Floride, de Bahama, etc.).

Les sels de plomb exercent deux sortes d'actions, une locale et une générale : localement ils dessèchent, rident, flétrissent la peau; ils noircissent au contact des émanations sulfhydriques; les effets généraux sont ceux que présentent les différents degrés d'intoxication saturnine.

Voici un fait à l'appui : Un homme de quarante-sept ans, d'une constitution robuste et d'une santé parfaite, vit tout à coup ses forces décliner et son intelligence s'éteindre, sans qu'on pût aucunement en soupçonner la cause. Son médecin, le docteur Schotten, se perdait en conjectures lorsque enfin il apprit que, depuis quelque temps, cet homme se servait, plusieurs fois par jour, d'un peigne de plomb pour empêcher qu'on ne vît que ses cheveux blanchissaient. Le traitement fut aussitôt dirigé en conséquence, mais déjà il était trop tard et le malade succomba avec tous les signes d'un empoisonnement par le plomb. « A l'autopsie, dit le docteur Schotten, je trouvai une stase sanguine considérable dans le cerveau, et un abcès volumineux occupant la base du crâne (1). »

Nous reviendrons sur les effets des sels de plomb en parlant des fards.

Les sels de cuivre, moins dangereux que les sels de plomb quant aux phénomènes généraux, sont plus irritants et plus caustiques; ils enflamment vivement les tissus et déterminent de vives éruptions; ils sont moins absorbés par les surfaces sur lesquelles on les applique, et déterminent plus rarement des empoisonnements, mais ils peuvent les produire par une sorte d'intoxication qui n'a pas encore été signalée.

Les solutions cuivreuses simples ou cuivreuses ammoniacales étant appliquées sur les cheveux, il faut, pour qu'il y ait coloration noire, mettre par-dessus une solution d'un sulfure alcalin : c'est le sulfhydrate de soude dont on fait le plus fréquent usage; il constitue la solution numéro 2 et le sel de cuivre la solution numéro 1 ; du contact de ces deux solutions, il résulte du *sulfure noir de cuivre*, qui reste déposé à la surface des cheveux et n'y adhère pas ; il se détache bientôt, voltige autour de la tête, est souvent respiré, fait vomir et produit un véritable empoisonnement; les sels d'argent, de mercure, de bismuth, d'étain produisent les mêmes accidents.

Le nitrate d'argent, qui est employé tantôt seul, tantôt associé aux sels de cuivre ou de mercure, mais toujours accompagné d'un liquide *transmutatif*, qui est tantôt du sulfhydrate de soude, tantôt de l'acide gallique ou de l'acide pyrogallique, détermine toujours une vive irritation du cuir chevelu, brûle le poil. Il faut moins les redouter que les sels de plomb ou de

(1) *Gazette médicale de Paris*, 1864.

cuivre au point de vue de leurs effets généraux, mais leur action locale est beaucoup plus désastreuse.

Le maniement des cosmétiques destinés à teindre les cheveux n'est pas toujours sans dangers; la vente de la solution de nitrate d'argent a donné lieu à une petite industrie assez dangereuse : comme la solution de nitrate d'argent colore la peau en noir d'une manière indélébile, ou du moins persistante jusqu'à la chute de l'épiderme, des industriels peu prudents ont imaginé de vendre, avec l'eau pour teindre, un liquide pour enlever les taches ; or, ce liquide n'est autre chose qu'une solution presque saturée de *cyanure de potassium*, un des poisons les plus terribles que l'on connaisse.

Les solutions mercurielles, quoique rarement employées seules, ont été souvent mélangées aux sels d'argent; elles possèdent toutes les propriétés irritantes et caustiques de celles-ci, et, au point de vue des accidents généraux, elles sont beaucoup plus à redouter.

Les sels d'étain ne sont pas employés ; ceux de bismuth colorent les cheveux en marron foncé et non en noir. On ne les emploie pas non plus.

Quoique l'art de teindre les cheveux ait fait des progrès, quoiqu'on cite des personnes qui, depuis nombre d'années, font usage de quelques-unes de ces préparations (je ne dis pas de toutes) sans que leur santé ait paru en avoir souffert, je me souviens toujours que mademoiselle Mars, qui, elle aussi, se teignait les cheveux, dans l'espoir d'une éternelle jeunesse, succomba en une nuit, à la suite d'accidents cérébraux que détermina une nouvelle application.

Les soins assidus, une propreté constante, un entretien raisonné et incessant, constituent la meilleure hygiène de la chevelure.

Existe-t-il une recette pour empêcher les cheveux de tomber? Peut-on les faire repousser? Je n'admets pas l'existence d'une recette unique, adaptée à tous les cas, et je crois que les spécifiques même les plus vantés finissent tôt ou tard par tomber dans un même discrédit.

Postiches.

A toutes les époques on a cherché à dissimuler la calvitie à l'aide de perruques, de toupets et d'autres objets confondus sous le nom de *postiches*. La nécessité de ces postiches est dans beaucoup de cas incontestable; mais, pour si légers qu'ils soient, leur présence peut devenir pour le cuir chevelu une cause incessante d'excitation, et par suite de ruine pour les cheveux qui restent; les coiffeurs ont reconnu, en effet, que du moment où l'on suppléait, au sommet de la tête, à l'absence des cheveux par un postiche, la calvitie, jusqu'alors très-lente, faisait bientôt de rapides progrès. Il arrive aussi que les ressorts dont on garnit les perruques compriment les vaisseaux, nuisent à la circulation du sang et par suite à la nutrition du poil, qui tombe et ne se reproduit qu'incomplétement; l'adhésion au moyen des agglutinants ne vaut pas mieux, en ce que ceux-ci arrachent les cheveux naturels et qu'ils s'opposent à la transpiration.

Il faut, pour qu'une perruque présente le moins d'inconvénients possible, qu'elle soit très-légère, qu'elle soit faite en tulle par exemple; il faut que l'air puisse circuler au-dessous d'elle et que son maintien ne soit pas subordonné à l'emploi des ressorts. Il faut également éviter de coller les perruques avec des matières agglutinatives; on devra les ôter le plus souvent possible pour aérer la tête, les nettoyer fréquemment et les renouveler de temps en temps, parce qu'elles s'imprègnent des produits des sécrétions normales et peuvent devenir ainsi pour le cuir chevelu une cause d'irritation.

Épilatoires.

Il est souvent question de l'épilation dans les auteurs anciens; on épilait les différentes parties du corps; les Romains employaient le plus souvent le *psilothrum* et le *dropax*, le frottement avec la pierre ponce, etc.; on épilait la face et le front :

Psilothro faciem laevas et dropace calvam (1).

les aisselles, les bras, les mains, les jambes : *Alter se justo plus colit, alter se justo plus negligit, ille et crura, hic nec alas quidem vellit* (2) : « L'un se soigne plus qu'il ne faut, l'autre se néglige trop; le premier épile jusqu'à ses jambes, l'autre n'épile même pas ses aisselles. »

L'orpiment est le plus souvent employé pour épiler; il fait partie, avec la chaux, du fameux *rusma* des Turcs; avec la chaux et la litharge, de la poudre de La Forest, qui a joui d'une si grande réputation. Mais l'emploi de l'orpiment n'est pas sans dangers, celui du commerce renferme des quantités considérables d'acide arsénieux; M. Guibourt y en a trouvé jusqu'à 94 pour 100; cet acide arsénieux, outre son action locale, peut être absorbé et déterminer de véritables empoisonnements.

Pour l'épilation de l'homme, les préparations arsenicales sont aujourd'hui peu employées; on se sert le plus souvent du sulfhydrate de chaux en pâte (Boettger) ou du sulfure de sodium mêlé à la chaux et à l'amidon (Boudet); mais encore faut-il savoir se servir de ces épilatoires; mal employés, ils peuvent présenter quelques dangers, en voici un exemple :

(1) Rouyer, *loc. cit.*, p. 151. — Martial, liv. III, ép. xxiv. — Liv. VI, ép. xcxii, et liv. X, ép. lxv.

(2) Rouyer, *loc. cit.*, p. 151. — Sénèque, lettre CXV. — Juvénal, sat. XIV.

Mademoiselle D..., artiste dramatique, désirant faire disparaître des poils follets qu'elle portait aux bras, s'adressa à madame C..., veuve B.., qui annonçait dans les journaux plusieurs préparations cosmétiques jouissant toutes de propriétés plus ou moins merveilleuses. Madame C... acheta chez un pharmacien un mélange de chaux vive et de sulfhydrate de soude, c'est-à-dire la poudre épilatoire de Boudet, qui ne doit être appliquée que mélangée avec son poids d'amidon ; cette dernière précaution n'ayant pas été prise et la poudre ayant été appliquée pure, délayée dans de l'eau, il en résulta une vive inflammation avec pustules dont la cicatrisation laissa des marques indélébiles ; une action judiciaire fut intentée à la femme C..., qui fut condamnée à une amende et à six jours de prison. Ajoutons que, pour délayer la poudre, la femme C... vendait *six francs* un petit flacon de soixante grammes qui ne contenait que de l'eau pure.

Hygiène des ongles.

Les ongles sont des lames dures, cornées, demi-transparentes qui revêtent l'extrémité dorsale des doigts et des orteils. Le tissu qui constitue les ongles est de même nature que celui qui forme les sabots et les cornes des divers animaux : on y distingue trois parties, l'*extrémité* qui reste libre aux bouts des doigts, le *corps* ou portion moyenne adhérent par sa face inférieure, la *racine* qui présente deux parties distinctes ; l'une terminée par un bord mince et dentelé s'enferme dans un repli de la peau ; l'autre appelée *lunule*, blanchâtre et semi-lunaire, est située immédiatement au-dessus de l'endroit où semble cesser l'épiderme.

Les soins à donner aux ongles se bornent à en rogner de temps en temps l'extrémité avec un canif de préférence aux ciseaux qui les brisent, une légère macération dans l'eau rend l'opération plus facile ; ils sont entretenus propres à l'aide d'une brosse mouillée et de l'eau ; l'eau de savon et les alcalis les ramollissent d'abord, finissent par les altérer et les rendre durs et cassants ; une lime fine peut être employée ; il faut éviter de les couper trop court, parce que alors les chairs deviennent saillantes : c'est ce que l'on voit chez les personnes qui ont la mauvaise habitude de les ronger avec les dents. On doit éviter également de couper trop court la *lunule* parce qu'on risque de déchausser l'ongle.

Les ongles des orteils ne doivent jamais être coupés sur les angles; on s'exposerait, en le faisant, à laisser saillir les chairs à cause de la pression exercée pendant la marche, à faire pousser l'ongle dans les chairs, et à prendre ainsi une *onglade* ou *ongle entré dans les chairs* ou ongle *incarné*, maladie qui fait beaucoup souffrir, qui exige souvent l'extirpation, opération des plus douloureuses : lorsqu'on est menacé de cette maladie on peut prévenir l'opération, en plaçant entre l'ongle et la chair un fragment de carte à jouer, et en calmant l'inflammation par des cataplasmes et des lotions émollientes.

Les femmes de l'Orient colorent leurs ongles avec le henné (*Lawsonia inermis*) de la famille des salicariées; dans d'autres contrées on les teint en noir, en bleu ou en rouge; chez nous tout se borne aux soins que nous avons indiqués.

Dentifrices

On donne le nom de *dentifrices* aux cosmétiques de la bouche et des dents : tandis qu'on entend par *odontalgiques* et même *anti-odontalgiques* les diverses substances employées pour calmer les douleurs de dents. Nous n'aurons à nous occuper ici que des premiers, quoiqu'il soit difficile quelquefois d'établir une ligne de démarcation bien tranchée entre les deux.

Les soins hygiéniques de la bouche consistent dans des lavages répétés à l'eau simple, ou à l'eau légèrement aromatisée; mais, comme les dents se recouvrent souvent d'un enduit grisâtre désigné sous le nom de tartre, on est dans l'habitude de détacher cette substance à l'aide d'une brosse, d'une forme particulière désignée sous le nom de *brosse à dents;* il est important que ces brosses ne soient pas dures. Aux personnes lymphatiques qui ont les gencives pâles et décolorées on conseille les brosses un peu dures; celles, au contraire, qui ont les gencives rouges, engorgées, saignant facilement, doivent choisir des brosses très-douces.

Après les repas, des débris d'aliments restent dans les cavités des dents; l'usage des *curé-dents* qui est si généralement répandu est un moyen dont il ne faut pas abuser; on doit les choisir en bois ou en une matière peu dure et flexible; on doit éviter de faire usage de ceux qui sont en métal; mais on ferait toujours beaucoup mieux de les remplacer par des ablutions répétées.

Les dentifrices sont secs et pulvérisés, mous ou liquides. Les poudres doivent être extrêmement divisées et porphyrisées; il faut éviter l'emploi du corail, de la pierre ponce et de tous les corps très-durs, à moins qu'ils ne soient extrêmement divisés; les poudres réduites en pâtes au moyen du miel portent le nom d'*opiats*, on en fait un assez fréquent usage; mais on reproche au miel et au sucre d'agacer les dents, et nous croyons que ce reproche est bien mérité; enfin les liquides qui servent à nettoyer les dents et la bouche, portent les noms d'*eaux*, d'*élixirs* ou de *teintures dentifrices*.

Les dentifrices sont aromatisés avec diverses substances; la cannelle, le girofle, la menthe, l'anis, sont le plus souvent employés; on les colore avec de la cochenille, ou de la laque carminée; ces préparations sont neutres, alcalines ou acides; les premières sont préférables à toutes les autres; la poudre de quinquina et de charbon porphyrisés, aromatisée avec les essences de girofle ou de menthe, constitue un excellent dentifrice; les poudres alcalines, à la magnésie, à la craie et même au bicarbonate de soude ne conviennent que dans les cas d'acidité extrême de la bouche: elles ne doivent être employées pour l'usage habituel que sur prescription expresse d'un dentiste ou d'un médecin. Les poudres acides qui ont pour base des substances inertes neutres associées à l'alun, à la crème de tartre, etc., doivent être évitées avec soin; elles blanchissent parfaitement les dents,

mais elles attaquent l'émail ; et lorsque les fragments de ces
poudres séjournent au collet de la racine, sur la gencive, elles
déterminent des ulcérations parfois très-douloureuses. Toutefois les poudres à l'alun, à la crème de tartre, au chlorate de
potasse, etc., peuvent convenir dans des cas particuliers qu'il
appartient au médecin ou au dentiste de déterminer.

Les eaux dentifrices doivent être neutres ou très-légèrement
acides, elles doivent être dépourvues de toute substance toxique,
parce que la bouche présente une grande surface d'absorption :
les vinaigres aromatiques purs ou additionnés d'eau doivent
être bannis de la toilette de la bouche, non-seulement parce
qu'ils attaquent l'émail, mais encore parce qu'ils modifient la
sécrétion buccale et altèrent les gencives. On évitera de même
les eaux alcalines et certaines poudres assez vulgairement employées pour nettoyer les dents, comme par exemple la poudre
des cigares.

Certaines eaux dentifrices renferment des substances âcres,
irritantes, qui excitent considérablement la sécrétion salivaire :
telles sont, par exemple, celles qui renferment du pyrèthre,
du cresson, du cochléaria, du raifort, du cresson de Para, du
girofle à forte dose, etc.; leur usage habituel peut être quelquefois nuisible, tandis que ces préparations conviennent
parfaitement dans d'autres cas; c'est ainsi que, dans certaines
affections, on fait avec succès mâcher du cresson ou du cochléaria, ou rincer la bouche avec de l'eau additionnée d'alcoolat de cochléaria.

Il est une habitude très-funeste contre laquelle nous voudrions bien prémunir nos lecteurs : nous voulons parler de
celle que l'on a de traiter les maux de dents par les remèdes les plus violents sans rechercher préalablement la
cause du mal : ici on emploie les acides les plus énergiques, le
nitrique, par exemple; là, des caustiques puissants comme la
créosote; ailleurs, des substances qui peuvent être absorbées et

réagir sur toute l'économie comme la morphine, le laudanum, l'éther, le chloroforme, etc.; il vaut mieux avoir recours dans ces cas à un médecin ou à un bon dentiste. Les odontalgies peuvent, en effet, être de nature variable et reconnaître plusieurs causes.

L'opération que l'on fait subir aux dents et que l'on désigne sous le nom de *plombage* tire son nom des feuilles de plomb que l'on employait à cet usage : on s'est servi quelquefois aussi des feuilles d'argent, d'étain ou d'or. Ce dernier métal est à peu près le seul employé aujourd'hui, parce qu'on a reconnu que le plomb en séjournant dans la bouche, pouvait déterminer des accidents saturnins : on a quelquefois aussi fait usage de mastics mercuriels qui sont encore plus dangereux que ceux qui contiennent du plomb.

La prothèse dentaire était connue chez les Romains ; Martial dit :

> Thaïs habet nigros, niveos Lecania dentes ;
> Quæ ratio est?— Emptos hæc habet, illa suos (1).

« Thaïs a les dents noires, Lecania les a blanches, pourquoi? c'est que la première a des dents naturelles, l'autre a celles qu'elle a achetées. »

> Dentibus atque comis, nec te pudet, uteris emptis,
> Quid facies oculo, Lælia? Non emitur (2).

« Tu portes les cheveux et les dents que tu as achetés, Lélia, mais comment faire pour ton œil? on n'en vend pas. »

> Sic dentata sibi videtur Ægle
> Emptis ossibus indicoque cornu (3).

« Églé se figure qu'elle a des dents, parce qu'elle porte un râtelier d'os ou d'ivoire. »

---

(1) Rouyer, *loc. cit.*, p. 129. — Martial, liv. V, ép. xliii.
(2) Rouyer, *loc. cit.*, p. 129. — Martial, liv. XII, ép. xxiii.
(3) Rouyer, *loc. cit.*, p. 129. — Martial, liv. I, ép. lxxiii.

avec succès ces petits *trochisques* aromatisés, secs, durs, difficiles à fondre, que l'on nomme *cachou de Bologne* (voy. p. 401).

On cherche quelquefois aussi à aviver la coloration des lèvres,
à les préserver des gerçures, des crevasses ; la *pommade rosat,
pommade à la rose* ou *pommade pour les lèvres* (voy. p. 350),
atteint parfaitement ce but ; mais on doit éviter de faire usage
de ces préparations fortement colorées comme la *crème de
Psyché* ou autre, qui pour la plupart renferment du sulfate de
zinc, de l'acétate de plomb, etc., etc.

Cosmétiques de la peau.

La peau est en physiologie chargée d'éliminer certains principes et d'en absorber certains autres, et c'est par l'intermédiaire des *pores* que s'opère cette double et délicate fonction.
Sa surface doit être toujours nette et toujours lisse. Je citerai,
comme exemple des dangers qu'offre tout obstacle apporté à
sa perméabilité, l'expérience suivante de Magendie :

« On revêt le corps d'un lapin d'un enduit visqueux, tel qu'une
dissolution concentrée de gomme, de gélatine et de térébenthine. Ces substances, innocentes de leur nature, agglutinent
les poils et, en se desséchant, emprisonnent l'animal tout entier, moins sa face : les mouvements de la poitrine et le jeu des
principaux organes n'éprouvent point d'entraves : la peau seule
ne communique plus avec l'atmosphère. L'animal meurt en
peu d'heures, comme s'il était asphyxié. »

Ainsi, dès que les fonctions perspiratoires de la peau sont
troublées ou suspendues, l'économie s'en ressent. On est donc
parfaitement dans son droit de faire intervenir les cosmétiques,
ne fût-ce que pour éviter le sort du lapin de Magendie.

Les cosmétiques de la peau sont les plus nombreux, les plus
souvent employés et les plus justifiés par l'hygiène. Si les préparations préconisées pour faire disparaître les rides, effacer les

Dans la loi des douze tables, qui date de l'année 450 avant J. C., il était défendu d'enterrer les morts avec de l'or : *Neve aurum addito*; on en exceptait l'or qui pouvait se trouver dans la bouche pour lier les dents : *auro dentes vincti escunt, ast im cum illo sepelire urereve se fraudo esto.*

Aujourd'hui la prothèse dentaire a fait d'immenses progrès. Le caoutchouc durci a permis de faire des pièces qui n'ont pas besoin d'armatures métalliques; si celles-ci sont nécessaires elles doivent être en or.

D'après ce qui précède, on voit que l'hygiène de la bouche se résume à des soins de propreté assidus, à l'abstention des brosses dures, des dentifrices acides ou fortement alcalins, et des liquides trop froids ou trop chauds.

Cosmétiques des orifices muqueux.

Ce groupe de cosmétiques nous intéresse fort peu; nous ne dirons rien des teintures et des poudres noires que nos coquettes emploient depuis quelque temps, pour colorer les bords libres des paupières et les angles des yeux; les femmes qui ont recours à ces moyens, dit M. le docteur Rouyer, les désignent sous un nom à peu près aussi repoussant que la chose : le *maquillage*.

L'infection de l'haleine peut tenir à plusieurs causes : tantôt elle est due à une altération des voies aériennes, le plus souvent à des lésions des dents, des amygdales et des différentes parties de la bouche. Dans le premier cas, c'est tout au plus si on peut masquer la mauvaise odeur par des lotions aromatiques répétées, dans lesquelles on ajoute souvent quelques gouttes d'hypochlorite de chaux; mais lorsque la fétidité de la bouche est due à quelque lésion locale, on peut, par des traitements appropriés et par des gargarismes aromatiques, souvent appliqués, guérir cette infirmité. Les fumeurs et toutes les personnes qui ont intérêt à dissimuler la mauvaise odeur de leur haleine emploient

taches de rousseur, rougir ou colorer la peau de différentes couleurs, sont le plus souvent le produit du charlatanisme. Il n'en est pas moins vrai qu'il est utile d'entretenir la fraîcheur du teint, la finesse, la souplesse et l'élasticité de la peau, de fortifier les tissus, de préserver l'enveloppe cutanée des gerçures, des ruptures, de prévenir et de dissiper le prurit, et de détacher et d'enlever les débris épidermiques, de dissiper l'odeur de certaines sueurs locales, de maintenir en un mot toute la surface du corps en un état constant de propreté qui permette à la peau de remplir ses fonctions.

Une des premières conditions de la bonne préparation des cosmétiques de la peau, c'est qu'ils soient exempts de toute substance, vénéneuse ou non, qui puisse l'attaquer, l'irriter par son contact avec elle, ou qui, par suite de son absorption, soit capable de produire des effets toxiques ; car si l'absorption des poisons par la peau intacte dans un bain peut être révoquée en doute, il n'en est pas de même lorsqu'il s'agit de préparations alcooliques, acétiques, glycérinées, grasses, etc., qui très-certainement sont absorbées, soit parce que leur application est permanente, soit parce que le véhicule employé jouit de la propriété de dissoudre l'enduit qui recouvre l'épiderme.

Les cosmétiques de la peau étant très-nombreux, nous les diviserons en *eaux, alcoolats* et *teintures, vinaigres, bains, émulsines, émulsions, laits, pâtes et farines, savons, huiles, pommades, glycérolés, fards, poudres.*

Eaux. Les eaux aromatiques sont préparées par infusion, décoction ou distillation; ce sont des préparations qui doivent être faites au moment de leur emploi, elles ne se conservent pas : elles sont émollientes, calmantes ou astringentes selon les substances qu'elles contiennent : elles sont d'ailleurs peu usitées en parfumerie, à part l'eau de menthe dont on se sert pour rincer la bouche principalement après le repas, mais le plus souvent on prend pour cet usage l'eau artificielle, composée d'essence de menthe et d'eau. Parmi les eaux aromatiques nous citerons encore les eaux de roses, de mélisse, de mélilot, de fleurs d'oranger, de laurier-cerise, d'amandes amères, etc... Elles s'altèrent rapidement ; les unes et les autres peuvent être employées pour la toilette sans aucun inconvénient.

ALCOOLATS, ALCOOLÉS OU TEINTURES. Les alcoolats ou esprits sont formés par de l'alcool renfermant les principes volatils d'une ou de plusieurs substances; les alcoolés ou teintures alcooliques renferment les principes fixes et volatils d'une ou de plusieurs substances : les uns et les autres sont simples lorsqu'ils ne contiennent qu'une plante; ils sont composés, s'ils en renferment plusieurs.

Ces préparations présentent des degrés alcooliques variables; l'alcool doit être d'autant plus concentré que l'on a traité des matières riches en résines, en baumes ou en essences. Dans ce cas, l'eau les trouble. L'alcool de vin est le seul qui devrait être employé ; mais on peut sans inconvénient lui substituer l'alcool de pommes de terre, de betteraves ou de grain bien rectifié.

Les alcoolats ou esprits ou eaux spiritueuses, en un mot, tous les liquides employés en parfumerie qui ont pour véhicule l'alcool, sont rarement employés purs, le plus souvent on les mélange avec de l'eau, aussi quelquefois les falsifie-t-on avec des sels qui précipitent au contact de ce liquide; c'est ainsi que l'on vend souvent dans les rues une mauvaise eau de Cologne renfermant de l'*acétate de plomb* qui pourrait déterminer des accidents graves. Les cosmétiques alcooliques sont excellents et sans aucun danger ; ils lavent parfaitement, donnent de la fermeté à la peau, enlèvent la sécrétion sébacée et les produits de la transpiration; ils ne présentent d'inconvénients dans aucun cas.

VINAIGRES. Les vinaigres cosmétiques sont préparés comme les teintures alcooliques par macération; ils devraient être préparés avec du vinaigre de vin distillé ou non; mais on emploie exclusivement à cet usage et sans inconvénient l'acide acétique du bois; ils sont très rarement employés purs, si ce n'est lorsqu'on en fait usage comme antiseptiques; ceux qui renferment des matières résineuses ou des essences blanchissent l'eau.

Les vinaigres aromatiques et tous les acides étendus d'eau ont pour résultat d'entretenir la fermeté des tissus, de les tonifier, de corriger leur vascularité passive, leur disposition variqueuse; ils nettoient parfaitement la peau et agissent comme astringents sur les muqueuses.

Nous avons proscrit les vinaigres de l'hygiène de la bouche, nous les proscrivons également de l'hygiène du visage chez l'homme, surtout lorsqu'on s'en sert pour se laver la figure après avoir fait la barbe; dans ce cas l'eau acidulée coagule le savon sur place, dans les pores de la peau et à la base des poils; les acides gras du savon ainsi mis en liberté ne sont plus enlevés par l'eau, ils rancissent et peuvent produire de vives inflammations.

Bains aromatiques. On les prépare tantôt par l'infusion ou la décoction de plantes aromatiques, d'autres fois par l'addition de savons, de teintures ou d'alcoolats à l'eau du bain; ils sont alors considérés comme toniques et stimulants; les bains savonneux et alcalins sont sédatifs et résolutifs.

Émulsines. Les émulsines sont des solutions huileuses qui font émulsion avec l'eau, c'est-à-dire qui la rendent laiteuse; nous avons parlé ailleurs du coaltar saponiné de M. Le Beuf (de Bayonne), qui est une véritable émulsine; il doit la propriété de s'émulsionner à la saponine, principe extrait de l'écorce de quillaye ou de panama; on pourrait obtenir par ce moyen d'autres émulsines aromatisées qui seraient excellentes pour préparer les laits et les bains aromatiques.

Émulsions. Laits. Sous le nom d'émulsions, de laits, on entend une classe de cosmétiques destinés à lotionner la peau. Ils sont formés par des corps gras ou résineux tenus en suspension dans l'eau au moyen d'un liquide mucilagineux, gommeux ou albumineux.

Mais le nom de lait a été donné également au liquide opalin qui se produit lorsqu'on met des teintures résineuses dans l'eau. C'est ainsi que l'on obtient le *lait virginal* au moyen de la teinture de benjoin; c'est un cosmétique souvent employé et auquel on attribue la propriété d'effacer les éphélides ou taches de rousseur, qu'il ne fait que masquer par un vernis mince qu'il forme à la surface de l'épiderme. C'est même à la formation de cette couche que l'on attribue les inflammations cutanées que ce lait détermine quelquefois par suite de l'arrêt qu'il apporte à la transpiration cutanée.

Les graines émulsives, c'est-à-dire celles qui jouissent de la propriété de s'émulsionner avec l'eau, telles que celles d'amandes, de pistaches, de chènevis, etc., servent à préparer des laits très-estimés en parfumerie; malheureusement ils se conservent mal, à moins qu'on n'y ajoute des sels toxiques, comme le sublimé corrosif; mais alors ce sont de véritables médicaments qui, selon nous, ne peuvent être vendus que par les pharmaciens; tels sont : la *liqueur de Gowland*, l'*émulsion mercurielle de Dupean*, le *cosmétique de Sœmerling*.

Par extension on a donné le nom de lait à des préparations qui contiennent des poudres blanches en suspension et qui deviennent laiteuses par l'agitation, tel est le *lait antéphélique*, préparation toxique qui renferme de l'oxyde de plomb hydraté, du sublimé corrosif, un peu de camphre et de l'eau. La formule primitive de cette préparation appartient à M. le docteur Hardy; elle a été depuis exploitée par des industriels, et, employée sans précautions, elle a été la cause d'accidents graves.

PÂTES ET FARINES. Les pâtes et les farines sont presque exclusivement employées pour la toilette des mains. Cependant

certains peuples, et notamment les Russes, en mettent sur
leur visage; elles sont faites avec des amandes, des pistaches,
de l'amidon, des farines de céréales plus ou moins aromatisées;
lorsqu'elles sont fraîches elles ne présentent aucun danger dans
leur emploi, mais en vieillissant elles rancissent et deviennent
irritantes.

Savons. Nous n'avons à nous occuper ici que des savons de
toilette; ce sont les plus importants de tous les cosmétiques;
ils étaient connus à l'époque de Pline; les plus estimés venaient
des Gaules; il en existait deux sortes, le mou et le liquide. Il
était fait avec de la graisse et des lessives de cendre de hêtre.

Nous ne ferons que signaler les savons médicamenteux au
soufre, aux sulfures alcalins, à l'iode, etc., dont on a proposé
l'emploi depuis longtemps et dont l'industrie a cherché récemment à tirer parti. Ce sont de véritables médicaments dont la
vente doit être réservée aux pharmaciens.

Les savons de toilette sont durs, mous ou en poudre; tous
doivent être exempts d'un grand excès d'alcali, ceux surtout
qui sont destinés pour le visage, comme les poudres et les
crèmes de savon, où cette alcalinité est accusée par la causticité de leur dissolution; on la reconnaît aussi en traitant un
peu de savon avec du calomel (proto-chlorure de mercure); le
mélange ne doit pas noircir.

Les lotions savonneuses facilitent le nettoiement des résidus
de la transpiration; mais, lorsqu'elles sont alcalines, elles altèrent l'épiderme, gercent et altèrent la peau. On doit éviter
de prendre des eaux calcaires ou séléniteuses pour faire la
barbe.

Certains savons laissent après eux une sensation onctueuse
et veloutée, d'autres, au contraire, une sensation âpre et sèche.
Ces différences tiennent à des artifices de fabrication que nous
avons fait connaître. Dans les savons à chaud, l'ébullition fait
disparaître de la pâte toute trace d'élément caustique. Dans les

savons à froid, on a maintenu une température presque basse, quitte à laisser dans la pâte un excès de causticité. Les premiers sont les seuls hygiéniques ; les seconds accroissent les bénéfices du vendeur.

L'indigo, le violet d'aniline, le caramel, le sesquioxyde de chrome, le curcuma, le cinabre (bisulfure de mercure), etc., servent à colorer les savons en bleu, violet, brun, vert, jaune, rouge ou rose ; quelquefois aussi on se sert de substances végétales, ce qui vaut beaucoup mieux ; aucune de ces substances n'est dangereuse dans le savon ; cependant il vaudrait mieux remplacer le cinabre par un autre rouge.

Il est fâcheux que l'on trompe le public en vendant sous des noms d'emprunt des savons qui ne renferment pas certaines substances dont ils portent le nom ; il est fâcheux surtout qu'on leur attribue des propriétés thérapeutiques. Enfin, nous devons signaler une fraude coupable qui se pratique sur les poudres de savon, et qui consiste à mélanger celles-ci avec vingt à quarante pour cent de poudres inertes, telles que celles d'*albâtre* ou de *talc*. Il y a, à Paris et aux environs, des fabriques de ces poudres minérales pour cet usage spécial.

HUILES, POMMADES, GLYCÉROLÉS. Les huiles et les pommades aromatiques sont presque exclusivement destinées à la chevelure ; quelques-unes cependant servent plus spécialement à oindre la peau, à la nettoyer et à la rendre plus souple ; nous citerons parmi celles-ci la *pommade aux concombres* et le *cold-cream*, excellentes préparations quand elles sont fraîches, mais qu'il faut bien se garder de laisser rancir sur place, et de jamais employer en excès.

Les glycérolés, ou glycérine aromatisée, prendront peut-être d'ici à peu de temps un rang important en parfumerie ; pour cela il faut que l'on arrive à la fabriquer pure et à bon marché. La glycérine est soluble dans l'eau, elle ne rancit pas, elle dissout presque tous les corps que dissolvent l'eau et l'al-

cool, elle est douce, onctueuse, elle a, en un mot, tous les avantages des corps gras, sans en avoir les inconvénients.

FARDS. Quelle que soit la forme sous laquelle on les prenne,
poudre, pâte ou crépons, quelle que soit la matière dont ils sont
formés, les fards sont les plus dangereux des cosmétiques;
tantôt ils obstruent la peau, la rendent dure et cassante et
empêchent la transpiration, tantôt, par suite de leur absorption,
ils déterminent de véritables empoisonnements.

Ovide indique divers artifices pour corriger la nature: « Vous
empruntez à la céruse sa blancheur trompeuse; d'autres artifices remplacent la couleur du sang; vous savez allonger ou
épaissir vos sourcils et effacer sous un cosmétique vos joues
véritables; vous n'avez pas honte d'animer l'éclat de vos yeux
avec des poudres fines ou avec du safran qui croît sur les rives
limpides du Cydnus (1). »

Martial, en parlant des femmes qui abusent de la craie et de
la céruse, dit :

> Sic, quæ nigrior est cadente moro,
> Cerussata sibi placet Lycoris (2).

« Lycoris, qui est plus noire qu'une mûre qui tombe de
l'arbre, se trouve belle quand elle est blanche avec la céruse. »

On attribuait au cumin la propriété de faire pâlir. Horace,
en parlant du servile pecus imitatorum, nous fait connaître
cette propriété :

> Pallerem casu, biberent exsangue cuminum (3).

« Si je venais à pâlir, ils s'empresseraient de boire du cumin (pour devenir plus pâles). »

Pline nous apprend que la mandragore servait à effacer les

---

(1) Art d'aimer, III.
(2) Martial, liv. I, ép. LXXII.
(3) Horace, Épîtres, liv. I, ép. XIX, v. 18.

cicatrices du visage; d'après Ovide, les pavots étaient employés aux mêmes usages.

Les *fards blancs*, préparés à la céruse (carbonate de plomb), dont on déguise le nom sous ceux de *blanc d'argent, blanc de perle*, etc., sont les plus dangereux. Les empoisonnements produits par ces fards sont nombreux, surtout chez les artistes dramatiques. Outre l'inconvénient de l'absorption, ils ont celui d'altérer la peau, de la cautériser, de l'irriter chroniquement ; ils lui communiquent une teinte blafarde et un aspect ridé, qui tient à une perte de la rétractilité et à la diminution de la circulation capillaire.

Le plomb, absorbé par la peau, sous quelque forme qu'il y soit appliqué, passe dans le sang, et là, au lieu d'accuser spontanément sa présence par quelque crise qui donnerait l'éveil, il opère sourdement et avec lenteur. C'est du côté du système nerveux que se manifestent ses premières atteintes : les forces se dépriment et la sensibilité se pervertit ou s'exalte; puis il survient des contractures, des spasmes, des mouvements automatiques, des convulsions épileptiformes; et souvent même quelques signes de ramollissement de la moelle ou du cerveau.

Les coliques, l'encéphalopathie et la paralysie saturnine sont les conséquences d'un emploi fréquent de ces fards. Récemment encore, le docteur Ward a publié une observation de paralysie saturnine observée chez plusieurs membres d'une famille qui faisait usage de crépons plombifères (1).

Pour remplacer la céruse, on a essayé le sous-nitrate de bismuth, qui est le véritable blanc de fard, l'oxyde et l'oxalate de zinc, la craie, le talc, etc.; mais comme la céruse adhère et couvre mieux, on la préfère, sans penser aux dangers auxquels expose son emploi.

On s'est trop préoccupé des traces d'arsenic que le sous-ni-

(1) *Med. Times* et *Dublin Med.*, septembre 1864.

trate de bismuth peut renfermer ; il serait d'abord facile de
l'obtenir pur, puis l'arsenic étant là à l'état insoluble et en
quantités infinitésimales, il serait sans aucun danger.

Les *fards rouges* sont préparés avec les mêmes matières et
colorés par le carmin, le bois de Brésil, la carthamine ; toutes
ces substances sont inoffensives ; il n'en est pas de même du
cinabre : c'est un produit au moins aussi dangereux que la
céruse.

Les *fards bleus* doivent leur couleur à l'indigo, au bleu d'a-
zur, et les *gris* au sulfure d'antimoine ; ils n'ont pas d'autre
inconvénient que celui qui résulte de la présence de la céruse,
et celui que présentent tous ces enduits.

POUDRES. En thérapeutique on utilise comme poudres absor-
bantes et desséchantes pour empêcher le contact des parties,
la poudre de vieux bois, le lycopode, la fécule ou l'amidon,
purs ou mélangés quelquefois avec le sous-nitrate de bismuth
ou le calomel ; en parfumerie on fait surtout usage de l'amidon
aromatisé, de la poudre de riz ; leur emploi ne présente aucun
inconvénient.

La *poudre de riz* rafraîchit et adoucit la peau en même
temps qu'elle en absorbe l'humidité. Seulement cette poudre
renferme habituellement de l'amidon, du talc, de l'albâtre
(quelquefois cinquante pour cent), et du carbonate de chaux
qu'aromatise un peu de violette ; le riz n'y entre que comme
élément accessoire. C'est mieux encore pour ce qu'on appelle
la fleur de riz, car alors il n'y entre souvent pas du tout ; il est
quelquefois remplacé par de la magnésie, afin de donner au
mélange plus de légèreté et plus de souplesse.

Si les parfumeurs ne commettaient jamais de substitutions
plus graves, il ne faudrait pas trop s'en plaindre, car le composé qui en résulte est inoffensif et, de plus, il atteint le but
beaucoup mieux que la poudre elle-même. Ce qu'on veut, c'est
faire paraître la peau et plus blanche et plus fine. Or, la poudre

de riz véritable offrant trop peu de fixité, serait enlevée par le simple frôlement de l'air ou des étoffes; au contraire, celle qui se débite sous ce nom pourra, pendant toute une soirée, opposer la plus magnifique résistance. Malheureusement, pour la rendre encore plus stable, certains fabricants ajoutent des poudres astringentes dont l'action peut causer des accidents sérieux.

Tatouage.

Avant que César vînt conquérir les Gaules, les Pictes, premiers habitants des montagnes d'Écosse, empruntaient leur nom aux couleurs dont ils étaient couverts; les chefs et les nobles Papdicas portaient leurs armoiries en tatouages sur leur front et sur leur poitrine.

En Europe, le tatouage se réduit aujourd'hui à couvrir les bras et la poitrine de nos marins et de nos ouvriers, d'emblèmes et de devises.

Le dessin que l'on veut représenter, dit M. F. Hutin (1), est préalablement tracé avec une plume ou un pinceau sur la partie qui doit être tatouée. Une matière colorante rouge, bleue, ou noire, est délayée dans un vase, sur une palette ou dans une coquille, comme s'il s'agissait de peindre. Deux, trois ou quatre aiguilles à coudre sont attachées ensemble et de front. La peau sur laquelle le dessin a été tracé est tendue aussi régulièrement que possible, et le tatoueur, après avoir trempé ses aiguilles dans la solution colorée, les pousse dans l'épaisseur du derme, en suivant les contours de l'image. Les aiguilles ne sont point placées dans le même sens que les lignes, mais en travers de celles-ci; car ce n'est pas pour épargner le temps et la douleur qu'elles sont réunies plusieurs ensemble; c'est pour donner

(1) *Bulletin de l'Académie de méd.*, 1855, t. XVIII, p. 548. — Voyez aussi Berchon, *Recherches sur le tatouage*. (*Gaz. méd. de Paris*, 1861.)

plus de largeur aux lignes, et faire ainsi, pour chaque point, plusieurs piqûres qui le rendent plus apparent.

Les aiguilles sont enfoncées plus ou moins profondément dans le derme, suivant la finesse de la peau, la sensibilité du patient, ou la volonté du graveur qui, à chaque nouvelle ponction, trempe de nouveau son burin dans le liquide coloré, s'il veut agir en conscience. L'opération est terminée quand tout le dessin est ainsi piqué. Au bout d'un quart d'heure, le tatoué lave la partie qui a laissé suinter quelque peu de sang ; et ce lavage se fait tantôt avec de l'eau, tantôt avec de l'urine : certains artistes préfèrent que ce soit avec de l'eau-de-vie ou du rhum dont il reste toujours dans le verre une quantité assez grande pour qu'ils en fassent leur profit.

Quelquefois, par excès de précaution, on passe un tampon ou un doigt, imprégné de la matière colorante, sur les piqûres des tatouages à une seule couleur, pour en faire pénétrer davantage dans la peau. Mais cette mesure est peu nécessaire, et serait d'ailleurs impossible pour des dessins diversement colorés.

Les matières colorantes le plus en usage chez les sujets observés par M. Hutin (1) sont : le vermillon, la poudre écrasée, l'encre de Chine et le bleu dont se servent les blanchisseuses, délayé dans de l'eau pure ou dans de la salive, et enfin l'encre à écrire noire ou bleue. M. Ambroise Tardieu (2) a eu presque exclusivement sous les yeux des cas de tatouage à l'encre de Chine, avec quelque mélange de vermillon et croit pouvoir affirmer que ce sont là aujourd'hui à peu près les seules couleurs employées, et, selon lui, le tatouage à l'encre de Chine, pour peu qu'il ait pénétré à une certaine profondeur dans l'épaisseur de

(1) *Recherches sur les tatouages*, Paris, 1855, et *Bulletin de l'Acad. de méd.*, 1855, t. XVIII, p. 548.

(2) *Étude médico-légale sur le tatouage.* (*Ann. d'Hygiène*, 1855, t. III, p. 175.)

la peau, acquiert, par la transparence des tissus et après un certain temps, une teinte bleuâtre très-marquée que l'on pourrait attribuer à une autre matière colorante.

Les habitants de l'Océanie et les naturels de l'Amérique tatouent tout leur corps, principalement le visage; les Germains se teignaient en rouge. M. Claye (1) auquel nous empruntons ces détails, dit que l'emploi de ces peintures et de ces graisses répondait chez les peuples qui en faisaient usage à une nécessité hygiénique; ils se garantissaient ainsi de la piqûre des insectes, et ils se rendaient moins sensibles aux émanations malfaisantes et aux changements atmosphériques.

Dans la Floride, les femmes se couvrent tout le corps de dessins indestructibles; celles de Duan se font graver sur la peau des fleurs de différentes couleurs. Les habitants de Rotouma et des îles Wallis ont le bas de la poitrine, jusqu'au genou, recouvert d'un tatouage régulier imitant les cuissards des anciens preux.

A Taïti et dans les îles de l'Océanie, les oreilles des habitants sont percées et portent, au lieu de pendants, des fleurs et des herbes odorantes; les Cochinchinoises noircissent leurs dents par l'usage du bétel; les Moresques et les Tunisiennes se teignent les joues et les lèvres avec de la noix de galle, du safran, du henné (2), etc.

Après cette énumération de cosmétiques si variés et de pratiques si diverses, nous formulerons un précepte :

Toutes les fois que l'on voudra par des moyens artificiels conserver l'éclat et l'incarnat du teint, tous les attributs de la beauté extérieure, ce sera toujours aux dépens de la santé générale; un régime bien ordonné, la sobriété et la modération en toutes choses sont les cosmétiques les plus sûrs.

(1) Claye, *Les Talismans de la beauté*, p. 24.
(2) *Ibid.*, p. 24.

Hygiène publique.

Quant à la police médicale relative à la vente des cosmétiques, nous pensons avec M. le professeur Ambroise Tardieu (1), que l'autorité administrative est suffisamment armée pour saisir et dénoncer à la justice les débitants de produits dangereux et nuisibles à la santé et en particulier de cosmétiques vénéneux; il n'est donc pas besoin de nouvelles mesures; nous demandons l'application de la loi : que l'on interdise aux marchands de cosmétiques nuisibles la vente libre de poisons qui n'est permise aux pharmaciens que lorsqu'ils prennent toutes les mesures prescrites.

(1) *Dictionnaire d'Hygiène publique et de Salubrité*, 2ᵉ édition. Paris, 1863, t. I, p. 641, art. COSMÉTIQUES.

XXVI

LES PARFUMS, MÉDICAMENTS ET POISONS.

« Le médecin moderne, dit sir W. Temple (1), ne fait, que je sache, aucun emploi des parfums. Nous ne faisons pas attention à leurs vertus, à l'efficacité dont ils sont doués, et cependant ils peuvent, je crois, en avoir autant pour faire du bien que pour faire du mal, pour rétablir la santé que pour la compromettre. L'expérience ne nous démontre que trop l'influence pernicieuse de certaines émanations et nous connaissons tous l'action de diverses substances qu'il est dangereux de respirer; personne n'ignore au contraire qu'il est des herbes, des fleurs, dont l'odeur est aussi vivifiante qu'agréable. Leur puissante efficacité dans les maladies, spécialement dans les maux de tête, est connue de quelques personnes; mais tout esprit observateur peut aisément la constater.. »

[Les substances odorantes, les parfums et les essences sont plus souvent employés en médecine que ne semble le penser sir W. Temple. Sans parler du musc, du castoreum, de la civette et de l'ambre, dont on fait un fréquent usage comme antispasmodiques, nous pourrions citer encore les gommes-résines des ombellifères (asa fœtida, galbanum, sagapenum, opopanax et gomme ammoniaque) auxquelles on attribue les mêmes propriétés et les résines odorantes des conifères et des térébinthacées, telles que l'encens, le bdellium, la résine élémi, la myrrhe, la résine animée (2), le galipot, etc., qui sont employées à l'ex-

(1) *Essay on Health and Long Life.*
(2) Selon M. Guibourt (*Histoire naturelle des drogues simples*), qui la nomme résine du courbaril, la résine animée est fournie par l'*hymenæa courbaril* (légumineuses), grand arbre de l'Amérique méridionale.

térieur comme maturatives et résolutives, et qui font partie d'un grand nombre d'emplâtres et d'onguents. Les baumes de Tolu, du Pérou, de la Mecque, le benjoin sont d'excellents expectorants en même temps que des parfums exquis (1).

La thérapeutique a tiré un grand parti, depuis quelques années surtout, de la propriété que possèdent la plupart des parfums de se volatiliser lorsqu'on les chauffe, pour faire des fumigations et même des inhalations; c'est ainsi que l'on a fait des fumigations de plantes aromatiques, de baies de genièvre, etc., des exhalations d'huiles essentielles de goudron, et les vapeurs de benjoin ont rendu de grands services dans l'aphonie et les extinctions de voix.

Les huiles essentielles elles-mêmes sont souvent employées en médecine, tantôt pures et à l'intérieur comme celles d'anis, d'amandes amères, de térébenthine, de sabine, de copahu, etc., tantôt à l'extérieur, sous la forme d'alcoolats, et elles constituent alors d'excellents médicaments fortifiants, rubéfiants et dérivatifs. Enfin les huiles essentielles sont la base des eaux distillées ou hydrolats, dont on fait un si fréquent usage, et parmi les plus odorantes nous citerons celles d'amandes amères, de laurier-cerise, d'anis, de fenouil, de fleurs d'oranger, de cannelle, de mélisse, de mélilot, de tilleul, de roses, etc.

Quant aux émanations des plantes, des fleurs et des fruits, il faut distinguer deux cas : tantôt les senteurs qu'elles dégagent sont dues à des huiles essentielles, à des parfums plus ou moins coercibles; d'autres fois ce simple dégagement d'odeurs se complique de phénomènes chimiques qui purifient ou altèrent l'air ambiant selon les circonstances dans lesquelles ils se produisent.

Les émanations odorantes des fleurs, ou celles des parfums isolés ne sont pas toujours inoffensives; elles doivent toujours

---

(1) Voyez Moquin-Tandon, *Éléments de Botanique médicale*, Paris, 1861. — *Éléments de Zoologie médicale*, 2e édition, Paris, 1862.

être respirées avec modération et diluées dans de grandes quantités d'air; elles produisent souvent des céphalalgies intenses; et on remarque souvent chez certains distillateurs et surtout chez les ouvriers qui fabriquent des essences artificielles (éthers composés) des désordres nerveux assez graves; à côté de cela il existe des idiosyncrasies spéciales qui font repousser certaines odeurs d'ailleurs fort douces.

Quant aux émanations gazeuses qui résultent des phénomènes chimiques qui se produisent dans les plantes, elles peuvent varier de nature et de propriétés; sous l'influence de la radiation solaire toutes les parties vertes des végétaux purifient l'air ambiant en absorbant l'acide carbonique, fixant le carbone et dégageant de l'oxygène; à l'obscurité, au contraire, ces mêmes parties vertes exhalent de l'acide carbonique, et cette même exhalation se remarque constamment dans toutes les parties colorées (non vertes) des végétaux, tels que corolles, étamines, pistils, fruits mûrs, etc.; il résulte même des recher-ches récentes de M. Boussingault, que dans certaines circonstances les plantes pourraient dégager de l'oxyde de carbone qui est un poison violent. Donc il faut conclure qu'il n'est jamais prudent de laisser des fleurs en grande quantité dans des appartements clos.

Enfin il ne faut pas oublier que certaines essences, même exposées au contact de l'air, s'oxydent, se résinifient et dégagent de l'acide carbonique, de même que quelques-unes d'entre elles peuvent ozoniser l'air et lui donner de nouvelles propriétés.

A côté de l'emploi bienfaisant et salutaire, il faut noter l'emploi malfaisant et criminel des parfums : car s'ils servent de médicaments, ils servent aussi de poisons, ou plutôt ils sont l'un et l'autre.

A diverses époques, les sorciers, les devins et les enchanteurs ont caché leurs mystérieuses pratiques sous le voile des parfums; il nous serait toutefois bien difficile de dire quel est ce poison subtil qui tuait par simple inspiration que les Italiens renfermaient dans les châtons des bagues, et que René le Florentin employa, dit-on, pour empoisonner Jeanne d'Albret.

Les célèbres empoisonneuses faisaient grand usage des parfums. Médée, très-versée dans leur connaissance, avait reconnu les bons effets des bains de vapeurs aromatiques : c'était là ce qui constituait son pouvoir magique. M. Beloc nous apprend que, la première, elle découvrit une fleur qui pouvait rendre les cheveux noirs ou blancs, de sorte que ceux qui voulaient changer la couleur de leur chevelure, voyaient, grâce à elle, leurs vœux exaucés; pour que les médecins ne pénétrassent pas ses secrets elle préparait ses bains mystérieusement. Des fomentations rendaient aux hommes la force et la santé; et comme elle se servait d'une chaudière de bois et de fer, on croyait qu'elle faisait réellement bouillir ses malades. Pelias, vieillard cacochyme, s'étant soumis à sa prescription, mourut dans le cours du traitement.]

XXVII

DOCUMENTS COMMERCIAUX

	DOUANE.	PRIX ET RENSEIGNEMENTS DIVERS.
ACACIA... Huile.	0 25 le kil.	2 à 3 fr. 50 c. le kil. hors Paris. *Octroi* : 25 fr. 20 l'hectol., décime compris.
AMANDES... Essence.	6 00 le kil.	70 à 100 fr.
Amandes.	2 00 les 100 kil.	1 fr. 50 à 2 fr.
AMBRE...	2 00 100 kil. décime compris.	Depuis quelques années 1,200 à 2,000 fr. le kil. par suite de la rareté. Il y a quinze ou vingt ans il ne se payait que 600 et même 500 fr.
AMBRETTE (GRAINE D')...		Prix moyen : 3 à 4 fr. le kil., quelquefois même 6 fr.
ANANAS...		
ANETH... Essence.	0 80 le kil.	130 à 150 fr. le kil.
Semence.		110 à 120 fr. les 100 kil. Peu employée en parfumerie.
ANIS... Semence. Essence.	0 00 le kil. déc. c.	L'essence de Russie, moins estimée que celle de France, vaut de 40 à 50 fr. le kil. Celle d'Allemagne encore moins prisée.
ASPIC... Essence.	0 80 le kil.	Depuis 4 fr. jusqu'à 7 et 8 fr., suivant qualité et récolte.
BADIANE... Essence.	6 00 le kil. déc. c.	Varie de 20 à 28 fr. le kil.
BAUME DU PÉROU...		15 à 20 fr. le kil. *Octroi* : 12 fr. l'hectol.
— DE TOLU...		12 à 15 fr. le kil. Quand il est très-sec, cassant et d'une belle couleur blonde, 20 à 24 fr. le kil. Très-rare. *Octroi* : 12 fr. l'hectol.
— DE STORAX (v. STORAX)...		
— DE LA MECQUE (v. MECQUE)		
BENJOIN...		Benjoin de Siam, 16 à 20 fr. Benjoin de Sumatra 6 à 10 fr. On en trouve même à 3 et 4 fr. le kil., mais il sent le styrax.
BERGAMOTE... Essence.	1 00 le kil. déc. c.	Prix ordinaire : 36 à 40 fr. Cette année elle menace de monter à 50 fr., vu l'exiguité de la récolte des fruits.
BOIS DE ROSE (Essence)...		120 à 150 fr. le kil.
CAMPHRE... Essence.	6 00 le kil. déc. c.	40 à 45 fr. le kil., a même valu 80 et 90 fr., celle de Chine ; quant à celle de Ceylan elle vaut 500 à 600 fr. le kil.
CANNELLE... Essence. Semence.		
CARVI... Essence.	6 00 le kil. déc. c.	18 à 26 fr. le kil., suivant qualité, est souvent additionnée de térébenthine, surtout celle venant d'Allemagne.
CASCARILLE...		

		DOUANE.	PRIX ET RENSEIGNEMENTS DIVERS.
CASTORÉUM.		2 00 100 kil. déc. c.	
CÉDRAT.	Essence.	1 00 le kil. déc. c.	30 à 35 fr. le kil.
CÈDRE.	Essence.	0 80 le kil.	40 à 50 fr. le kil.
CHÈVREFEUILLE.			
CITRON.	Essence.	1 00 le kil. déc. c.	25 à 50 fr. le kil., suivant l'abondance de la récolte en Sicile, seul lieu de production.
CITRONNELLE (Mélisse des Indes).	Essence.	0 80 le kil. déc. c.	40 à 50 fr. le kil., suivant l'abondance des arrivages. Cette essence, très-employée dans la savonnerie anglaise, l'est peu en France.
CIVETTE.		2 00 100 kil. déc. c.	500 à 800 fr. le kil.
CONCOMBRE (Pommade).			4 à 5 fr. le kil.
ÉGLANTINE.			
FENOUIL.	Essence.	0 00 le kil. déc. c.	12 à 15 fr. le kil.
FRANGIPANE.			
GAULTHERIA.	Essence.	0 80 le kil.	60 à 80 fr. le kil.
GÉRANIUM.	Essence.	0 80 le kil.	100 à 150 fr. le kil., celle d'Alger ; 150 à 200 fr. celle de France ; 40 à 50 fr. celle de l'Inde.
GIROFLE.	Essence.	6 00 le kil. déc. c.	15 à 18 fr. le kil., suivant le prix des clous de girofle. La plus estimée est celle faite en France, celle d'Allemagne est peu recherchée à cause de sa couleur brune et de son odeur provenant d'une mauvaise fabrication.
	Clous.	2 00 le k. de rentrep.	Les clous de girofle venant de Bourbon sont exempts de droits ; mais, lorsqu'ils viennent des entrepôts d'Europe, soit d'Angleterre ou d'Allemagne, ils sont soumis à un droit de 1 fr. par kilog.
GIROFLÉE.			
GLAÏEUL.			
GOMMIER À ODEUR DE CITRON.			
HÉDIOSMIS.			
HÉLIOTROPE.			
HOVENIA.			
HYDRANGÉUM.			
HYSOPE.	Essence.	0 80 le kil.	150 à 200 fr. le kil. Peu employée.
Iris (Racines).			1 fr. le kil. Celles de Florence, belles, blanches, bien nourries.
JASMIN.			Les huiles et pommades se vendent de 7 à 15 fr. le kil., suivant le degré de parfum, soit la quantité de fleurs employée pour les parfumer.
JONQUILLE.			Même observation que pour le jasmin.
LAURIER-CERISE.	Essence.	0 80 le kil.	70 à 80 fr. le kil.
LAURIER NOBLE.	Essence.	0 80 le kil.	75 à 100 fr. le kil.
LAVANDE.	Essence.	0 80 le kil.	8 à 18 fr. le kil., suivant qualité et d'après l'abondance de la récolte.
LILAS.			
LIMON (voy. CITRON.)			
Lis.			
MACIS.	Essence.	6 00 le kil. déc. c.	150 à 200 fr. le kil.
	Écorces.		

	DOUANE.	PRIX ET RENSEIGNEMENTS DIVERS.
MAGNOLIA.		
MARJOLAINE. . . . Essence.	0 80c le kil.	20 à 60 fr. le kil., suivant la sorte et la provenance.
MECQUE (BAUME DE LA).		60 fr. le kil. Il est fort rare de le trouver pur.
MÉLISSE (voy. CITRONNELLE).	0 80 le kil	
MENTHE POIVRÉE. Essence.	0 80 le kil.	150 à 180 fr. le kil., celle anglaise; 40 à 50 fr. celle d'Amérique, moins estimée; celle de France bien soignée vaut celle d'Angleterre.
MIRBANE (Nitro-benzine).		10 à 20 fr. le kil., suivant qu'elle est plus ou moins bien préparée incolore.
MUSC.	2 00 100 kil. déc. c.	1,200 à 1,800 fr. le kil., suivant qualité et provenance.
MUSCADE. { Noix. Essence. Beurre.	6 00 le kil. déc. c. 6 00 le kil.	120 à 150 fr. le kil. 18 à 25 fr. le kil.
MYRRHE.		
NARCISSE.		
NÉROLI.	4 80 le kil. déc. c.	Le néroli Portugal, 200 fr. le kil.; le néroli bigarade, plus estimé, vaut 400 à 500 fr. le kil.
OEILLET.		
OLIBAN.		
ORANGE (Essence).	1 00 le kil. déc. c.	20 à 25 fr. le kil. Prix variant suivant l'abondance des fruits en Sicile, seul lieu de production.
PALME. Huile concrète.		140 à 180 fr. les 100 kil.
PATCHOULY. { Feuilles. Essence.	0 80 le kil.	140 à 600 fr. les 100 kil., suivant qu'il est plus ou moins chargé de bois. 200 fr. le kil. Est souvent mélangée d'essence de copahu et alors d'un prix moindre.
PÉROU (voy. BAUME DU). Essence.	0 80 le kil.	150 fr. le kil. Essence peu employée en parfumerie.
PIMENT. En grains.		
POIS DE SENTEUR.		Même observation que pour le jasmin.
RÉSÉDA.		
ROMARIN. Essence.	0 80 le kil.	4 à 10 fr. le kil., suivant provenance et qualité.
ROSE. Essence.	40 00 le kil.	900 à 1,200 fr. le kil., suivant le degré de pureté. 1,800 à 2,000 fr. le kil. celle de France, odeur plus suave, mais peu employée, vu le prix élevé.
RUE. Essence.	0 80 le kil.	Employée en pharmacie.
SANTAL. { Bois. Essence.	0 80 le kil.	100 à 150 fr. le kil., suivant qualité.
SASSAFRAS. { Bois. Essence.	6 00 le kil.	20 à 25 fr. le kil.
SAUGE. Essence.	0 80 le kil.	40 à 50 fr. le kil. Très-rare depuis quelques années, peu employée.

	DOUANE.	PRIX ET RENSEIGNEMENTS DIVERS.
SCHÉVANTHE.		
SERINGA.		
SPICA-NARDI.		
STORAX.		Calamite, 9 à 12 fr. le kil. Id. en pains, 5 à 6 fr. le kil.
STYRAX LIQUIDE.		Vaut ordinairement 2 à 3 fr. le kil., mais quelquefois à vaut jusqu'à 5 fr.
SUMBOUL.		4 à 6 fr. le kil. Cette racine vient de Russie, elle est peu employée.
SUREAU (Eau distillée).		1 fr. 50 c. le litre.
THYM.	0 80 le kil.	8 à 15 fr., suivant le degré de pureté; il est rare de la trouver sans mélange de térébenthine.
TOLU (voy. BAUME).		
TONKA (FÈVES DE).	5 00 le kil. déc. c.	10 à 42 fr. le kil., suivant qu'elles sont givrées; elles sont plus estimées et ont plus de parfum.
TOUTE-ÉPICE.		
TUBÉREUSE.		Même observation que pour le jasmin.
VANILLE (en gousses).		Vaut ordinairement de 100 à 200 fr. le kil. Les prix sont depuis quelques années très-bas à cause de l'extension de cette culture à Bourbon et à Maurice.
VERVEINE DES INDES.	0 80 le kil.	80 fr. le kil, prix moyen.
VÉTYVER (en racines).		4 à 5 fr. le kil. Quand cet article devient rare, le prix s'élève quelquefois à 6 fr. et même au-dessus.
VIOLETTE.		Huile et pommade parfumées aux fleurs valent de 18 à 25 fr. le kil.
VOLKAMERIA.		

FIN.

TABLE ALPHABÉTIQUE

DES MATIÈRES

www.ingramcontent.com/pod-product-compliance
Lightning Source LLC
Chambersburg PA
CBHW031353210326
41599CB00019B/2752